“十三五”国家重点图书出版规划项目

工 业 污 染 地 基 处 理 与 控 制

污染场地原位地下水曝气修复技术

刘志彬　刘松玉　杜延军　著

东南大学出版社
SOUTHEAST UNIVERSITY PRESS
·南京·

内 容 提 要

本书针对挥发/半挥发性有机物污染场地原位地下水曝气(In-situ Air Sparging,简称 IAS)修复技术,系统介绍了其工作原理与研究综述、曝气过程空气流动规律、常规 IAS 处理效果与理论、表面活性剂溶液及泡沫化表面活性剂强化 IAS 机理与效果、其他类型 IAS 技术、IAS 修复技术数值模拟,以及 IAS 技术的设计方法与工程应用。

本书可供政府机构、企业、大专院校与科研机构从事环境管理、土壤修复、地下水污染防治等工作的科研、技术与管理人员,以及环境科学、环境工程、地下水科学与工程、土壤学等专业师生参考使用。

图书在版编目(CIP)数据

污染场地原位地下水曝气修复技术/刘志彬,刘松玉,杜延军著.—南京:东南大学出版社,2020.12
(工业污染地基处理与控制 / 刘松玉主编)
ISBN 978-7-5641-9269-3

Ⅰ.①污… Ⅱ.①刘… ②刘… ③杜… Ⅲ.①场地—地下水污染—污染防治 Ⅳ.①X523

中国版本图书馆 CIP 数据核字(2020)第 244407 号

污染场地原位地下水曝气修复技术
Wuran Changdi Yuanwei Dixiashui Puqi Xiufu Jishu

著　　者: 刘志彬　刘松玉　杜延军
出版发行: 东南大学出版社
社　　址: 南京市四牌楼 2 号　**邮编:** 210096
出 版 人: 江建中
网　　址: http://www.seupress.com
电子邮箱: press@seupress.com
经　　销: 全国各地新华书店
印　　刷: 南京工大印务有限公司
开　　本: 787 mm×1092 mm　1/16
印　　张: 19.25
字　　数: 480 千字
版　　次: 2020 年 12 月第 1 版
印　　次: 2020 年 12 月第 1 次印刷
书　　号: ISBN 978-7-5641-9269-3
定　　价: 88.00 元

前言

随着我国对生态文明建设和生态环境保护工作的日益重视，在借鉴吸收国际先进经验基础上，近年来国内污染场地调查评估、修复技术研究和工程应用水平飞速发展。根据场地的污染来源，土壤及地下水修复的类型可以分为工业场地修复、农用地修复和矿山修复。其中，我国工业污染场地具有数量众多、挥发/半挥发性有机物污染场地比例高的特点，而加油站类地下水污染最为典型，原位地下水曝气(In-situ Air Sparging, IAS)作为一种简单、经济、高效的修复技术尤其适用该类污染场地。

为便于场地修复领域的技术和研究人员对原位地下水曝气修复的基本原理有比较系统的了解，我们撰写了此书，期望通过该书的出版推动国内原位地下水曝气修复技术理论发展和工程应用。本书主要关注挥发性有机物污染场地原位地下水曝气修复技术及其各种改进强化技术中的气相运动规律、传质与污染物去除机制，旨在建立学术研究与工程实践之间的桥梁。

自2011年开始，在东南大学岩土工程学科首席带头人刘松玉教授带领下，课题组即围绕原位地下水曝气修复技术核心科学问题潜心探索，书稿是在多年研究成果积累基础上整理完成的。课题组范日东博士，博士研究生毛柏杨、白梅等，硕士研究生陈志龙、方伟、王意、魏启炳等均参与了具体的试验与理论研究。课题组博士研究生鹿亮亮、金权斌，硕士研究生刘锋、张锦鹏、蔡昕辰、靳春磊、刘朱等参与了书稿的校对，在此一并致谢。

全书共分9章，第1章首先对土壤与地下水有机物污染现状及几种典型原位修复技术进行了概述(由刘松玉、刘志彬撰写);第2章全面综述了原位地下水曝气修复技术的基本原理、理论与试验研究现状(由杜延军、范日东撰写);第3章主要介绍原位地下水曝气过程中常规和表面活性剂强化条件下气相运动规律(由刘志彬、方伟撰写);第4章到第6章分别介绍了常规、表面活性剂溶液强化和泡沫化表面活性剂强化原位地下水曝气条件下MTBE污染砂土的修复效果(由刘志彬、方伟、陈志龙、王意撰写);第7章介绍了其他新型原位地下水曝气技术(由刘志彬、白梅撰写);第8章介绍了饱和砂土中原位地下水曝气技术的数值模拟工作(由刘志彬、陈志龙、方伟撰写);第9章结合一个典型的工程案例介绍了原位地下水曝气修复技术的设计方法(由刘志彬、刘松玉撰写)。全书由刘志彬统稿,并由刘松玉、杜延军进行了多次修改和校核,最后由刘志彬进行了统校。

本书研究工作得到国家自然科学基金项目(41877240,41672280,41330641)、国家重点研发计划项目(2018YFC1802300)、江苏省自然科学基金项目(BK2010060)等的资助,在此表示最真诚的感谢。由于作者水平有限,书中难免存在不妥之处,敬请读者批评指正。

刘志彬

于东南大学九龙湖校区

目 录

第1章 绪 论

1.1 土壤及地下水土有机物污染现状

近年来，随着工业化、城市化、农业集约化快速发展以及产业结构的调整，我国的土壤环境形势日趋严峻。尤其是工业产业集中的城市，20 世纪 80 年代以来，许多涉及化工、冶金、轻工等行业的污染企业实施了退城进郊、关停并转，遗留大量污染场地(杜延军等，2011)。据 2014 年《全国土壤污染状况调查公报》报道，工矿业废弃地的环境问题突出，其中重污染企业用地、工业废弃地、工业园区、采矿区等场地的超标点位都在 30%以上。一般认为我国的污染场地，即非农业污染土壤，在 10 万～100 万个之间，大于 1 万 m^2 的污染场地超过 50 万个(尧一骏，2016)。工业固废堆场渗漏、石化生产过程和加油站泄漏、无良企业非法排放造成的场地污染也日益显现。其中的污染物在流动水或重力作用下向下渗滤，造成地下水污染。根据中国地质调查局数据，全国 90%以上地下水遭受到不同程度的污染，其中 60%污染严重，水质性缺水呈恶化趋势(王熹等，2014)。近年来国家对土壤和地下水环境污染问题高度重视，正筛选典型污染场地，开展修复示范工程，水土环境污染评估、控制及修复已成为我国环保领域的重大需求(陈云敏等，2012)，我国“十三五”规划中明确提出要“加大环境治理力度”“推进多污染物综合防治和环境治理”。2016 年李克强总理在政府工作报告中特别强调，“治理污染、保护环境，事关人民群众健康和可持续发展”，国家将“加大环境治理力度”。

《中国环境年鉴(2001—2008 年)》显示(图 1-1)，2008 年我国关停并转迁工业企业数由 2001 年的 6 611 个迅速增加到 22 488 个，总数超过 10 万。其中，江苏关停并转迁企业数超过 7 000 个(廖晓勇等，2011)。搬迁所遗留在城市区域的工业污染场地给周边环境和居民健康带来了严重的威胁。因污染场地管理不善引发的污染事件屡见不鲜，如美国拉夫运河事件、北京宋家庄地铁站中毒事件和武汉三江地产项目场地中毒事件，引起政府和民众的广泛关注。近年来，针对中国污染场地的管理，国家出台了一系列专门的文件及规定。国家环保总局(现环境保护部)2004 年发布了《关于切实做好企业搬迁过程中环境污染防治工作的通知》,2008 年又发布了《关于加强土壤污染防治工作的意见》(环发〔2008〕48 号),体现出我国对工业污染场地这一重要问题的关注。

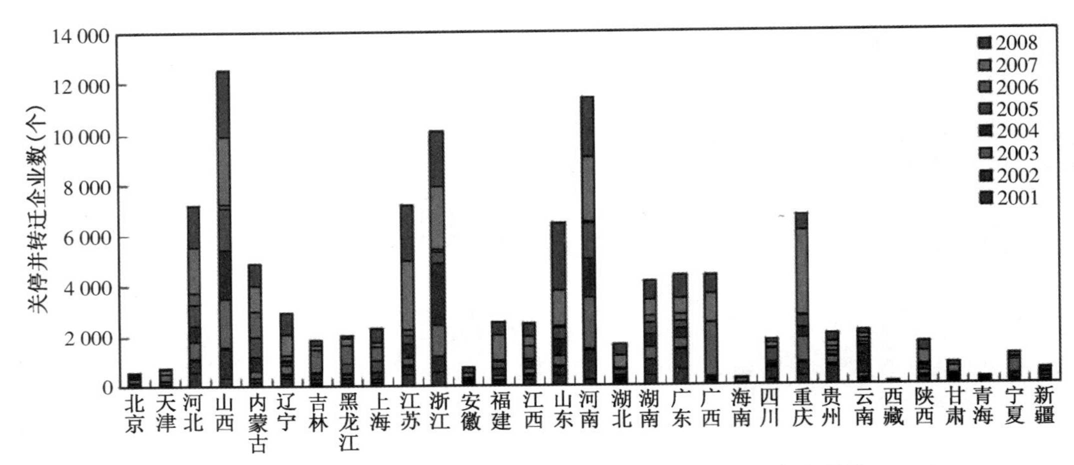

图 1-1　2001—2008 年中国关停并转迁企业数量变化情况(廖晓勇等,2011)

根据污染物类型大致可将城市工业场地污染分为有机污染、无机污染及二者共存的复合污染,其中有机物在一些地区甚至成为土壤和地下水污染最主要的来源。美国环保署(Environmental Protection Agency, EPA)列定的 120 种优先监测的污染物中,有机物为 114 种,多数已在地下水土中检测到,包括苯、甲苯、多环芳烃等致癌物质。据估计,到 2033 年,美国超过 30 万个场地的土壤和地下水污染修复费用要超过 2 000 亿美元。我国也面临同样的严峻形势。

美国环保署的资料表明,在美国约有 10%～30%的地下储存罐都存在不同程度的泄漏,美国正在使用的 74 万台石油地下储罐(UST)中,超过 10 万台没有遵守 1998 年 12 月 22 日生效的联邦泄漏检测系统条例。在过去的十几年中,有 40 万台储油罐存在着或多或少的泄漏情况。英国的加油站有 30%以上存在泄漏情况,几乎所有的焦化厂、炼油厂、化学废弃物存放点在废弃后均会成为污染场地。我国自 20 世纪 50 年代开始广泛建设加油站,90 年代以来,加油站建设速度加快,目前已建成加油站 10 万余座。虽然我国加油站建设时间相对较晚。渗漏情况可能不如西方一些发达国家严重,但由于我国加油站早期建设和管理的无序和粗放,很多地区发生过加油站油品泄漏事故。到 2020 年大部分加油站已经有 30 多年的历史,随着时间的推移,这些建设时间较早的加油站因地下储油罐、输油管等严重老化,开始发生腐蚀,渗漏事故不断增多。某课题组对苏南地区 29 个加油站进行的地质雷达渗漏检测发现,有 21 座存在不同程度的泄漏,占被调查总数的 72.4%。15 年以上的 20 座加油站中,有 12 座存在典型渗漏特征,15 年以上的老旧加油站发生渗漏的概率约为 60%(杨青等,2014)。随着中国化学工业生产企业的不断发展,石油类化工场所由于储油罐爆炸、储油设备和输油管道的使用不当和泄漏,导致大量高浓度石油类污染物进入地下环境中,形成长期的高浓度有机污染源带,对健康和生态环境造成了极大的危害。

有学者对南京市工业区的调研显示,有机污染物多环芳烃超标 98.68～4951.05 倍(参照荷兰多环芳烃污染治理和风险评价标准,无污染土壤的多环芳烃限值为 20～50 μg/kg)(刘凤,2013)。总体而言,道路和工业区土壤多环芳烃含量显著高于郊区和农田、菜地,表明交通和工业对土壤的多环芳烃污染影响极大。与国内外其他研究区域相比较,南京工业区郊区表层土壤16种优先控制多环芳烃污染程度较严重,需要引起高度重视。

在我国土地资源极为紧缺的情况下,对这些污染场地的土壤修复和安全利用成为国家关注重点。随着《全国地下水污染防治规划(2011—2020年)》《水污染防治行动计划》《环境影响评价技术导则 地下水环境》(HJ 610—2016)等一系列法规和技术规范的颁布实施,地下水污染防治工作得到了前所未有的重视(罗育池等,2017)。2016年国务院以及科技部会同有关部门和地方制定的国家重点研发计划"场地土壤污染成因与治理技术"重点专项实施方案,把我国污染场地的修复和安全利用正式提上了日程。

1.2 地下水有机污染物种类与性质

1.2.1 地下水中常见有机污染物

表1-1列出了地下水有机污染物中最重要的几类。石油烃及其衍生物由来自原油、天然气及煤的碳氢元素构成。原油中的有机化合物分为烷烃、烯烃和芳香烃化合物。多环芳烃(PAHs)也是石油烃类化合物,由一系列苯环组成,如蒽和菲。原油生产燃料时蒸馏分离是其重要过程,按沸点温度不同,原油蒸馏分离出不同组分。卤代脂肪族化合物是指脂肪烃上特定氢原子由氯、氟或溴原子所取代的化合物,如四氯乙烯(PCE)、三氯乙烯(TCE)和四氯化碳(CT)。大多数卤代脂肪族化合物的相对密度大于1,因此一般属于重非水相流体(Dense Nonaqueous Phase Liquids, DNAPLs)。卤代芳香族化合物是由取代卤素的苯环构成,如氯苯和二氯苯(DCB),该类化合物同样属于DNAPLs。多氯联苯曾广泛用于变压器和电容器中,因其环境持久性和毒性而成为重要的污染物。

表1-1 地下水中常见典型有机化合物

化合物族	化合物实例
碳氢化合物及其衍生物	烃及其衍生物
燃料	苯、甲苯、邻二甲苯、丁烷、苯酚
PAHs	蒽、菲
醇	甲醇、甘油
杂酚	间甲酚、邻甲酚
酮	丙酮
卤代脂肪族化合物	四氯乙烯、三氯乙烯、二氯甲烷
卤代芳香族化合物	氯苯、二氯苯
多氯联苯类	2,4′-PCB, 4, 4′-PCB

1.2.2 多相流与非水相流体

有机污染物一般都是微溶于水或者不溶于水的，故将此类有机物称为非水相流体(Nonaqueous Phase Liquids，NAPLs)。多相流是指具有两种或两种以上不同相态或不同组分的物质在介质中流动，并具有明确分界面的多相流体。其研究主题常见于能源、水利、化工、冶金、环境等工业部门。常见的多相流有气液两相流、气固两相流、油气水多相流等等。土壤是一种典型的多孔介质，在土壤系统中有土骨架固相及空气、水和 NAPL 等三种不同的流体相。NAPLs 在土壤系统中有以下几种存在形态：自由流动的液相、吸附在土颗粒表面的吸附相、溶解于水中的溶解相和挥发于空气中的挥发相。在受污染土体中一般存在着空气、水和 NAPLs 等流体的多相流动。NAPLs 在土壤系统中的迁移是一个非常复杂的过程(胡黎明等，2008)。从微观水平来看，NAPLs 自由相在足够大的压力和重力作用下克服土体细小孔隙中的毛细压力，穿过孔喉并且驱替孔隙中水相或者气相渗流运移；同时受到土壤中有机和无机胶体和微生物的作用，通过物理、化学和生物作用不断被吸附、分解和转化；部分可溶性和挥发性组分通过溶解和挥发过程进入地下水和孔隙空气，受对流、弥散等作用继续运移。

NAPLs 可由单一成分(如 TCE)或几种甚至上百种化学成分(如汽油)组成。而这些非水相有机物又可根据其密度分为轻非水相流体(LNAPLs)和重非水相流体(DNAPLs)。LNAPLs 密度小于水，能够漂浮在水面上，DNAPLs 密度大于水，能够向下渗入饱和层。LNAPLs 主要与石油的生产、精炼、成品油的批发零售有关。地下水中 LNAPLs 的主要来源是汽油、煤油、柴油等的泄漏。当 LANPLs 在场地浅层释放，它们在重力作用下向下迁移，在遇到含水层后，LNAPLs 在毛细管边缘和含水层顶部形成薄层。地下水流经 LNAPLs 区域时，由于 LNAPLs 可溶解成分的溶解，形成污染羽。由于 LNAPLs 不能渗透到很深的地下水中，且在自然条件下能够被生物降解，所以它们通常比 DNAPLs 易处理。DNAPLs 来自脱脂、金属冶炼、化学制造、农药生产、煤气生产、木榴油处理等行业。DNAPLs 释放到场地中后，DNAPLs 会垂直向下迁移，直到成为残余相或遇到低渗透层。DNAPLs 的运移由其比重和地层状况决定而不是由地下水运动决定。NAPLs 污染物在污染场地中的迁移转化过程如图 1-2 所示，其中图 1-2(a)为 LNAPLs 的行为，图 1-2(b)为 DNAPLs 的行为。

NAPLs 对修复被污染地下含水层有着极大影响，一旦 NAPLs 被截留在独立孔隙中，去除所有的残余相 NAPLs 将变得非常困难(图 1-3)。被截留的 NAPLs 作为地下水溶解污染物的持续来源，将在多年中持续影响含水层的修复。大部分释放到地下的 NAPLs 被毛细作用力截留在土壤/含水层孔隙和裂隙中。最终由碳氢化合物组成的 NAPLs 或转移到空气中，或转化为二氧化碳和水，或溶解于水中，分别被称为挥发、原位生物降解/水解和溶解。

已有文献表明，自由且连续的 NAPLs 相饱和度一般在 15%～25%之间，典型的 LNAPLs 相饱和度在 5%～25%之间。但当 NAPLs 变为非连续状态，由于毛细作用所维持不变的最低饱和度称为残余饱和度。典型的残余饱和度在 5%～20%之间。残余饱和度与 NAPLs 的化学组成关系不大，但受土体的性质和成分影响显著。NAPLs 的赋存状态研究很重要，污染场地中泄漏点附近溶解相 NAPLs 能很快离开该区域，在对流和弥散作用下向周边环境迁移，而自由相 NAPLs 则是地下水中有机污染物的长期来源。美国 EPA 在

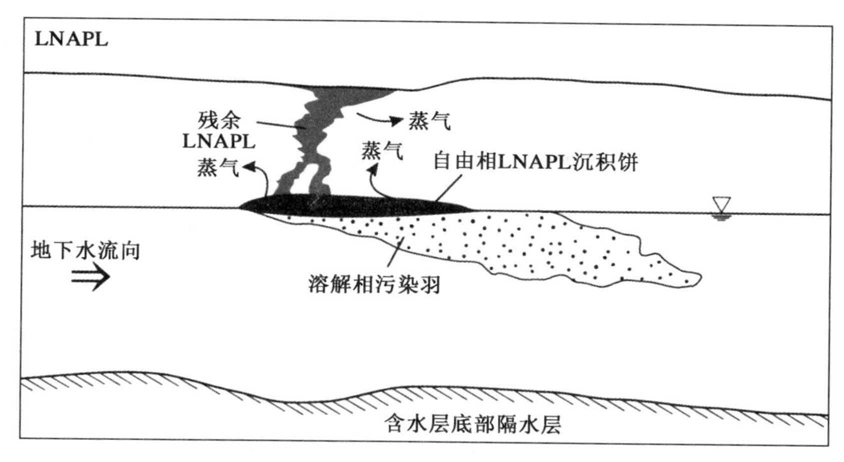

(a) LNAPLs 行为

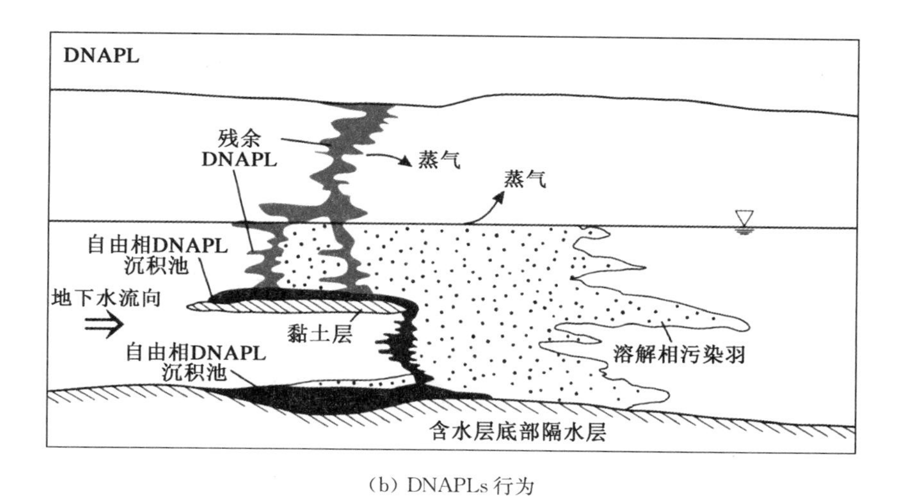

(b) DNAPLs 行为

图 1-2 NAPLs 在地下泄漏和迁移转化示意图(Schmoll et al., 2006)

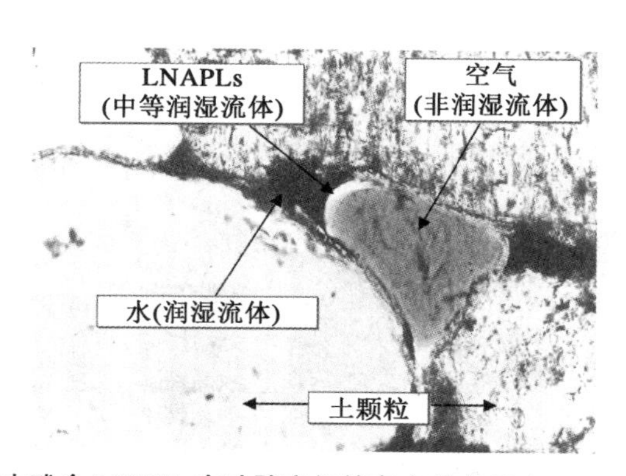

图 1-3 土中残余 LNAPL 在孔隙空间的存在状态(Johnson et al., 1990)

20 世纪 90 年代对 24 个测点的研究表明,地下水中 NAPLs 的存在是导致抽出处理效果不佳的关键因素。土体孔隙空间残留的 NAPLs 是地下水污染物的长期来源,因而通过抽出处理彻底修复含水层的方法往往效果一般，特别是 DNAPLs 影响到地下水时修复难度更大。

1.2.3 挥发性有机物及其相间传质

（1）挥发性有机物

挥发性有机物（Volatile Organic Compounds，VOCs）是工业污染场地中一类最常见的有机化合物。凡是符合以下标准的有机物都属于 VOCs（马杰，2020）：①沸点在 50℃～260℃；②在标准温度和压力[20℃和 1 个大气压（1.01×10^5 Pa）]下饱和蒸气压超过 133.32 Pa；③亨利常数大于 1.013 Pa·m^3/mol。污染场地中常见的 VOCs 包括石油烃和卤代烃两大类。污染场地中其他常见的 VOCs 还包括甲基叔丁基醚（MTBE）和挥发性较强的农药或其他化工产品。大多有机污染物都属于挥发性有机污染物（易秀等，2007），在饱和土层主要以自由相、溶解相、挥发相存在，美国国家环保局明确将可吹脱挥发性有机污染物列入水环境优先控制名单（杨若明和金军，2008）。VOCs 污染物通常以非水相流体（NAPLs）形式存在，构成复杂的多组分多相流问题（仵彦卿，2012）。调查表明，VOCs 污染源主要来自石油炼制与石油化工，煤炭加工与转化原料生产，油类储存、运输和销售等。

与其他污染物不同，挥发性有机物具有隐蔽性、挥发性、累积性、多样性和毒害性，因此被列为环境中潜在危险性大、应优先控制的污染物（吴健等，2005）。挥发性有机物污染源主要来自石油炼制与石油化工，煤炭加工与转化原料生产，油类储存、运输和销售等。

据统计，美国约有 50 万至 100 万处污染场地，德国有 24 万处，荷兰有 12 万处，加拿大有 3 万处，日本污染场地面积达到 11.3 万 hm^2（任丽静，2012）。美国"超级基金"对 2005—2011 年修复场地的统计显示（图 1-4），受重金属污染的场地占 69%，而受挥发性有机物（VOCs）和半挥发性有机物（SVOCs）污染的场地分别占 67%和 59%，且大部分为无机有机复合污染的场地。另外，对于受到污染的介质而言，在所有污染场地中地下水受污染的比例高达 67%，而土壤和沉积物受污染的比例分别为 59%和 33%（US EPA，2013）。

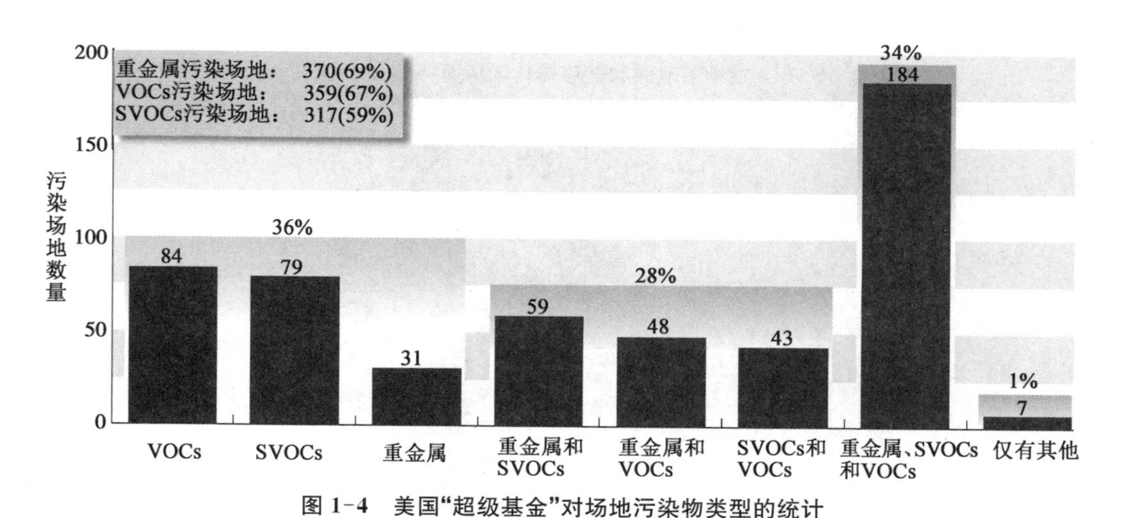

图 1-4　美国"超级基金"对场地污染物类型的统计

（2）挥发性有机物的相间传质

挥发性有机物泄漏进入土体，最终可能以四种相态的形式存在：自由相、气相、溶解相

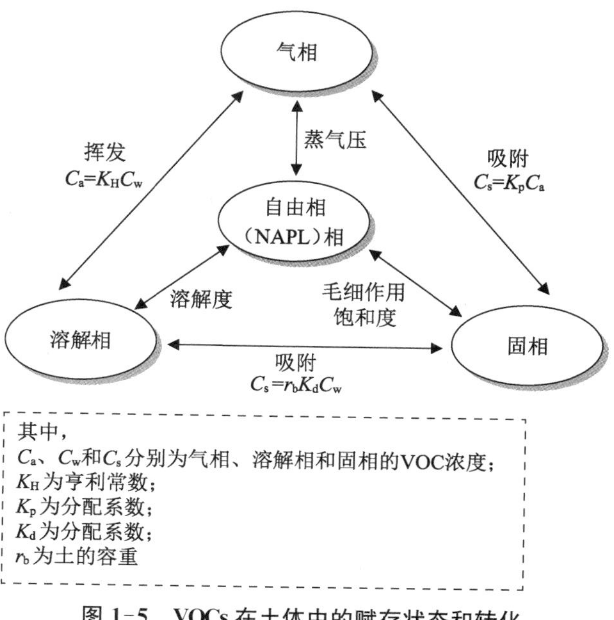

图1-5 VOCs在土体中的赋存状态和转化

和吸附相(图1-5)。LNAPLs会沿地下水运动的方向迁移，还会随水位变化上下移动。由于自由相污染物通过挥发和溶解作用不断向周围迁移，因此被视作长期污染源。气相污染物是挥发进入土体孔隙中的部分，由于浓度梯度污染物还会进一步扩散。溶解相污染物是溶解在孔隙水中的部分。地层中的有机污染物会通过降雨、灌溉以及与地下水接触等途径不断溶解进入地下水形成污染羽随地下水迁移。吸附相污染物是由于吸附作用或毛细作用而残留在土体孔隙中的部分。它们仍以液态的形态存在，但是不能在重力的作用下自由运动，是实际修复过程中最难清除的部分。平衡状态下，气相有机物所占的比重主要受到蒸气压、亨利常数和沸点的影响，水相有机物所占的比重主要受溶解度的影响，固相有机物所占的比重主要受吸附系数的影响。

VOCs在地层中的迁移和转化本质上是一类有机物在多孔介质中的多相流动-耦合反应过程。该过程涉及水、固、气、NAPL等多个相态，污染物通过挥发、吸附、解吸附、溶解、分配等过程在不同相态之间转化。污染物的质量运移涉及不同相态中发生的扩散、对流和弥散等传质机制，在质量运移的同时VOCs还通过好氧生物降解、厌氧生物降解以及非生物化学降解等途径被转化成其他化合物，因此是一个多相流动耦合反应过程，该过程包含的物理、化学、生物过程繁多，影响因素复杂，目前仍是一个非常活跃的研究领域(马杰，2020)。

1.3 常见的有机物污染地下水修复技术

土壤及地下水修复技术一般可以分为异位处理技术和原位处理技术两大类。目前国内外污染土壤及地下水修复技术主要有抽出处理(Pump & Treat，P&T)、渗透性反应墙(Permeable Reactive Barrier，PRB)、监控自然衰减(Monitored Natural Attenuation，MNA)、原位生物修复(In-situ Bioremediation)、原位化学氧化(In-situ Chemical Oxidation，ISCO)、电动修复(Electrokinetic Separation)、原位地下水曝气(In-situ Air Sparging，IAS)等。

1.3.1 抽出处理

异位修复技术中最常用的是抽出处理技术。抽出处理技术(Pump & Treat)是指将被有机物污染的地下水从地下抽出至地表，运用地面污水处理技术对被污染的水体进行处理，经处理后的地下水一般做回注处理。抽出处理用于净化溶解性污染物的污染羽、NAPLs或含有这两种污染物的场地。该系统由三部分组成：回收井从地下抽取被污染的水或NAPLs，地面上的处理设备把抽出的水和NAPLs分离并去除水中残留的溶解性污染物，用监测孔来监控系统操作是否符合设计要求以及能否实现净化目标。抽出处理系统的目的，要么是为了彻底清除地下污染物，要么是为了在无显著的污染量去除时对污染羽进行水力学控制，旨在通过系统的长期运行以控制污染物的扩散。但该技术的缺点之一是总会呈现拖尾现象。就是当有污染物残留时，污染物浓度尽管缓慢下降，但不会降低到零。造成该问题的原因有NAPLs的存在、吸附作用和水力传导系数不同(Keely, 1989)。对于从含水层中抽取出来的污染地下水，可以采用环境工程污水处理的多种方法进行处理，如物理法(碳吸附方法)、化学法(混凝沉淀法、氧化还原法等)以及生物法(活性污泥法、生物膜法等)(程荣，2014)。

1.3.2　渗透性反应墙

渗透性反应墙(郑西来，2009)，也称可渗透反应屏障(赵勇胜，2017)、活性渗滤墙(程荣，2014)等，其修复原理是沿地下水流方向，在污染场地下游安置连续或非连续的渗透性反应墙体，使含有污染物质的地下水流经渗透墙的反应区，通过与墙体中的反应材料发生沉淀、吸附、氧化-还原和生物降解反应，从而达到去除污染物质的目的。按发生反应的性质，反应墙可分为化学沉淀反应墙、吸附反应墙、氧化-还原反应墙和生物降解反应墙；按结构形式，反应墙可分为连续式反应墙、隔水漏斗-导水门式反应墙。墙体材料应满足降解和滞留流经该屏障体的地下水污染物组分的目的，因此反应材料应具备以下性能：①反应性，即污染羽流经墙体时，反应材料和污染水流之间能发生相应的物理、化学或生物反应，确保全部清除污染物；②经济性，即反应材料要常见易得，材料来源广泛，价格低廉；③环境友好性，即污染羽流经反应墙时，对周围水环境不造成影响，反应材料不会产生二次污染物；④粒度均匀，易于施工安装，利于标准化设计；⑤稳定性，即反应材料能够稳定维持反应能力不变，变形小，活性保持时间长；⑥良好的水力性能，反应材料的渗透性应能确保反应墙有足够的水力捕获能力，同时不会影响当地的水文地质条件。此外，还需考虑地形地貌、地下水埋深、含水层厚度、地下水流向、含水层渗透性、污染物的浓度和范围、人类活动和费用等因素。氧化还原型填料主要有零价铁、纳米铁、Fe(Ⅱ)(二价铁)矿物和双金属，利用填料的还原性与地下水中的无机离子、有机物发生氧化还原反应，将无机离子以单质或不溶性化合物形式从水中析出，将难生物降解或不可生物降解的有机物还原为可生物降解或易生物降解的简单有机物。例如，零价铁可将氯代烃进行还原性脱氯，将其转化为无毒物质，且铁氧化后形成的氧化铁能吸附氯代烃。为促进难降解有机物的降解转化，一些研究者在零价铁基础上，对双金属做出一些研究。双金属是在零价铁表面镀上第二种金属(如Ni、Pd、Cu等)，主要用于处理地下水中的氯代烯烃类污染物，如四氯乙烯(PCE)、三氯乙烯(TCE)、二氯乙烷(DCE)、多氯联苯(PCBs)等。采用活性比铁大的金属作为PRB介质材料，因而比铁具有更强的还原性，增大反应速率。吸附型墙体材料为吸附剂，如颗粒活性炭、沸石、钢渣、铁的氢氧化物、铝硅酸盐等，主要是通过吸附和离子交换作用达到去除污染物的目的，此类吸附型材料对氨氮和重金属有很好的去除效果。沉淀型材料主要有石灰和羟基磷酸盐等，该类材料与地下水污染物反应产生沉淀，从而达到除污目的。降解型材料旨在有机碳存在条件下，制造好氧、厌氧环境，借助微生物作用，使有机物发生降解而达到去除目的。降解型材料主要有两种。一种是含有释氧化合物的混凝土颗粒，释氧化合物为固态的过氧化物，如 MgO_2、CaO_2等，它们向水中释氧，为好氧微生物提供氧源和电子受体，使苯系有机污染物产生好氧降解。另一种是含硝酸根的混凝土颗粒，它们向水中释放作为电子受体的硝酸根，使苯系化合物在反硝化条件下产生厌氧生物降解。

1.3.3 监控自然衰减

监控自然衰减是国际上应用较广的"第二代"污染场地管理和修复方法(第一代为工程技术方法)，其通过精确的监控技术，对污染物的自然降解作用进行准确的评估和预测，结合污染物自然衰减特征，设计基于风险管控的污染综合防控方案，从而降低污染场地的修复成本，规避工程风险。监控自然衰减作为成熟的场地修复技术，可以单独运用，也可以作为修复整体过程中的一个环节。适合使用监控自然衰减方法的污染场地广泛，包括地下储油罐泄漏场地、垃圾填埋场地、工业污染场地等。适用的污染物主要有石油类、有机溶剂、苯系物(苯、甲苯、乙苯、二甲苯)等。监控自然衰减相比其他主动修复手段，具有成本较低、操作实施简便、环境影响小、绿色安全以及污染物降解彻底等特点，已经成为国外常用的场地污染修复方式(李元杰等，2018)。

1.3.4 地下水原位生物修复

地下水原位生物修复是利用微生物将危险性污染物现场降解为二氧化碳和水或转化为无害物质的工程技术，它既可以单独应用，也可以与其他技术配合应用(黄国强等，2001)。研究表明，地下环境中均含有可降解有机物的微生物。但在通常条件下，由于土壤深处及地下水中溶解氧不足、营养成分缺乏，致使微生物生长缓慢，从而导致微生物对有机污染的自然净化速度很慢。为达到迅速消除有机物污染的目的，需要采用各种方法强化这一过程。其中最重要的就是提供氧或其他电子受体，此外必要时可添加 N、P 等营养元素，接种驯化高效微生物等。含水层原位生物修复技术通常有两种：一是通过刺激现有微生物的生长来降解有机污染物，二是向被污染含水层内投加具有特殊新陈代谢能力的微生物来净化含水层(钱家忠，2009)。

1.3.5 原位化学氧化

原位化学氧化是一种利用强氧化剂破坏或降解地下水中的有机污染物从而形成环境无害的化合物的修复技术。能够有效处理的有机物包括挥发性有机物如 DCE、TCE、PCE 等氯化溶剂，苯、甲苯、乙苯和 BTEX 等苯系物，以及半挥发性有机物如农药、PAHs 和 PCBs 等。可以利用的典型氧化剂有过氧化氢、Fenton 试剂、臭氧和高锰酸钾(王焰新，2007)。该技术的优点包括：①可对多种污染物进行修复，适用性广；②污染物原位基被破坏；③强化了污染物相间(水相、吸附相、自由相)转移；④有利于后续微生物降解；⑤处理过程迅速，较其他技术周期短。但其缺点也很明显：①由于含水层的非均质性，导致了注入药剂运移、分布不均，需要事先对场地进行准确刻画；②氧化药剂在地下环境停留时间短，影响修复效果；③强氧化剂对健康和安全有一定威胁；④可能需要与其他后续技术串联使用；

⑤引起其他不确定性因素，如导致污染物活动性增加、地层渗透性降低等(赵勇胜，2017)。

1.3.6 电动修复

电动修复技术是利用电动效应将污染物从地下水中去除的原位修复技术。电动效应包括电渗析、电迁移和电泳。电渗析是在外加电场作用下土壤孔隙水的运动，主要去除非离子态污染物；电迁移是离子或络合离子向相反电极的移动，主要去除地下水中的带电离子；电泳是带电粒子或胶体在直流电场作用下的迁移，主要去除吸附在可移动颗粒上的污染物。电动修复技术在应用过程中常出现活化极化、电阻极化和浓差极化等现象，使处理效率降低，因此可通过化学增强剂提高修复体的导电性。可处理砷、镉、铬、汞和铅等重金属污染物。适用于污染范围小的区域，对吸附性不强的有机污染物修复效果不太理想。目前有试验证明，该技术可有效去除场地内的一些有机物如苯酚、乙酸、六氯苯、三氯乙烯以及一些石油类污染物。与其他技术相比，电动力学在地下水污染修复方面具有一些独特优势：①对现有构筑物影响最小，不破坏原有环境；②不受土体渗透性影响；③将带电污染物完全去除；④对有机物和无机物都有效。但其限制因素也很多：①污染物的溶解性及其自土体表面的解吸附性对该技术有重要影响；②需要导电性流体来活化污染物；③场地内含有碎石、大块金属氧化物等都会降低处理效果；④金属电极电解过程中易溶解腐蚀，电极需采用惰性物质；⑤土壤含水量低于10%时，修复效果大幅降低；⑥目标污染物浓度相对于背景值较低时，处理效率较低。

1.3.7 原位地下水曝气技术

原位地下水曝气技术是在气相抽提(SVE)的基础上发展而来的，通过在含水层注入空气使地下水中的污染物汽化，同时增加地下氧气浓度，加速饱和带、非饱和带中的微生物降解作用。汽化后的污染物进入包气带，可利用抽气装置抽取后处理，因此此技术也称空气扰动技术、空气注入修复技术、生物曝气技术等。原位地下水曝气技术中的物质转移机制依靠复杂的物理、化学和微生物之间的相互作用，由此派生出原位空气清洗、直接挥发和生物降解等不同的具体技术与修复方式，常与真空抽出系统结合使用，成本较低。通过向地下注入空气，在污染羽下方形成气流屏障，防止污染羽进一步向下扩散和迁移，在气压梯度作用下，收集地下可挥发性污染物，并以供氧作为主要手段，促进地下污染物的生物降解。可以修复溶解在地下水中、吸附在饱和区土壤中和停留在包气带土壤孔隙中的挥发性有机污染物。为使其更有效，可挥发性化合物必须从地下水转移到所注入的空气中，且注入空气中的氧气必须能转移到地下水中以促进生物降解。该技术的修复效率高，治理时间短，可用来处理地下水中大量的挥发性和半挥发性有机污染物，如汽油、苯系物成分有关的其他燃料及石油碳氢化合物等。受地质条件限制，不适合在低渗透率或高黏土含量的地区使用，不能应用于承压含水层及土壤分层情况下的污染物治理，适用于具有较大饱和厚度和埋深的含水层。如果饱和厚度和地下水埋深较小，那么治理时需要很多扰动井才能达到目的。这也是本书专门阐述的研究主题。

地下水曝气技术经过几十年的发展，凭借其特有的原位、经济和高效的优势，已成为欧美治理饱和土体及地下水有机污染的主要方法之一。1982—2011年间，美国“超级基金”完成的447个地下水污染原位修复项目中，使用AS处理的共有92个，占总量的21%

(US EPA, 2013),如图1-6所示。AS技术在国外已经有很广泛的应用,并且取得了一定的成功(Bass et al., 2000)。然而,我国在AS方面的研究进展和成果推广应用均滞后于欧美国家。

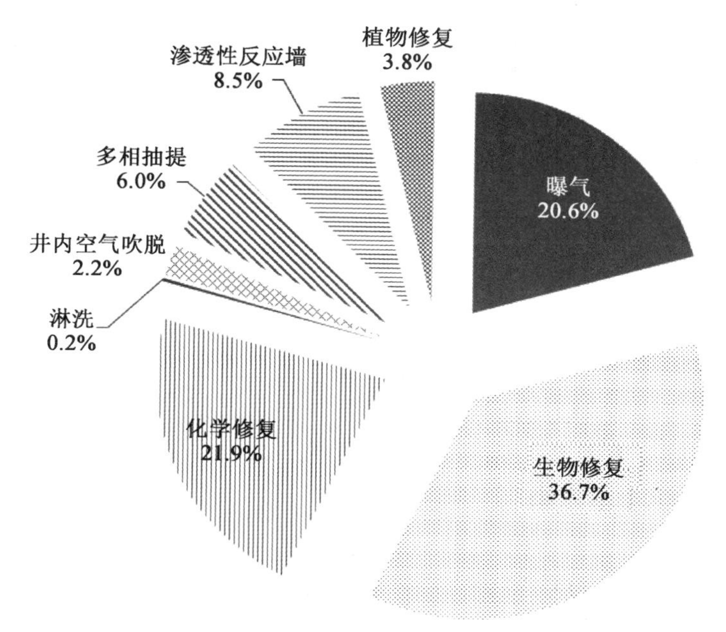

图1-6 美国"超级基金"中各种原位地下水处理方法所占比例

结合国际通用方法和国内发展现状,我国环境保护部发布了一份《污染场地修复技术应用指南(征求意见稿)》,指南建议采用指标评价-决策矩阵法对修复技术进行筛选。针对污染介质和不同污染物类型的修复技术进行矩阵列表,方便技术人员结合污染场地具体情况进行修复技术的选择。适用于地下水中不同污染物的修复技术各项指标的定性评价结果列于表1-2,各项指标的评价标准见表1-3。

表1-2 地下水污染修复技术筛选矩阵

编号	技术	成熟性	可操作性	修复时间	处理成本	挥发性非卤化有机物	挥发性卤化有机物	半挥发性非卤化有机物	半挥发性卤化有机物	燃料类	无机物(含重金属)
1	抽出处理技术	●	□	▽	▽	□	□	□	◎	□	□
2	空气注入修复技术	●	●	●	●	●	□	□	□	●	▽
3	渗透性反应墙技术	●	●	▽	□	●	●	●	●	□	◎
4	化学氧化还原技术	●	●	●	□	□	□	▽	□	▽	◎
5	电动修复技术	▽	□	□	□	◎	◎	◎	◎	●	●
6	监控式自然衰减技术	●	●	◎	●	●	□	□	□	●	▽

注:好●;中□;差▽;其他◎

表 1-3　修复技术筛选指标与评价标准

项目		●好	□中	▽差	其他
成熟性		已成功应用且资料齐全	已有应用但需要改进	处于实验研究阶段	◎表示修复效率或者指标性能取决于特定场地条件和技术设计参数
可操作性		掌握相关原理及技术参数	技术参数需要调整	技术参数需要较大改进	
适用土壤渗透性		渗透性差	渗透性一般	渗透性良好	
污染物去除率/无害化率		＞90%	70%～90%	＜70%	
时间	土壤原位	＜1 年	1～3 年	＞3 年	
	土壤异位	＜6 个月	6 个月～1 年	＞1 年	
	地下水	＜3 年	3～10 年	＞10 年	
费用(元/t)		＜500	500～1 000	＞1 000	
二次污染		小	中等	大	
公众认可度		＞60%	30%～60%	＜30%	
各类污染物		非常适用	不完全适用	不适用	

参考文献

Bass D H, Hastings N A, Brown R A, 2000. Performance of air sparging systems: a review of case studies [J]. Journal of Hazardous Materials, 72(2/3): 101-119.

Johnson P C, Kemblowski M W, Colthart J D, 1990. Quantitative analysis for the cleanup of hydrocarbon-contaminated soils by in-situ soil venting[J]. Groundwater, 28(3): 413-429.

Keely J F, 1989. Performance evaluations of pump-and-treat remediations. U.S. Environmental Protection Agency Report EPA/540/4-89/005[R]. R.S. Kerr Environmental Research Laboratory, Ada, OK.

Rivett M, Drewes J, Barrett M, et al, 2006. Chemicals: health relevance, transport and attenuation[M]// Schmoll O, Howard G, Chilton J, et al. Protecting groundwater for health: Managing the quality of drinking-water sources. London: IWA Publishing.

US EPA, 2013. Superfund remedy report [R]. Washington: United States Environmental Protection Agency.

陈云敏,施建勇,朱伟,等,2012.环境岩土工程研究综述[J].土木工程学报,45(4):165-182.

程荣,2014.活性渗滤墙技术与地下水污染修复[M].广州:世界图书出版广东有限公司.

杜延军,金飞,刘松玉,等,2011.重金属工业污染场地固化/稳定处理研究进展[J].岩土力学,32(1):116-124.

胡黎明,邢巍巍,周小文,2008.非饱和土多相流动的试验研究和数值模拟[J].工程力学,25(11):162-166.

黄国强,李鑫钢,李凌,等,2001.地下水有机污染的原位生物修复进展[J].化工进展,20(10):13-16.

李元杰,王森杰,张敏,等,2018.土壤和地下水污染的监控自然衰减修复技术研究进展[J].中国环境科学,38(3):1185-1193.

廖晓勇,崇忠义,阎秀兰,等,2011.城市工业污染场地:中国环境修复领域的新课题[J].环境科学,32(3):784-794.

刘凤,2013.南京市典型工业区土壤健康风险评价及生态毒理诊断[D].南京:南京大学.

罗育池,廉晶晶,张沙莎,2017.地下水污染防控技术:防渗、修复与监控[M].北京:科学出版社.

马杰,2020.污染场地 VOCs 蒸气入侵风险评估与管控[M].北京:科学出版社.
钱家忠,2009.地下水污染控制[M].合肥:合肥工业大学出版社.
任丽静,2012.搬迁企业遗留典型有机污染场地土壤修复研究[D].南京:南京大学.
王熹,王湛,杨文涛,等,2014.中国水资源现状及其未来发展方向展望[J].环境工程,32(7):1-5.
王焰新,2007.地下水污染与防治[M].北京:高等教育出版社.
吴健,沈根祥,黄沈发,2005.挥发性有机物污染土壤工程修复技术研究进展[J].土壤通报,36(3):430-433.
仵彦卿,2012.多孔介质渗流与污染物迁移数学模型[M].北京:科学出版社.
杨青,孙从军,孙长虹,2014.加油站渗漏污染地下水的监测技术及管理对策[M].北京:中国环境出版社.
杨若明,金军,2008.环境监测[M].北京:化学工业出版社.
尧一骏,2016.我国污染场地治理与风险评估[J].环境保护,44(20):25-28.
易秀,杨胜科,胡安焱,2007.土壤化学与环境[M].北京:化学工业出版社.
赵勇胜,2017.地下水污染场地的控制与修复[M].北京:科学出版社.
郑西来,2009.地下水污染控制[M].武汉:华中科技大学出版社.

第2章 原位地下水曝气(IAS)修复技术研究综述

2.1 概述

地下水曝气(Air Sparging, AS)是20世纪80年代末发展起来的新兴地下水原位修复技术,主要用于处理可挥发性有机物(VOCs)造成的饱和土体和地下水污染。其低成本、高效率和原位操作的显著优势在许多实地研究中得到了充分证实。

90年代,德国首次应用AS技术修复被氯化溶剂污染的饱和土体(郑艳梅,2005)。Bass(2000)总结了44处现场采用AS处治VOCs的应用情况,发现累计70%的处治去除率达到80%以上。AS多应用于相对分子质量较小、馏分易从液相变为气相的污染物(如苯、乙苯、甲苯和二甲苯等),但此技术几乎不应用于柴油和煤油等相对分子质量较大的馏分(郎印海等,2001)。

地下水曝气技术利用垂直或水平井,用压缩机将空气喷入地下水饱和区内,空气在向上运动过程中引起部分易挥发性有机污染物从土体和地下水中通过各种传质过程进入气流。含有污染物的气体上升至上层非饱和区,再联合用土体气相抽提(Soil Vapor Extraction, SVE)技术以达到去除化学物质的目的。此外,喷入的空气中的氧可以帮助好氧生物进行生物降解作用,加快污染物的去除(刘燕,2009)。该技术被认为是去除饱和区土体和地下水中挥发性有机化合物的最有效方法(侯冬利等,2006)。表2-1总结了AS的优缺点。

表2-1 地下水曝气法的优缺点

优点	缺点
设备简单,易操作	不适用于有游离馏分的污染物
对修复场地干扰小	不能应用于蓄水层污染物处理
对地下水无须进行抽出、储藏和回灌处理	土体的不均一性可能使得地下水曝气无效
更适于消除地下水中难移动、难处理的污染物	处理过程中,物理、化学和生物过程间相互作用的机理尚未完全明确

(续表)

优点	缺点
结合 SVE 应用,收集尾气进行处理,避免造成二次污染	现场研究数据少,尤其对于生物转化部分的研究
喷气中的氧为污染物的有氧原位生物降解提供条件	污染物之间复杂的物理、化学和生物反应对此技术有影响,潜在地引起污染物迁移
快速降低地下水中污染物的浓度,修复时间上较传统的 SVE 技术大幅下降,适当条件下处理时间为 1～3 年	
投资少,大大低于地上其他修复系统	

典型的地下水曝气系统结构包括:①曝气和抽提井;②进气管;③空气压缩设备;④监测及控制设备。图 2-1 为地下水曝气修复技术的工作原理示意图。

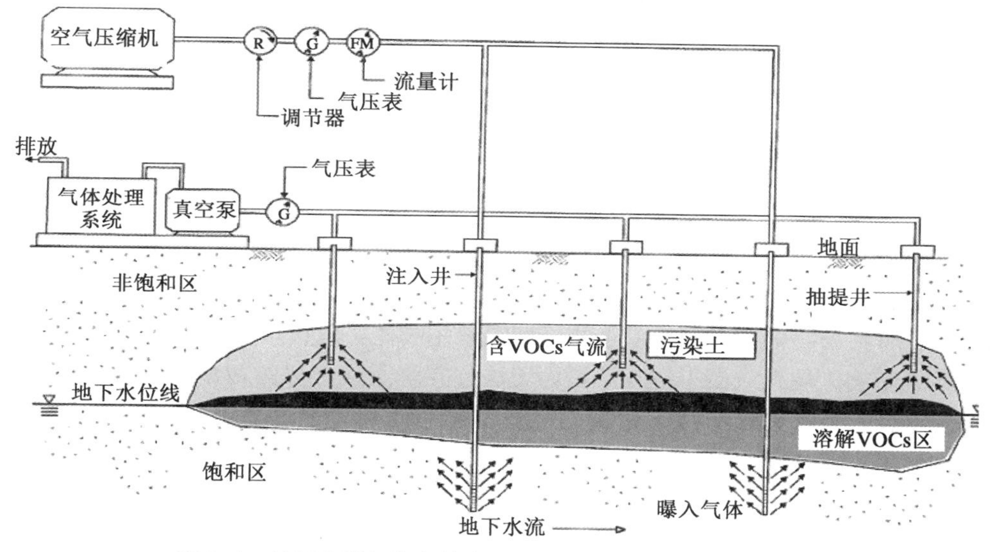

图 2-1　地下水曝气修复技术的工作原理示意图(刘燕,2009)

进一步而言,地下水曝气技术的局限性包括:①当存在低渗透土层或是上覆盖层时,施加较高的喷气压力可能造成污染源的侧向迁移,造成污染范围扩大;②喷入气体的不均匀分布导致部分受污染区无法或难以得到修复;③由于 AS 过程具有瞬时性,故传统的监测方法考察瞬时喷气压力及地下水位变动等存在诸多难点;④AS 过程中加速了地下水流动,其一方面增加了污染物与地下水的混合,增加溶解量,同时也可能由于溶解的污染物造成污染范围扩大。

其他污染物去除修复技术及其局限性见表 2-2 所示。

表 2-2　其他污染物去除修复技术及其局限性(Reddy et al., 1995)

名称	特点及局限性
抽出处理技术	用于地下水体受到污染的修复技术,但抽取大量地下水仅能处理少量的污染物,并且对于吸着于饱和土中的 VOCs 去除存在局限性,成本也更高

（续表）

名称	特点及局限性
原位生物修复技术	主要适用于饱和土层有机污染物去除，其缺陷在于难以估计长期的修复效果
原位化学修复技术	其关键在于选择合适的化学剂并能够高效地注入低渗透层，同时必须保证所产生的化学反应对土体无不利影响
原位抽提技术	主要用于非饱和区土层或上层滞水带，但不适用于饱和土层及地下水体中的污染物去除

2.2 地下水曝气修复的机制

AS过程是一个动力学过程，不同修复阶段中，控制修复速率和效率的机理也不同。此外，根据场地环境、地质条件的变化，各种机理对AS修复作用的贡献也不同。

通常，污染物首先进行由NAPL相至水相的传质过程（主要包括溶解过程）。溶解于水相中的污染物通过扩散、平流等传质过程迁移至气体通道附近（气-水界面处）。最后通过水-气传质过程使得污染物进入气相，并受上升气体及真空压力作用被携带出含水层。

在AS过程中，气相、水相以及NAPLs之间存在质量交换（传质过程），主要包括污染物的相间传质、污染物的生物转化和污染物的传递过程（郑艳梅，2005；Semer and Reddy，1998）。其中，污染物的挥发和有氧生物降解是最主要的去除机理。

在曝气影响区域外或由于空气滞留而无法与空气直接接触的污染物溶解于水中，无法通过挥发途径进入气相，此时去除机理主要为扩散或水动力弥散（Semer and Reddy，1998；陈华清，2010）。

2.2.1 污染物的相间传质

在AS过程中，气相的对流和液相的相互混合双重作用，对污染物的去除产生了协同效应，促进了污染物的去除。污染物的去除主要由气体孔道附近的挥发作用来控制，而污染物从远离气体孔道的饱和区中去除则成为AS的速率限制因素。

气体速率较高时挥发机理发挥主要作用，而生物降解作用主导AS修复的污染物去除。

2.2.1.1 挥发作用（液相-气相）

挥发作用是指AS修复初期污染物通过对流和扩散作用从水相传递到气-液界面，部分污染物挥发进入气相并被带出含水层的过程（刘燕，2009；陈华清，2010）。它是AS去除污染物前期最主要的去除机理（Unger et al.，1995；张英，2004）。

特定污染物的挥发由其蒸气压和亨利常数所决定。如果污染物的蒸气压大于5 mmHg（666.6 Pa）并且亨利常数大于1.013 Pa・m^3/mol，则认为其是可挥发去除的，适宜采用AS去除（Adams，1999）。

平衡条件下污染物气液两相的分率是由亨利定律确定的。亨利常数越大，则污染物存在于气相中的平衡浓度就越大，即越适合用AS去除。虽然在AS过程中，气体通过土体时，污染物由于挥发存在于气相的浓度的变化以及气体对流打破使得气液处于非平衡状态，但亨利常数仍有助于判断在AS系统中污染物在上升空气中可达到的最大浓度，如公式2-1。较大的亨利常数使得该VOC污染物能够更多地进入上升气泡。

$$P_G = H \cdot C_L \tag{2-1}$$

式中：P_G为气相分压(Pa)；H为亨利常数(Pa・L/mg)；C_L为化合物的液相浓度(mg/L)。

采用拉乌尔定律(Raoult's Law)来确定多组分非水相液体(Non-Aqueous Phase Liquids, NAPL)污染物的某一组分i的气相浓度，如公式2-2。

$$P_i = X_i \cdot V_{pi} \tag{2-2}$$

式中：P_i为组分i的气相分压(Pa)；X_i为NAPL混合物中组分i的摩尔分数；V_{pi}为NAPL混合物中纯组分i的蒸气压(Pa)。

挥发作用仅主要存在于AS过程早期，因此较大的亨利常数尽管能够利于挥发作用，但并不会显著缩短修复时间(Semer and Reddy, 1998; Unger et al., 1995)。土层有机质含量较高时则不利于挥发。

2.2.1.2　溶解作用(NAPL相-水相)

在AS进行初期，挥发对于污染物的去除起决定性作用，但到了后期，污染物在水相的溶解则成为AS去除污染物的关键因素(Unger et al., 1995；张英，2004)。

AS过程增加了污染物在地下水中的溶解。当水处于静态时，水相表面处浓度梯度最大，有机物的溶解缓慢；当空气喷入造成水相的扰动，增加了水相和NAPL相的混合，因此NAPL相在水相中的溶解量也增加(Semer and Reddy, 1998)。

一般采用溶解速率(单位时间内溶解于水中的污染物浓度，与NAPLs在水中的溶解度和当前水中的NAPLs浓度的差值成正比)描述污染物溶解的快慢。地下水曝气过程中，污染物的溶解速率会加快，这是由于压缩空气进入土体后对水相和NAPL相产生了扰动，水相与NAPL相接触面增大引起的(刘燕，2009)。

Burchfield等(1993)的模型试验显示污染物亨利常数(影响挥发作用的主要因素)的增加并不能显著地影响其AS的去除效率，但是溶解度的增加却极大地增加了其AS的去除效率。

Malone等(1993)认为NAPLs可分为两类：一类具有较高的比表面积，与水相的传质相对容易；另一类则相反，与水相间的传质缓慢而可逆。

Powers(1991)认为水相和NAPL相相间的传质界面面积a是孔隙率、NAPL相饱和度和NAPLs比表面积等的函数，如公式2-3。

$$a = n \cdot S_{NAPL} \cdot (A/V) \cdot f \tag{2-3}$$

式中：a为水相和NAPL相相间传质界面面积(m^2/m^3)；n为孔隙率；S_{NAPL}为NAPL相饱和度；A/V为NAPL相比表面积(m^2/m^3)；f为与流动水相接触的油滴面积分率。

2.2.1.3　吸附/解吸(固相-水相)

黏土层表面或土体表面自然产生的有机物质对污染物都有吸附作用，与矿物质表面相比较，土体有机物质对有机分子具有更强的吸附作用。因此AS过程中污染物的吸附/解吸是去除污染物的第三个机理。

有机物的吸附随着土体中有机物质浓度的增加而增加。含有大量有机污染物的土体，其吸附分配系数和脱附分配系数的比值比较高。如果比值等于或小于1，则说明介质没有滞留有机物的能力，也就是说有机物是可解吸的。

土颗粒对于NAPLs的吸附能力会随着NAPLs浓度的增加而增大。由于水与NAPLs在吸附过程中具有很大的竞争性，因而土体的含水饱和度也会影响NAPLs的吸附程度(Semer and Reddy, 1998)。

喷气造成饱和含水层中污染物与孔隙水的混合，并且水土接触面在扰动影响下增大，由此增加了VOCs在土层中的解吸附，使其进一步溶解于地下水。

值得一提的是，AS技术主要应用于含水砂层，考虑到砂土具有低分配系数及低天然有机碳的固相分数的特点，几乎不具备吸附/解吸有机污染物的能力，因此通常可忽略土体吸附的影响(Braida and Ong, 1998)。

2.2.2 污染物的转化机理

生物降解是AS过程中另一个重要的污染物去除机理。挥发只是使污染物迁移出处理区，而生物降解则是将污染物转化为无害的物质。在AS过程后期，地下水和饱和土体中剩余污染物的挥发性和溶解性较差，此时生物降解成为主要的过程(Johnston et al., 1998; Johnson, 1998)。通常，微生物生长率随温度升高而增加，但采用加热喷气大大增加了成本。

目前生物降解在污染物去除中的贡献尚难以定量，主要通过溶解氧量(Dissolved Oxygen, DO)和生物降解菌生长量等考察(Reddy et al., 1995; Felten, 1992)。

Johnston等(1998)的研究表明，当溶解的污染物浓度小于1 mg/L时，生物降解将成为AS过程中主要的去除机理。有氧生物降解最有效的电子受体是氧气，而AS过程是向饱和土体中提供氧气的一种有效方法，强化了地下水中有机物的有氧生物降解。对于MTBE污染的土体和地下水，生物降解作用显得尤为重要(Widdowson and Aelion, 1991)。

在饱和土体中，有机物的有氧生物降解不仅需要氧气，而且氧气量还必须达到一定的水平。Miller(1996)的研究表明，在地下土层中，维持有氧生物降解需要2%～4%(体积比)的氧气浓度。传统的原位供氧过程采用过氧化水(水中含有过氧化氢)以增加地下的氧含量。典型的石油烃污染场地，采用过氧化水去除有机污染物需要注入几百甚至几千倍体积的纯水，成本高，操作复杂，而且要考虑过氧化氢对微生物活性的影响(张英，2004)。而AS简单易行而且成本低廉，是向饱和土层中提供氧气的一种有效方法。例如，Murray等(2000)在美国杰克逊维尔的海军航空站建立了5个AS试验场地观测发现水中的溶解氧从0增加到6～7 mg/L。

挥发作用只能使有机污染物迁移出污染区，而降解作用(溶解相发生化学反应生成其他物质、被微生物作用分解、发生生物积累和植物摄取等)可以将有毒的污染物降解为无毒物质。降解作用，尤其是生物降解作用，是地下水曝气修复后期的主要机理(Johnston et al., 1998; Johnson, 1998)。

Johnson等(1998)讨论了AS过程中挥发和生物降解作用，认为挥发是AS去除挥发性有机物的主导机制，而在衰减最快的时期内，生物降解作用与挥发的作用至少在同一数量级。

但目前对 AS 过程中生物降解的研究还很欠缺，多数 AS 模型研究都忽略生物降解作用(陈华清，2010；Sellers and Schreiber，1992；Roberts and Wilson，1993)。

2.2.3　污染物的传递机理

在含水层，AS 过程曝入的空气主要通过气体孔道(Air Channel)向上流动(Braida and Ong，2001)。污染物的传递机理包括了对流、弥散(机械扩散)和扩散(分子扩散)等方式(张英，2004)。地下水中 NAPLs 污染物一般分布于土层孔隙、黏土裂隙等，这些污染物首先由于对流、弥散、气体与地下水流动等使污染物从 NAPL 相溶解成为液相，并通过高浓度区向低浓度区域的分子扩散作用运动进入空气通道，然后通过挥发作用去除(陈华清，2010)。

对流是由于压力梯度的存在使得气相或液相的污染物在水和气体中流动，其与土颗粒的粒径分布、土的结构、孔隙率以及含水率有密切相关。污染物的对流增强了相间传质。一般采用对流通量描述对流作用的大小，对流通量与气流速率和污染物的浓度成正比。

机械弥散是由于孔隙水的微观流速变化引起的。一方面，AS 过程中喷入气体的过程会促进污染物的混合，有助于弥散过程的进行(Wilson et al.，1994a)。另一方面，对流-弥散作用也会导致污染物向未污染的区域迁移(Ardito and Billings，1990；Wilson，1992)，因此需要合理布置 AS 井及 SVE 抽提井的位置。

AS 过程中曝入的空气会被滞留于土体孔隙中(郑艳梅，2005)。由于土层中滞留的空气及溶解空气的相间传质，即使极少数量的空气滞留其中也会影响溶解空气的运动(Fry et al.，1995)。对流-弥散作用增加滞留空气量，而污染物与被滞留的气相聚集，从而增加整个污染物的去除效率。

存在于互不连通的孔隙、黏土裂隙等不直接与空气通道联通的污染物可通过分子扩散作用运动进入空气通道，然后通过对流-弥散作用去除。这种扩散过程是指污染物由高浓度区向低浓度区运动。其扩散通量可以用 Fick 第一定律(公式 2-4)表达：

$$J = -D\frac{\partial C}{\partial x} \tag{2-4}$$

式中：J 为扩散质量通量[kg/(m^2 · s)]；D 为分子扩散系数(m^2/s)；C 污染物浓度(kg/m^3)。

在 AS 后期扩散作用成为显著去污机理(Sellers and Schreiber，1992；Roberts and Wilson，1993；Johnson et al.，1993)。由于扩散作用非常缓慢，这使得污染物去除的时间增加。

2.3　地下水曝气井的影响区域

目前的研究表明 AS 技术有机污染物的去除率主要取决于单井影响区域的大小(刘燕，2009)。所谓影响区域，是指单个曝气井所能处理的土体大小。

影响区域的大小取决于土体的气体渗透率(刘燕，2009)。此外，土性、曝气压力、曝气管口大小和曝气深度等对于影响区域的大小均有不同程度的影响。描述影响区域的参数主要有两个：影响半径和渗气夹角（刘燕，2009）。影响半径（the Radius of Influence，ROI）(McCray and Falta，1996)是指从曝气井中央到空气影响区域边缘的径向距离，该范围内曝气气压和气流能够引起污染物从液相转变为气相（郎印海等，2001）。目前，通常假定 ROI 范围内修复去除率一致（Ahlfeld et al.，1994a）。Baker 等（2007）对于均质砂土，观察到非对称的气型，并定义影响半径 ROI 取为平均值。渗气夹角是指影响区域峰面与竖直方向的夹角。渗气夹角的概念最早由 Nyer 等（1993）提出，在 Reddy 等（2008）、胡黎明等（2008）的研究中得到进一步推广。

通常，ROI 约在 1.5 m（粉质土体）至 30.5 m（粗砂质土体）范围内（郎印海等，2001）。ROI 大小在 3～4 m 范围内的现场比较普遍（Hinchee et al.，1995）。表 2-3 总结了影响区域大小的各因素及其影响效果。

表 2-3　影响区域大小的因素

影响因素	影响效果	参考文献
土性（粒径）	粒径越小越有利于气体在水平方向的运动，曝气影响区域越大	（Reddy and Adams，2008；胡黎明等，2011）
土层渗透性	ROI 随渗透性的增加而减小，但较大渗透系数时，ROI 基本不再随渗透系数的改变而变化	（张英，2004）
曝气压力	ROI 随曝气压力增大而越大	（Burns and Zhang，2001）
	存在曝气压力临界值，曝气压力达到该值后，影响区域大小趋于稳定	（胡黎明等，2011）
	统计现场数据显示曝气压力与 ROI 变化无明显相关性	（Bruell et al.，1997）
土层的非均一性	若两层土体的渗透率之比大于 10，气体一般不经过渗透率较小区域；若两者的渗透率之比小于 10，则存在气体自渗透率较小土层进入渗透率较大土层，形成的影响区域变大	（Reddy and Adams，2001）
曝气深度	ROI 随曝气井深度增加而增大	（张英，2004）
	曝气深度对曝气影响范围的影响较小	（Bruell et al.，1997；Lundegard and Andersen，1996）
地下水影响	当水力梯度小于 0.011 或地下水流速小于 5.1×10^{-6} m/s，对曝气影响区域大小影响很小	（Reddy and Adams，2008；Reddy and Adams，2000）

2.3.1　ROI 的确定方法

地下水位的变化、气压环境、场地边界条件以及 AS 初期瞬时状态与长期稳定状态等的差异均造成喷入气体影响区域面积的不同。目前尚无准确评价喷入气体影响区域面积的方法，但一般采用 ROI 定量考察（Reddy et al.，1995）。

由于实际中气体的难可察性，准确、快速测定 ROI 一直是相关研究的重点。目前，确定 ROI 的方法主要有四种（McCray and Falta，1996；Semer et al.，1998）：①根据地下水水位的上升变化；②地下水中溶解氧 DO 的变化；③水位以下区域气相压力的变化；④渗流区污染物气相浓度变化。

Hinchee 等（1995）总结认为除上述四种方法外，确定 ROI 的方法还包括空气泡（Air

Bubbling)、氦气示踪(Helium Tracer)、SF_6 示踪(SF_6 Tracer)、电阻层析成像技术(Electrical Resistance Tomography, ERT)等共十余种方法。

地下水水位的上升变化指在曝气时,空气由曝气点向上迁移的过程中驱替初始饱和土体中孔隙水,从而使水位高度增加。在曝气过程中,观察到水位升高的径向范围即为ROI。该方法的局限性在于水位升高并不一定反映空气和污染物接触的实际范围。上层非饱和土层较高的侧向渗透系数将增加上升地下水的侧向运移,导致所观察到的地下水水位上升区域大于实际的曝气影响范围。再者,水位的升高过程短暂,在曝气开始一段时间后就基本无法清晰观察且具有较大人为误差存在。

地下水中溶解氧DO的测定以及污染物浓度的测定需要从修复区域的不同地点对地下水进行取样和测定。不论氧气的迁移规律如何,溶解氧DO的增加是评价ROI的主要手段(Bruell et al., 1997)。此类方法能够较精确地评价ROI,但是取样和测定需耗费大量成本和较长的测定时间,从而限制了其在现场的应用,而且原位生物耗氧降解可能降低该类方法的准确程度。

McCray等(1996)利用多相流软件T2VOC对正压分布与水位以下污染物去除区域间的关系进行了模拟。模拟结果表明,ROI受多孔介质的非均匀性和各向异性的影响极大。由于其忽略了毛细压力,因而造成ROI的估计范围偏小。

McCray等(1996)提出一种针对不同土体预测ROI的经验公式,如公式2-5:

$$ROI_1 = ROI_2 \cdot \left(\frac{\delta_1}{\delta_2}\right)^{1/2} \tag{2-5}$$

式中:δ 为水平向渗透系数与竖向渗透系数的比值;ROI 为曝气的影响半径[文献(McCray and Falta, 1996)中定义为气体饱和度为10%的曝气区域]。

该经验公式适用的竖向渗透系数范围广,但要求水平向渗透系数 k_h 基本保持一致。Lundegard等(1996)发现,在稳定曝气流量下,k_h 对稳定气型大小的影响较小,因此可将公式2-5改为公式2-6:

$$ROI_1 = ROI_2 \cdot \left(\frac{k_{v2}}{k_{v1}}\right)^{1/2} \tag{2-6}$$

式中:k_v 为土体的竖向渗透系数。上述经验公式可适用于水平向渗透率介于 10^{-8} ~ 10^{-11} cm^2(即主要包括粉砂、砂土)的情况。

McCray等(1996)采用通过测定气相压力准确测定曝气ROI的方法(根据气体饱和度定义的影响区域)。假设曝气区域为水-气两向系统,水相在毛细压力的作用下易进入小孔隙,气相则倾向于进入相对较大孔隙。因此,气相将进入监测井。经过初始阶段,气型趋于稳定,而水相状态则近似于曝气前的静水状态(除距离曝气井非常近的范围)。稳定阶段,水相承担较大的压力,两相间的压力差即为毛细压力。稳定的气压正值数值上就等于水-土体系中的毛细压力。McCray等(1996)基于数值模型分析,指出气相的侧向迁移及气体饱和度主要取决于毛细压力。Bruell等(1997)认为采用饱和区(非饱和区)内孔压检测以观测ROI的方法可能得到高估的结果。

2.3.2 地下水曝气影响区域

关于单井影响区域的气型(即曝气影响区域形状),目前主要有两种观点。一种观点认为影响区域的形状是圆锥面形(Nyer and Suthersan，1993；Hu et al.，2010；胡黎明等，2011)；另一种观点认为影响区域的形状是抛物面形(Ji et al.，1993；Adams and Reddy，1999)。图2-2为上述两种基本喷气流型示意图。

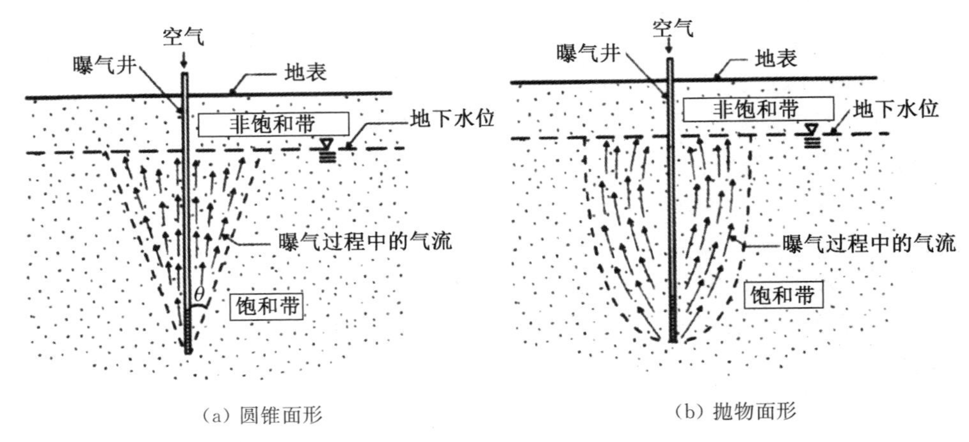

(a) 圆锥面形　　(b) 抛物面形

图 2-2　两种基本喷气流型示意图(Reddy et al.，1995)

实际条件下，由于土层条件、水力梯度及上覆压力等的差异均会造成污染物分布的不均及气体流型的变化，但目前鲜有关于该方面的研究文献。目前，对于影响区域形状和大小的试验研究主要采用常规的室内模型试验方法，采用离心模型试验方法研究地下水曝气法的文献相对较少，主要研究集中于 Hu 等(胡黎明等，2011；Hu et al.，2006)和 Marulanda 等(Marulanda et al.，2000)。

胡黎明等(2011)采用与 Ji 等(1993)相似的透明玻璃珠结合摄像拍摄方法，通过离心模型试验模拟 AS 过程以确定曝气流型。其采用虚拟曝气点和渗气夹角描述影响区域的变化，认为流型是一个以虚拟曝气点为顶点、以影响区域边界切线为母线的锥体，与粒径、曝气压力等因素无关。所观测到的底部曝气口区域抛物面形状主要为曝气点附近发生的小规模气压劈裂所造成的。

Ji 等(1993)首先采用透明玻璃珠模拟土层，通过摄像技术对 AS 的流型进行了试验研究。摄像技术对于透明玻璃珠中 AS 的流型研究具有显著的优势，但却无法用以研究真实土层中 AS 的流型。

Semer 等(1998)对在土体中不同曝气压力及真空抽气联合曝气条件下的 AS 流型进行观察。其通过观察水位附近细砾石层中气泡的变化来确定 AS 的流型。但这种观察研究无法确定地下水水位以下土中气体通道形状规律。

Chen 等(1996)采用计算机 X 射线断层扫描仪(X-ray Computerized Tomography Scanner)并借助一维分相流理论(One Dimensional Fractional Flow Theory)，考察高、低渗透性(渗透率分别为 106 D 和 3 D)的两种饱和砂土中 AS 过程中气体分布。该技术的特点在于其能够以三维成像的形式无损地得到高分辨率的孔隙率和气体饱和度的分布。X 射线 CT 具有快捷准确的优势，但仪器测试对象的尺寸等约束及造价限制了其推广应用及现场实测。

Lundegard 等(1995)采用了电阻层析成像技术(Electrical Resistance Tomography，

ERT)以确定现场饱和土体中气体的流动方式及其影响范围。由于气体电阻率高于水的电阻率,因此在曝气影响区域中,土体饱和度的改变将造成测定电阻率的改变,饱和度越低则电阻率越大。

张英(2004)提出采用乙炔示踪法来确定 AS 在多孔介质中的流型。由于乙炔气在水中的溶解度远大于空气,且易于用气相色谱检测,采用乙炔曝气不存在气体(例如溶解氧 DO 法中的氧气)被还原态的土体消耗而无法检出的缺陷。

观察分析曝气流型时必须考虑到模型槽的尺寸限制,其可能造成曝气的影响区域在试样的顶端及侧壁受限于边界,从而约束实际影响区域。

Bruell 等(1997)通过统计 37 处现场地下水曝气修复实测数据发现,ROI 与曝气深度、土层渗透性、曝气流量均有明显相关性,其主要原因可能为土层的非均一性影响。

Lundegard 等(1996)认为土层的各向异性及竖向渗透率为控制稳定气型范围的主要影响因素。Peterson 等(1999)通过对比平均粒径(average modal grain size)为 1.10 mm、1.30 mm、1.84 mm、2.61 mm、3.10 mm、4.38 mm 天然砂的曝气试验结果发现,存在某一平均粒径(2～3 mm)使得单位面积的曝气影响面积达到最大。自 1.10 mm 至 2.61 mm 的平均粒径范围内,单位面积的曝气影响面积随之增大,但过大的平均粒径(4.38 mm)又造成影响区域急剧减小。Reddy(2008)等提出采用圆锥面描述抛物面形状的影响区域,二维模型试验的结果表明有效粒径越小(分别为 2.5 mm、0.43 mm 和 0.2 mm),则对应的渗气夹角(影响范围)越大(为 15°、39°和 56°)。土体水平向渗透性远大于竖向渗透性时,气体更易于向水平方向迁移,使影响半径增加。因此,不均匀度的增加扩大了 AS 的处理区域(影响半径),但这也使操作的能耗增加。当曝气流量小于 5 m^3/h 时,流量增加造成 ROI 急剧增加;当流量大于 5 m^3/h 时,ROI 的增加较缓慢(张英,2004)。影响区域大小的影响因素总结如表 2-3 所示。

影响气体通道形式的主要因素为土颗粒的粒径(孔隙尺寸)。Peterson 等(1999)的试验结果显示,砂土颗粒平均粒径小于 1.30 mm 时为微通道形式,平均粒径大于 1.84 mm 时为独立气泡形式。Ji 等(1993)以玻璃圆珠为研究对象,得出区分微通道和独立气泡气体通道形式的粒径约为 2 mm(中砂)。Brooks 等(1999)则从毛细压力及浮力作用出发,采用修正邦德数 Bo^* 考察气体通道形式:Bo^* 大于 3 时气体通道形式为独立气泡,Bo^* 小于 1 时气体通道形式为微通道,Bo^* 介于 1～3 之间时为过渡气流。表 2-4 总结了相关文献中考察颗粒粒径尺寸及颗粒级配对气体通道形式的试验结果。

表 2-4　相关文献中对于颗粒粒径尺寸及颗粒级配对气体通道形式的影响

颗粒尺寸 /mm	介质材料	曝气流速 /($L \cdot min^{-1}$)	压力 /kPa	通道形式	参考文献
0.841～1.00	砂土	1.0～1.3	8.3～8.9	存在显著边界的离散通道	(Peterson et al., 2000)
1.00～1.19		1.0～1.3	8.3～8.9		
4	玻璃圆球	0.6～10	1.6～22.4	独立气泡	(Ji et al., 1993)
2		3	4	独立气泡及微通道	
0.75		0.6～10	4.7～27.1	微通道	
14.5～27.0	玻璃圆球、椭圆球		8.3～11.0	独立气泡	(Burns and Zhang, 2001; Burns and Zhang, 1999)

（续表）

颗粒尺寸/mm	介质材料	曝气流速/(L·min^{-1})	压力/kPa	通道形式	参考文献
2[a]	玻璃圆球	0.35	4.0～11.0	扰曲微通道	(Elder and Benson, 1999)
0.6[a]		4.4	48	直微通道	
0.2[a]		12.0～17.1	10.3～17.2	范围更宽(孔隙尺寸)的微通道	
2.50[b](1.88)[c]	砂土	2.23	6.9	独立气泡	(Adams and Reddy,1997)
0.43[b](1.28)[c]		2.23	6.9	微通道	
0.20[b](3.25)[c]		2.23	6.9	微通道	
0.18[b](1.39)[c]		2.23	6.9	微通道	
0.08[b](1.38)[c]		2.23	6.9	微通道	
0.106 (1.6)[d]	砂土	1&2	—	微通道	(Chao et al., 2008)
2.38 (2.2)[d]	砂土	1&2	—	独立气泡	
0.49[a](4)[d]	砂土	40～80	—	离散气体通道	(Liang and Kuo, 2009)

注：[a]——d_{50}；[b]——有效粒径；[c]——d_{50}/d_{10}；[d]——不均匀系数。

Clayton(1998)认为气体饱和度小于10%时气体通道多为宏观气体通道(macroscopic air channel)，而气体饱和度大于10%时气体通道则为孔隙尺寸的气体通道(pore-level channel)，如图2-3所示。细砂的曝气影响范围内较大部分区域的气体饱和度超过10%，毛细应力的作用大于浮力的作用；粗砂的曝气影响范围内气体饱和度超过10%的区域较小，毛细应力的作用小于浮力的作用。

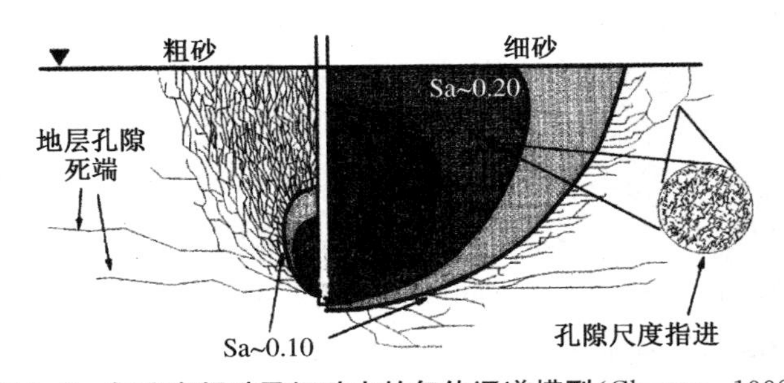

图2-3　气流在粗砂及细砂中的气体通道模型(Clayton, 1998)

值得注意的是，气体通道在影响区域内的分布不是均匀的，但模型建立大都是假设气体通道均匀分布，因而气体通道的数量偏差大。

2.4 地下水曝气修复效果的影响因素

AS过程是一个复杂的多相传质过程，影响因素很多，包括场地条件、曝气压力、曝气流量、曝气井深度、污染物特性、影响区域的大小等(刘燕，2009；张英，2004)。

Benner等(2002)通过五处现场处置结果结合有限差分软件BIOVENTINGplus分析

了曝气法处置效果主次影响因素。他们认为主要影响因素包括污染物的类型、曝气方式(脉冲式曝气)、曝气井数量、最大生物降解率、土体孔隙率和含水层天然有机碳的固相分数,而曝气深度、曝气流量(曝气压力)、水平渗透性及渗透性的各向异性为次要因素。

2.4.1　场地条件影响因素

AS技术适用于地表的土性为粉土或粉质黏土层的中至浅层含水层NAPLs污染场地的修复。一般在地下水埋深小于15 m的潜水层中采用AS技术效果较好,并适用于渗透率大于10^{-14} m^2的土体条件(陈华清,2010)。

郎印海等(2001)总结了不适用AS技术的修复场地类型:①存在游离馏分,AS所造成的地下水位升高可能引起游离馏分迁移,造成污染物扩散;②修复位附近有基岩、排水管或土体存在孔隙或裂隙等;③含有污染物的地下水位于承压含水层内。

地下水曝气不适用于在承压含水层内的污染去除,因为喷入的气体能被饱和水承压层吸收而不能从未饱和区域逃逸。针对上述第二点,陈华清(2010)建议采用隔离墙阻隔限制污染物运移,即可通过AS技术。

土体的类型、粒径大小、非均匀性、各向异性和地下水的流动等场地条件因素均会影响曝气所形成的影响区域。

总结Rogers等(2000)的试验结果可知土体粒径对曝气去除效果的影响大于曝气流量的影响。其试验结果显示平均粒径从0.168 mm增加到0.305 mm,AS操作168 h、曝气流量为45 mL/min,苯的去除效率从7.5%增加到16.2%。与之相比,相同土性条件下曝气流量自45 mL/min增大至125 mL/min仅使得苯的去除效率从9.6%增加到12.7%。

2.4.1.1　土体的粒径大小

颗粒的粒径越小,越有利于气体在水平方向的运动,而粒径越大,曝气影响区域越小(最大渗气夹角越小)。但颗粒粒径对曝气后土体饱和度变化的影响并不明显(刘燕,2009)。

当土体粒径较小、孔隙通道尺寸较小(例如粒径小于0.75 mm)时,曝入气体以微通道(Channel Flow)的方式运动;当土颗粒粒径较粗(例如粒径大于4 mm)、孔隙通道尺寸较大时,气体以独立气泡(Bubble Flow)的方式运动(刘燕,2009;胡黎明等,2008;Ji et al., 1993;Adams and Reddy, 1999)。独立气泡的运动方式使污染物与气体接触,使得去除率较高。

陈华清(2010)认为良好级配且粒径较大的区域AS修复效果较好,空气扩散范围较小,良好级配且粒径过小的区域AS修复效果则较差,气体扩散的范围较大。

Reddy等(1998)通过一维土柱试验发现,D_{10}大于0.2 mm时,去除时间随D_{10}线性减少,D_{10}小于0.2 mm时,去除时间急剧增加。

Braida等(2000a)选取两种硅胶砂(平均粒径分别为0.305 mm和0.168 mm,不均匀系数分别为1.41和1.68)进行非平衡的气-水传质试验。流量相同的条件下,平均粒径从0.305 mm变为0.168 mm,传质系数K_f(溶解苯的传质系数)从0.277 cm/min降为0.004 1 cm/min。多孔介质相同的条件下,去除率不受曝气流量影响。

Kim等(2004)的模型试验表明,对于小于毫米级粒径的颗粒,曝气过程中通常形成微通道而非独立气泡。而气-水表面张力的降低能够促进气体通道的发展,增大气体饱和度。

Baker 等(2007)的模型试验显示曝气流量和气体饱和度均随粒径尺寸增大而增加，其规律与相同毛细压力下气体渗透性随粒径尺寸变化规律一致(气体渗透性从大至小为：粗中砂＞中细砂＞级配良好的砂＞细砂)。

细粒土中由于气穴的形成降低了实际气渗性，需要较高的地下水曝气压力。此外，细粒土中气体的侧移很大，若不能有效控制地下水，将引起地下水中污染物迁移。

此外，由于细砂较粗砂的进气值高，因此在相同的曝气压力条件下，细砂土体中形成的气体通道数量较少，而液相扩散的影响作用增加。缓慢的扩散过程就造成了细砂的曝气中拖尾现象的出现(Reddy and Adams, 1998)。

污染物的去除时间受土体中气体孔道密度的影响。气体孔道的密度越大，所需要的去除时间越短，反之则需要更长的时间。气体孔道密度的降低导致了气液两相的相间传质面积减少，从而降低挥发速率(张英，2004)。

但 Clayton(1998)认为细砂土体中的曝气形成更大的水气接触面，并且扩散路径减小，增强传质效果。

Chao 等(1998)通过三种不同的砂的试验，发现粗颗粒砂的气-水传质系数相对更大，其根据上述试验现象认为，相对于粗砂土条件，细砂土层中气体通道数量相对较少，通道体积则相对更大。Reddy 等(1998)基于柱试验的结果验证了文献(Chao et al., 1998)的观点。

2.4.1.2 土体的各向异性

当土体相对均质时，非常适合进行 AS 修复，气流的分布模型将会趋于形成一个对称的圆锥形(V 形或 U 形)。如果污染区存在厚而连续的弱透水层，其将阻碍气流到达所要修复的区域。若弱透水层薄而非连续，则对气流分布和运移产生的影响较小，仍适宜采用 AS 技术进行修复。弱透水层的存在是限制 AS 技术的一个主要因素(陈华清，2010)。

AS 过程中曝入气体将会沿毛细阻力较小的路径通过饱和土体到达地下水水位，造成曝入气体不会经过渗透率较低的土体区域，从而影响污染物的总体去除效果。

Ji 等(1993)通过试验发现，对于均质土体，无论何种气体流动方式，其流动区域均以通过曝气点的垂直轴对称；对于非均质土体，气体流动非轴对称。这两种流动方式分别如图 2-4 和图 2-5 所示。这种非对称性是由于土体渗透性的细微改变以及气体喷入土体时遇到的毛细阻力所致。

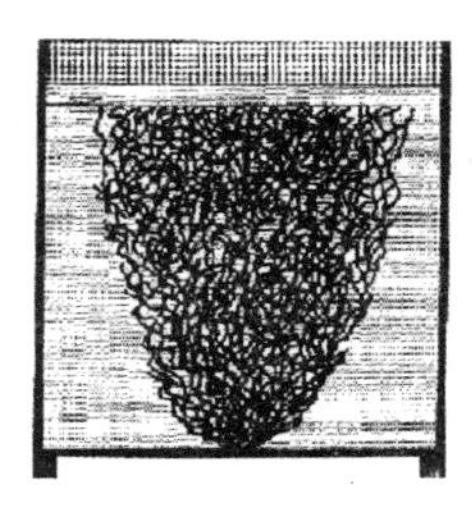

图 2-4 均质土体中空气的流动(张英，2004)

图 2-5 非均值土体中空气的流动(张英，2004)

此外，Ji 等(1993)认为气体的流动受土体渗透率、异质夹层的几何结构和大小，以及曝气流量大小等的显著影响。存在异质夹层的土体中，曝入气体无法到达直接位于低渗透率层之上的区域，且仅当曝气流量足够大时气体才能穿过该夹层，如图 2-6 和图 2-7 所示。

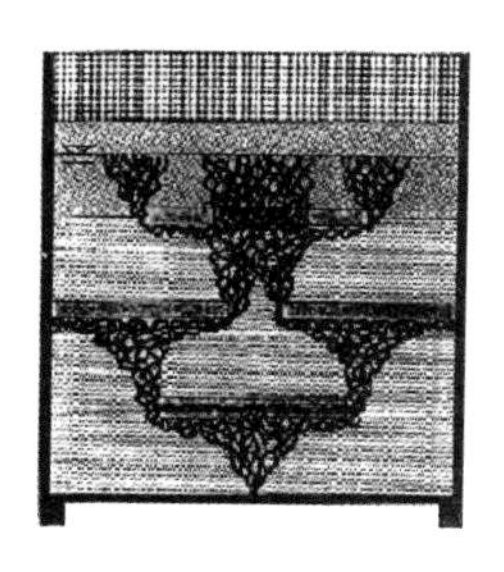

图 2-6 小流量下分层土体中空气的流动(张英，2004)

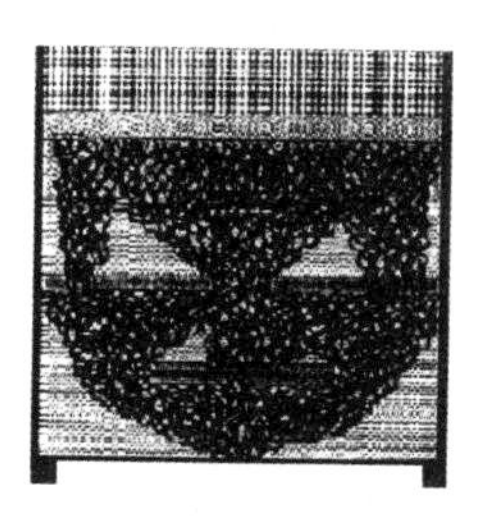

图 2-7 大流量下分层土体中空气的流动(张英，2004)

Reddy 等(2001)认为在 AS 过程中，当气体遇到渗透率和孔隙率不相同的两层土体时，若两者的渗透率之比大于 10，气体一般不经过渗透率较小区域；若两者的渗透率之比小于 10，则气体从渗透率小的土层进入渗透率较大的土层时，其形成的影响区域变大，但气体的饱和度降低。

Wilson(1992)发现低渗透透镜体的存在导致去除时间的显著增加，并取决于透镜体的平均厚度。

土体的不均匀度(k_h/k_v)越大，曝气所需压力也越大。而土体垂直方向的渗透性越好，则气体越容易向上迁移，曝气所需的压力相对较小。

另外，一定曝气流量下，影响区域过大会使得处理区域中气体通道密度减小，气液传质界面面积相对较小，因而处理非均质土体中的污染物比处理均质土体中的污染物难度大。

刘燕(2009)通过模型槽的分层试验表明试样上下层的渗透率差异(下层渗透率相对小)将影响曝气影响区域的大小，模型在较低的曝气压力下其上层就会发生破坏。

Rogers 等(2000)拟合污染物去除率及 $(d_0 \cdot D \cdot \sqrt{UC} \cdot t)/X^2$，发现两者呈良好的线性关系。其中，$d_0$ 为归一化的平均粒径，D 为污染物的液相扩散系数，UC 为土的不均匀系数，t 为时间，X 为非水相液体距离气流通道间距离。

曝气法在低渗透性土体中的应用可能性主要包括：①更大的影响范围；②更高的气-水传质效率(2000)。低渗透性土层中进行曝气需要更高的曝气压力以达到相同程度的气流速率。土体进气值过高，使得其超过上覆土层压力，进而造成土体劈裂破坏。

2.4.1.3 土体的渗透系数

曝气影响半径随着渗透性的增加而减小，渗透性越小，ROI 变化幅度越大。但当渗透系数较大时(200 m/d)，ROI 基本不随渗透系数的改变而变化。而在渗透性较差的土体中，渗透系数较小的变化都会影响 ROI 的大小，改变 AS 的处理效率(张英，2004)。

土体的渗透率对影响范围的影响明显。对于渗透率在 10^{-10} m^2 数量级大小的多孔介质，其气体分布均匀，影响半径较大，易于对污染物进行 AS 处理。而对于渗透率在 10^{-11} m^2 数量级大小的多孔介质，其气体分布非常不均匀，较易形成优先流，或是气体通道横向扩散，不易向上迁移(张英，2004)。

曝入气体并不能通过渗透率很低的土体层，例如黏土层。对于高渗透率的土体，如砂砾层，由于其渗透率太高，导致孔隙过大，容易造成气流短路，致使曝气的影响区太小，以至于不适合用 AS 技术来处理。

均质土层中，当其渗透率较低，气体不易向上迁移，从而同样形成不均匀气体分布。通常，气体遇到渗透率较小的砂土时，会向两侧水平迁移，直至遇到渗透率较大的区域或其压力足够大能通过渗透率较小的区域时，气体才产生向上迁移的流动（张英，2004；Peterson et al.，2000）。

Ji 等（1993）的研究表明气体在高渗透率的土体中是以独立气泡（bubbles）的方式流动的，而在低渗透率的土体中是以微通道（channels）的方式流动的。独立气泡方式使得受曝气影响范围内土层气体饱和度增大，因此增大了气-液相间的接触面积，同时气流分布也比较均匀。上述改变使得污染物挥发速率加快，从而获得了较高的 AS 修复效率，所需要的修复时间也最短（胡黎明等，2008）。因此在渗透率较高的砂土中，挥发、弥散和溶解是污染物传递和转化的主要机制，而溶解可能是速率控制步骤（陈华清，2010）。

Clayton（1998）认为对于渗透性较差、毛细压力较大的土层，气体饱和度将增大且更加均匀。增加气体饱和度使得低渗透性土体中的传质系数增大。

Heron 等（2002）认为采用曝气法处置 DNAPLs 时必须明确污染物在土层中的分布。通常 DNAPLs 积聚于弱透水层，若曝气井深度埋设不当则难以去除。为此，可以使得曝气井埋深处于弱透水层顶部，并缩短井屏长度。土体渗透率和 AS 修复效果见表 2-5 所示。

表 2-5 土体渗透率和 AS 修复效果（郑艳梅，2005）

渗透率 K/cm^2	AS 处置效果
$K>10^{-9}$	普遍有效
$10^{-10}\leqslant K\leqslant 10^{-9}$	可能有效，须进一步评价
$K<10^{-10}$	边缘效果或无效果

2.4.1.4 地下水的影响

Reddy（2008）等的研究显示，当水力梯度小于 0.011 或地下水流速小于 5.1×10^{-4} cm/s 的情况下，地下水的流动对曝气影响区的形状和大小的作用很小。但气体的流动减缓了影响区的地下水流动，也就降低了污染物迁移的梯度。同时，AS 过程能有效地阻止污染物随地下水的迁移。

去除时间与地下水水流无关（Reddy and Adams，2000），地下水平流所形成的污染物迁移机制是次去除因素。

一般情况下地下水埋深超过 15 m 的区域即不适合采用 AS 技术进行修复。地下水埋深过大将会严重影响 AS 系统的修复效率，导致修复成本过高和修复周期过长。但有研究表明，在土体渗透性能较好的情况下，AS 技术可以在地下水埋深达到 46 m 时成功应用并取得较好效果（Klinchuch et al.，2007）。

地下水中的 Fe^{2+} 能够降低饱和区土体的气渗性。当 Fe^{2+} 与喷入气体中氧气结合并氧化为难溶的 Fe^{3+} 时，便在土体饱和区沉淀并挤密土体孔隙，减少空气或地下水流的可利用区。一般而言，当 $Fe^{2+}<10$ mg/L 时曝气有效，$Fe^{2+}>20$ mg/L 时 AS 技术效果差。

2.4.2　曝气的压力

地下水曝气压力即气体喷入饱和区土体时的压力，是AS技术的重要设计参数之一。研究表明试样的空气饱和度以及微通道密度会随着曝气压力的增大而增大(Marley et al., 1992)。初始地下水位以下土体的孔隙及上层滞水带中毛细带均属饱和含水层，气体无法自由渗透。气体渗透饱和含水层时，首先必须置换部分孔隙水，随着空气体积的增加，由浮力作用使得气体上升。

因此，曝气压力必须超出外界约束(即最小曝气压力)后气体才能进入饱和土体和地下水系统。最小曝气压力取决于曝气点附近所需克服的静水压力和毛细作用力(刘燕, 2009)。其计算由公式2-7确定：

$$p_{\min}=\rho_{w}gh_{w}+\frac{4\sigma\cos\theta}{D} \tag{2-7}$$

式中：$P_{\min}$为最小曝气压力理论值；ρ_w为孔隙流体密度；h_w为曝气点以上的液面高度；σ为气-水两相的表面张力系数，在20℃时水-气表面张力为0.074 N/m；θ为水和固体颗粒之间的接触角；D为孔隙的平均直径，一般取颗粒有效直径的五分之一。Reddy等(1995)认为D取为D_{50}；Gao等(2011)认为可取为1/5 D_{10}。D_{50}和D_{10}分别表示小于某粒径土重累计百分含量为50%和10%所对应的粒径。

式2-7中实际假定了气相在曝气影响范围内均匀分布，其无法考虑土层非均质的影响。再者，其没有考虑独立气泡上升过程中的浮力作用(Gao et al., 2011)。

由于颗粒粒径越大，试样的毛细阻力越小，按照公式2-7计算得到的最小曝气压力理论值偏大(刘燕,2009)。

一般来说，曝气压力越大，所形成的气体通道就越密，AS的影响半径越大(Burns and Zhang, 2001)。但为避免在曝气点附近造成不必要的土体迁移甚至破坏(刘燕,2009)引起永久性气体通道，曝气压力必须不能超过原位有效压力，其包括垂直方向的有效压力和水平方向的有效压力(Marulanda et al., 2000)。最大曝气压力理论计算公式2-8～公式2-10如下：

$$p_{\max}=\min\{\sigma'_{v},\ \sigma'_{h}\} \tag{2-8}$$

$$\sigma'_{v}=\rho_{s}gh_{s}-\rho_{w}gh_{w} \tag{2-9}$$

$$\sigma'_{h}=K_{0}\sigma'_{v} \tag{2-10}$$

式中：$P_{\max}$为最大曝气压力理论值；σ'_v为竖向有效应力；σ'_h为水平向有效应力；K_0为侧限系数；ρ_s为试样的饱和密度；h_s为曝气点以上的试样高度；ρ_w为水的密度；h_w为水液面的高度。

胡黎明等(2011)及刘燕(2009)的常规模型试验及离心模型试验表明在曝气过程中，存在一个临界曝气压力值。曝气压力低于该值时，曝气压力对影响区域的影响较大；达到该值之后，曝气压力对影响区域影响很小。该特征压力值即为"曝气压力临界值"，所对应的影响区域为"稳定影响区域"。稳定影响区域可以看作气体运动通道已经发展完全的状态(张英,2004;胡黎明等,2011)。

Peterson等(1999)发现曝气压力为4.8～8.9 kPa时，曝气压力对影响区域范围的影响可以忽略。

Baker 等(2007)研究表明,影响半径和气体饱和度均随归一化曝气压力 P_N 增加而增大,但随着 P_N 增加($P_N>0.1$),影响半径和气体饱和度的变化明显趋于平稳。增加曝气压力,使得气体通道尺寸变大,气体通道内残余孔隙水体积降低,进而增大气-水传质界面。

Kim 等(2004)对曝气压力 P_g 进行了修正,认为计算曝气压力时应当考虑曝气过程中压力损失的作用,其可用式 2-11 表示。

$$P_g = P_w + P_c + P_l + P_f + P_s \tag{2-11}$$

式中:P_l、P_f、P_s 分别为气体通过曝气管、曝气口及在气体通道中的压力损失;P_w 为曝气口处静水压力;P_c 为土体介质的毛管阻力。

2.4.3 曝气的流量

气体以微通道形式运动时,通道的数量和分布是流量的函数。高流量条件下,微通道的数量增加,污染物与气体接触增大,去除率增大;流量较小的条件下,微通道的数量较少,微通道附近的污染物可以很快去除,而没有靠近微通道的污染物只有通过向微通道扩散,才可以达到去除的效果(Adams and Reddy, 1999)。曝气流量随曝气压力增加而增大。Lundegard 等(1996)认为曝气流量的变化可通过人为控制调节,而受土层影响较小。

Ji 等(1993)的研究表明,曝气流量的增加使气体通道的密度增加(相对渗透率增加),水的有效饱和度降低,影响半径也有所增加。因此,曝气流量的增大有利于 AS 修复效率的提高。而在较低曝气流量下,喷入气体的分布稀疏而且分散。

曝气流量的增加一方面增加了气体在土体中的饱和度,扩大了气体的 ROI,但另一方面也会使气体在土体中的分布极不均匀,较易形成局部优先流,降低了 AS 总体的修复效果。过大的曝气流量极易造成土体介质的扰动和破坏,甚至改变土体介质局部范围内的渗透性能(Reddy and Adams, 2001)。张英(2004)通过乙炔示踪曝气气流发现以较高流量曝气时,气体的分布变得不均匀,易于在介质中形成优先流,验证了上述观点。

陈华清(2010)通过模型试验发现含水层下部污染物的去除速率明显大于含水层中部污染物的去除速率,而且曝气流量越小这种差异越明显。其认为由于含 AS 修复的初始阶段空气流首先通过含水层下部,溶解态的液相甲苯挥发进入气体,使气相甲苯浓度升高,当气流运移到含水层中部时,气相污染物与液相污染物发生界面交换,含水层中部通过挥发去除的液相污染物会及时得到补充,从而整体上的表现是含水层下部污染物优先去除。

此外,曝气流量的增加将有助于提高有机物和氧的扩散梯度,土体中含氧量增加,有利于有机物的去除(Marulanda et al., 2000; Yang et al., 2005)。

曝气流量的增加使得曝气影响区域渗透系数、地下水流速以及污染物迁移速率降低(Reddy and Adams, 2000)。

高曝气速率(4 750 mL/min)可能造成优势流,使得污染物迁移绕过曝气影响区域(Reddy and Adams, 2000)。

Liang 等(2009)认为对于给定曝气流量,曝气稳定阶段时曝气影响区域体积 PV 与饱和度 S_a 的乘积为定值,如式 2-12。

$$PV \times S_a = 常量 \tag{2-12}$$

Kim 等(2004)的试验结果显示气体饱和度随曝气流量增加而增大，但存在一定上限，表面张力越小则上述现象越为显著。

Rogers 等(2000)的模型试验结果表明与多孔介质粒径尺寸相比，曝气流量对污染物(苯)的去除效果相对较小。

曝气流量大小对气体分布的影响如图 2-8 和图 2-9 所示。

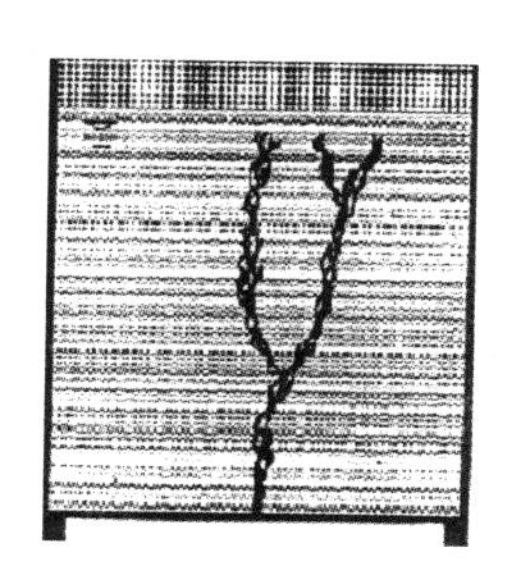

图 2-8　小流量下 AS 的空气分布示意图(Ji et al., 1993)

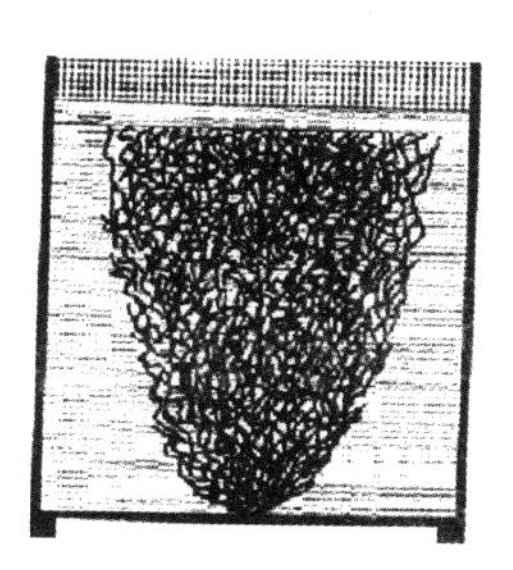

图 2-9　大流量下 AS 的空气分布示意图(Ji et al., 1993)

2.4.4　曝气井安装深度

AS 过程中当喷入气体进到含水层以后，气体流会在压力梯度作用下迅速向上迁移扩散，曝气点下方区域仅有很少的空气流扩散，而且距离越远空气流越稀薄，从而位于曝气点下方的含水层中的溶解态污染物就很难挥发去除。曝气井深度越深，空气向上迁移的过程中向四周的水平迁移也有所增加，从而使影响半径增大，有利于 AS 过程。

另一方面，张英(2004)的模型试验显示随着曝气井深度的增加，饱和土体中气体的相对渗透率不断下降，而有效水饱和度却随之升高。该现象表明曝气井深度的增加使气体饱和度相对较低，传质界面面积降低，不利于去除效果。

相关文献(武强等，2007；王志强等，2007；王贞国等，2006)中在胜利油田石油开采区的现场试验结果验证了上述观点。在相同曝气压力和流量下，曝气深度越大，影响半径越大，但影响区内的气流分布越稀疏；相反，曝气深度越小，则曝气影响半径越小，但在影响区内空气流线分布越密。在气流分布密度大的区域，石油去除率高达 70%，而在气流分布稀疏的区域，石油去除率只有 40%，曝气影响区地下水石油平均去除率为 60%；气流分布密度和曝气影响半径随曝气压力和流量增大而增大，但存在一个最佳限值。

结合公式 2-7 可知，由于曝气井深度的增加，曝入气体要克服的静水压力也增大，从而使所需曝气压力也不断升高。因此，曝气井深增加使得曝气需要更大的动力，使操作成本增加。通常，曝气井宜安装于污染区域附近或稍低于污染区域从污染区下部进行曝气，使曝入的空气既可以到达整个外污染区域，又不会增加操作成本(陈华清，2010)。

Gomez-Lahoz 等(1994)建议针对 NAPLs 的去除，竖向曝气井较之水平向曝气管道更有效，因为拖尾效应相对较弱。

Lundegard 等(1996)认为曝气深度对气型影响范围的影响较小。

2.4.5 曝气持续时间与机制

曝气持续时间是指在一定的条件下，清除有机污染物达到一定程度时所需要的时间。利用污染物扩散方程，可以描述污染物浓度的时空变化，确定曝气需要的持续时间（刘燕，2009）。

曝气机制主要分为连续曝气和脉冲曝气。连续曝气时地下水环境中气流分布基本稳定，NAPLs 污染物的去除基本稳定；脉冲曝气主要体现在 AS 过程中有一个相态重新分配的过程，一定程度上有利于污染物的去除（Yang et al.，2005；Rahbeh and Mohtar，2007）。通常认为，脉冲式曝气对粗砂无明显优势，而对细砂有一定效果。

脉冲曝气使得曝气暂停后，原有的稳定状态下的气流场瞬间消失，原有的相态平衡状态被破坏，土体孔隙内流体的混合以及污染物向气体通道的对流传质形成以达成新的平衡。Ahlfeld 等（1994a）推测脉冲曝气过程并不会造成地下水向新的方向运移，但其能够搅动、混合地下水，使得气体通道在曝气循环中反复破坏/重建，促进污染物自水相的传质以及向气体通道的迁移速率。Ahlfeld 等（1994b）的现场孔压实测数据显示曝气暂停后由于气体通道破坏以及地下水重新流入孔隙，孔压迅速降低。这种平衡过程会促进 NAPLs 的挥发速度，从而提高污染物去除速率（Heron et al.，2002）。

许多研究者用脉冲曝气来代替连续曝气，获得了良好的效果。Kim 等（2007）采用脉冲曝气方式的 AS 系统修复砂质含水层 TCE 污染，结果表明 TCE 去除率达到 95%。

Aivalioti 等（2008）介绍了希腊某炼油厂 600 m^2 污染区内包括 5 个空气注入井和 4 个监测井的 AS 系统，采用间歇曝气持续修复 5 个月之后 TPH、BTEX 的浓度均明显下降，去除率最高达到 99%。刘燕（2009）的模型试验显示第一次曝气结束之后试样的饱和度降低，使得在相同的曝气压力下，第二次曝气试验的质量流量比第一次曝气试验大。

Heron 等（2002）通过对比连续曝气、8 h /16 h（曝气/停止）、8 h /40 h、1 h /1 h 四种曝气方式发现 1 h /1 h 的脉冲式曝气方式的去除效率最高。脉冲曝气的去除总量及去除效率均优于连续曝气。

Baker 等（2007）采用脉冲式曝气不改变曝气压力、曝气流量及气体饱和度，而气型和影响半径略有增加（增加程度小于 15%）。

Elder 等（1999）研究发现：①在大于 10 h/d 的脉冲循环条件下，与连续曝气相比，脉冲曝气后污染物的平均浓度较低；②运行时间较长而停止时间较短的脉冲对 AS 操作最有效。

Reddy 等（1998）的研究表明，对于粗砂而言，脉冲式曝气（分为 1 h 曝气、间歇 1 h 和 3 h 曝气、间歇 3 h 两种形式）对粗砂无明显优势，但对细砂有一定效果，修复时间得到缩短。

但是脉冲曝气间隙没有气体扰动作用，且浓度差所导致的 NAPLs 污染物迁移速率缓慢（Reddy and Adams，1998）。因此在比较短的时间尺度之内，脉冲曝气方式对 AS 修复效率的促进较连续曝气方式并不会特别明显，且间歇曝气会延长 AS 修复时间。而陈华清（2010）试验发现采用连续曝气方式和脉冲曝气方式进行 AS 修复时含水层中甲苯的去除规律基本一致，均在 AS 修复初期去除速率较快，而后期去除速率减慢，存在明显的拖尾现象。此外，Heron 等（2002）认为脉冲曝气间隙是否会造成在模型槽试验中所观察到的污染物向外迁移现象难以通过实测手段验证。

就综合效益来看，连续曝气方式仍优于脉冲曝气方式，如果要求尽快达到修复目标，应该优先选择连续曝气方式(陈华清，2010)。

2.4.6 影响污染物在气相/液相间分配的因子

随着地下水曝气的进行和液相馏分浓度的降低，有机物的迁移速率会变小。

2.4.6.1 污染物的亨利常数、蒸气压

通常认为蒸气压大于 5 mmHg[①] 且亨利常数大于 1.01 Pa · m^3/mol 的 NAPLs 污染物都是能够通过 AS 技术去除的。通常认为，污染物的亨利常数越高，则去除率相应增大(McCray，2000)。

根据蒸气压(液相与气相达平衡时的气体压力)可以确定馏分的挥发性及馏分在气相与液相间的分配，高蒸气压的馏分容易从液相转变为气相。NAPLs 饱和蒸气压高于 0.5 mmHg时可以初步判定其具有一定挥发性，适于地下水曝气进行修复处理(陈华清，2010)。

污染物的亨利常数可由化合物的蒸气压与水中的溶解度的比值来估计。衡量污染物挥发能力的亨利常数越高，污染物越容易通过挥发作用去除；亨利常数越低，所需气体流量和修复时间越长。对于大多数地下水石油烃污染或含氯有机溶剂污染，一般通过 AS 技术可以轻易地完成修复。比如四氯乙烯具有相对较高的亨利常数(1 800 Pa · m^3/mol)，其挥发能力较强而水溶性较低，易通过 AS 技术修复而去除。又如丙酮具有较高的蒸气压(180 mmHg)，但是水溶性也较高(1.0×10^6 mg/L)，亨利常数就比较低(3.88 Pa · m^3/mol)，使用 AS 技术修复地下水丙酮污染时就需要较长的时间。

2.4.6.2 可溶性

NAPLs 污染物一般较难溶于地下水，而 AS 修复地下水 NAPLs 污染的主要机理是溶解态 NAPLs 向气相的转化。因此 NAPLs 溶解度是影响 AS 修复效率的重要因素。不论污染物是否具有挥发性，低溶解度的污染物的去除效率相对较低。

溶解态 NAPLs 在所有污染物中所占的比例受到自由态 NAPLs 与水相中的溶解态 NAPLs 之间相分配平衡的影响。但可溶性的重要性低于亨利常数，不能用来作为评价地下水曝气有效性的唯一指标。例如，苯具有相当大的溶解度(纯苯溶解度为 1 780 mg/L)，当它具有较高蒸气压在气相与液相间分配较大时，仍可以应用 AS 修复处理。但在汽油与水的共存物中，水中苯的溶解度仅为 20～80 mg/L。

此外，AS 过程可以干扰馏分表面，从而提高了饱和区土体对馏分的吸收。具有较高溶解度和较小亨利常数的馏分，如甲丁醚和二溴乙烯可随降解馏分迁移，从而影响 AS 修复效率。

2.4.7 其他影响因素

Baker 等(2007)研究认为曝气井出口的构造对于影响半径、空气饱和度和气流速率的影响率分别小于 10%、10%和 12%。曝气井间距越大，去除率越低。

NAPLs 污染物在地下水中的缓慢溶解、扩散的迁移过程限制了曝气修复效率。同时，

---

① 1 mmHg≈133.3 Pa

污染物由水相传质进入气相的难度增加也将导致修复效率降低。

曝气修复效果的影响因素见表 2-6 所示。

表 2-6　曝气修复效果的影响因素

影响因素		影响效果	参考文献
场地条件	粒径大小及级配	粒径较粗、孔隙通道尺寸较大时，气体以独立气泡的方式运动，增加污染物与气体接触，传质系数增大，利于去除效果	(Clayton, 1998; Braida and Ong, 2000b)
		曝气流量和气体饱和度均随粒径尺寸增大而增加，有利于去除效果	(Baker and Benson, 2007)
		去除时间随 D_{10} 增加呈递减趋势	(Reddy and Adams, 1998)
		对于粗颗粒砂时的气-水传质系数相对更大	
		细砂土层中气体通道数量相对少，液相扩散的影响作用增加，造成细砂中的曝气中拖尾现象的出现	(Reddy and Adams, 1998; Chao et al., 1998)
	渗透性	土层渗透系数 $K<10^{-10}$ m/s，不利于去除效果或基本无效果	(郑艳梅，2005)
		高渗透率土体中气体以独立气泡的方式流动，其使得曝气影响范围内土层气体饱和度增大，有利于去除效果	(胡黎明等，2008)
		高渗透性土体中的气体通道数量相对少，离散度、扰曲程度高，气体饱和度相对低，曝气稳定时间短；低渗透性土体中的气体饱和度相对高，曝气稳定时间长	(Chen et al., 1996)
		过高渗透率的土体导致孔隙过大，致使曝气的影响区过小，不利于去除效果	
	各向异性	曝入气体无法到达低渗透率夹层之上污染区域，不利于去除效果	(Wilson, 1992; Ji et al., 1993)
		土体的不均匀度(k_h/ k_v)越大，曝气所需压力也越大；土体垂直方向的渗透性越好，曝气所需的压力相对越小	
	地下水	地下水中的 Fe^{2+} 能够降低饱和区土体的气渗性，当 $Fe^{2+}<10$ mg/L 时曝气有效，$Fe^{2+}>20$ mg/L 时 AS 技术效果差	
		地下水流动是污染物迁移机制的次去除因素，地下水埋深过大会不利于去除效果	
曝气流量		曝气流量的增加提高气体饱和度，增加 ROI，有利于去除效果	(Ji et al., 1993)
		曝气流量的增加有助于提高有机物和氧的扩散梯度，土体中含氧量增加，有利于去除效果	(Marulanda et al., 2000; Yang et al., 2005)
		曝气流量的增加造成气体在土体中的分布极不均匀，易形成局部优先流，不利于去除效果	(张英，2004)
		曝气流量的增加使得影响区域内渗透系数、地下水流速及污染物迁移速率降低，不利于去除效果	(Reddy and Adams, 2000)
		曝气流量影响程度小于土体粒径大小的影响	(Rogers and Ong, 2000)
曝气压力		曝气流量随曝气压力增加而增大，两者影响因素一致	
曝气井深度		曝气井深度的增加使气体饱和度相对较低，传质界面面积降低，不利于去除效果	(张英，2004)
		影响区内气体通道密度随曝气深度增加而变得稀疏，不利于去除效果	(武强等，2007；王志强等，2007；王贞国等，2006)
影响区域		一定曝气流量下，影响区域过大会使得处理区域中气体通道密度减小，气液传质界面面积相对较小，不利于去除效果	

（续表）

影响因素		影响效果	参考文献
曝气机制		脉冲式曝气优于连续曝气，脉冲式曝气形成间歇期的相态重新分配过程，有利于去除效果	(Heron et al., 2002; Yang et al., 2005; Rahbeh and Mohtar, 2007; Elder and Benson, 1999)
		脉冲式曝气对粗砂无明显优势，而对细砂有一定效果	(Reddy and Adams, 1998)
		脉冲式曝气方式较连续曝气方式效果基本一致或无明显优势	(陈华清，2010; Baker and Benson, 2007; Reddy and Adams, 1998)
污染物特性	亨利常数及蒸气压	亨利常数越高，去除率相应增大；NAPLs 饱和蒸气压高于 0.5 mmHg 时适于地下水曝气进行修复处理	(陈华清，2010; McCray, 2000)
	可溶性	低溶解度的污染物的去除效率相对低，溶解性的重要性低于亨利常数	

2.5 地下水曝气理论研究进展

Van Antwerp 等(2008)认为 AS 过程中 NAPLs 污染物的去除率由气-液两相间的传质控制。而传统的多相流数值模型忽略了传质中网格域规模对气流通道的影响，并假设液-气两相处于平衡状态。Wilson(1992)预测了瞬时溶解的 VOCs。Wilson 等(1994b)考虑在液相的机械弥散作用及曝气井周围水体运动作用下 VOCs 运移至离散气体通道。采用集总参数以模拟液相污染物机械弥散至任意数量、空间均布的气体通道。Wilson 等(1997)则在文献(Wilson et al., 1994)基础上引入气体随机分布的概念。Roberts 等(1993)在模型中考虑添加了 NAPL 在未污染区域的溶解以及其所产生的污染液向平流水体的扩散。其认为 NAPL 的去除受限于液相的扩散。因此增加曝气流量(不大于某一临界值时)，去除时间不会出现显著减少。Wilson 等(1994)在文献(Roberts and Wilson, 1993)的基础上考虑了 NAPL 的动力溶解以及污染物向低渗透区的扩散。Gomez-Lahoz 等(1994)在文献(Wilson et al., 1994)的基础上考虑了曝气停止阶段由于扩散影响的浓度回弹。Wilson 等(1997)基于文献(Roberts and Wilson, 1993; Wilson et al., 1994)中的理论模型，建立了考虑 NAPL 扩散及 NAPL 向气体通道扩散的模型。Rabideau 等(1998)建立了通过曝气过程去除溶解 VOCs 的数学模型。

AS 系统的模型一般分为两种：集总参数模型(Lumped Parameter Models)和多相流流动模型(Multiphase Fluid Flow Models)。集总参数模型常简化模型方程计算，因而具有较大的应用优势。多相流流动模型考虑了空气和水相间毛细压力的影响以及两相之间的相互流动阻力，从而能够体现污染物在各相之间的分配和每相内污染物的传递，适用于饱和区中空气流动的严格理论计算(王战强，2005)。

相关文献所建立的模型基本为集总参数模型，综述着重介绍集总参数模型。

2.5.1 集总参数模型

集总参数模型的建立主要基于以下假设：流动相和各种传质过程可被分割成不同的部分，

通过几个总体的模型参数进行模拟。其典型分块包括传质反应分块、水相分块和气相分块，而且在每个分块中均满足质量守恒定律。其典型的分块方式如图 2-10 所示。在每个分块中，均满足质量守恒定律。传质反应分块、水相分块和气相分块的守恒方程分别为式 2-13～式 2-15。

传质反应分块主要考察非平衡传质过程（nonequilibrium mass-transfer processes），包括土体的吸附/解吸附、NAPL 相的溶解、受扩散影响下的液相传质等。

模型能够考虑传质过程中扩散对液相污染物进入气体通道的抑制的影响以及非平衡传质通过气-水界面等。集总参数模型可以解释均匀多孔介质主体中发生的复杂过程，但无法详细描述曝入气体的空间分布和 AS 过程中的物理化学行为。此外，集总模型中区域内的完全混合的基本假定不满足于各向异性的土层条件，该假设可能具有较大偏差。由于该模型主要采用简化模型方程进行计算，所以具有很大的应用优势（刘燕，2009）。

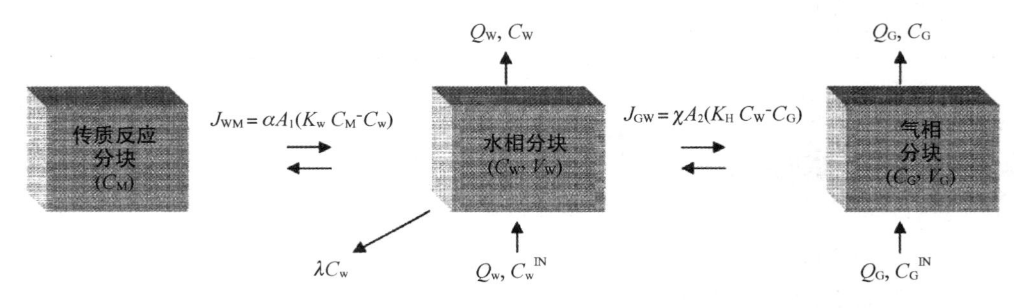

图 2-10 AS 集总参数模型示意图（McCray，2000）

$$V_G \frac{\partial C_G}{\partial t} = Q_G(C_G^{IN} - C_G) + \chi A_2(H_C C_W - C_G) \tag{2-13}$$

$$V_W \frac{\partial C_W}{\partial t} = Q_W(C_W^{IN} - C_W) - \chi A_2(H_C C_W - C_G) + \alpha A_1(K_M C_M - C_W) - \lambda V_W C_W \tag{2-14}$$

$$V_M \frac{\partial C_M}{\partial t} = -\alpha A_1(K_M C_M - C_W) \tag{2-15}$$

式中：V_G 为气相体积；V_W 为水相体积；V_M 为传质反应相体积；C_G 为气相污染物浓度；C_W 为水相污染物浓度；C_M 为传质反应相污染物浓度；Q_G 为通过气相分块的气体流量；Q_W 为通过水相分块的气体流量；H_C 为无因次亨利常数；K_M 为传质反应相与水相间的平衡分配系数；χ 为气-水传质速率系数（m/s）；α 为传质反应分块与水相分块间传质速率系数（m/s）；λ 为质量损失速率系数（1/s）（如生物降解等）；A_1 为液相与 NAPL 相间的界面面积（m^2）；A_2 为气相与液相间的界面面积（m^2）。

理想条件下，气流速率、传质系数及平衡分配系数可通过式 2-13～式 2-15 得到，且式中的三个未知数为 C_G、C_W、C_M。

传质反应相分块常用以表示非平衡传质过程，如土体相的吸附/解吸、NAPL 相的溶解、污染物由含水层向空气通道的扩散控制传质等。

McCray(2000)认为该类模型中污染物的完全混合假定并不完全适用于非均质土层及曝气影响区域较大的条件。

Chao 等(1998)建立了一维集总参数模型,用以模拟气液两相的传质系数 K_Ga 和传质区域体积占饱和多孔介质总体积的分率 F。该模型用一级动力学方程来模拟水相和气相间的 VOCs 非平衡传质。其在模拟水相 VOCs 时,假定在饱和多孔介质中存在两个区域,一部分为传质区(MTZ),而另一部分为主体区。在传质区,由于曝气的作用 VOCs 从水相传递到气相,而在主体区,气体通道对传质没有直接的作用。

Chao 等(1998)研究发现对于某几种 VOCs,气液传质系数 K_Ga 在粗砂中较大,由此认为空气通道在细砂中比在粗砂中数目更少且分布更广。其通过实验测得 K_Ga 值的范围是 $10^{-1}\sim10^{-3}$ min^{-1},与气体流量和土颗粒平均粒径成反比。细砂中的 F 值较低,大约在 7%～25%之间,粗砂中的较高,大约为 50%,说明在 AS 过程中曝入的气体仅仅影响饱和多孔介质中很小的一部分。运用各种无因次数对试验中获得的 AS 数据进行了关联,得到修正舍伍德数 Sh'_G 方程(公式 2-16),其定义式见本章附表 1,H 为亨利常数。

$$Sh'_G=10^{-4.71}P_e^{0.84}d_0^{1.71}H^{-0.61} \tag{2-16}$$

Braida 等(1998)建立了以其模型槽试验为基础的集总污染物传质模型。模型模拟了单气体通道条件下的气-水相间传质。模型假定气-水界面的截面积保持不变。图 2-11、图 2-12 分别为其试验模型槽示意图及数学模型示意图。

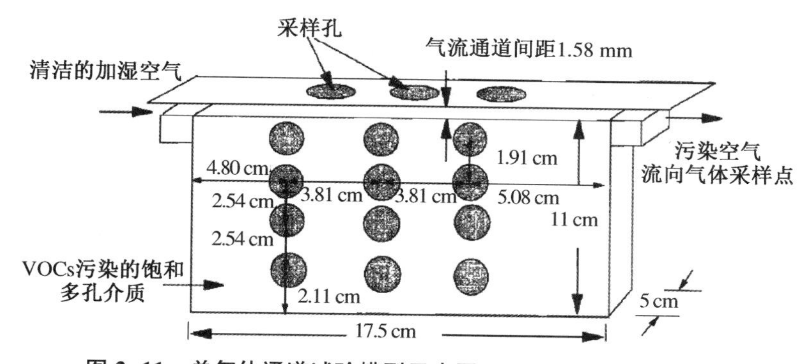

图 2-11　单气体通道试验模型示意图(Braida and Ong, 1998)

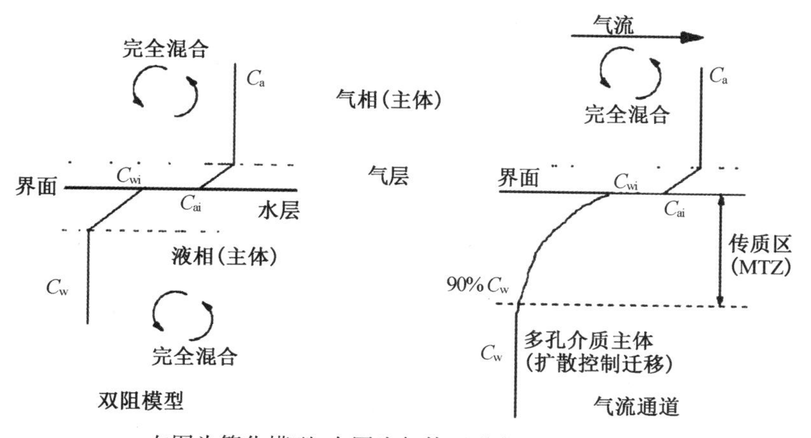

左图为简化模型;右图为气体通道实际传质模型

图 2-12　气-水界面传质示意图(Braida and Ong, 1998)

土体的基本参数主要包括中值粒径 d_{50}、不均匀系数 UC、比表面积 SSA、孔隙率 n、天然有机碳的固相分数等。污染物的基本参数主要包括相对分子质量、无量纲亨利常数 H、溶解度、扩散系数 D_W 和 D_G 等。

若仅考虑气或水相中的平衡浓度($C_W H$ 或 C_G/H)与实际气或水相中的浓度(C_W 或 C_G)的浓度差所形成的挥发传质(即气-水相间挥发传质),则污染物浓度通量可表示为公式 2-17。该控制方程实际上可视为 Rabideau 等(1998)所提出模型的简化形式。

$$J = K_G(C_W H - C_G) = K_L\left(C_W - \frac{C_G}{H}\right) \tag{2-17}$$

公式 2-18 为 VOCs 在多孔介质中的扩散方程:

$$n\frac{\partial C_W}{\partial t} = \tau D_W \frac{\partial^2 C_W}{\partial z^2} \tag{2-18}$$

公式 2-19 至公式 2-21 为模型各边界条件:

气-水界面上的边界条件:$\tau D_W \frac{\partial C_W}{\partial z} = -K_G(C_W H - C_G) \quad z=0,\ \forall t$ (2-19)

模型槽底边界的边界条件:$\frac{\partial C_W}{\partial z} = 0 \quad z=L,\ \forall t$ (2-20)

气-水界面上的边界条件:$\tau D_W \frac{\partial C_W}{\partial z} = -K_G H \bar{C}_W \quad z=0,\ \forall t$ (2-21)

$$\bar{C}_W = \frac{\sum_n V_n C_{Wn}}{\sum_n V_n}$$

选择该浓度值的目的在于 MTZ 受气体通道的影响,但超出 MTZ 区域中的气流对污染物无溶解作用,自非传质区向传质区的污染物迁移仅仅依靠扩散(通过扩散方程描述)。V_n 为传质区内划分的第 n 层厚度,其总和为传质区体积;C_{Wn} 为第 n 层中液相的 VOCs 浓度。

流出气体中 VOCs 的浓度采用 VOCs 在气相中的迁移方程公式(2-22)表示:

$$V_G\frac{\partial \bar{C}_G}{\partial t} = -Q_G\bar{C}_G + K_G A H \bar{C}_W \tag{2-22}$$

式中:$\bar{C}_G$ 为流出气体中测定的 VOC 浓度;A 为气-水界面面积;V_G为气体体积;Q_G为单位时间渗气量。

模型的目的在于通过求解公式 2-17 估计气相总传质系数 K_G。K_G值决定了 VOCs 在气-水界面处的流量,τ 决定了多孔介质中 VOCs 的浓度的分布。

可按不同的厚度水平划分 VOCs 浓度剖面(靠近气-水界面的层厚较薄以提高计算精度),每层中的浓度可通过测点浓度内插计算得到。设定某一 τ 初始值,计算每一层中流入/流出 VOCs 的液相浓度,并得到一定时间间隔后的新浓度值。通过比较实际挥发量与计算挥发量结果,得到 K_G值。调整 τ 值,并重复上述步骤。τ 值迭代计算至预测与实际 VOCs 液相浓度、气相浓度及总 VOCs 挥发量相差小于 2%。

Braida 等(1998)同时试图建立了无量纲的集总传质系数(lumped mass transfer coefficients)间的经验关系。各集总传质系数的定义式及物理意义见本章附表 1。其假定经验公式原型符合式 2-23 的形式。

$$\lg(Y)=\beta_0+\beta_1\lg(P_e)+\beta_2\lg(UC)+\beta_3\lg(n)+\beta_4\lg(H)+\beta_5\lg(d_0)+\beta_6\lg(X) \tag{2-23}$$

式中:Y 为四个无量纲的传质系数中任意一个(包括达姆科勒数 $\bar{\omega}$、液相舍伍德数 Sh_W、气相舍伍德数 Sh_G、修正气相舍伍德数 Sh'_G 及修正液相舍伍德数 Sh'_L);X 为 VOC 无量纲的浓度;皮克列数 P_e 经验值介于 0.052~1.523。

改变 X 和 Y 值,采用多元逐步回归方法寻求拟合的最佳结果,如式 2-24、式 2-25:

$$Sh'_G=10^{-7.14}P_e^{0.16}d_0^{1.66}H^{-0.83} \quad r^2=0.79 \tag{2-24}$$

$$\bar{\omega}=10^{-4.81}P_e^{-0.79}H^{-0.83} \quad r^2=0.85 \tag{2-25}$$

根据拟合结果并结合修正气相舍伍德数 Sh'_G 和达姆科勒数 $\bar{\omega}$ 的定义公式即可得到气相集总传质系数 K_Ga,如式 2-26、式 2-27 所示。

$$K_Ga=10^{-4.98}D_G^{0.84}v_G^{0.16}d_{50}^{-0.18}H^{-0.83} \tag{2-26}$$

$$K_Ga=10^{-6.05}D_G^{0.79}v_G^{0.21}d_{50}^{-0.79}H^{-0.83} \tag{2-27}$$

由式可知,气相集总传质系数 K_Ga 主要取决于 VOCs 的气相扩散系数,并与亨利常数呈反相关关系,气体流量相对而言是次要的影响因素。对比这两种气相集总传质系数 K_Ga 经验公式发现,所预测的 K_Ga 值基本一致。

根据相同的方法,得到修正的液相舍伍德数 Sh'_L 及液相集总传质系数 K_La 经验公式为式 2-28 和式 2-29:

$$Sh'_L=10^{-3.24}P_e^{0.15}d_0^{1.84}H^{0.12}UC^{0.40} \tag{2-28}$$

$$K_La=0.143D_Wv_G^{0.15}d_{50}^{-0.01}H^{0.12}D_G^{-0.15}UC^{0.40} \tag{2-29}$$

经验公式中 D_w 和 UC 相对较大的指数再次验证了传质过程受限于 VOCs 在多孔介质至气-水界面的扩散。

模拟结果表明污染物在水中的扩散系数及土颗粒的级配(均匀异性)是液相集总传质系数的主要影响因素,中值粒径和气体速率为次要因素。在气流分布区域内 VOCs 的浓度急剧减少,而在气流分布区域之外的 VOCs 的浓度基本不变。模拟结果同时验证了气-液界面 VOCs 的挥发传质比扩散传质要快,因此认为 AS 过程中 VOCs 的挥发是主要的传质过程(Braida and Ong, 1998)。

Braida 等(2001)在文献(Braida and Ong, 1998)的试验模型基础之上通过引入修正的皮克列数 P_e^*(定义式如公式 2-30)建立关于孔隙扩散模数 E_d(定义式如公式 2-31)的经验公式 2-32、公式 2-33,其中经验公式 2-32 为系数待定的表达式,并对假定传质区(MTZ)的宽度进行了研究。Braida 等(2001)同时指出亨利常数和气-水界面上气流速率对挥发作用的影响较小,而与气体通道的间距有关。

修正的皮克列数 P_e^* 描述平流与扩散作用的分配关系,是反映 VOCs 在气相中平流与扩散作用性质的参数。孔隙扩散模数 E_d 为液相中的扩散传质速率与气相中平流产生的传质速率的比值，描述 VOCs 在液相及气相中的运移特性。经验公式中，E_d 拟合显示与 H 无关，其原因在于：①曝气去除效果受非平衡扩散的影响；②MTZ 的范围不受 VOCs 挥发作用的影响。

根据式 2-34 即可预测 MTZ，由式 2-34 可知，影响传质区的大小的主要因素包括扩散因素（D_W 和 D_a）以及粒径大小、级配的因素（d_{50} 和 UC），而气体速率的影响则相对较小。

$$P_e^* = \frac{v_G d_{50}}{D_G} \tag{2-30}$$

$$E_d = \frac{D_w / MTZ^2}{v_G / d_{50}} \tag{2-31}$$

$$\lg(E_d) = \beta_0 + \beta_1 \lg(P_e^*) + \beta_2 \lg(UC) + \beta_3 \lg(n) + \beta_4 \lg(H) + \beta_5 \lg\left(\frac{d_{50}}{d_m}\right) \tag{2-32}$$

$$\lg(E_d) = -7.70 - 1.10\lg(P_e^*) - 1.74\lg(UC) + 0.65\lg\left(\frac{d_{50}}{d_m}\right) \quad r^2 = 0.903\,2 \tag{2-33}$$

$$MTZ = 10^{3.43}\ \frac{D_W^{0.5} d_{50}^{0.72} UC^{0.87} v_{air}^{0.05}}{D_a^{0.55}} \tag{2-34}$$

式中：D_W（D_a）为液相（气相）VOCs 扩散系数；UC 为介质的均匀系数；MTZ 为传质区宽度；v_{air} 为空气速率。

研究结果表明 MTZ 的尺寸范围是 17～41 mm，即 70～215 d_{50} 的大小。MTZ 的大小与 VOCs 的水相扩散系数、平均粒径和不均匀系数直接成正比，随多孔介质中天然有机碳的固相分数的增加而降低。

Sellers 等（1992）建立了液相扩散控制的传质模型。模型假设包括：①不考虑土体的吸附作用；②土体中孔隙均匀分布，土体各相均质；③污染物的去除效率及去除时间仅取决于挥发效率；④影响范围内气泡均匀分布，气泡为球形；⑤气-污染物间完全混合。测定的参数包括曝气过程中 t 时刻的平均浓度 $C(t)$、曝气流量 Q、24 h 内曝气所占时间比例 d、曝气口至地下水水位的距离 h、曝气口半径 R、曝气的影响半径 ROI、n；通过拟定的参数包括污染物在水中的扩散系数 D_L（D_W）（9×10^{-6}～1.1×10^{-5} cm^2/s）、污染物进入气泡的扩散距离 L；气泡的有效半径 r（0.5～2 mm），可通过公式 2-35 估计。

$$r = 2R\left[\frac{6\sigma}{R^2(\rho_w - \rho_g)g}\right]^{1/3} \tag{2-35}$$

式中：R 为曝气口半径；σ 为气-水表面张力（0.072 8 N/m）；ρ_w 和 ρ_g 分别为水（1 000 kg/m^3）、气的密度（1.29 kg/m^3）。

a 为气泡平均有效表面积与其体积之比，当假定气泡为球形时，通过公式 2-36 计算：

$$a = \frac{4\pi r^2}{(4/3)\pi r^3} = \frac{3}{r} \tag{2-36}$$

v 为气泡最终上升速率，对于有效半径 r 介于 0.4～10 mm 的气泡，气泡最终上升速率

与上升浮力及气-水表面张力有关,可由公式 2-37 估计:

$$v=\left(1.04r\cdot g+\frac{1.07\sigma}{r\cdot\rho_{w}}\right)^{1/2} \tag{2-37}$$

V_s为曝气影响区域的总体积,假定影响区域为圆柱形,则可由公式 2-38 表示:

$$V_s=N_s\,\pi ROI^2Hn \tag{2-38}$$

式中:N_s为曝气井数量。

$C_g(t)$为 t 时刻去除的浓度,其定义式为公式 2-39:

$$C_g(t)=J(t)\cdot a\cdot T \tag{2-39}$$

$$T=\frac{H}{v}$$

式中:$J(t)$为 t 时刻扩散通量,可由公式 2-40 得到;T 为曝气延续时间。

$$J(t)=D\frac{C(t)}{L} \tag{2-40}$$

式中:$C(t)$为曝气影响区域内 t 时刻的浓度。

联立式 2-39、式 2-40,则 t 时刻去除的浓度可改写为式 2-41:

$$C_g(t)=D\frac{C(t)}{L}\cdot a\cdot\frac{H}{v} \tag{2-41}$$

瞬时污染物去除率 $\mathrm{d}M(t)/\mathrm{d}t$ 可由单位时间曝气流量与瞬时污染物去除浓度表示,如式 2-42:

$$\frac{\mathrm{d}M(t)}{\mathrm{d}t}=-C_g(t)\cdot Q \tag{2-42}$$

对于污染场地多曝气井的预测,考虑曝气井影响范围及曝气时间控制,则上式改为式 2-43:

$$\frac{\mathrm{d}M(t)}{\mathrm{d}t}=-f\cdot d\cdot C_g(t)\cdot Q \tag{2-43}$$

式中:f 为曝气影响区域相对于污染区域的比例。

瞬时污染物去除率 $\mathrm{d}M(t)/\mathrm{d}t$ 也可定义为曝气影响区域内尚未被去除的污染物单位时间的变化。该定义(公式 2-42)隐含着污染物均能够瞬时通过挥发去除的假定,未考虑扩散作用及溶解作用在时间上对挥发传质的限制。值得注意的是,曝气影响区域所假定的圆柱形将高估传质总量。

$$\frac{\mathrm{d}M(t)}{\mathrm{d}t}=\frac{\mathrm{d}C(t)}{\mathrm{d}t}\cdot V_s \tag{2-44}$$

联立式 2-43、式 2-44 则有曝气过程中 t 时刻的平均浓度 $C(t)$随时间变化的表达式 2-45:

$$\frac{\mathrm{d}C(t)}{\mathrm{d}t}=-f\cdot d\cdot a\cdot\frac{D}{L}\cdot\frac{H}{v}\cdot\frac{Q}{V_{\mathrm{s}}}\cdot C(t) \tag{2-45}$$

公式 2-45 的简化表达式见公式 2-46，参数 B 的定义见式 2-47。

$$C(t)=C(0)\mathrm{e}^{-B\cdot t} \tag{2-46}$$

$$B=f\cdot d\cdot a\cdot\frac{D}{L}\cdot\frac{H}{v}\cdot\frac{Q}{V_{\mathrm{s}}} \tag{2-47}$$

Rabideau 等(1998)的数学模型能够反映污染物去除过程中的拖尾效应(tailing behavior)及污染物去除回弹现象(rebound behavior)，其认为拖尾效应主要是由于动力解吸或液相扩散限制。

Rabideau 等(1998)考虑曝气过程中 t 时刻的平均浓度 $C(t)$ 随时间的去除分为两项：①包括挥发、生物降解及平流传质等；②吸附项。其将主要的去除机制集总于单一的传质系数 k，如公式 2-48 所示：

$$\frac{\mathrm{d}C}{\mathrm{d}t}=-kC-\frac{\rho_{\mathrm{b}}}{\theta}\frac{\mathrm{d}X}{\mathrm{d}t} \tag{2-48}$$

式中：C 为液相污染物浓度；t 为曝气时间；ρ_{b} 为多孔介质的表观密度；θ 为液相体积百分比(体积含水量)；X 为被吸附的污染物质量；k 为集总的传质系数，包括挥发、生物降解及平流传质等。

公式中吸附量随时间的改变通过线性吸附表达，如公式 2-49。Brusseau 等(1989)测定 α 约为 $2\times10^{-2}\sim2\times10^{2}\ \mathrm{d}^{-1}$。

$$\frac{\mathrm{d}X}{\mathrm{d}t}=\alpha(K_{\mathrm{d}}C-X) \tag{2-49}$$

式中：α 为吸附率常数；K_{d} 为吸附分配系数。

当解吸过程快速发生，则液相浓度按指数衰退，由公式 2-50 表示：

$$\frac{\mathrm{d}C}{\mathrm{d}t}=-\frac{k}{R}C \tag{2-50}$$

$$R=1+\frac{\rho_{\mathrm{b}}K_{\mathrm{d}}}{\theta}$$

式中：R 为污染物阻滞系数。

模型中曝气影响区域的污染物总浓度随时间的去除包括挥发、降解及地下水平流作用，表示为公式 2-51。式中对于被吸附项($\rho_{\mathrm{b}}X$)可理解为曝气初始被吸附的污染物在地下水流动等的作用下发生解吸，并溶解于液相，最后通过挥发、降解等去除机制去除。

$$\frac{\mathrm{d}M}{\mathrm{d}t}=V\frac{d}{\mathrm{d}t}(\theta kC+\rho_{\mathrm{b}}X)=-Q_{\mathrm{v}}C_{\mathrm{v}}-\theta V\lambda C-Q_{\mathrm{gw}}C \tag{2-51}$$

式中：M 为曝气影响区域的污染物总浓度；V 为曝气影响范围体积；Q_{v} 为气体流量；C_{v} 为抽提出的气体中的污染物浓度；λ 为液相一阶降解常数(first order decay constant)；Q_{gw} 为曝气影响范围内地下水流速。

假设一阶传质通过气-液界面，则 C_v 可通过公式 2-52 得到：

$$C_v = HC_a\left[1-\exp\left(\frac{-K_L az}{Hv}\right)\right] \tag{2-52}$$

式中：C_a 为与气相接触的液相污染物平均浓度；H 为无量纲亨利常数；K_L 为污染物气-液传质速率；a 为气-液比表面面积；v 为气体的竖向速率；z 为曝气影响范围的竖向距离（亦即曝气点至地下水水位的高度）。

当 C_a 值可假设与 C 相一致并忽略初始土体对污染物的吸附能力时，联立公式 2-51 和公式 2-52，得到集总的传质系数 k 的表达式 2-53：

$$k = \frac{Q_v H}{\theta V}\left[1-\exp\left(\frac{-K_L az}{Hv}\right)\right]+\lambda+\frac{Q_{gw}}{\theta V} \tag{2-53}$$

当不计生物降解及平流作用，即以挥发作用为主导的去除机制时，则气-液平衡时 k 的上限值可通过公式 2-54 估计：

$$k \cong \frac{Q_v H}{\theta V} \tag{2-54}$$

若考虑 NAPL 污染物溶解作用约束的传质过程，则公式 2-48 可改写为公式 2-55：

$$\frac{\mathrm{d}C}{\mathrm{d}t} = -kC - \frac{\rho_b}{\theta_a}\frac{\mathrm{d}X}{\mathrm{d}t} + K_{an}(C_s - C) \tag{2-55}$$

式中：K_{an} 为 NAPL 污染物溶解速率；C_s 为污染物液相的溶解度。

Rahbeh 等(2007)所建立的数学模型中忽略地下水对 ROI 的影响及曝气的稳定时间，假定土颗粒表面完全由水包裹，与气相、NAPL 相不直接接触。模型适用于多类型污染物。

公式 2-56～公式 2-59 分别为水相、气相、固相(土)及 NAPL 相中污染物去除控制方程。其中水相中污染物浓度变化考虑了扩散、污染物气提、土体污染物吸附/解吸、溶解于水中的污染物、生物降解及地下水侧向流动所造成的污染物向曝气影响范围外迁移的汇流。气相中污染物浓度改变考虑了污染物的气提、挥发和污染物在气相中的平流及扩散。固相(土)中污染物浓度变化考虑土体对污染物的吸附/解吸作用。NAPL 相中污染物浓度变化考虑污染物的溶解与挥发。

同时，根据公式 2-56～公式 2-59 可以总结得到其模型中所牵涉的相间传质包括水相至气相的气提(公式 2-62)、NAPL 相至气相的挥发(公式 2-64)、固相(土)至水相的吸附/解吸(公式 2-66)、NAPL 相至水相的溶解(公式 2-68)。

$$\frac{\partial C_w}{\partial t} = \nabla J_w - R_{stripping} - R_{sorption/desorption} + R_{dissolution} - \kappa C_w - \beta C_w \tag{2-56}$$

$$\frac{\partial C_g}{\partial t} = \nabla J_g + \frac{S_w}{S_g}R_{stripping} + R_{volatilization} \tag{2-57}$$

$$\frac{\partial S_s}{\partial t} = \frac{nS_w}{\rho_b}R_{sorption/desorption} \tag{2-58}$$

$$\frac{\partial X_{NAPL}}{\partial t}=-\frac{S_w}{S_{NAPLr}\rho_{NAPL}}R_{dissolution}-\frac{S_g}{S_{NAPLr}\rho_{NAPL}}R_{volatilization} \tag{2-59}$$

式中：C_w为污染物在液相中浓度；J_w为水相中污染物扩散通量；$R_{stripping}$、$R_{sorption/desorption}$、$R_{dissolution}$分别为单位体积时间的气-水界面、水-土界面、水-NAPL界面传质系数；κ为一阶生物降解系数；β为侧向渗透过程中的汇项系数；C_g为气相中污染物浓度；J_g为气相中污染物扩散通量；S_w、S_g分别为水相及气相饱和度；$R_{volatilization}$为单位体积时间的气-NAPL界面传质系数；S_s为污染物在固相（土）中的含量；n为固相（土）孔隙率；ρ_b为表观密度；X_{NAPL}为NAPL相体积百分量；S_{NAPLr}为NAPL相初始残余饱和度；ρ_{NAPL}为NAPL相密度。

水相及气相中污染物通量控制方程为公式2-60和公式2-61：

$$\nabla J_w=\frac{\partial}{\partial x}\left(D_w\frac{\partial C_w}{\partial x}\right) \tag{2-60}$$

$$\nabla J_g=-v_g\frac{\partial C_g}{\partial x}+\frac{\partial}{\partial x}\left(D_g\frac{\partial C_g}{\partial x}\right) \tag{2-61}$$

式中：D_w为液相扩散系数；v_g为气相平流速率。

气提项（striping term）传质方程：

$$R_{stripping}=K_s\left(C_w-\frac{C_g}{H}\right) \tag{2-62}$$

式中：K_s为水-气一阶传质系数，可由式2-63计算（Reddy and Adams，1998）；H为无量纲亨利常数。

$$K_s=10^{-2.49}D_{mg}^{0.16}v_g^{0.84}d_{50}^{0.55}H^{-0.61} \tag{2-63}$$

式中：D_g为污染物在气相中的扩散系数；D_{50}为中值粒径。

挥发项传质方程：

$$R_{volatilization}=K_v(\chi_{NAPL}Vol-C_g) \tag{2-64}$$

式中：K_v为NAPL-气一阶传质系数，可由式2-65计算（Wilkins et al.，1995）；Vol为平衡气相污染物浓度。

$$K_v=10^{-0.42}D_g^{0.38}v_g^{0.62}d_{50}^{0.44} \tag{2-65}$$

吸附/解吸项传质系数：

$$R_{sorption/desorption}=K_d\left(C_w-\frac{S_s}{K_D}\right) \tag{2-66}$$

式中：K_d为水-土一阶传质系数；K_D为水-土分配系数。两者之间可通过公式2-67联立。

$$\lg K_d=0.301-0.668\lg K_D \tag{2-67}$$

溶解项传质方程：

$$R_{dissolution}=K_{dis}(\chi_{NAPL}Sol-C_w) \tag{2-68}$$

式中：K_{dis}为 NAPL -水一阶传质系数，可由式 2-69 计算；χ_{NAPL}为 NAPL 相中污染物的物质的量分数；Sol 为污染物在水中的溶解度。

$$K_{dis}=10^{-2.69}D_{w}v_{w}^{0.60}d_{50}^{-0.73} \tag{2-69}$$

式中：D_w为污染物在水中的扩散系数；v_w为水的流速。

模型基于稳定状态下非饱和流方程得到，如公式 2-70：

$$\nabla\left(\frac{k_{rg}K}{\mu_{g}}\nabla(P_{c}-\Delta\rho gz)\right)=0 \tag{2-70}$$

式中：K 为固有渗透系数；k_{rg}为气体相对系数，为毛细压力的函数(Corey, 1994)，可由公式 2-71 计算。

$$k_{rg}=\left[1-\left(\frac{P_{d}}{P_{c}}\right)^{\lambda}\right]^{2}\cdot\left[1-\left(\frac{P_{d}}{P_{c}}\right)^{2+\lambda}\right] \tag{2-71}$$

式中：P_d 为进气压力；λ 为孔隙分布指数；P_c 为毛细管压力。

污染区域向地下水水体的渗流速率 $k_{seepage}$(渗流损失率，seepage loss rate)由公式 2-72 计算：

$$k_{seepage}=\frac{v\cdot area}{V} \tag{2-72}$$

式中：$area$ 为渗流截面积(模型假定为矩形)；V 为受污染区域体积(模型假定为立方体)。

上述控制方程中涉及污染物性质的参数。例如污染物的水-土分配系数 K_D、溶解度 Sol、挥发度 Vol 等可直接通过相关文献得到。需要测定的参数为固有渗透系数 K、天然有机碳的固相分数 foc、孔隙率 n、孔隙分布指数 λ、进气压力 P_d、中值粒径 d_{50}、气流速率 v_g、污染区域向地下水水体的渗流速率 $k_{seepage}$、厌氧生物降解速率 k_{bio}。

污染物在空气(气体)中的扩散系数 D_G 及在水中的扩散系数 D_W 根据文献(Schwarzenbach et al., 2003)得到，如公式 2-73 和公式 2-74。

$$D_{G}=10^{-3}\frac{T^{1.75}\left[(1/M_{air})+(1/M_{o})\right]^{1/2}}{P\left[\bar{V}_{air}^{1/3}+\bar{V}_{o}^{1/3}\right]^{2}} \tag{2-73}$$

$$D_{w}=\frac{13.26\times10^{-5}}{\eta^{1.14}\bar{V}_{o}^{0.589}} \tag{2-74}$$

式中：D_G为污染物在空气(气体)中的扩散系数(cm^2/s)；D_W为污染物在水中的扩散系数(cm^2/s)；T 为绝对温度(K)；M_{air}为空气的平均摩尔质量(28.97 g/mol)；M_o 为有机污染物的摩尔质量(g/mol)；P 为气相压力(atm)[①]；$\bar{V}_{air}$ 为空气中气体的平均摩尔体积($\approx$20.1 cm^3/mol)；$\bar{V}_o$ 为有机污染物的摩尔体积(cm^3/mol)；η 为溶液(水)的黏度[10^{-2} g/(cm · s)]。

Elder 等(1999)借鉴传统的双膜理论，提出基于气-水双膜理论的计算模型。该模型模拟了受污染区域内传质通过扩散方式进入气体通道，未受污染区域(即气体通道区域)污染

① 1 atm=101.325 kPa

物挥发被携带去除。模型将气体通道分成一系列连续的部分，每部分均由被土体孔隙包围的一个气体通道单元组成。单个单元内的传质以步进法计算，气体通道单元内气体以活塞流的形式流动。传质过程包括：①气体通道与土环之间；②土环与土环之间。其研究显示污染物的亨利常数对 AS 过程的显著影响，脉冲操作比连续操作具有更高的去除效率。在一定的气体饱和度条件下，气体通道越窄、越曲折，其传质效率越高。

模型的假定包括：①不计液相扩散过程中吸附的影响；②忽略生物降解及曝气过程中的化学反应；③不考虑埋深所造成的压力差；④仅考虑饱和区内的传质过程；⑤所有的污染物均为液相，且 VOCs 的浓度满足亨利定律使用。同时，由于假定水-气平衡瞬间完成，因此高估了传质能力而低估了去除时间。

模型设定气型高度范围介于曝气口至地下水水位面处。距曝气井的影响半径 R_i 的 1/4 处的气体通道是具有代表性的气体通道，其反映了平均气体饱和度。图 2-13 为模型示意图。

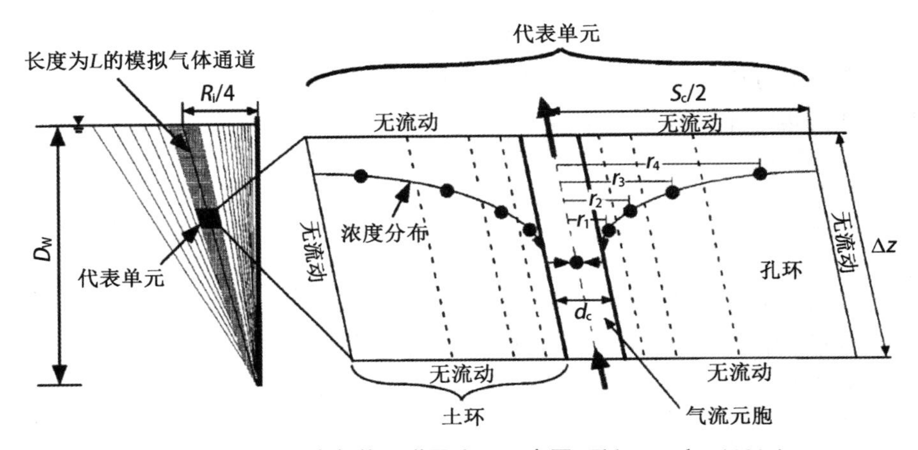

图 2-13　单元体内气体通道及土环示意图(Elder et al., 1999a)

图 2-13 中，R_i 为曝气影响半径；D_w 为曝气井深度；S_c 为相邻气体通道的间距，随深度增加而减小；d_c 为气体通道直径，不随深度增加而变化；r_i($i=1, 2, 3, 4$)为曝气井中心轴至土环 i 中心位置的距离；Δz 为单元体长度。

距离曝气井为 r 处相邻气体通道的间距可由公式 2-75 表示为：

$$S_{cr}=\frac{d_c}{\sqrt{S_{ar}n}} \tag{2-75}$$

式中：r 为与曝气井中心轴的距离；d_c 为相邻气流通道的间距；S_{ar} 为 r 处的气体饱和度；n 为孔隙率。

曝气影响区域中气体通道数量由公式 2-76 表示：

$$N_c=\frac{4R_i^2}{S_c^2} \tag{2-76}$$

曝气影响半径的估计经验公式由公式 2-77 表示：

$$R_i=0.9D_W^{0.93}\left[\lg(0.588Q+1)\right]^{0.5} \tag{2-77}$$

式中：D_W为曝气深度(m)；Q 为曝气流量(m^3/h)。

单通道的气体流量由公式 2-78 表示：

$$Q_c = \frac{Q}{N_c} \tag{2-78}$$

式中：Q 为曝气流量。

时间步长按公式 2-79 计算：

$$\Delta t = \frac{\pi d_c^2 \Delta z}{4Q_c} \tag{2-79}$$

$$\beta = \frac{\pi d_c K_f C_L H \Delta z \Delta t}{\frac{\pi}{4} n \left[\left(\frac{S_c}{2^4} + d_c \right)^2 - d_c^2 \right] \Delta z C_L} = 0.75$$

$$\beta = \frac{\pi^2 d_c^3 K_f C_g \Delta z^2}{C_g \pi \Delta z d_c^2 Q_c} = 0.02$$

$$\Delta z = \frac{\beta n \left[\left(\frac{S_c}{2^4} + d_c \right)^2 - d_c^2 \right] Q S_c^2}{4 \pi d_c^3 K_f H R_i^2}$$

Elder 等(1999)建议 β 值取 0.75，通常 β 值小于等于 1.0。式中 K_f 按公式 2-80 计算。

$$K_f = \left[\frac{1}{K_G} + \frac{K_h}{K_L} \right]^{-1} \tag{2-80}$$

气体通道和多孔介质间的传质系数 K_f 包括气相和液相传质系数 K_G、K_L。气相传质系数 K_G 通过计算气相舍伍德数 Sh_G 反算。与文献(Braida and Ong，1998；Braida and Ong，2001)不同，气相舍伍德数 Sh_G 通过雷诺数 Re 和施密特数 Sc 直接计算得到，如公式 2-81。施密特数 Sc 描述扩散与平流对传质的相对影响能力。气相舍伍德数 Sh_G 与气相传质系数 K_G 关系式如式 2-81，雷诺数 Re 及施密特数 Sc 通过式 2-82、式 2-83 得到。

$$Sh_G = \frac{K_G d_c}{D_G} = 1.615 \left(\frac{d_c}{L} Re \cdot Sc \right)^{1/3} \tag{2-81}$$

$$Re = \frac{v_g d_c \rho_g}{\mu_g} = \frac{4 Q_c \rho_g}{\pi d_c \mu_g} \tag{2-82}$$

$$Sc = \frac{\mu_g}{\rho_g D_g} \tag{2-83}$$

$$D_G = \frac{0.014\,98 T^{1.81} \ (1/M_A + 1/M_B)^{0.5}}{P \ (T_{CA} T_{CB})^{0.140\,5} \ (V_{CA}^{0.4} + V_{CB}^{0.4})^2} \tag{2-84}$$

式中：L 为气体通道的长度(m)；D_G 为气体扩散系数(m^2/s)；T 为绝对温度(K)；P 为压力(atm)；M_A和 M_B为 VOC 污染物及空气的相对分子质量；T_{CA}和 T_{CB}为 VOC 污染物及空气的临界温度；V_{CA}和 V_{CB}为 VOC 污染物及空气临界摩尔体积。

这里列出了文献(Elder et al.，1999；Liang and Kuo，2009)中两种计算 K_L 的公式

2-85 和公式 2-86：

$$K_{L}=\frac{8}{\pi d_{c}}\sqrt{\frac{D_{L}Q_{c}}{D_{w}}} \tag{2-85}$$

$$K_{L}=\frac{4}{\pi d_{c}}\sqrt{\frac{D_{L}Q_{c}}{L}} \tag{2-86}$$

式中：L 为气体通道长度；D_{L}为液相中的扩散系数，可按公式 2-87 得到。

$$D_{L}=7.4\times 10^{-8}\frac{(\psi_{B}M_{B})^{0.5}T}{\mu V_{A}^{0.6}} \tag{2-87}$$

最终，单时间步长下由挥发作用进行的传质可根据公式 2-88 表示：

$$\Delta M_{g}=\pi d_{c}\Delta z K_{f}(C_{Lb}H-C_{g})\Delta t \tag{2-88}$$

Liang 等(2009)将上述应用于描述气体通道向地下水水体的气相溶解传质，其中假定单时间步长下各土环内的浓度不变。单时间步长下相邻土环间液相扩散的传质按公式 2-89：

$$\Delta M_{s}=\frac{2\pi D_{L}n(C_{LA}-C_{LB})\Delta z\Delta t}{\ln(r_{A}/r_{B})} \tag{2-89}$$

式中：C_{LA}、C_{LB}为距中轴线距离为 r_{A}、r_{B} 处污染物的液相浓度(g/m^{3})。

Liang 等(2009)认为液相扩散决定了气体通道中污染物向地下水体的溶解过程，其原因在于液相扩散系数小于气-水界面的传质系数。

Chao 等(2008)采用双区模型(two-zone model，属于一维集总模型)得到气-水传质经验系数 $K_{G}a$($10^{-2}\sim10^{-3}$ L/min)，并由模型得到气-水传质经验系数 $K_{G}a$ 正比于气体流速及中值粒径，而与亨利常数呈反比的经验关系。双区模型同时适用于微通道及独立气泡形式的气体通道。图 2-14 为双区模型示意图。

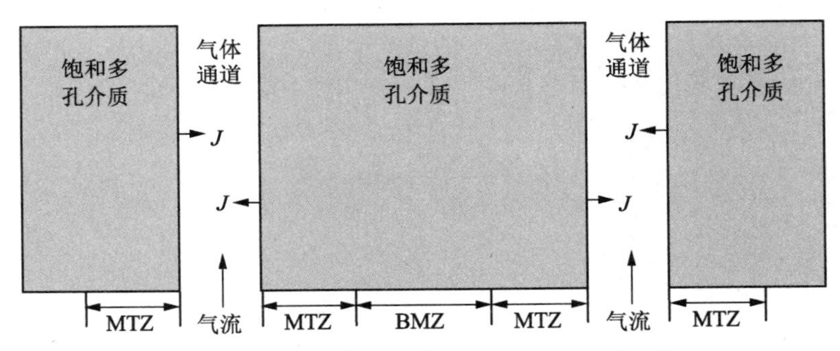

图 2-14　双区模型示意图(Chao et al., 2008)

模型基本假设为：①模型不考虑气体的压缩及滞留；②非传质区(Bulk Media Zone, BMZ)内完全不受气体通道的影响，仅传质区(Mass Transfer Zone, MTZ)发生水-气质量传递；③曝入气体在通道内迁移，水相并未发生迁移，水-土相间保持线性吸附。

传质区内，若气-水间 VOCs 传质率 J 满足亨利定律，则可由公式 2-90 表示：

$$J = K_G A(HC_{wm} - C_a) \tag{2-90}$$

当气体流量保持一致，考虑AS过程中气相平流产生的传质质量守恒时，V_a体积内气相污染物浓度通量可由公式2-91表示：

$$V_a \frac{dC_a}{dt} = K_G A(HC_{wm} - C_a) - QC_a \tag{2-91}$$

当固相(土体)与水相间保持线性吸附时，根据传质区内质量守恒，水相传质至气相的过程可表述为公式2-92：

$$F(M_s K_p + V_w)\frac{dC_{wm}}{dt} = K_G A(C_a - HC_{wm}) \tag{2-92}$$

$$K_p = f_{oc} K_{oc}$$

式中：f_{oc}为有机碳含量；K_p为水-土分配系数；K_{oc}为水-土有机碳分配系数。

由于气体通道的总气-水相互作用界面难以单独测定，因此，K_G与A集总为$K_G A$，并定义为传质系数。

MTZ内水相中初始的VOCs平均浓度C_{wm}^0定义为公式2-93：

$$C_{wm}^0 = \frac{M_0 - V_h C_a^0}{M_s K_p + V_w} \tag{2-93}$$

由于无法直接测定含水层中受曝气影响区域的总体积V_a，因此模型中假定V_a等于含水层上部自由水增加的体积。

在工程应用中常采用气-水传质系数$K_G a$，如公式2-94：

$$K_G a = \frac{K_G A}{V} \tag{2-94}$$

基于模型计算，Chao等(2008)将各基本参数集总为气相舍伍德数Sh_G(反映气-水传质和气相扩散的无因次数群，见附表1)和气相皮克列数P_e(反映对流与扩散的相对比例，皮克列数越大，则扩散作用越小，见附表1)。通过多元线性回归所得到的舍伍德数可采用经验公式2-95～公式2-97表示：

$$\log(Sh_G) = \log a_0 + a_1 \log(P_e) + a_2 \log(d_0) + a_3 \log(H) \tag{2-95}$$

$$Sh_G = 10^{-4.54} P_e^{1.05} d_0^{1.27} H^{-0.74} \tag{2-96-1}$$

$$Sh_G = 10^{-4.71} P_e^{0.84} d_0^{1.71} H^{-0.61} \tag{2-96-2}$$

$$Sh_G = 10^{-2.79} P_e^{0.62} d_0^{1.82} \tag{2-96-3}$$

$$K_G a = 10^{-2.89} \left(\frac{Q}{A_s}\right)^{1.05} D_G^{-0.05} d_{50}^{0.32} H^{-0.74} \tag{2-97}$$

文献(Wilkins et al., 1995)的结果相对于参考文献(Chao et al., 2008)严重偏高(NAPLs挥发进入气相，NAPLs与气相间的传质和气-水间传质的概念不同)。

$$K_L a = 14.9\left(\frac{\upsilon_s G \mu_L}{\tau}\right)^{1.76}\left(\frac{\mu_L g}{\rho_L \tau^3}\right)^{-0.248}\left(\frac{\mu_G}{\mu_L}\right)^{0.243}\left(\frac{\mu_L}{\rho_L D_L}\right)^{-0.604} \tag{2-98}$$

$$K_G a = \frac{K_L a}{H}$$

2.5.2 多相流模型

多相流动过程为在AS过程中水和气体的同时流动状态。气体流动的严格理论计算应考虑气体和水相间毛细压力的影响以及两相相互流动阻力。多相流模型体现了污染物在各相间的分配和各相内污染物传递，适用于饱和区中空气流动的严格理论计算（Thomson and Johnson，2000）。

多相流动模型中以积分形式表示的质量守恒方程见公式2-99：

$$\frac{d}{dt}\int_{V_1} M^K dV_1 = \int_{\Gamma_1} F^K \vec{n} d\Gamma_1 + \int_{V_1} q^K dV_1 \tag{2-99}$$

式中：V_1为流动区体元；Γ_1为V_1的表面积；M^K为单位多孔介质体元中组分K的质量；F^K为组分K进入流动区体元的总通量；q^K为在体元内组分K的生成速率；$\vec{n}$为流动区体元表面的外法向单位矢量。

组分K由各相累积的总质量表达式为公式2-100：

$$M^K = e\sum_{\beta} S_\beta \rho_\beta \omega_\beta^K \quad (\beta = g,\ w,\ NAPL) \tag{2-100}$$

式中：e为介质总孔隙率；ρ_β为β相（包括气相g、液相w及NAPL相）的密度；ω_β为β相中组分K的质量分率；S_β为β相在孔空间中各相的体积百分率，即有公式2-101成立：

$$S_g + S_w + S_{NAPL} = 1 \tag{2-101}$$

根据公式2-100，各相中有机物组分所累积的质量M^K由公式2-102得到。M^C同时考虑到土体对有机物的线形平衡吸附，并以水-土分配系数K_D确定吸附量。

$$M^C = \rho_b \rho_w \omega_w^C K_D + e\sum_{\beta} S_\beta \rho_\beta \omega_\beta^C \quad (\beta = g,\ w,\ NAPL) \tag{2-102}$$

气、水、NAPL三相中组分K的总质量通量F^K计算见公式2-103。式中各相中组分K的质量通量F_β^K根据达西定律计算，如公式2-104。

$$F^K = \sum_{\beta} F_\beta^K \quad (\beta = g,\ w,\ NAPL) \tag{2-103}$$

$$F_\beta^K = \frac{-K k_{r\beta} \rho_\beta}{\mu_\beta} \omega_\beta (\nabla P_\beta - \rho_\beta g Z) \quad (\beta = g,\ w,\ NAPL) \tag{2-104}$$

式中：K为介质（土体）渗透率；$k_{r\beta}$为β相的相对渗透率；μ_β为β相黏度；P_β为β相压力；g为重力加速度；Z为高度。

由于表示多相流动的方程为非线性，为便于计算分析，一般进行诸多简化假设。这些假设包括稳态的空气流动、相对渗透率关系式和毛细压力关系式的简化、流动空气的不可压缩、恒定的气相速度、忽略水相速度、介质均匀性和各向同性等。

Van Dijke 等(1998)运用轴对称多相流模型以两相 Richards 等式的混合形式为数值基础，模拟了在水位以下均匀多孔介质中的连续地下水曝气。其模型假定空气和水是两个不互溶不可压缩流体，而且在宏观上作为连续流体。模型以达西定律(式 2-105)和质量守恒定律(式 2-106)为基础，其中毛细压和相对渗透率的计算采用了 van Genuchten-Parker 非润湿流体的经验公式(公式 2-107～公式 2-109)(Van, 1980; Parker et al., 1987)。

$$\vec{v}_{\mathrm{j}}=-\frac{Kk_{\mathrm{rj}}}{\mu_{\mathrm{j}}}\nabla(P_{\mathrm{j}}-\rho_{\mathrm{j}}gZ)\quad \mathrm{j}=\mathrm{w},\ \mathrm{a} \tag{2-105}$$

$$n\frac{\partial S_{\mathrm{j}}}{\partial t}+\nabla\cdot\vec{v}_{\mathrm{j}}=0\quad \mathrm{j}=\mathrm{w},\ \mathrm{a} \tag{2-106}$$

$$P_{\mathrm{c}}(S_{\mathrm{w}})=\frac{\rho_{\mathrm{w}}g}{\alpha}(S_{\mathrm{w}}^{-1/\mathrm{m}}-1)^{1-m} \tag{2-107}$$

$$k_{\mathrm{rw}}(S_{\mathrm{w}})=\sqrt{S_{\mathrm{w}}}[1-(1-S_{\mathrm{w}}^{1/\mathrm{m}})^{m}]^{2} \tag{2-108}$$

$$k_{\mathrm{ra}}(S_{\mathrm{a}})=\sqrt{S_{\mathrm{a}}}[1-(1-S_{\mathrm{a}}^{1/\mathrm{m}})^{m}]^{2\mathrm{m}} \tag{2-109}$$

上式中：$\vec{v}_{\mathrm{j}}$ 为流体 j(分为气流 a 和水流 w)的达西流速；K 为介质的渗透率；k_{rj}为流体 j 的相对渗透率；P_{c}为毛细压力；P_{j}为流体 j 的压力；μ_{j}为流体 j 的黏度；ρ_{j}为流体 j 的密度；m、α 为 van Genuchten 常数；S_{j}为流体 j 的饱和度；n 为有效孔隙率。

Mei 等(2002)在质量守恒和达西定律基础上建立了同轴地下水曝气和空气通风的稳态过程流动模型。其研究认为，在 AS 过程中空气是流动的，而水是静止的，但由于毛细压力与空气饱和度的非线性关系，水饱和度的变化在模拟过程中是不可忽视的。

Falta(2000)采用双介质模型(dual-media)对 AS 过程中的局部相间传质进行模拟。其将多孔介质单元体构造为两种渗透性不同介质的一维拼接：介质①较介质②具有更高气体饱和度及气流速率。一维情况下，介质①和②的范围取为 d_1(可取 0.2)、d_2(可取 0.8)，两者的接触面面积为 A_{12}。在气-水两相流条件下，两种微元内气体、水相中的浓度差造成扩散传质。图 2-15 为双介质模型示意图。

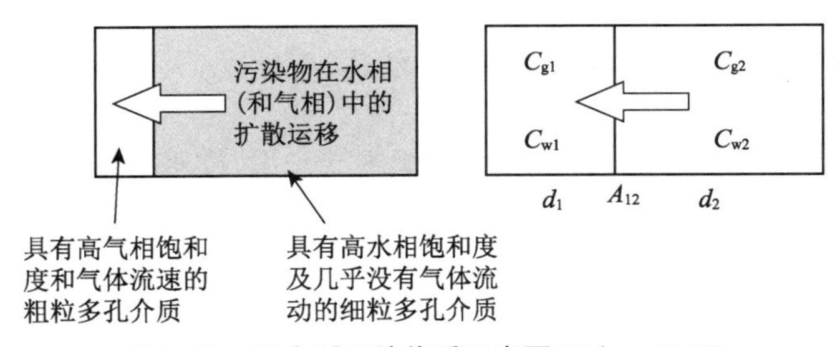

图 2-15　双介质系统传质示意图(Falta, 2000)

相对气体渗透率 K_{rg}及毛细压力 P_{c}为双介质模型最主要的参数。其一大缺点在于计算中众多参数均无法由常规试验得到。

假定曝气区域内的气压梯度仅为静水压差，则某给定气体饱和度 S_{g}条件下，相对气体

渗透率 K_{rg} 可由公式 2-110 计算：

$$K_{rg}(S_g)=\frac{v_g\mu_g}{K\rho_w g} \tag{2-110}$$

式中：v_g 为给定气体饱和度 S_g 条件下的气流速率；μ_g 为气体黏滞系数；K 为流体的绝对渗透率。K 反映多孔介质中孔隙的尺寸、形状、曲折度以及分布等情况；对于给定的多孔介质，K 是与流体性质无关的常量。

根据公式可知：①气流速率 v_g 增大将提高相对气体渗透率 K_{rg} 及气体饱和度 S_g；②对给定气流速率 v_g，多孔介质的绝对渗透率 K 越大，则气体渗透率 K_{rg} 及气体饱和度 S_g 越小，并将显著影响传质效率。

按公式 2-111 介质①、②间气相扩散可表示为：

$$Q_{g12}=-(nS_g\tau_g D_g)_{12}\cdot\frac{(C_{g1}-C_{g2})}{d_1+d_2}A_{12} \tag{2-111}$$

按公式 2-112 介质①、②间液相扩散可表示为：

$$Q_{w12}=-(nS_w\tau_w D_w)_{12}\cdot\frac{(C_{w1}-C_{w2})}{d_1+d_2}A_{12} \tag{2-112}$$

假设介质①和②内部均保持相间平衡，则有：

$$C_{g1}=C_{w1}H;\ C_{g2}=C_{w2}H \tag{2-113}$$

总的扩散方程可改写为公式 2-114：

$$Q_{12}=(nS_g\tau_g D_g+nS_w\tau_w D_w/H)_{12}\cdot\frac{(C_{w2}H-C_{g1})}{d_{12}}A_{12} \tag{2-114}$$

介质①和②间相间传质通量 Q_{imt}（interphase mass transfer, imt）、相间传质系数 $K_{imt}a$ 可由公式 2-115、公式 2-116 计算：

$$Q_{imt}=K_{imt}a(C_{w2}H-C_{g1}) \tag{2-115}$$

$$K_{imt}a=(nS_g\tau_g D_g+nS_w\tau_w D_w/H)_{12}\cdot\frac{A_{12}}{d_{12}} \tag{2-116}$$

由于调和平均计算中，介质②的液相扩散起主导作用，故相间传质系数 $K_{imt}a$ 可用公式 2-117 近似计算：

$$K_{imt}a\approx(nS_w\tau_w D_w/H)_{12}\cdot\frac{A_{12}}{d_2} \tag{2-117}$$

式 2-111～式 2-117 中：C_{g1}、C_{g2}、C_{w1} 和 C_{w2} 分别为介质①和②中气、液相中污染物浓度；$(nS_g\tau_g D_g)_{12}$ 和 $(nS_w\tau_w D_w)_{12}$ 分别为多孔介质气、水有效扩散系数，由介质①和②的气、水饱和度 S_{g1}、S_{w1}、S_{g2} 和 S_{w2} 以及气、水相扰曲度 τ_{g1}、τ_{w1}、τ_{g2} 和 τ_{w2} 分别计算两者的有效扩散系数，并取两者的调和平均；d_{12} 为介质①和②的平均间距。

假定介质①即为气体通道，1 m^3立方体单元体内，气体通道数量N_C按式2-118计算：

$$N_C=\frac{V_C}{\pi(d/2)^2\tau} \tag{2-118}$$

A_{12}按公式2-119计算：

$$A_{12}=N_c\cdot\pi d\tau \tag{2-119}$$

式2-118、式2-119中：V_C为单元体内气体通道总体积；d为气体通道直径；τ为气体通道的迂曲度。

模拟结果显示，曝气早期的去除效果取决于低毛细压力区域的平衡过程，(A_{12}/d_2)的影响小，在处治后期则造成显著影响，后期去除效率随(A_{12}/d_2)增大而提高。计算$K_{imt}a$为$4.82\times10^{-5}\sim4.91\times10^{-5}s^{-1}$。当气体饱和度$S_g$增大，气体扩散快速平衡；当气体饱和度$S_g$降低，传质过程受限于液相的扩散。

Van Antwerp等(2008)同样认为采用双域多相流方法[dual-domain multiphase flow approach，与文献(Falta，2000)实质相同]能够更加准确地反映曝气去除效果。而传统的单域模型方法(single-domain modeling approach)忽略了气体通道流体的次网格影响(subgrid block-scale effects)，并假设局部的气-液相间平衡，该方法的缺陷在于高估长期的去除效果。

双域多相流方法同样将单域多相流模型中单元体分为两个区域，分为高毛细压力、主要为水饱和的区域和低毛细压力、主要为气体饱和的区域。两个区域通过一级传质方程(first order mass transfer expression)耦合(Van Antwerp et al.，2008)。

一级动力相间传质速率方程(first order rate of kinetic interphace mass transfer)如公式2-120所示(亦即公式2-115)：

$$Q_{imt}=K_{imt}a(C_WH-C_G) \tag{2-120}$$

式中：Q_{imt}为多孔介质单位体积中液相向气相传质的速率[kg/($m^3\cdot s$)]；C_W为液相中的浓度(kg/m^3)；C_G为气相中的浓度(kg/m^3)；H为无量纲的亨利常数；$K_{imt}a$为传质系数与界面面积的乘积(1/s)。

2.6 地下水曝气试验研究进展

Brooks等(1999)将曝气中的通道(channel flow)具体分为源于曝气点的树杈式气体通道和影响区域内连续贯穿的气体通道，并认为影响气体通道的主要因素为流体的黏滞性、毛细压力、曝气流量以及土层的非均一性。其同时总结认为粗砂或更大粒径土层中所形成的气流形式主要为独立气泡，浮力作用远大于毛细压力作用；中砂或更小粒径尺寸中则多为微通道形式的气流，毛细压力的作用更显著。浮力及毛细压力作为气体在土层中迁移的作用力，两者影响程度的改变将直接导致气流形式的变化。

Peterson等(2001)通过粒径小于0.25 mm的砂土模拟细砂含水层条件下曝气通道形态：气体在细砂层孔隙中“聚集”且无法快速消散，造成砂土层中出现“气囊”(chamber flow)。图 2-16 为试验中“气囊”出现的示意图。受“气囊”存在影响的区域约占平面面积的 4%～54%，约占总体积的 28%。该形式的气体通道特点包括：①非连续、边界显著，“气囊”分布密度随距曝气口距离增加而增大；②存在显著的进气/出气通道，并认为其主要是由于土层的水平层理所导致。

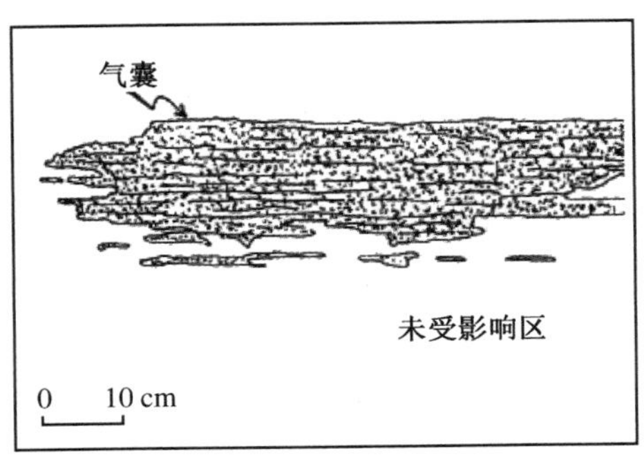

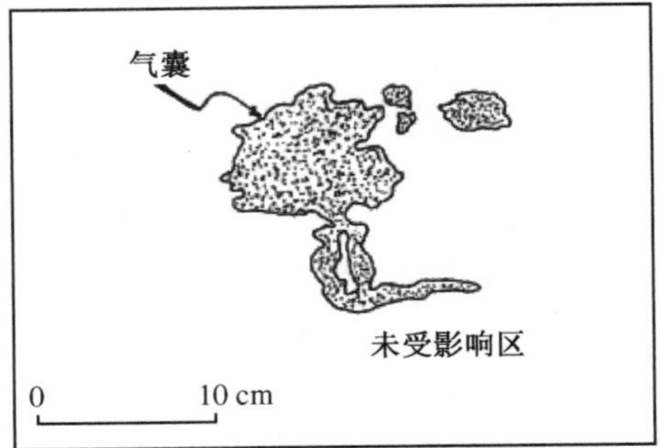

图 2-16 “气囊”形气体通道示意图(Peterson et al.,2001)

Peterson 等(2000)利用一种显色技术来识别介质中的气流通道，并检测了气体孔道一定水平距离处污染物的浓度变化。其发现在气体孔道附近，污染物的浓度下降非常快。Braida 等(2001)研究表明，在气体孔道附近存在一个传质区(Mass Transfer Zone, MTZ)，传质区的大小与污染物的水相扩散系数、污染物的气相扩散系数、多孔介质的平均粒径以及多孔介质的均匀系数相关，约为 $70d_{50}$～$215d_{50}$。MTZ 区域内，VOCs 的去除受其挥发影响很大，而在 MTZ 以外，挥发的影响忽略不计。图 2-17 为传质区的示意图。

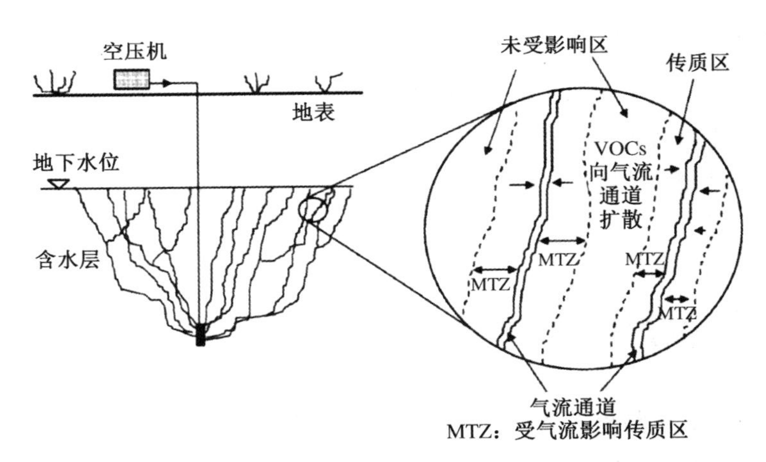

图 2-17 传质区模型示意图(Braida and Ong, 2001)

王贞国等(2006)在德州、滨州地区进行了 13 天的一系列地下水曝气的现场试验。研究表明地下水曝气技术对石油类污染物处理效果最为明显，对于铅类等污染物处理效果很差。曝气时间越长，石油类污染物的去除就越充分。AS 过程中气体与土体中呈吸附态和残余态的石油烃类相接触，从而石油烃类通过挥发和好氧生物降解去除。

郑艳梅(2005)采用土柱试验，系统地研究了不同操作条件下 AS 去除地下水中 MTBE

污染的影响因素。其根据污染物在地下水中的状态，提出了包含对流、水动力弥散、相间传质及生物转化等一维 AS 传质模型。通过比较模型计算结果和土柱试验数据，表明空气饱和度的不均匀分布对修复影响是不可忽略的。提出了 AS 二维非稳态流场的数学模型，采用有限元法求解，得到了二维非稳态空气饱和度场、速度场和稳态压力场分布。

郑艳梅等(2007)利用饱和度与相对渗透率、毛细压力间的关系建立了 AS 二维非稳态流场的数学模型，用有限元法模拟了复杂流场非稳态二维气相饱和度场、速度场和稳态压力场分布，结果显示气相饱和度随着曝气时间和距注气井位置的不同而变化。

黄国强等(2001)对 AS 去除地下水油类污染物提出一个溶解动力学和弥散动力学模型。溶解过程考虑了油滴初始半径、分子扩散系数和溶解度等因素，弥散过程则受到空气流速、土体介质性质和有机物性质的影响，引入介质中有效扩散系数概念并采用 Fick 定律形式描述。

陈华清(2010)在模型试验的基础上拟合曝气流量、曝气机制等影响因素与污染物衰减程度的经验公式，并定量分析它们在 AS 修复中所占的权重。其总结认为当曝气流量为 30 mL/min 时，含水层中 AS 修复的经济效益是最高的。

张英(2004)从流体力学和污染物传质过程两方面对地下水曝气方法进行了研究，建立了三维空间下的轴对称空气流动模型。采用乙炔示踪法研究渗透系数不同的土体中气体流型的变化。结果表明气体对试样的渗透系数非常敏感，在粗砂中影响区域的形状为 U 形，甲苯的去除率很大程度上依赖于空气在地下水区域中形成孔道的疏密。

在 NAPLs 相污染物挥发的过程中，首先被去除的是具有高挥发性和高溶解性的化合物，而挥发性和溶解性不高的化合物较难去除，从而在 AS 去除污染物过程中存在拖尾效应(张英，2004；Hayden and Voice，1994)。此外，AS 过程中气流模型呈 U 形分布，存在气流难以到达的修复死角，加剧了污染物总量衰减的拖尾效应。

在没有 NAPLs 透镜体存在的情况下，NAPLs 总量的衰减速率等于气相和水相中甲苯的衰减速率之和，污染区内甲苯总量的衰减也存在严重的拖尾效应，AS 修复死角的存在更加剧了甲苯总量衰减的拖尾效应。

陈华清(2010)的试验证明了拖尾效应的存在。其认为在 AS 后期，污染物含量减少，相态间的浓度差不断减小，导致污染物在各种相态中的迁移速度减缓，从而增加去除污染物的难度。

陈华清(2010)按照 AS 技术集成研究方法建立了污染区概念模型，利用 TMVOC 程序模拟表明该污染区适合以 12 m^3/h 的曝气流量进行 AS 修复，此时有效修复半径在 7 m 左右。等三角法确定布井方式时井间距约为 12 m，完成地下水原油污染的 AS 修复的时间至少在 8 个月以上。后续污染防治可采用隔离墙法或长期 AS 系统法。

Hein 等(1997)测定曝气井附近的气流流量大，而气流流量自径向方向迅速降为零。

Kim 等(2004)认为对于给定的气-水表面张力，曝气流量随曝气压力的变化并不显著。这是由于毛细压力及曝气压力在曝气口的损失随表面张力的降低而减小。同时，气体通道中曝气压力的损失随着气体通道数量的增加而增大。因此，表面张力的降低并不明显增加曝气压力损失，但显著提高气体饱和度。

Lundegard 等(1998)通过现场实测结果，总结认为相对均质土层中曝气初期阶段地下水水位上升最大高度随远离曝气井径向方向逐渐降低，达到最大高度的时间逐渐增加。即使是距离曝气井较远处(例如 4.6 m),地下水水位上升后的消散时间约持续数小时。曝气达到稳定阶段时,测定非饱和区中气压正值变化趋势与地下水水位变化规律一致。

Labrecque 等(1996)采用 ERT(Electrical Resistance Tomography)观察曝气过程,发现可以通过对比曝气前后饱和区的电阻率变化得出曝气影响范围。观察发现,曝气影响范围内电阻率显著增加。

Schima 等(1996)采用井间电阻率层析成像技术考察曝气过程中的气型及曝气影响范围。观测结果显示,所测定的曝气影响半径随气压的微小改变存在显著离散性差异。此外,长期曝气作用下,受主要影响的区域位于曝气点上方,而非曝气点附近,且置换孔隙水的气体难以再被置换出。该观察现象实际上质疑了通过在弱透水层上表面曝气去除 DNAPL 的观点。

Tsai 等(2006)通过二维模型槽试验测定曝气前及其过程中各处电阻率变化,以评价曝气过程中土体孔隙率的变化及土颗粒运动。测定孔隙率的变化即验证了曝气过程中土颗粒出现迁移。Tsai 等(2006)试验结果显示,曝气过程中气流置换孔隙水,其中气体通道处无法承担土颗粒自重的区域出现裂隙破坏,而土颗粒移动以填充裂隙破坏部分。孔隙率在曝气前后的变化反映了土颗粒的运动过程,其主要发生在曝气点、裂缝及上边界附近。

Clayton(1998)根据气-水速率比 M(定义式 2-122)及毛细数 C(Capillary Number,无因次数,反映了表面张力对液体流动的影响,定义式 2-123)判断认为曝气过程中主要为毛细指进(Capillary Fingering),而非黏性指进(Viscous Fingering)或是稳定置换(Stable Displacement)。毛细指进意味着曝气过程中气体具有向毛细压力最弱的方向运移的趋势。

$$M=\frac{\mu_a}{\mu_g}=0.016 \tag{2-121}$$

$$C=\frac{q\mu_a}{\gamma\cos\theta_i} \tag{2-122}$$

式中:γ 为表面张力;q 为气体的达西速率;θ_i为界面接触角。

其试验结果显示相同的曝气条件下,细砂土体中形成较粗砂更高的气压梯度,使得浮力的作用降低,气体更趋于侧向迁移。粗砂中气体运移主要受到浮力作用的影响,使得气型主要呈向上发展趋势,侧向迁移相对较少。

此外,Clayton(1998)认为当气体饱和度大于 10%时均会形成气体通道,而气体饱和度小于 10%时是否形成气体通道需进一步判断。大于特定的初始气体饱和度条件下,土体才能够形成气体通道。对于细砂,起始气体饱和度约为 10%,而粗砂的条件较低,约为 5%。

Lundegard 等(1996)认为水相残余饱和度大于气相残余饱和度。其总结认为:①曝气数学模型的侧限为无流边界,上边界为大气压力;②土层分为饱和区和上覆非饱和区;③曝气压力以曝气井井屏上覆有效应力为最大值,以避免曝气过程造成土体劈裂,认为可取井屏上覆有效应力 0.7 倍作为曝气压力。

曝气过程中气型的发展包括膨胀、收缩及稳定三个阶段。气型膨胀阶段主要表现为在曝入气体上升至非饱和区的过程中饱和区气体体积逐渐增加,并产生地下水水位上升变动。随着饱和区中气体饱和度增加,相对气体渗透率增大,气体向着相对气体渗透率更高的区域(即曝气井径向周围)运移。因此气型呈现逐渐径向收缩趋势。稳定阶段中曝气压力及曝气流量基本保持不变(Lundegard and Andersen, 1996)。

数学模型模拟结果显示气型膨胀阶段的最大径向宽度为稳定阶段的2～4倍,稳定阶段中气型出现近似竖直边界,曝气深度对气型影响范围的影响较小(Lundegard and Andersen, 1996)。

当给定曝气压力而不限制曝气流量的改变时,土层渗透性的各向异性而非渗透率影响曝气影响范围。对于恒定的曝气流量,气型影响范围主要受竖向渗透性影响,却与土层渗透性的各向异性基本无关。认为在稳定阶段时竖向应力梯度为一定值,当曝气流量不变时,能够改变气流体积的因素只有竖向气体渗透性及气体通道的截面积(Lundegard and Andersen, 1996)。

Burns等(2001)指出颗粒粒径越大,则气泡尺寸越大。其通过在曝气喷口添加表面活性剂以达到以下目的:①显著地减小曝气过程中气-水表面张力;②降低克服毛细效应所需的最小进气值;③减小气泡尺寸,使得集中传质系数 $K_{G}a$ 中 a 值(即气体通道表面积与体积之比)增大;④增加气泡存留时间;⑤减少气泡间的结合。添加表面活性剂只需要痕量浓度的剂量,文献(Burns and Zhang, 2001)采用曲拉通X-100(Triton X-100),表面活性剂使得表面张力减小,进而使得气泡的尺寸减小、更加均一。

假设所形成的气泡为圆球形,通过无量纲邦德数 Bo 与气泡尺寸分布曲线考察多孔介质粒径、曝气压力、曝气口类型及表面活性剂对气泡尺寸大小及范围等的影响。邦德数 Bo 按公式2-123a计算,其不考虑气泡在液相(水)中的黏滞性。Bo 值小于1则毛细压力主导,反之大于1则为上升浮力主导(Brooks et al., 1999)。随着曝气压力增加,邦德数 Bo 略有增加。

$$Bo=\frac{(\rho_L-\rho_G)r^2g}{\sigma} \tag{2-123a}$$

式中:ρ_L 为液相密度;ρ_G 为曝气气体密度;r 为气泡半径;g 为重力加速度;σ 为表面张力。

但Brooks等(1999)认为单一的 r 值不能同时反映最大毛细压力的孔隙尺寸(孔喉尺寸)与最大浮力相关的孔隙尺寸(孔隙体尺寸、孔隙最大处尺寸),尽管其依然假定独立气泡的尺寸等于孔隙尺寸。其在此基础上提出了修正邦德数 Bo^*(原位符号为 N_B^*)的概念,如公式2-123b、公式2-123c所示。

$$Bo^*=\frac{(\rho_L-\rho_G)g}{\sigma}\left(\frac{r_b^3}{r_c}\right) \tag{2-123b}$$

$$Bo^*=\frac{(\rho_L-\rho_G)gr^2}{\sigma\alpha} \tag{2-123c}$$

式中:r_b 为孔隙体半径;r_c 为孔喉半径;r 为最小粒径尺寸;α 为比例系数,一般介于0.05～0.5之间,Brooks等(1999)取0.1。

Burns等(2001)同时认为曝气口类型对气泡尺寸及均异性的影响较多孔介质粒径更大。曝气口类型是控制气泡尺寸大小的主导因素:①对于单喷口的曝气口,喷口的内径越大,则气泡尺寸越大,尺寸均异性越差,克服毛细效应的最小进气值越小;②与单喷口相比,多喷口的曝气口使得相同粒径下气泡尺寸更大、均一性更差。

Tomlinson 等(2003)通过采用孔压计进行的斯拉格法测定曝气前及曝气过程中渗透系数，并根据气体饱和度 S_g 及相对渗透率 k_{rw} 的经验关系(公式 2-124、公式 2-125)得到气体饱和度。采用上述方法得到气体饱和度的误差主要来源于土层的不均一性造成曝气过程中渗透系数测定的误差。

$$S_g = \frac{1 - S_{wr}}{1 - k_{rw}^{\lambda/(2+3\lambda)}} \tag{2-124}$$

$$k_{rw} = \frac{K_{AS}}{K} \tag{2-125}$$

式中：K_{AS} 和 K 分别为曝气过程中及曝气前渗透率；S_{wr} 为残余饱和度(对于砂土可取为 0)；λ 为孔隙分布指数。

通过观察表面气体通道分布能够定性地分析曝气的侧向影响范围。同时发现，在曝气结束后约 2 h 内依然存在稳定流量的气体溢出，并在 5 h 后逐渐消退。Tomlinson 等(2003)认为造成该现象的原因在于低渗透性夹层下部在曝气过程中积聚大量气体，并形成“气囊”。Lundegard 等(1998)通过 ERT 同样预测低渗透性夹层下气体饱和度达到 50%而其上部却基本不存在气体饱和区。

Tsai(2007)认为曝气过程中存在优势流，气体通道主要分布于曝气井周围，采用氦气示踪法能够观测到部分次级优势流存在于气体通道密集区域外侧。但这些次级优势流存在时间较短。气体通道密集的区域渗透性更高，曝气井附近孔隙率及渗透性均有提高。Tsai(2007)等通过斯拉格法测定渗透系数验证了上述观点，并且其发现曝气过程中渗透系数的增大，而孔隙率由曝气前的 0.31 增至曝气后的 0.35。

Tsai(2007)假定曝气初始时土体饱和，通过测定孔隙率的改变以考察渗透系数变化及土颗粒运动规律。在体积为 V_e 的多孔介质单元体内，曝气过程中气体通过置换孔隙水及土颗粒迁移进入单元体，如公式 2-126：

$$V_g = V_w + V_p \tag{2-126}$$

式中：V_g 为孔隙中气体体积；V_w 为被气体所置换的孔隙水体积；V_p 为土颗粒迁离的体积。

假定土颗粒迁离处单元体的质量 M_p 与被气体所置换的孔隙水体积 V_w 呈正比例关系，如公式 2-127 所示，其中 E 为比例系数。

$$\frac{M_p}{V_w} = \frac{V_p \cdot \rho_p}{V_w} = E \tag{2-127}$$

曝气过程中气体饱和度 S_g 可由公式 2-128 表示：

$$S_g = \frac{V_g}{V_e} = \frac{V_w + V_p}{V_e} \tag{2-128}$$

联立公式 2-128 则得到单元体内由于土颗粒运动所造成的孔隙率增量 Δn，见公式 2-129：

$$\Delta n = \frac{V_p}{V_e} = \frac{V_p}{V_w + V_p} \times S_g = \frac{E}{(\rho_p + E)} \times S_g \tag{2-129}$$

$$\frac{E}{(\rho_p + E)} = C$$

对于砂土而言，渗透率可由经验公式 2-130 表示：

$$K = C_s \frac{n^3}{(1+n)^2} d_{50}^2 \tag{2-130}$$

式中：C_s为拟合参数；d_{50}采用 m^2为单位。

通过气体饱和度剖面分布图并选取不同的参数 C 得到孔隙率增量 Δn，结合公式 2-130及初始孔隙率分布进一步修正孔隙率增量 Δn。

气体置换孔隙水的过程中，土颗粒同样发生迁移，地下水监测井内可以观察到土颗粒沉积。由于曝气过程中土颗粒迁移时间较短，故可忽略其对 ROI 变化的影响。认为造成 ROI 减小的主要原因在于曝气井周围较致密的气体通道使得区域内渗透性增大，气体侧向迁移趋势减弱(Tsai，2007)。

Tsai(2008)选取 McCray 等(1996)模型，$\alpha_{gw} = 5.2$，$S_m = 0.0$，n(相对渗透率公式)$=3$，n(毛细压力公式)$=1.84$，考察了式中选取不同参数 C($C = 0.02$，0.04，0.06，0.08，0.10，0.12)对 ROI 的影响，并取气体饱和度为 0.1 的轮廓线作为曝气影响范围。

选取不同的 C 值显示，C 为 0.0 时所得到的等气体饱和度线(亦即气体饱和度为 0.1 时的 ROI)的范围明显小于其他值的结果，但 C 大于 0.0 时，等气体饱和度线范围(ROI)随 C 值增大而减小，但对计算结果则相对较小(McCray and Falta，1996)。其原因在于计算式所假定的物理意义，即土颗粒迁移是产生曝气井周围较其他区域渗透性提高、气体通道更加致密的主要因素。

Hikita 等(1981)考察液相传质系数，认为满足公式 2-131 的前提要求是 VOCs 具有较高的亨利常数($H>0.1$)。

$$K_G a = K_L a / H \tag{2-131}$$

Elder 等(1999b)提出一种简化的曝气数学模型中单元体内气体体积 V_g及气体饱和度 S_g的方法。其将气体通道简化为竖直形态，并假定气体通道的六角梅花形布置，如图 2-18 所示。

根据上述假定，单元体体积 V_t、气体通道表面积 A_c及比表面积 a_0分别由公式 2-132～公式 2-134 表示：

$$V_t = 6 \cdot \frac{\sqrt{3}}{4} S_c^2 \tag{2-132}$$

$$A_c = 3 \cdot \pi D_c / \sqrt{\tau} \tag{2-133}$$

$$a_0 = \frac{A_c}{V_t} = \frac{2\pi}{\sqrt{3\tau} \cdot D_c} \left(\frac{D_c}{S_c}\right)^2 \tag{2-134}$$

式中：S_c为气体通道间距(mm)；D_c为气体通道的直径(mm)；τ 为气体的扰曲度。

则单元体内气体体积 V_g及气体饱和度 S_g见公式 2-135、公式 2-136：

$$V_g = 3 \cdot \frac{\pi D_c^2}{4} / \sqrt{\tau} \tag{2-135}$$

$$S_g = \frac{V_a}{n \cdot V_t} = \frac{\pi}{2\sqrt{3\tau} \cdot n}\left(\frac{D_c}{S_c}\right)^2 \tag{2-136}$$

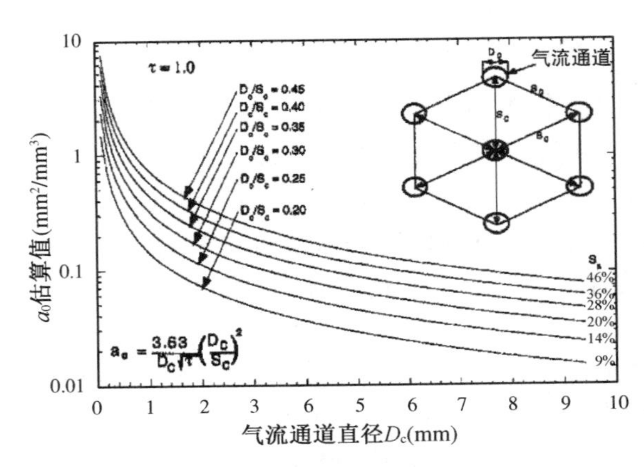

图 2-18　气体通道分布及参数选取(Elder and Benson，1999b)

常规室内模型试验中，试样的应力水平与现场试验存在差别很大。为了获取较高的应力场，分析在高应力水平下的试样曝气过程，可采用离心模型试验的方法。但曝气过程中的离心模型相似比有待于进一步深入研究(刘燕，2009)。相比于数值模拟，离心模拟技术的发展仍显得迟缓，主要是量测技术与各种辅助试验设备的限制(Hu et al.，2006)。

主要的研究手段是常规模型试验，此类试验的试样尺寸一般比较小，应力水平比较低。近年来，离心模型试验逐步发展，成为土体地下水修复技术研究的重要手段(刘燕，2009)。

相同的离心加速度条件下，气体流量和单井影响区域的变化规律与常规模型试验基本一致。离心加速度对气体流量和单井影响区域影响明显，离心加速度越大，气体流量越大，单井影响区域越小，初始气泡的平均速度越大(刘燕，2009)。

Marulanda 等(2000)在离心模型试验中，研究了粒径、曝气管口的大小和曝气点深度对影响区域的影响。

Selker 等(2007)通过假定端部为半球面的圆柱形气体通道以及建立浮力与气-水表面张力的平衡方程，得到气体通道半径 R(如式 2-137)。根据该式，若取气-水表面张力为 72.25 mN/m，则气体通道半径为 0.4 cm。

$$R = \sqrt{\frac{3\sigma}{\Delta\rho g}} \tag{2-137}$$

而对于给定曝气流量 Q 时，Selker 等(2007)认为气流的总截面积 A_{ug} 存在如关系式 2-138 所示的关系：

$$A_{ug} \geqslant \frac{Q\mu}{\Delta\rho g K_{sg}} \tag{2-138}$$

联立式(2-137)和式(2-138)即可近似估计曝气影响区域的气体通道总数 N。

$$N \geqslant \frac{Q\mu}{3\pi\sigma K_{sg}} \tag{2-139a}$$

$$N \approx \frac{Q\mu}{3\pi\sigma K} \tag{2-139b}$$

式中：K 为完全气相饱和条件下的渗透率，此时计算得到气体通道下限值；K_{sg} 为气体饱和度为 S_g 时的渗透率。

同时，Selker 等(2007)假定气体通道在水平面上的分布概率为气体自曝气口上升的竖直距离的函数，并认为可按照高斯分布确定气体通道的水平分布。

2.7 模型试验

Clayton(1998)认为气体相对渗透率尽管为气体饱和度的函数，但部分气体进入死端气体通道，因此并不参与气体迁移。同时，其指出采用圆玻璃珠作为多孔介质材料的缺陷在于其高估了气体通道的发展程度。

Reddy 等(1998)在一维柱试验中为避免 VOCs 在注入的过程中挥发损失，采用类似于注射管的污染物泵送装置将 VOCs 注入试验柱，其示意图如图 2-19。在注射口附近的侧壁处开孔用以注入纯污染液。同时，腔内放入磁力转子，使纯污染液与水通过磁力搅拌充分混合，搅拌时间为 24 h。但文献中并未明确曝气过程中气型是否完整，即是否受到边界(直径为 90 mm)的约束。

试验柱侧壁间距为 5 cm 或 10 cm 开孔用以抽取水样检测污染物残余浓度，柱试验装置系统如图 2-19 和图 2-20 所示。

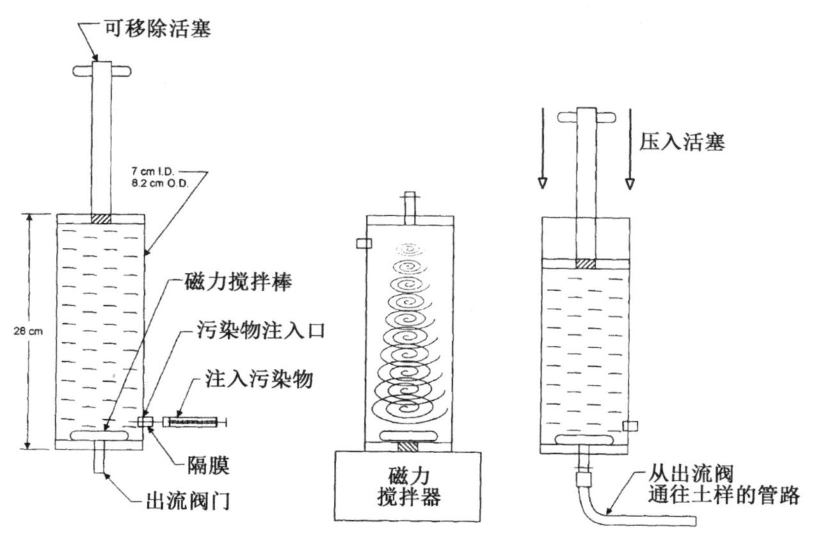

图 2-19　污染物泵送装置示意图

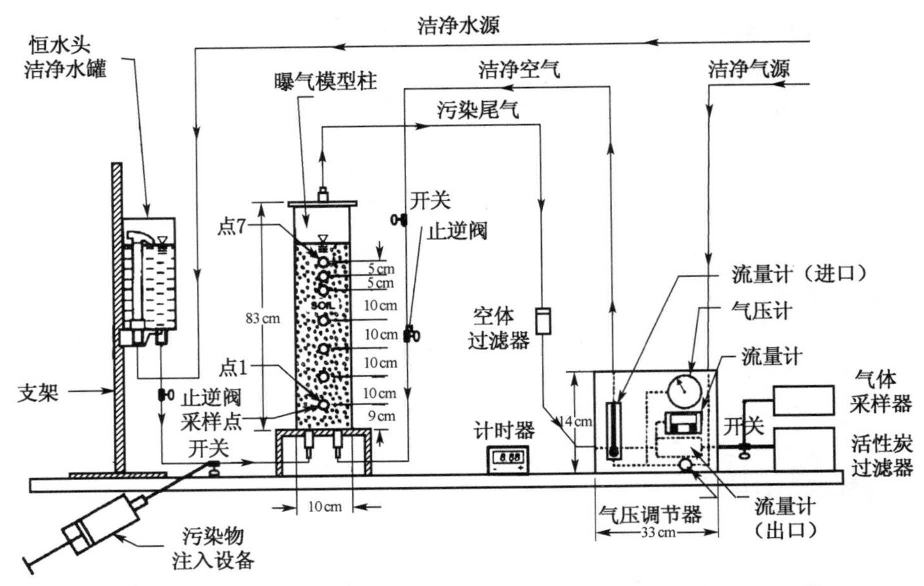

图 2-20　柱试验模拟曝气试验装置示意图(Reddy and Adams，1998)

Peterson 等(1999)在土体中掺入体积比为 1 ∶ 7 的铁粉，用以观察气型及气体通道特点。当气体通过，受曝气影响的区域中铁粉氧化，自黑色变为棕褐色。但铁粉与土体比重的差异、铁粉对曝气气型等的影响、铁粉是否出现下沉等问题可能影响曝气结果。上述方法观测气型的分辨率约为 1 cm。

Hein 等(1997)采用单井曝气，模型槽如图 2-21 所示。试验中，沿两条垂直相交直径方向，按 10 cm 的间距布置集气漏斗及流量计。曝气井附近采用湿式气表(wet test meter)以测定较高气流流量，外围则采用气泡计(bubble meter)。气、水运移同时服从达西渗流。

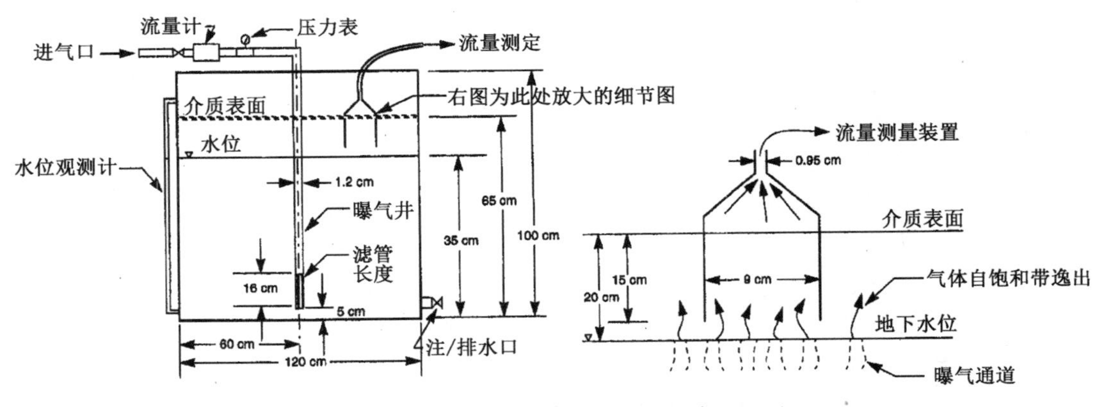

图 2-21　模型剖面示意图(Hein et al.，1997)

毛细压力和相对渗透率的计算采用 van Genuchten-Parker(van，1980)所提出的经验公式 2-140：

$$P_c(S_w)=\frac{\rho_w g}{\alpha}(S_w^{-1/m}-1)^{1-m} \tag{2-140}$$

重新定义 S_w，有：

$$S_w = \frac{S_w - S_{wr}}{1 - S_{wr}},\ m = \frac{n-1}{n} \tag{2-141}$$

$$P_c(S_w) = \frac{\rho_w g}{\alpha}\left[\left(\frac{S_w - S_{wr}}{1 - S_{wr}}\right)^{\frac{n}{1-n}} - 1\right]^{1/n} \tag{2-142}$$

$$K_{rg} = \left(\frac{S_g}{1 - S_{wr}}\right)^N \quad 0 < S_g + S_{wr} < 1$$
$$K_{rg} = 1 \quad S_g + S_{wr} \geqslant 1 \tag{2-143}$$

式中：P_c为毛细压力，为饱和度的经验函数；ρ_w为水的密度；g 为重力加速度；S_w为水的饱和度；S_{wr}为残余饱和度；n、N、α 为拟合经验常数；气体相对渗透系数 K_{rg}为给定饱和度 S_r下的渗透率与完全干燥(或完全饱和)条件下的渗透率的比值；S_{wr}为 500 cm 正压吸力下的孔隙水饱和度；S_g为气体饱和度($S_g = 1 - S_w$)。

Baker 等(2007)认为试验前需要检验模型槽侧壁是否出现优势流，模型槽中填土时要求避免分层，避免造成渗透性的各向异性。其同样采用摄像技术考察曝气过程，气型观察通过高分辨率相机进行，拍摄中采用高强光的背面照明，已得到气体通道呈白色、水土呈黑色的清晰成像。Baker 等(2007)通过土-水特征曲线得到试验土体的进气值，测定饱和土体的渗透系数 k 及渗透率 K。前述中确定曝气压力则是采用“毛细压力”的概念。

根据文献(van Genuchten，1980)有效饱和度可通过公式 2-144 得到：

$$\Theta = \left[\frac{1}{1 + (\alpha P_c)^\beta}\right]^m,\ m = 1 - 1/\beta \tag{2-144}$$

式中：P_c为毛细压力；α、β 为拟合参数。

气体渗透系数 k_a为毛细压力 P_c的函数(Parker et al.，1987)，如公式 2-145：

$$k_a = k_{ao}\sqrt{1 - \Theta}\left[(1 - \Theta^{1/m})^m\right]^2 \tag{2-145}$$

式中：k_{ao}为残余含水量下的气体渗透系数。

定义归一化曝气压力 P_N为式 2-146：

$$P_N = \frac{P - P_{min}}{P'_{max} - P_{min}} \tag{2-146}$$

式中：P_{min}为最小曝气压力；P'_{max}为 95%的上覆应力；$(P - P_{min})$为净曝气压力。

Kim 等(2004)通过土-水特征曲线得到进气值，并比较了多孔介质中毛细压力 P_c与表面张力 σ，认为可通过经验式表示。随着表面张力的减小，土-水特征曲线向毛细压力较小一侧移动。因此，从土中置换相同质量的孔隙水所需的毛细压力随表面张力减小而变小(即砂土的持水能力降低)，可由式 2-147 表示：

$$P'_d = P_d\frac{\sigma'}{\sigma} \tag{2-147}$$

$$P_c = \frac{2\sigma}{r'} = \frac{2\sigma}{r}\cos\alpha$$

$$h_c = \frac{P_c}{\Delta\rho g}$$

式中：r'为气-水界面的曲率半径(m)；r 为孔隙的半径(m)；α 为气-水间在土颗粒表面上的接触角；h_c为毛细压力水头高度；$\Delta\rho$ 为水-气密度差；σ'为降低的表面张力；P'_d为通过原进气压力 P_d所预测的进气压力。

多孔介质中，(孔隙水)饱和度 S 可以表示为毛细压力 P_c的函数，如公式 2-148：

$$S = (1 - S_r)\left(\frac{P_d}{P_c}\right)^{\lambda} + S_r \quad P_c > P_d \tag{2-148}$$

Kim 等(2004)在试验中通过测定置换出水的总量估计平均饱和度。此外，Kim 等认为可以通过预先采用曝气装置向含水层中喷入表面活性剂或是将其涂抹于曝气口。

Rogers 等(2000)在模型试验中采用注入碱溴百里酚蓝至饱和砂土层中，并曝入盐酸饱和的气体，受曝入气体影响的土体颜色将由蓝色变为黄色。

Tsai 等(2004，2006)通过二维模型槽试验测定曝气前及其过程中各处电阻率变化，以评价曝气过程中土体孔隙率的变化及土颗粒运动。土体的电导率按经验公式 2-149 计算；电阻率为电导率的倒数，如公式 2-150。此外，对于砂土而言，同样可采用 Archie 公式(Archie，1942)计算其电阻率值。

$$\sigma_0 = \sigma_w(a\theta^2 + b\theta) + \sigma_s \tag{2-149}$$

$$\rho = 2\pi RL = 1/\sigma \tag{2-150}$$

式中：σ_0为土体电导率(S/cm)；σ_w为孔隙水中的电导率(S/cm)；σ_s为土颗粒中的电导率(S/cm)；θ 为体积含水量；a 和 b 为无量纲参数；ρ 为电阻率(Ω·cm)；R 为测定的电阻值(Ω)；L 为电极间距(cm)。

在恒定的电势差及电极间距条件下，电流及体积含水量存在，如公式 2-151 所示的关系。恒定电势差下，测得高电阻值或高电流值通常由于高含水量、低气体饱和度孔隙及相对低的土颗粒含量。对于饱和砂土，孔隙率的改变亦造成电流值的变化。

$$I_0 = I_w(a\theta^2 + b\theta) + I_s \tag{2-151}$$

式中：I_0为总电流(mA)；I_w为孔隙水中的电流(mA)；I_s为土颗粒中的电流(mA)；θ 为体积含水量；a 和 b 为无量纲参数。

模型槽尺寸为 30 mm×500 mm×500 mm，前后板均布 100 个孔插入电极，模型槽示意图如图 2-22。土样中注入 0.1 mol/L 氯化钠溶液，且要求模型槽内抽气饱和。试验中逐渐增大曝气流量，并最终稳定于 3 L/min。曝气结束后取出 100 个电极附近的土样测定孔隙率。

Braida 等(1998)指出试验前需要在相同条件下测定未曝气时 VOCs 的损失率。为了防止玻璃珠阻塞曝气管口，管口上方黏附一层软丝网。曝气口通常直接固定在底板，以保护曝气口，并避免曝气过程中气体沿模型箱侧面边壁运动。

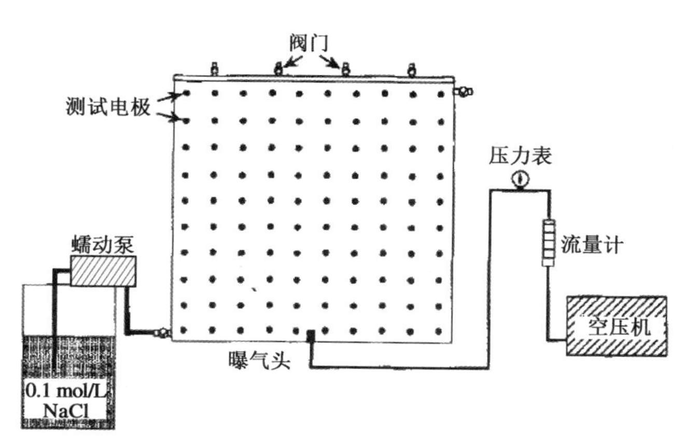

图2-22　模型槽示意图(Tsai et al., 2006)

刘燕(2009)的模型试验过程中,由于实际温度的影响(即曝气压力与标准大气压的相对大小),因此曝气压力的直接读数值必须进行修正才能用于定量分析。质量流量 Q_m 的修正公式如公式 2-152:

$$Q_m = \frac{PQ_vM}{TR} \tag{2-152}$$

式中,Q_m 为试验温度条件下的真实流量值;Q_v 为流量计直接读数值;P 为试验温度条件下的绝对气压;T 为(绝对)温度;M 为气体摩尔质量;R 为常数,取 8.314 4 J/(mol·K)。

针对 AS 的模型槽试验总结见表 2-7 所示。

表2-7　针对AS的模型槽试验总结

试验对象与曝气装置	试验成果	参考文献
试验对象:粗砂、细砂以及细砂掺混量分别为20%、30%、50%的三种掺混砂,夯实填入,并密封箱顶 污染液:甲苯 模型:透明有机玻璃,1 000 mm×800 mm×150 mm 曝气装置:圆柱不锈钢三孔曝气头(顶部一孔,圆柱侧面左右对称两孔),曝气孔直径2.5 mm,曝气头安装高度距底部 70 mm	(1)测定ROI,判定流量对ROI、气体平均饱和度的影响;(2)采用乙炔示踪法确定曝气流量大小和多孔介质渗透性对AS在多孔介质中的流型的影响;(3)采用实测参数以建立数学预测模型	张英,2004
试验对象:四种颗粒级配的高强度喷丸玻璃珠。(1)传统的水头差饱和,约 40 min;(2)饱和后,经离心机离心继续固结(离心加速度分别为 15*g*、30*g*、40*g* 和 50*g*) 模型:透明有机玻璃,600 mm×800 mm×12.2 mm;600 mm×745 mm×40.2 mm 曝气装置:一个曝气管口,曝气孔内径为 2 mm,曝气头安装高度距底部 10 mm	(1)提出采用最大渗气夹角和理论曝气点描述最大曝气影响区域的大小;(2)认为最大影响区域是以理论曝气点为圆锥顶点、与竖直方向呈一定夹角的圆锥体区域;(3)研究了曝气过程中试样的非均匀性对曝气过程的影响;(4)针对模型槽试样的应力水平与现场试验差别,采用离心模型试验研究不同离心加速度对曝气过程的影响	刘燕,2009
试验对象:粒径小于 2.00 mm 的砂,砂土逐层装夯实,装填至满槽,放置1周并轻敲进一步密实 污染液:充分溶解于水中的原油,甲苯 模型:透明有机玻璃,600 mm×100 mm×600 mm	(1)采用DO(溶解氧饱和度测定)法确定曝气过程中的最佳曝气条件、描述气流分布;(2)研究各可控因素及自然因素对曝气效率的影响;(3)研究最佳曝气条件下AS过程中TPH浓度变化规律;(4)研究AS过程中原油污染物衰减规律	陈华清,2010

（续表）

试验对象与曝气装置	试验成果	参考文献
试验对象：细砂（D_{10}＝0.08、D_{50}＝0.11）、中砂（D_{10}＝0.18、D_{50}＝0.25）、粗砂（D_{10}＝0.43、D_{50}＝0.55）、级配良好的砂（D_{10}＝0.20、D_{50}＝0.65） 污染液：苯、甲苯、苯与甲苯的混合污染液 模型：一维柱试验，高 930 mm、直径 90 mm 曝气压力 6.9 kPa，曝气流量 2 225 mL/min	(1) D_{10}大于 0.2 mm 时，去除时间随 D_{10}线性减少；D_{10}小于 0.2 mm 时，去除时间急剧增加；(2)脉冲式曝气（分为 1 h 曝气、间歇 1 h 和 3 h 曝气、间歇 3 h 两种形式）对粗砂无明显优势，而对细砂有一定效果；(3)缓慢的扩散过程造成了细砂中的曝气中拖尾现象的出现；(4)苯与甲苯的混合污染液的被去除效果优于单种污染物	Reddy et al.，2004
试验对象：均质粗砂，D_{10}＝0.43 mm，D_{50}＝0.55 mm，$k=4.64\times10^{-4}$ m/s 污染液：200 mg/L 苯 模型：二维模型槽，910 mm×720 mm×100 mm 曝气流量为 2 500 mL/min 及 4 750 mL/min	(1)曝气流量的增加使得曝气影响区域渗透系数、地下水流速以及污染物迁移速率降低；(2)去除时间与地下水水流无关，地下水平流所形成的污染物迁移机制是次去除因素；(3)曝气影响区域内相对渗透系数降低，使得受地下水水流影响的平流-机械弥散所产生的污染物迁移降低；(4)高曝气流量（4 750 mL/min）可能造成优势流，使得污染物迁移绕过曝气影响区域	Reddy and Adams，2000
试验对象：平均粒径为 1.10 mm、1.30 mm、1.84 mm、2.61mm、3.10 mm、4.38 mm 的天然砂 污染液：无 模型：二维模型槽，900 mm×900 mm×25 mm 曝气压力为 4.8～8.9 kPa，曝气流量为 200～1 110 mL/min	(1)当平均粒径较小时（1.1～1.3 mm）平均粒径对影响区域范围的影响较小；(2)曝气压力对影响区域范围的影响可以忽略；(3)认为存在某一平均粒径峰值（2～3 mm）使得单位面积的影响面积达到最大，该峰值两侧的单位面积的影响面积均相对减小	Peterson et al.，1999
试验对象：模拟饱和砂土层厚度 35 cm、上覆非饱和区厚度 30 cm，采用单井曝气 模型：柱试验，高 1 000 mm、直径 1 200 mm 曝气流量为 62 L/min、187 L/min 及283 L/min	(1)测定曝气井附近的气流速率大，气流速率自径向方向迅速降为零；(2)测定及预测曝气井附近的气流速率偏差较大，其原因在于曝气井附近的气体饱和度采用 P_c-S_g曲线估计，存在最大的误差	Hein et al.，1997
试验对象：粗中砂、中细砂、级配良好的砂、细砂 污染液：无 模型：二维模型槽，1 100 mm×900 mm×30 mm 曝气压力选取土体的初始进气值至 95%的最大曝气压力	(1)观察气型为锥形，夹角约为 40°～60°；(2)气体饱和度随粒径增大而增加；(3)采用脉冲式曝气不改变曝气压力、曝气流量及气体饱和度，而气型和影响半径略有增加（小于 15%）；(4)影响半径和气体饱和度均随归一化曝气压力 P_N增加而增大，但随着 P_N增加（P_N＜0.1）变化明显区域平稳；(5)气流速率随粒径尺寸增大而增加，其规律与相同毛细压力下气体渗透性随粒径尺寸变化规律一致（气体渗透性从大至小为粗中砂＞中细砂＞级配良好的砂＞细砂）	Baker and Benson，2007
试验对象：粗砂（1～2 mm）、细砂（0.2～0.5 mm） 污染液：无 模型：二维模型槽，700 mm×500 mm×20 mm 曝气流量为 400 mL/min	(1)通过测定置换出水的总量估计平均饱和度；(2)采用表面活性剂（十二烷基苯磺酸钠，SDBS）以降低表面张力，使得气体饱和度和曝气影响范围显著增加；(3)对于处于小于毫米级粒径的颗粒，曝气过程中通常形成微通道而非独立气泡，而气-水表面张力的降低能够促进气体通道的发展，增大气体饱和度；(4)气体饱和度随曝气流量增加而增大，但存在一定上限，表面张力越小则上述现象越为显著，对于给定的气-水表面张力，曝气流量随曝气压力的变化并不显著；(5)对于存在优势流的土层，添加表面活性剂以减小表面张力能够显著增大曝气影响区域	Kim et al.，2004

(续表)

试验对象与曝气装置	试验成果	参考文献
试验对象:中砂 污染液:PCE DNAPL 模型:二维模型槽,1 160 mm×560 mm×40 mm 曝气流量为 100 mL/min、200 mL/min、400 mL/min 及 800 mL/min	(1)通过对比连续曝气、8 h /16 h(曝气/停止)、8 h /40 h、1 h /1 h 四种曝气方式发现 1 h /1 h 的脉冲式曝气方式的去除效率最高;脉冲曝气的去除总量及去除效率均优于连续曝气	Heron et al., 2002
试验对象:砂($d_{50}=0.305$ mm、$UC=1.41$;$d_{50}=0.19$ mm、$UC=2.16$;$d_{50}=0.168$ mm、$UC=1.64$) 污染液:苯 模型:185 mm×100 mm×40 mm 曝气流量为 45 mL/min、70 mL/min、80 mL/min、90 mL/min 及 125 mL/min	(1)与多孔介质粒径尺寸相比,曝气流量对污染物(苯)的去除效果影响相对较小;(2)气体通道间距越大,则污染物去除率越低;(3)拟合污染物去除率及 $(d_0 \cdot D \cdot \sqrt{UC} \cdot t)/X^2$,发现两者呈良好的线性关系。其进一步验证了污染物去除率与不均匀系数 UC 的平方根呈正比的经验关系	Rogers and Ong, 2000
试验对象:91.63% 砂、8.37% 粉砂 污染液:苯 模型:二维模型槽,500 mm×500 mm×30 mm 曝气流量为 3 000 mL/min	(1)曝气过程中气流置换孔隙水,其中气体通道处无法承担土颗粒自重的区域出现裂隙破坏,而土颗粒移动以填充裂隙破坏部分;(2)孔隙率在曝气前后的变化反映了土颗粒的运动过程,其主要发生在曝气点、裂缝及上边界附近	Tsai et al., 2006
试验对象:粒径为 0.42~0.50 mm、0.71~0.80 mm、1 mm、1.5 mm、2 mm 和 3 mm 的玻璃圆柱 污染液:无 模型:柱试验,高 300 mm、直径 53 mm 曝气流量为 20 mL/min、80 mL/min、200 mL/min、500 mL/min 及 2 000 mL/min	(1)采用体积置换法测定气体饱和度;(2)粒径是影响气体通道形式的最主要影响因素;验证了粒径小于等于 1~2 mm 时气体通道形式为微通道,粒径大于 1~2 mm 时气体通道以独立气泡形式出现	Brooks et al., 1999

附表 1　模型中各无量纲参数

无量纲参数	公式	物理意义
达姆科勒数 $\overline{w}$	$\dfrac{K_G a L_0}{v_g}$	通过水-气分配的传质 / 通过气相平流的传质
液相舍伍德数 Sh_w	$\dfrac{K_L d_{50}}{D_w}$	通过水-气分配的传质 / 通过液相扩散的传质
气相舍伍德数 Sh_G	$\dfrac{K_G d_{50}}{D_g}$	通过水-气分配的传质 / 通过气相扩散的传质
修正液相舍伍德数 Sh'_w	$\dfrac{K_L a d_{50}^2}{D_w}$	通过水-气分配的传质 / 通过液相扩散的传质
修正气相舍伍德数 Sh'_G	$\dfrac{K_G a d_{50}^2}{D_g}$	通过水-气分配的传质 / 通过气相扩散的传质
无量纲浓度	$\dfrac{C_w}{\text{Sol.}}$	区域内 VOC 实际浓度 / VOC 液相溶解度
气相皮克列数 P_e	$\dfrac{v_G d_{50}}{D_G}$	气相平流的混合速率 / 气相扩散的速率
无量纲中值粒径 d_0	$\dfrac{d_{50}}{d_m}$	—

（续表）

无量纲参数	公式	物理意义
孔隙扩散模数 E_d	$E_d=\left(\frac{D_L/MTZ^2}{v_G/d_{50}}\right)$	$\frac{\text{通过液相扩散的传质}}{\text{通过气相平流的传质}}$
不均匀系数 UC	$\frac{d_{60}}{d_{10}}$	—
$d_m=0.05$ cm		

附表 2　主要曝气模型及模型特点(Kaluarachchi，2001)

模型名称及文献出处	模型特点
SPARG1 (Marley et al.，1992)	模型假定地下水为稳态流，并不考虑地下水水位的上升，不考虑曝气井直径影响，气流服从达西定律，不考虑生物降解及机械弥散作用 模型计算结果与现场实测结果较为吻合 井屏周围生成数据的数学假设存在缺陷
TETRAD (Lundegard and Andersen，1996)	考虑三相流，包括水相、气相和液相碳氢污染物 模型假定 NAPL 相系静止；三相等温压缩但仅气相存在显著迁移 可应用于均质或非均质土层 需要采集现场数据以完善模拟结果
T2VOC (McCray and Falta，1997)	为三维模型 STMVOC 多相污染物迁移模型的升级版本 多相流系统中物质组成包括水相、气相和有机污染物 多相流系统中发生的运动包括气相、液相及 NAPL 相，且各相可为多组分 模型不考虑吸附作用；各单元内三相流局部化学平衡 可应用于均质或非均质土层

附表 3　地下水曝气法技术参数统计(Bruell et al.，1997)

参数 （范围）	最常用值 （数量）	次常用值 （数量）	较少使用值 （数量）	总数
井屏长度 (0.5～10 ft)	2 (16)	3 (8)	5～6 (7)	40
曝气井直径 (1～4 in)	2 (17)	4 (7)	1 (5)	37
超额曝气压力 (0.35～18.2 psi)	0.35～5 (14)	5～10 (9)	10～15 (5)	31
地下水水位以下曝气井深度 (2～26.5 ft)	5～10 (10)	10～15 (8)	2～5 (6)	31
曝气流量 (1.3～40 cfm)	1.3～5 (16)	5～10 (9)	15～20 (5)	39
曝气压力 (3.5～25 psi)	5～10 (17)	10～15 (8)	20～25 (6)	40

1 ft=30.48 cm
1 in=2.54 cm
1 psi=6 894.76 Pa
1 cfm=28.32 L/min

附表 4 VOCs 污染物基本物理化学参数(20 ℃)(Braida and Ong, 1998)

VOC	摩尔质量	无量纲亨利常数	溶解度 $/(mg \cdot L^{-1})$	D_a $/(cm^2 \cdot s^{-1})$	D_w $/(cm^2 \cdot s^{-1})$	$\log K_{ow}$
Benzene 苯	78.12	0.195	1 780	0.092 3	9.59×10^6	2.12
Toluene 甲苯	92.15	0.233	515	0.083 0	8.46×10^6	2.73
Ethylbenzene 乙苯	106.18	0.291	152	0.073 2	7.63×10^6	3.15
o-xylene 邻二甲苯	106.18	0.178	130	0.075 9	7.63×10^6	2.95
m-xylene 间二甲苯	106.18	0.247	175	0.075 9	7.63×10^6	1.38
p-xylene 对二甲苯	106.18	0.256	198	0.075 9	7.63×10^6	3.26
Chlorobenzene 氯苯	112.56	0.137	500	0.072 5	8.52×10^6	2.84
n-propylbenzene 正丙苯	120.21	0.369	60	0.054 4	6.99×10^6	3.87
1, 2 - dichlorobenzene 1, 2 -二氯苯	147.00	0.118	145 (25℃)	0.082 9	7.97×10^6	3.60
1,2,4 - trichlorobenzene 1,2,4 -三氯苯	181.44	0.069	30 (25℃)	0.068 6	7.09×10^6	4.30
Styrene 苯乙烯	104.16	0.096 7	300	0.074 6	7.89×10^6	2.95

参考文献

Adams J, Reddy K, 1997. The effect of grain size distribution on air sparging efficiency[C]. 4th International Symposium on In situ and on-site bioremediation, New Orleans, LA, 1:165-172.

Adams J A, Reddy K R, 1999. Laboratory study of air sparging of TCE-contaminated saturated soils and ground water[J]. Groundwater Monitoring & Remediation, 19(3):182-190.

Adams J A, 1999. System effects on the remediation of contaminated saturated soils and groundwater using air sparging [D]. Chicago: University of Illinois.

Ahlfeld D, Dahmani A, Ji W, 1994a. A conceptual model of field behavior of air sparging and its implications for application[J]. Groundwater Monitoring & Remediation, 14(4):132-139.

Ahlfeld D, Dahmani A, Hoag G, et al., 1994b. Field measurements of air sparging in a Connecticut site: results and comments. Proceeding of petroleum hydrocarbons and organic chemicals in ground water[C]. National Ground Water Association, Westerville, OH, 175-190.

Aivalioti M V, Gidarakos E L, 2008. In-well air sparging efficiency in remediating the aquifer of a petroleum refinery site[J]. Journal of Environmental Engineering and Science, 7(1):71-82.

Archie G E, 1942. The electrical resistivity log as an aid in determining some reservoir characteristics[J]. Journal Petroleum Technology, 146(1): 54-62.

Ardito C P, Billings J F, 1990. Alternative remediation strategies: The subsurface volatilization and ventilation system [C]. Proceedings of the Petroleum Hydrocarbons and Organic Chemicals in Groundwater: Prevention, Detection and Restoration, Dublin, Ohio.

Baker D M, Benson C H, 2007. Effect of system variables and particle size on physical characteristics of air sparging plumes[J]. Geotechnical and Geological Engineering, 25(5): 543-558.

Bass D H, Hastings N A, Brown R A, 2000. Performance of air sparging systems: A review of case studies[J]. Journal of Hazardous Materials, 72(2/3): 101-119.

Benner M L, Mohtar R H, Lee L S, 2002. Factors affecting air sparging remediation systems using field data and numerical simulations[J]. Journal of Hazardous Materials, 95(3): 305-329.

Braida W, Ong S K, 2000a. Influence of porous media and airflow rate on the fate of NAPLs under air sparging[J]. Transport in Porous Media, 38(1/2): 29-42.

Braida W, Ong S K, 2000b. Modeling of air sparging of VOC-contaminated soil columns[J]. Journal of Contaminant Hydrology, 41(3/4): 385-402.

Braida W J, Ong S K, 2001. Air sparging effectiveness: Laboratory characterization of air-channel mass transfer zone for VOC volatilization[J]. Journal of Hazardous Materials, 87(1/2/3): 241-258.

Braida W J, Ong S K, 1998. Air sparging: Air-water mass transfer coefficients[J]. Water Resources Research, 34(12): 3245-3253.

Brooks M C, Wise W R, Annable M D, 1999. Fundamental changes in *in situ* air sparging how patterns [J]. Groundwater Monitoring & Remediation, 19(2): 105-113.

Bruell C J, Marley M C, Hopkins H H, 1997. American petroleum institute *in situ* air sparging database [J]. Journal of Soil Contamination, 6(2): 169-185.

Brusseau M, Rao P, 1989. The influence of sorbate-organic matter interactions on sorption nonequilibrium [J]. Chemosphere, 18(9/10): 1691-1706.

Burchfield S, Wilson D, 1993. Groundwater cleanup by in-situ sparging. Ⅳ. Removal of dense nonaqueous phase liquid by sparging pipes[J]. Separation Science and Technology, 28(17): 2529-2552.

Burns S, Zhang M, 1999. Digital image analysis to assess microbubble behavior in porous media[J]. Journal of Computing in Civil Engineering, 13: 43.

Burns S E, Zhang M, 2001. Effects of system parameters on the physical characteristics of bubbles produced through air sparging[J]. Environmental Science & Technology, 35(1): 204-208.

Chao K P, Ong S K, Huang M C, 2008. Mass transfer of VOCs in laboratory-scale air sparging tank[J]. Journal of Hazardous Materials, 152(3): 1098-1107.

Chao K P, Ong S K, Protopapas A, 1998. Water-to-air mass transfer of VOCs: Laboratory-scale air sparging system[J]. Journal of Environmental Engineering, 124(11): 1054-1060.

Chen M R, Hinkley R E, Killough J E, 1996. Computed tomography imaging of air sparging in porous media[J]. Water Resources Research, 32(10): 3013-3024.

Clayton W S, 1998. A field and laboratory investigation of air fingering during air sparging [J]. Groundwater Monitoring & Remediation, 18(3): 134-145.

Corey A T, 1994. Mechanics of immiscible fluids in porous media [M]. Colorado: Water Resources Publication.

Elder C R, Benson C H, Eykholt G R, 1999a. Modeling mass removal during in situ air sparging[J]. Journal of Geotechnical and Geoenvironmental Eegineering, 125(11): 947-958.

Elder C R, Benson C H, 1999b. Air channel formation, size, spacing, and tortuosity during air sparging [J]. Groundwater Monitoring & Remediation, 19(3): 171-181.

Falta R W, 2000. Numerical modeling of kinetic interphase mass transfer during air sparging using a dual-media approach[J]. Water Resources Research, 36(12): 3391-3400.

Felten D, Leahy M, Bealer L, et al., 1992. Case study: Site remediation using air sparging and soil vapor extraction[C]. Proceedings of the 1992 Petroleum Hydrocarbons and Organic Chemicals in Groundwater: Prevention, Detection, and Restoration, Houston, TX.

Fry V A, Istok J D, Semprini L, et al., 1995. Retardation of dissolved oxygen due to a trapped gas phase in porous media[J]. Groundwater, 33(3): 391-398.

Gao S, Meegoda J N, Hu L, 2011. Microscopic modeling of air migration during air sparging[J]. Journal of Hazardous, Toxic, and Radioactive Waste Management, 15(2): 70-79.

Gomez-Lahoz C, Rodriguez-Maroto J M, Wilson D J, 1994. Groundwater cleanup by in-situ sparging. Ⅶ. Volatile organic compounds concentration rebound caused by diffusion after shutdown[J]. Separation Science and Technology, 29(12): 1509-1528.

Hayden N J, Voice T C, 1994. Change in gasoline constituent mass transfer during soil venting[J]. Journal of Environmental Engineering, 120(6): 1598-1614.

Hein G, Gierke J, Hutzler N, et al., 1997. Three-dimensional experimental testing of a two-phase flow-modeling approach for air sparging[J]. Groundwater Monitoring & Remediation, 17(3): 222-230.

Heron G, Gierke J S, Faulkner B, et al., 2002. Pulsed air sparging in aquifers contaminated with dense nonaqueous phase liquids[J]. Groundwater Monitoring & Remediation, 22(4): 73-82.

Hikita H, Asai S, Tanigawa K, et al., 1981. The volumetric liquid-phase mass transfer coefficient in bubble columns[J]. The Chemical Engineering Journal, 22(1): 61-69.

Hinchee R E, Miller R N, Johnson P C, 1995. In situ aeration: Air sparging, bioventing, and related remediation processes[M]. Columbus, OH: Battelle Press.

Hu L, Lo I, Meegoda J N, 2006. Centrifuge testing of LNAPL migration and soil vapor extraction for soil remediation[J]. Practice Periodical of Hazardous, Toxic, and Radioactive Waste Management, 10(1): 33.

Hu L, Wu X, Liu Y, et al., 2010. Physical modeling of air flow during air sparging remediation[J]. Environmental Science & Technology, 44(10): 3883-3888.

Ji W, Dahmani A, Ahlfeld D P, et al., 1993. Laboratory study of air sparging: Air flow visualization[J]. Groundwater Monitoring & Remediation, 13(4): 115-126.

Johnson P C, 1998. Assessment of the contributions of volatilization and biodegradation to in situ air sparging performance[J]. Environmental Science & Technology, 32(2): 276-281.

Johnson R, Johnson P, McWhorter D, et al., 1993. An overview of in situ air sparging[J]. Groundwater Monitoring & Remediation, 13(4): 127-135.

Johnston C, Rayner J, Patterson B, et al., 1998. Volatilisation and biodegradation during air sparging of dissolved BTEX-contaminated groundwater[J]. Journal of Contaminant Hydrology, 33(3/4): 377-404.

Kaluarachchi J J, 2001. Groundwater contamination by organic pollutants: Analysis and remediation[R]. American Society of Civil Engineers.

Kim H, Soh H E, Annable M D, et al., 2004. Surfactant-enhanced air sparging in saturated sand[J]. Environmental Science & Technology, 38(4): 1170-1175.

Kim H M, Hyun Y, Lee K K, 2007. Remediation of TCE-contaminated groundwater in a sandy aquifer using pulsed air sparging: Laboratory and numerical studies[J]. Journal of Environmental Engineering, 133(4): 380-388.

Klinchuch L A, Goulding N, James S R, et al., 2007. Deep air sparging: 15 to 46 m beneath the water table[J]. Groundwater Monitoring & Remediation, 27(3): 118-126.

LaBrecque D, Ramirez A, Daily W, et al., 1996. ERT monitoring of environmental remediation processes [J]. Measurement Science and Technology, 7(3):375-383.

Liang K, Kuo M, 2009. A model and experimental study for dissolution efficiency of gaseous substrates through in situ sparging[J]. Journal of Hazardous Materials, 164(1):204-214.

Lundegard P D, Andersen G, 1996. Multiphase numerical simulation of air sparging performance[J]. Groundwater, 34(3):451-460.

Lundegard P D, LaBrecque D, 1995. Air sparging in a sandy aquifer (Florence, Oregon, USA): Actual and apparent radius of influence[J]. Journal of Contaminant Hydrology, 19(1):1-27.

Lundegard P D, LaBrecque D J, 1998. Geophysical and hydrologic monitoring of air sparging flow behavior: Comparison of two extreme sites[J]. Remediation Journal, 8(3):59-71.

Malone D R, Kao C M, Borden R C, 1993. Dissolution and biorestoration of nonaqueous phase hydrocarbons: Model development and laboratory evaluation[J]. Water Resources Research, 29(7): 2203-2213.

Marley M C, Hazebrouck D J, Walsh M T, 1992. The application of in situ air sparging as an innovative soils and ground water remediation technology[J]. Groundwater Monitoring & Remediation, 12(2): 137-145.

Marulanda C, Culligan P J, Germaine J T, 2000. Centrifuge modeling of air sparging: a study of air flow through saturated porous media[J]. Journal of Hazardous Materials, 72(2/3):179-215.

McCray J E, Falta R W, 1996. Defining the air sparging radius of influence for groundwater remediation [J]. Journal of Contaminant Hydrology, 24(1):25-52.

McCray J E, Falta R W, 1997. Numerical simulation of air sparging for remediation of NAPL contamination[J]. Groundwater, 35(1):99-110.

McCray J E, 2000. Mathematical modeling of air sparging for subsurface remediation: State of the art[J]. Journal of Hazardous Materials, 72(2/3):237-263.

Mei C, Cheng Z, Ng C O, 2002. A model for flow induced by steady air venting and air sparging[J]. Applied Mathematical Modelling, 26(7):727-750.

Miller R R, 1996. Air Sparging[R]. Ground-Water Remediation Technologies Analysis Center.

Murray W A, Lunardini R C Jr, Ullo F J Jr, et al., 2000. Site 5 air sparging pilot test, Naval Air Station Cecil Field, Jacksonville, Florida[J]. Journal of Hazardous Materials, 72(2/3):121-145.

Nyer E K, Suthersan S S, 1993. Air Sparging: Savior of ground water remediations or just blowing bubbles in the bath tub? [J]. Groundwater Monitoring & Remediation, 13(4):87-91.

Parker J, Lenhard R, Kuppusamy T, 1987. A parametric model for constitutive properties governing multiphase flow in porous media[J]. Water Resources Research, 23(4):618-624.

Peterson J, Lepczyk P, Lake K, 1999. Effect of sediment size on area of influence during groundwater remediation by air sparging: A laboratory approach[J]. Environmental Geology, 38(1):1-6.

Peterson J, Murray K, Tulu Y, et al., 2001. Air-flow geometry in air sparging of fine-grained sands[J]. Hydrogeology Journal, 9(2):168-176.

Peterson J W, DeBoer M J, Lake K L, 2000. A laboratory simulation of toluene cleanup by air sparging of water-saturated sands[J]. Journal of Hazardous Materials, 72(2/3):167-178.

Powers S E, Loureiro C O, Abriola L M, et al., 1991. Theoretical study of the significance of nonequilibrium dissolution of nonaqueous phase liquids in subsurface systems[J]. Water Resources Research, 27(4):463-477.

Rabideau A J, Blayden J M, 1998. Analytical model for contaminant mass removal by air sparging[J].

Groundwater Monitoring and Remediation, 18(4): 120-130.

Rahbeh M, Mohtar R, 2007. Application of multiphase transport models to field remediation by air sparging and soil vapor extraction[J]. Journal of Hazardous Materials, 143(1/2): 156-170.

Reddy K R, Kosgi S, Zhou J, 1995. A review of in-situ air sparging for the remediation of VOC-contaminated saturated soils and groundwater[J]. Hazardous Waste and Hazardous Materials, 12(2): 97-118.

Reddy K R, Adams J, 2008. Conceptual modeling of air sparging for groundwater remediation[C]. Proceedings of the 9th international symposium on environmental geotechnology and global sustainable development, Hong Kong.

Reddy K R, Adams J A, 2000. Effect of groundwater flow on remediation of dissolved-phase VOC contamination using air sparging[J]. Journal of Hazardous Materials, 72(2/3): 147-165.

Reddy K R, Adams J A, 2001. Effects of soil heterogeneity on airflow patterns and hydrocarbon removal during in situ air sparging[J]. Journal of Geotechnical and Geoenvironmental Engineering, 127(3): 234.

Reddy K R, Adams J A, 1998. System effects on benzene removal from saturated soils and ground water using air sparging[J]. Journal of Environmental Engineering, 124(3): 288-299.

Roberts L A, Wilson D J, 1993. Groundwater cleanup by in-situ sparging. III. Modeling of dense nonaqueous phase liquid droplet removal[J]. Separation Science and Technology, 28(5): 1127-1143.

Rogers S W, Ong S K, 2000. Influence of porous media, airflow rate, and air channel spacing on benzene NAPL removal during air sparging[J]. Environmental Science & Technology, 34(5): 764-770.

Schima S, LaBrecque D J, Lundegard P D, 1996. Monitoring air sparging using resistivity tomography [J]. Groundwater Monitoring & Remediation, 16(2): 131-138.

Schwarzenbach R P, Gschwend P M, Imboden D M, et al., 2003. Environmental organic chemistry[M]. Hoboken, NJ USA: John Wiley & Sons Inc.

Selker J S, Niemet M, McDuffie N G, et al., 2007. The local geometry of gas injection into saturated homogeneous porous media[J]. Transport in Porous Media, 68(1): 107-127.

Sellers K L, Schreiber R P, 1992. Air sparging model for predicting groundwater cleanup rate[C]. Proceedings of the 1992 Petroleum Hydrocarbons and Organic Chemicals in Groundwater: Prevention, Detection and Restoration, Houston, TX.

Semer R, Adams J, Reddy K, 1998. An experimental investigation of air flow patterns in saturated soils during air sparging[J]. Geotechnical and Geological Engineering, 16(1): 59-75.

Semer R, Reddy K R, 1998. Mechanisms controlling toluene removal from saturated soils during in situ air sparging[J]. Journal of Hazardous Materials, 57(1/2/3): 209-230.

Thomson N, Johnson R, 2000. Air distribution during in situ air sparging: an overview of mathematical modeling[J]. Journal of Hazardous Materials, 72(2/3): 265-282.

Tomlinson D, Thomson N, Johnson R, et al., 2003. Air distribution in the Borden aquifer during in situ air sparging[J]. Journal of Contaminant Hydrology, 67(1/2/3/4): 113-132.

Tsai Y, Kuo Y, Chen T, et al., 2006. Estimating the change of porosity in the saturated zone during air sparging[J]. Journal of Environmental Sciences, 18(4): 675-679.

Tsai Y J, Lin D F, 2004. Mobilizing particles in a saturated zone during air sparging[J]. Environmental Science & Technology, 38(2): 643-649.

Tsai Y J, 2008. Air distribution and size changes in the remediated zone after air sparging for soil particle movement[J]. Journal of Hazardous Materials, 158(2/3): 438-444.

Tsai Y J, 2007. Air flow paths and porosity/permeability change in a saturated zone during in situ air

sparging[J]. Journal of Hazardous Materials, 142(1/2): 315-323.
Unger A, Sudicky E, Forsyth P, 1995. Mechanisms controlling vacuum extraction coupled with air sparging for remediation of heterogeneous formations contaminated by dense nonaqueous phase liquids [J]. Water Resources Research, 31(8): 1913-1925.
van Dijke M, van der Zee S, van Duijn C, 1995. Multi-phase flow modeling of air sparging[J]. Advances in Water Resources, 18(6): 319-333.
van Dijke M, van der Zee S, 1998. Modeling of air sparging in a layered soil: Numerical and analytical approximations[J]. Water Resources Research, 34(3): 341-353.
van Genuchten M T, 1980. A closed-form equation for predicting the hydraulic conductivity of unsaturated soils[J]. Soil Science Society of American Journal, 44(5): 892-898.
Van Antwerp D J, Falta R W, Gierke J S, 2008. Numerical simulation of field-scale contaminant mass transfer during air sparging[J]. Vadose Zone Journal, 7(1): 294-304.
Widdowson M, Aelion C, 1991. Application of a numerical model to the performance and analysis of an in situ bioremediation project[M]//In Situ Bioreclamation. Amsterdam: Elsevier.
Wilkins M D, Abriola L M, Pennell K D, 1995. An experimental investigation of rate-limited nonaqueous phase liquid volatilization in unsaturated porous media: Steady state mass transfer[J]. Water Resources Research, 31(9): 2159-2172.
Wilson D J, Clarke A N, Kaminski K M, et al., 1997. Groundwater cleanup by in-situ sparging. XIII. Random air channels for sparging of dissolved and nonaqueous phase volatiles[J]. Separation Science and Technology, 32(18): 2969-2992.
Wilson D J, Gómez-Lahoz C, Rodríguez-Maroto J M, 1994. Groundwater cleanup by in-situ sparging. VIII. Effect of air channeling on dissolved volatile organic compounds removal efficiency[J]. Separation Science and Technology, 29(18): 2387-2418.
Wilson D J, Rodríguez-Maroto J M, Gómez-Lahoz C, 1994. Groundwater cleanup by in-situ sparging. VI. A solution/distributed diffusion model for nonaqueous phase liquid removal[J]. Separation Science and Technology, 29(11): 1401-1432.
Wilson D J, 1992. Groundwater cleanup by in-situ sparging. II. Modeling of dissolved volatile organic compound removal[J]. Separation Science and Technology, 27(13): 1675-1690.
Yang X, Beckmann D, Fiorenza S, et al., 2005. Field study of pulsed air sparging for remediation of petroleum hydrocarbon contaminated soil and groundwater[J]. Environmental Science & Technology, 39(18): 7279-7286.
陈华清，2010.原位曝气修复地下水 NAPLs 污染实验研究及模拟[D].武汉：中国地质大学.
范康年，2005.物理化学[M].2 版.北京：高等教育出版社.
侯冬利，韩振为，郑艳梅，等，2006.AS 和 BS 去除地下水甲基叔丁基醚污染的研究[J].农业环境科学学报，25(2)：364-367.
胡黎明，刘燕，杜建廷，等，2011.地下水曝气修复过程离心模型试验研究[J].岩土工程学报，33(2)：297-301.
胡黎明，刘毅，2008.地下水曝气修复技术的模型试验研究[J]. 岩土工程学报，30(6)：835-839.
黄国强，李凌，李鑫钢，2001.一种应用于地下水污染修复的传质模型[J]. 天津理工学院学报，17(3)：104-106.
郎印海，曹正梅，2001.地下石油污染物的地下水曝气修复技术[J].环境科学动态，26(2)：17-20.
刘燕，2009.地下水曝气法的模型试验研究[D].北京：清华大学.
王战强，2005.地下水曝气(AS)及生物曝气(BS)处理有机污染物的研究[D].天津：天津大学.

王贞国,梁伟,杨询昌,等,2006.曝气法对石油污染土壤的修复研讨[J].山东国土资源,22(Z1):107-108.
王志强,武强,邹祖光,等,2007.地下水石油污染曝气治理技术研究[J].环境科学,28(4):754-760.
武强,王志强,杨淑君,等,2007.地下水曝气工程技术研究:以德州胜利油田地下水石油污染治理为例[J].地学前缘,14(6):214-221.
张英,2004.地下水曝气(AS)处理有机物的研究[D].天津:天津大学.
郑艳梅,李鑫钢,黄国强,2007.地下水曝气过程中空气流场的数学模拟[J]. 化工学报,58(5): 1277-1282.
郑艳梅,2005.原位曝气去除地下水中 MTBE 及数学模拟研究[D].天津:天津大学.

第章 饱和砂土中曝气空气流动形态试验研究

3.1 常规原位地下水曝气气相运动规律

原位地下水曝气修复工程中,空气在地下水饱和带的运动规律对于修复效果有重要影响。本章选取具有高渗透性的天然石英砂,利用室内一维模型试验系统,开展饱和砂土曝气过程中的空气运动方式、气相饱和度分布形态等试验研究,探讨砂土粒径、进气流量对空气运动方式、气相饱和度的影响。

3.1.1 试验装置

试验采用自行设计的地下水曝气一维模型试验系统,试验装置示意图和实体照片如图 3-1、图 3-2 所示。

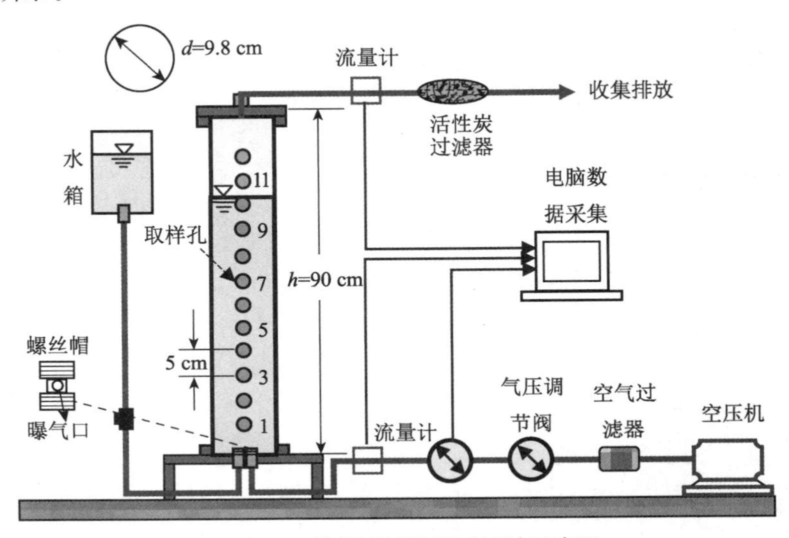

图 3-1 一维模型试验测试系统示意图

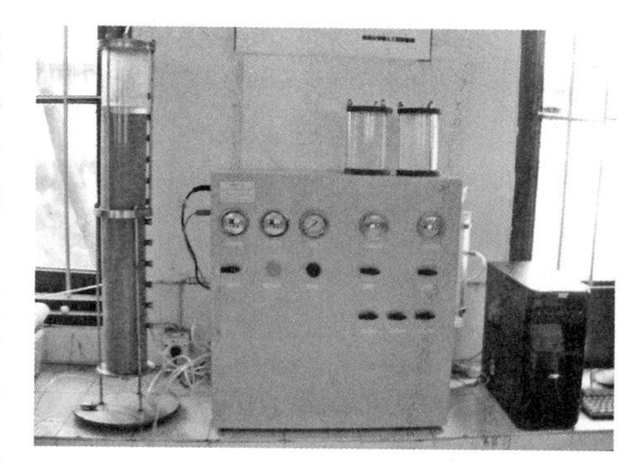

图 3-2 一维模型试验测试系统实物图

一维土柱材质为有机玻璃，以利于观察试验过程中的空气流动状况、砂土结构和水位变化。有机玻璃柱高度为 90 cm，内径为 9.8 cm，上下法兰材料为 18 mm 厚不锈钢板，由三根金属拉杆固定。柱身分布 12 个采样孔用于试验过程中的水样采集，从下向上依次编号为取样孔 1～12，采样孔间距 5 cm。连接管路上配有各种压力表、流量传感器用于测定试验过程中的压力和进排气流量，还配有调节阀以控制气体和液体管路，使用 CKD 公司生产的流量传感器（精度为 3%）测定进气和排气流量。此外，系统配有自动数据采集功能，可对试验过程中的进气流量、进气压力等进行实时观测，电脑数据采集界面如图 3-3 所示。试验柱底板开有两个孔，分别用于饱和试验砂土、加入污染物以及压缩空气的注入。注水口直径 0.5 cm，与水箱相连接，通过重力将水注入土柱内。为使气体更加均匀分散地通过土体，注气口露出底部 2 cm，上部用高 1 cm 的螺丝帽拧紧，使气体不直接喷入土体，螺丝帽下面对称分布开有 4 个直径 0.4 cm 的小孔。

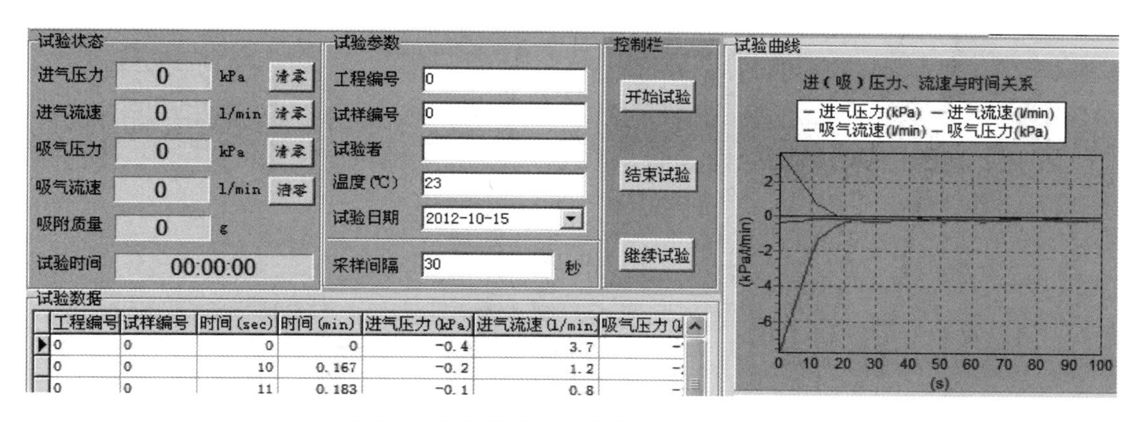

图 3-3 曝气法模型试验数据采集系统界面

3.1.2 试验用砂土

本试验选用的介质材料为天然石英砂，产自江苏徐州新沂市，主要矿物成分为二氧化硅（SiO_2 含量≥99%，Fe_2O_3 含量≤0.01%），白色半透明状（如图 3-4 所示），相对密度为 2.63。共五种粒径级配，分别为 0.10～0.25 mm、0.25～0.50 mm、0.50～1.00 mm、1.00～2.00 mm、2.00～4.75 mm。根据《公路土工试验规程》（JTG E40—2007）中的 T 0123—1993 规程，测得砂土的最大干密度、最小干密度、最小孔隙比、最大孔隙比如表 3-1 和图 3-5、图 3-6 所示。为了叙述方便，本书中将 2.00～4. 75 mm 粒径砂土称为粗粒径砂土，将 1.00～2.00 mm 粒径砂土称为中粒径砂土，粒径小于 1 mm 的砂土称为细粒径砂土，与传统土力学中砂土类型的定义有所不同，故特此说明。

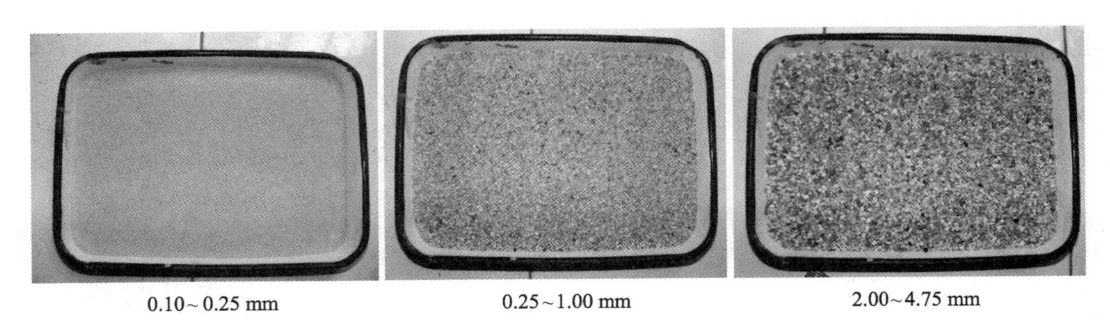

图 3-4　试验用石英砂土

表 3-1　天然石英砂的主要物理参数

粒径范围/mm	0.10～0.25	0.25～0.50	0.50～1.00	1.00～2.00	2.00～4.75
最小干密度/(g·cm^{-3})	1.31	1.39	1.48	1.53	1.51
最大干密度/(g·cm^{-3})	1.54	1.62	1.65	1.68	1.66
最大孔隙比	1.01	0.89	0.78	0.72	0.77
最小孔隙比	0.71	0.62	0.60	0.56	0.58

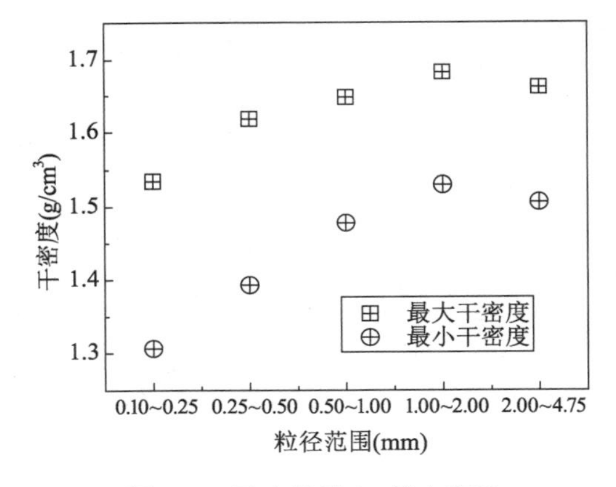

图 3-5　砂土的最大、最小密度

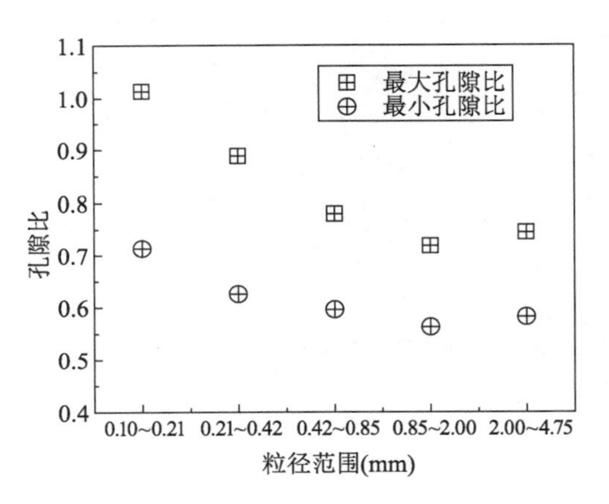

图 3-6　砂土的最大、最小孔隙比

3.1.3　试验制备方法

将砂土填入模型槽内并轻敲模型槽周边使砂土密实(陈华清,2010)。已有的试验表明该种方法会导致试样成层、不均匀。砂雨法通过在漏斗下面放置一层或更多的过滤筛,使落入的砂土分散开来更加均匀地落入模型槽中。砂雨法已被广泛应用于制备砂土类试样,因为其具有以下优点:①可以得到更为均质的试样;②可以制备各种密实度的试样;③可重复性制样。Udakara 采用的改进砂雨法试验装置,砂土通过储砂箱底部的多孔板下落,并经过两层的扩散筛,使其分散均匀落入试验箱底部(Udakara,2000)。

堆积强度、相对扩散率和下落高度是决定制得的试样相对密实度的三个主要因素。堆积强度是指单位面积上单位时间内下落的砂土质量,包括砂土颗粒同时下落时的内部间相互干扰。由于相互干扰会降低颗粒的动能,因此会导致试样的密度降低。相对扩散率是指扩散筛的开孔尺寸与颗粒最大粒径的比值,比值越小,砂土内部间的相互干扰就越小。下落高度是指扩散筛和砂土样顶部间的距离。在一定范围内,下落高度对试样的相对密实度起主导作用。

图3-7为本书中所使用的4种粒径砂土进行砂雨法试验得到的试样干密度与下落高度关系图。从图中可以看出,当落砂高度小于40 cm时,试样干密度随落砂高度增大而增大,超过40 cm后,趋于平缓,因此本书后续试验中控制落砂高度在60～80 cm之间。

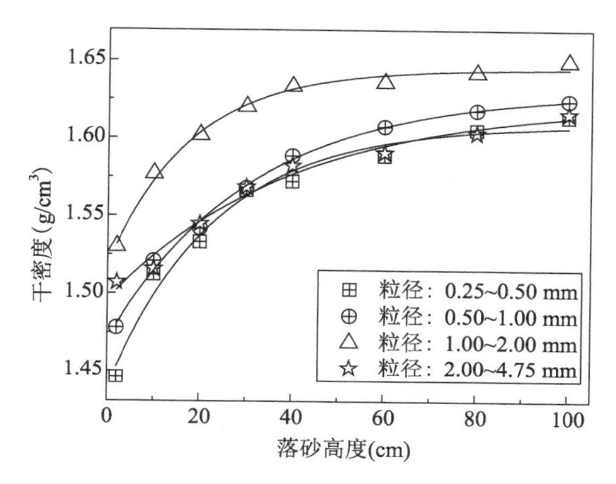

图3-7　试样干密度与砂土下落高度关系图

3.1.4　试验方法

为了研究砂土粒径和空气流量对气体流动形态间的影响,进行了室内模型试验,研究曝气过程气体流动形态,同时验证是否存在与颗粒粒径和空气流量相关的过渡流。土柱试验装置以及方法如图3-8所示。

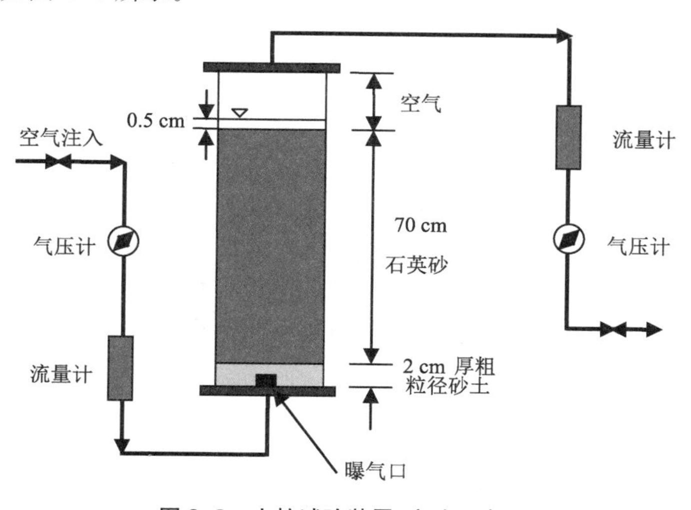

图3-8　土柱试验装置、方法示意图

试验时，先在底部填入 2～3 cm 厚直径为 3～5 mm 的粗粒径砂土，使注入的空气先通过这层砂土后更加分散均匀地通过砂土柱。然后填装 70 cm 高特定粒径的试验用砂土，顶部预留 20 cm 高，防止曝气过程中水位线上升溢出模型柱，同时砂土具有一定的高度，可以研究不同深度处的曝气修复过程中的差别。采用砂雨法将砂土填入玻璃柱内，控制砂土的干密度在 1.6 g/cm^3 左右。试验得到的试样初始物理状态如表 3-2 和图 3-9 所示，0.10～0.25 mm粒径砂土孔隙比为 0.84，为稍密状态，其余四种粒径砂土孔隙比介于 0.61～0.67 之间，为中密状态。

表 3-2　试样初始物理状态

土样类型	粒径范围/mm	填砂质量/g	干密度 ρ/(g·cm^{-3})	孔隙比 e	相对密实度 D_r
FS	0.10～0.25	8 248	1.44	0.84	0.62
MS	0.25～0.50	9 086	1.59	0.67	0.87
CS1	0.50～1.00	9 305	1.61	0.63	0.83
CS2	1.00～2.00	9 450	1.63	0.61	0.79
GS	2.00～4.75	9 275	1.60	0.64	0.74

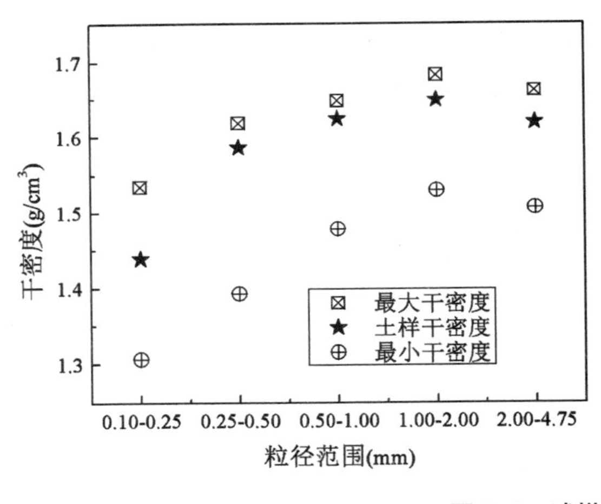

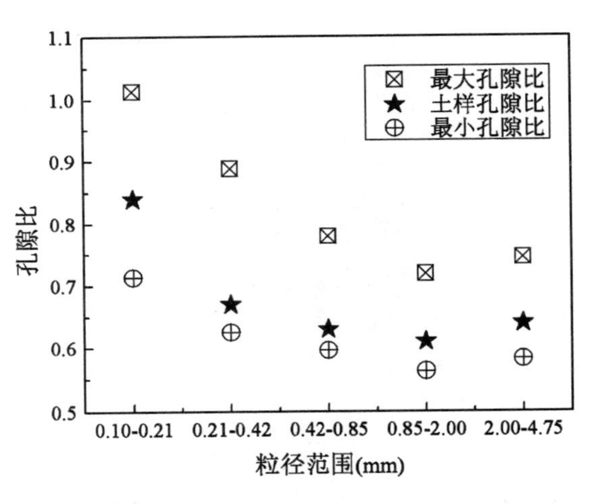

图 3-9　试样初始物理状态

当砂土装填完成后，拧紧上顶盖，确保各个接口处不漏气，然后通过水箱向砂土柱内加水直至水位略高于砂土顶部 0.5 cm，确保整个砂土处于饱和状态，整个注水过程为 20～30 min，并且控制水头差在 1.5 m 以下，尽量减少饱和过程对土柱的扰动。此外，测量加入水的总体积，可以计算出试样中水的饱和度，得到砂土的饱和度为 0.987～0.996，说明土样在试验前基本达到饱和状态。

静置 1～2 h，确保整个砂土试样饱和并达到稳定状态。然后打开空压机，缓慢调节进气压力，在进气压力接近 7 kPa 时，控制每次压力上升 0.1～0.2 kPa，同时注意观察空气是否开始进入砂土柱内。

3.1.5 试验结果与分析

3.1.5.1 曝气过程气体流动形态分析

图 3-10 为 2.00～4.75 mm 粒径砂土中空气流动形态。

图 3-10 2.00～4.75 mm 粒径砂土中空气流动形态

图 3-11 为 1.00～2.00 mm 粒径砂土中空气流动形态。

图 3-11 1.00～2.00 mm 粒径砂土中空气流动形态

图 3-12 选取 0.5～1.00 mm 粒径砂土试验过程中的一些现象作详细说明。从图 3-12可以看出，当进气压力较小不足以克服土层阻力时，土中无气体流动。当气压达到一定值时，有气泡开始缓慢地从土层上表面冒出，随后形成明显的气流通道。随着进气压力的提高，进气流量相应提高，单个气体通道内的气体流速也相应地增大。同时，还可以观测到气体通道数量也会相应增加，通过目测计数，8.5 kPa 时气体通道总数为 11～12 个，9.5 kPa时气体通道总数为 17～18 个。

气体注入初期，随着进气压力增大，进气流量增加，液面高度上升。进气压力为 9.0 kPa，进气流量为 0.2 L/min 时，液面高度为 35 mm。而进气压力为 10 kPa，进气流量为 0.6 L/min 时，液面高度为 52 mm。进气压力为 11.5 kPa，进气流量为 1.0 L/min 时，液面高度为 60 mm。从中可以看出，进气流量较小时，随着进气流量的增加，液面高度的上升较快，当进气流量达到一定值后，液面上升趋于缓慢，最后会维持在一个相对稳定的水平。说明当进气流量增加到一定值后，空气排出水的体积不再增多，土体内的空气饱和度达到一个相对稳定状态。

(a) 8 kPa 时,无气体流出,液面高度 10 mm

(b) 8.5 kPa 时,有气体通道形成

(c) 明显的气体通道形成,液面高度 25 mm

(d) 气体流量增大,气体通道数量增多

(e) 9.0 kPa 时,通道增多,液面高度 35 mm

(f) 10 kPa 时,液面高度 52 mm

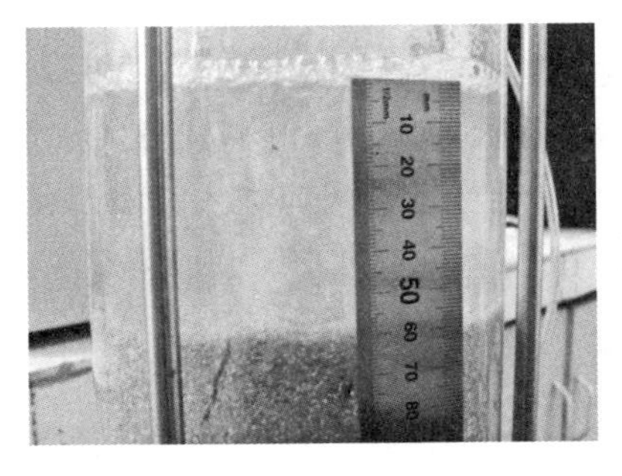

(g) 11.5 kPa 时,液面高度 60 mm

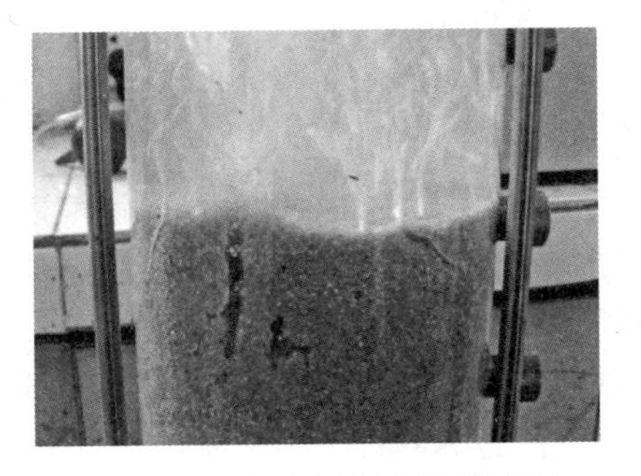

(h) 18 kPa 时,上层表面土层被破坏

图 3-12　0.5～1.00 mm 粒径砂土中空气流动形态

而当压力继续增大,进气流量过大时,上表面砂土颗粒开始松动,导致上层土体被破坏,有较大的气体孔道形成。Tsai(2008)研究了曝气过程中的土壤颗粒运动现象,对颗粒产生松动的条件进行了分析,认为当水力剪切力超过土壤颗粒的重力和阻力时,土粒就会产

生松动，影响空气在影响区域的大小及形态分布。因此，实际工程中，需要注意进气流量过大时导致的土壤颗粒松动。

气体流动形态试验结果如表 3-3 所示。

表 3-3　气体流动形态试验结果

进气压力 /kPa	进气流量 /(mL·min^{-1})	水位线上升高度/mm	排出水的体积/mL	气体饱和度 S_g	气体流动方式
砂土粒径：0.10～0.25 mm					
13	100	41	308	0.140	通道流
15	800	71	550	0.249	通道流
17	1 200	75	565	0.255	通道流
19	1 700	83	625	0.283	通道流
20	2 000	87	678	0.296	通道流
23	2 600	90	678	0.307	通道流
砂土粒径：0.25～0.50 mm					
9	100	10	75	0.034	通道流
10.5	400	16	120	0.050	通道流
12	700	27	203	0.094	通道流
13	1 000	56	422	0.188	通道流
14.5	1 700	70	528	0.235	通道流
15.5	2 100	75	565	0.252	通道流
砂土粒径：0.50～1.00 mm					
9	100	20	151	0.067	通道流
10	600	41	309	0.138	通道流
11	900	54	407	0.182	通道流
12	1 200	62	467	0.209	通道流
14	1 800	66	497	0.222	通道流
15	2 200	67	505	0.226	通道流
砂土粒径：1.00～2.00 mm					
9.7	100	21	158	0.075	过渡流
11	600	35	264	0.124	过渡流
13	1 000	43	324	0.153	过渡流
15	1 600	48	362	0.171	过渡流
18	2 300	52	392	0.185	过渡流
20	2 900	56	422	0.199	过渡流
砂土粒径：2.00～4.75 mm					
9	100	21	158	0.075	气泡流
11	600	38	286	0.135	气泡流
13	1 000	43	324	0.153	气泡流
15	1 600	44	332	0.156	气泡流
18	2 200	45	339	0.160	气泡流
20	2 900	47	354	0.167	气泡流

3.1.5.2 气体饱和度评价

气相饱和度可以较好地评价有机污染物的去除效果，因此试验中有必要对气相饱和度进行观测。图 3-13 为各种粒径下气相饱和度与进气流量关系图。从图中可以看出，气相饱和度随着进气流量的增加而增大，低进气流量时，增加比较明显；进气流量到达一定值后，气相饱和度的增大比较缓慢，基本维持在一个恒定水平。这是由于流量较低时，试样内部形成的气体通道也较少，置换出的水的体积也较小，因此气相饱和度也较低；随着进气流量的增大，形成更多的气体通道，气相饱和度也因此增大；当进气流量增大到一定值后，试样内部已形成稳定的气体通道，气体通道数量不再增加，无法置换出更多的水，因此气相饱和度增大不再明显。五种粒径砂土中最大的气相饱和度分别为 0.306、0.254、0.226、0.199、0.167。

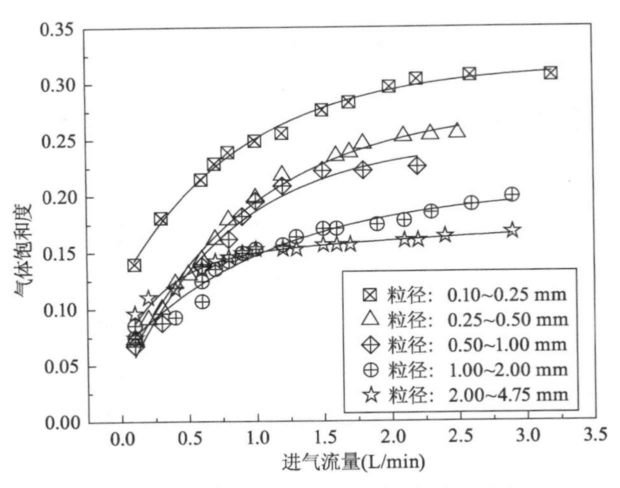

图 3-13 气相饱和度和进气流量关系图

从图中还可以看出，2.00～4.75 mm 粒径试样气相饱和度达到稳定值的进气流量较小，同时稳定时的气相饱和度最小，略大于 0.15，而 0.10～0.25 mm 粒径的试样的气相饱和度达到稳定值的进气流量较大，稳定时的气相饱和度也最大，甚至超过 0.30。这是因为粗粒径土样中，毛细压力较小，气体需要克服的压力也较小，气体以气泡的方式运行，气体可以较快到达土样上表面排出，因此置换出的水的体积也较少。而细粒径土样中，毛细压力较大，气体需要克服的压力较大，气体的运移较慢，因此气体会向各个方向运行，形成更多的气体通道，排出的水也越多，气相饱和度就越大。因此在实际现场运用中，必须综合考虑场地的土层条件和施工经济性来选取合适的注气流量。

3.1.5.3 进气流量和进气压力分析

本试验中的空气流量通过控制空压机的出气压力调节，压力不足以克服砂土柱内的静水压力及砂土的毛细管压力时，空气无法进入试样，此时观察不到气体流动，空气流量为零。缓慢调高空气压力直到观察到砂土柱顶部水面开始有少量气泡冒出，静待一段时间至其达到稳定之后，记录此时的空气压力，认为此时的压力为空气能够进入砂土柱的最小进气压力。接着再缓慢调高进气压力，并且记录每级进气压力及相应的进气流量值。图 3-14 为五种粒径的砂土曝气

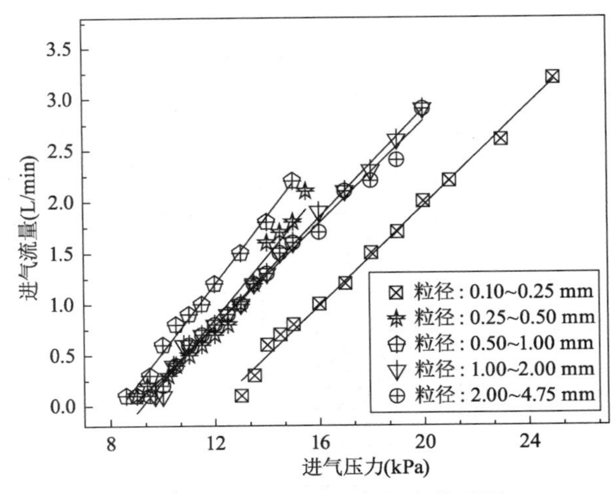

图 3-14 进气流量和进气压力关系图

过程中进气压力和进气流量间的关系，表 3-4 为拟合得到的函数表达式。

表 3-4　进气流量(Q)和进气压力(P)间关系

粒径范围/mm	线性表达式	相关系数 R^2	在 X 轴上截距/kPa	试验观测值/kPa
0.10～0.25	$Q=0.243P-2.914$	0.994	11.99	11.6
0.25～0.50	$Q=0.305P-2.819$	0.960	9.24	10.0
0.50～1.00	$Q=0.329P-2.763$	0.992	8.40	8.6
1.00～2.00	$Q=0.263P-2.366$	0.993	9.00	9.0
2.00～4.75	$Q=0.249P-2.200$	0.992	8.84	8.4

从图 3-14 和表 3-4 可以看出，进气流量和进气压力近似为线性关系，进气流量随进气压力的增大而线性增加。利用这种关系，后续试验中通过调节注气压力在一个固定值，以维持注气流量在一个稳定值，可以研究不同注气流量对曝气过程中气体流动形态及有机污染物去除的影响。

通过拟合的线性表达式可以求得进气流量为零的进气压力(即直线与 X 轴的交点)，从表 3-4 得到的数据可以看出，0.10～0.25 mm 粒径砂土中的进气压力最大，将近 12 kPa，而其他四种粒径砂土的进气压力差值不大，在 8.4～9.3 kPa 之间，假设进气流量为零时的进气压力是空气能够进入试样中需要克服的压力，定义为“最小进气压力”。

从中可以看出，土粒粒径较小的试样，需要的最小进气压力也较大，这是因为试验中静水压力相同，粒径较小砂土中毛细压力较大，故最小进气压力也较大。这种确定方法在理论上虽然只是近似处理，因为在空气能够进入饱和土体的初始阶段，进气流量和进气压力间可能不成线性关系，但该方法仍可为最小进气压力的估算提供一定的参考。

一般认为空气进入饱和土体的最小曝气压力为曝气点以上的静水压力和曝气点处毛细压力之和(胡黎明和刘毅，2008；Reddy et al.，1995)，其中静水压力易于确定，而毛细压力必须通过经验公式确定，Reddy 等(2008)提出毛细压力可由式 3-1 计算：

$$P_c = C\frac{T\cos\theta}{eD_{50}} \tag{3-1}$$

式中：T 为水的表面张力；θ 为接触角，计算中取 0；e 为孔隙比；D_{50} 为平均颗粒粒径；C 是与颗粒形状及分布相关的形态因数，本书通过试验确定的 C 值如表 3-5 所示。

表 3-5　本书中通过试验确定的 C 值

粒径 /mm	平均粒径 /mm	孔隙比	表面张力 /($N\cdot m^{-1}$)	最小进气压力/kPa	静水压力 /kPa	毛细压力 /kPa	C 值
0.10～0.25	0.18	0.84	0.074	11.8	7.2	4.6	2.36
0.25～0.50	0.38	0.67	0.074	9.6	7.2	2.4	2.07
0.50～1.00	0.75	0.63	0.074	8.5	7.2	1.3	2.08
1.00～2.00	1.50	0.61	0.074	9.7	7.2	1.5	4.64
2.00～4.75	3.40	0.64	0.074	9.6	7.2	1.4	10.31

从表中可以看出，对于 0.10～1.00 mm 粒径砂土，C 值可取 2.0～2.5；1.00～2.00 mm粒径砂土，C 值可取 4.0～5.0；2.00～4.75 mm 粒径砂土，C 值可取 10.0～11.0。

3.2 表面活性剂强化 IAS 气相运动规律试验研究

通过上一节表面活性剂强化曝气修复的机理试验，研究了 SDBS 降低表面张力的规律，并进一步研究了盐度以及 pH 对其效果的影响，还对有机污染物 MTBE 在土中的吸附和表面活性剂对 MTBE 的增溶和解吸附作用进行了相关研究。然而，对实际曝气过程中 SDBS 的加入对曝气过程的影响还缺乏了解，因此本节通过 SDBS 溶液预饱和曝气和泡沫化 SDBS 曝气两种强化曝气与常规曝气的对比，从曝气压力与流量关系、气相饱和度、气体流动形态、气体通道数以及二维模型试验中曝气影响半径等方面研究了 SDBS 强化曝气的气相运动规律。

3.2.1 模型试验装置

一维模型试验采用自行设计的地下水曝气一维模型试验系统，试验装置示意图和实体照片如图 3-15 和图 3-2 所示。

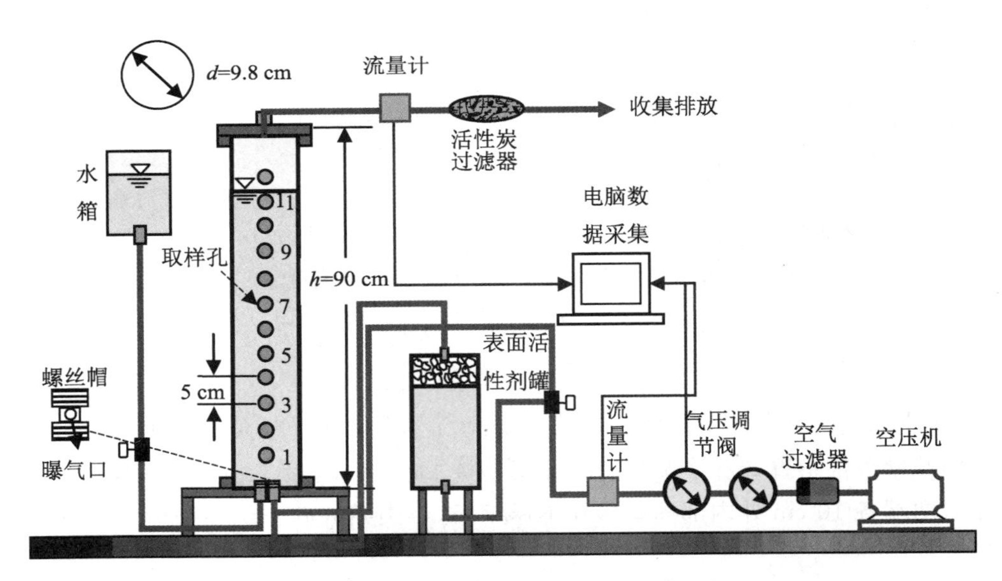

图 3-15　一维模型试验装置与测试系统示意图

气体可以通过两种方式注入一维土柱中：一种为通过流量计后直接注入一维土柱；另一种为通过流量计后，令气体首先通过含有一定体积表面活性剂溶液的罐体，在这一过程中不断产生气泡并随着气流被带入一维土柱中。表面活性剂罐体内径为 9.8 cm，高 25 cm。

二维模型试验同样采用自行设计的地下水曝气二维模型试验系统，试验装置示意图和实体照片如图 3-16 和图 3-17 所示。

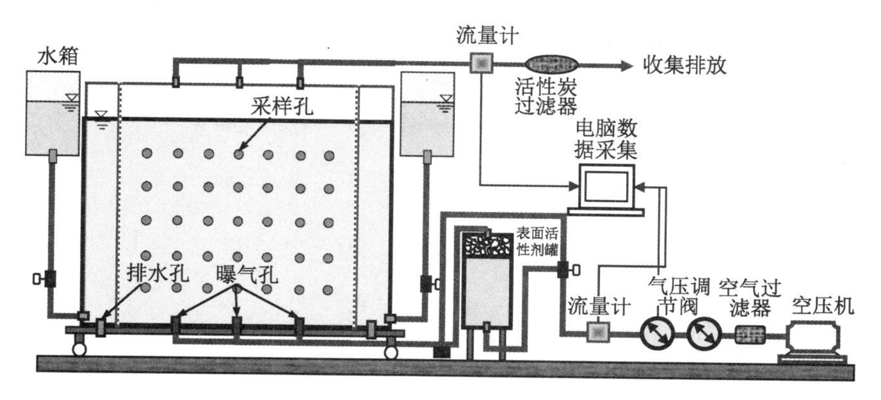

图 3-16　二维模型试验装置与测试系统示意图

图 3-17　二维模型试验箱实物图

二维模型箱板材采用透明度较高的高强度有机玻璃板，板厚约为 15 mm，同时箱体外侧采用钢质框架加强，以保证填土饱和后不至于产生较大的侧向变形，同时也便于试验过程中观察内部空气运移情况。二维模型箱长 110 cm，高 90 cm，宽 10 cm。在距离模型箱左右两端各 10 cm 处内部插有多孔不锈钢板，将中间的砂土腔与两侧水槽分成三个独立部分。另外在试验过程中，可在多孔不锈钢板内侧衬一层土工布，起到反滤作用，以达到过水阻砂的目的。在前面板上布置一系列采样孔(图 3-18)，采样孔编号第一位表示所在行数，第二位表示所在列数，如编号 11 表示第一行第一列的采样孔。采样孔孔径约 1.5 cm，孔内安装伸入模型槽内一定深度(约 3.0 cm)的不锈钢开孔采样连通管。采样孔外部采用硅胶塞封堵，外部可用可拆卸的螺帽拧上保护，以便利用针管抽吸采取连通管内的水样。二维模型试验的管路、压力流量控制及数据采集系统与一维模型试验相同。

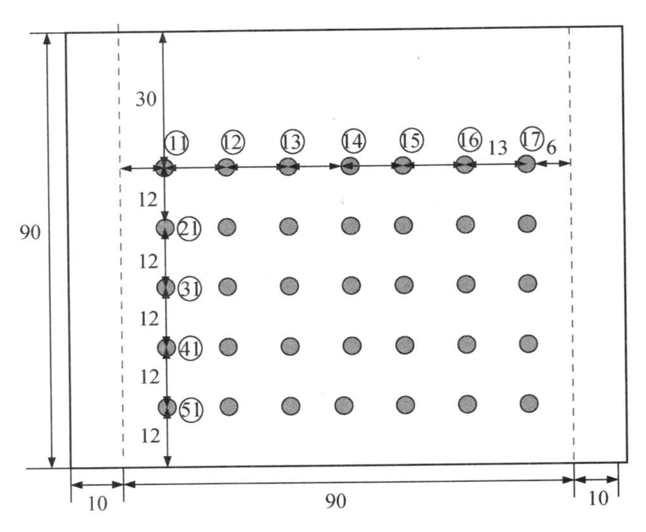

图 3-18　二维模型箱采样孔布置示意图(单位:cm)

3.2.2　试验用砂土

本试验选用的砂土为河砂,其主要矿物成分是二氧化硅 ,河砂的颜色为灰白色或灰黄色(图 3-19)。本章试验中选用的砂土主要粒径为 0.5～1.0 mm 和 2.0～4.0 mm。

(a) 粒径:0.5～1.0 mm

(b) 粒径:2.0～4.0 mm

图 3-19　试验用河砂

模型的填装过程采用砂雨法,砂雨法已被广泛地应用于制备砂土类试样,其具有如下优点:①可以得到更为均质的试样;②可以制备各种密实度的试样;③可重复制样。为了确定不同落砂高度下所填装砂土的干密度,进行了不同高度下的落砂试验。图 3-20 所示为两种粒径的河砂干密度与下落高度的关系,从图中可以看出砂土干密度随落砂高度增大而逐渐增大。当落砂高度较大时,干密度随下落高度而增大的幅度逐渐趋缓,为保证模型试验中砂土介质的干密度一致,本书后续试验中同组对比试验控制落砂高度在 70～90 cm 之间。

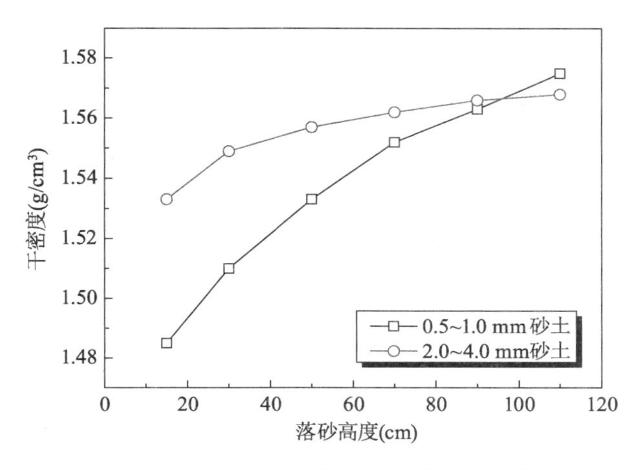

图 3-20　试验用河砂干密度与落砂高度间关系图

3.2.3　表面活性剂泡沫发泡性与稳定性

3.2.3.1　表面活性剂泡沫发泡性与稳定性试验方法

表面活性剂泡沫的应用领域不同，对泡沫性能的要求也不相同，但实际应用中多数还是用泡沫的发泡性和稳定性作为评价泡沫性能的主要指标。因此本章中对表面活性剂泡沫性能的评价也采用发泡性和稳定性两个指标。

泡沫的发泡性是指泡沫生成的难易程度和生成泡沫量的多少；泡沫的稳定性是指生成泡沫的持久性(寿命)，即消泡的难易。

图 3-21　表面活性剂泡沫发泡性与稳定性试验装置照片

表面活性剂泡沫发泡性和稳定性的试验利用一维模型柱进行(图 3-21)，试验时先在模型柱底部装入 5 cm 厚粒径为 2～4 mm 的砂土，然后使用表面活性剂溶液饱和液面至 14 cm，最后以 1 L/min 的流量从底部曝气口通入空气。通过通入空气 30 s 后形成泡沫的高度评价表面活性剂泡沫的发泡性，通过泡沫完全破灭的时间评价表面活性剂泡沫的稳定性。

3.2.3.2　表面活性剂泡沫发泡性

从表面活性剂 SDBS 泡沫的发泡性与其浓度间的关系(图 3-22)可以看出，50 mg/L 的 SDBS 溶液的发泡性较差，当 SDBS 浓度达到 100 mg/L 后，溶液的发泡性得到明显的提升。随着 SDBS 浓度的继续升高，表面活性剂溶液的发泡性仍有小幅提升，但当 SDBS 浓度达到 500 mg/L 后其发泡性基本保持稳定。

3.2.3.3　表面活性剂泡沫稳定性

从表面活性剂泡沫的稳定性与 SDBS 浓度间的关系(图 3-23)可以看出，随着 SDBS 浓度的升高，表面活性剂泡沫寿命逐步提升。但随着 SDBS 的浓度逐渐变大，泡沫寿命提升的速度也逐渐放缓，在 SDBS 浓度达到 500 mg/L 后 SDBS 泡沫寿命开始趋于稳定。

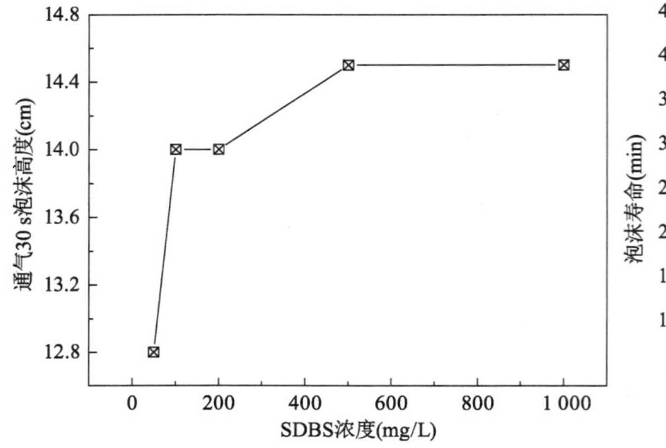

图 3-22 表面活性剂泡沫发泡性与 SDBS 浓度关系

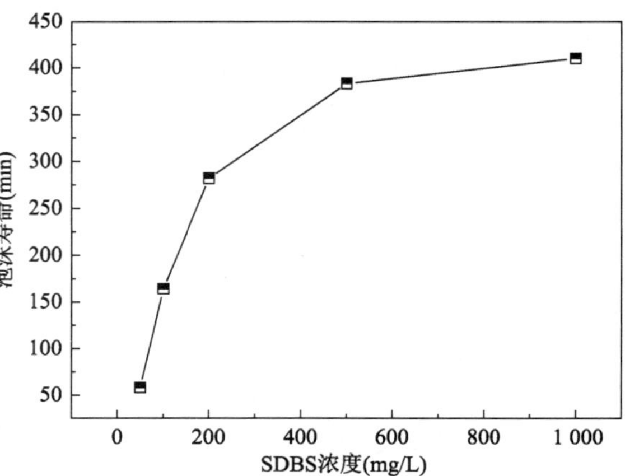

图 3-23 表面活性剂泡沫寿命与 SDBS 浓度关系

3.2.4 试验方法

为了研究砂土粒径和空气流量对气体流动形态的影响，进行室内模型试验，研究曝气过程气体流型。

3.2.4.1 一维气相运动规律试验方法

试验时，先连接好气体管路以及饱和管路，并在各取样孔依次塞入脱脂棉和硅胶塞，然后拧上螺帽。装填砂土时，先在底部填入 2 cm 厚直径 2.0～4.0 mm 的粗粒径砂土，使注入的空气通过这层砂土后分散均匀地通过砂土柱。然后填装 70 cm 高特定粒径的试验用砂土，顶部预留约 18 cm 高度，防止曝气过程中液面上升后溢出模型柱，同时砂土具有一定的高度，可以研究曝气修复过程中不同深度间的差别。因此，本试验中采用砂雨法将砂土填入玻璃柱内，且控制落砂高度为 70 cm 左右。

当砂土装填完成后，拧紧顶盖，确保各个接口处密封，然后通过水箱向砂土柱内加水或表面活性剂溶液直至水位略高于砂土上表面 0.5 cm，确保整个砂土处于饱和状态，整个饱和过程持续约 10～20 min，并且控制水头差小于 1.5 m，从而减小饱和过程对砂土的扰动。此外，通过测量加入水或溶液的总体积，可计算出试样的饱和度，得到砂土的饱和度为 0.987～0.996，表明土样在试验前基本达到饱和状态。

静置约 1 h，确保整个砂土试样饱和并达到稳定状态。然后打开空压机，缓慢调节进气压力，在进气压力接近 7 kPa 时，控制每次压力上升在 0.1～0.2 kPa，同时注意观察空气是否开始进入砂土柱内。试验过程中每一压力下记录对应的流量、液面上升高度和气体通道数等，并拍照记录相关现象。另外，在试验时定时采取水样，以便后续测试溶解氧浓度及表面张力值。试验完成后，关闭空压机，从排水口将水排出，将砂土挖除，然后把模型柱从管路上拆除清洗并赶紧风干，同时清洗取样孔内的硅胶塞并更换脱脂棉，以备下一组试验。

本章进行了两种不同粒径砂土及两种不同表面活性剂注入方式下的一维强化曝气试

验，试验方法如图 3-24 所示。已有的国内外关于表面活性剂强化的室内曝气修复模型试验大都采用利用表面活性剂溶液预先饱和土柱的方式来实现表面活性剂的加入，以在理想化条件下对其强化机理进行研究。然而，实际修复工程中并非这种理想状态，而是在地表通过压缩空气携带表面活性剂泡沫进入地下水，因此本章也选择了实际工程中表面活性剂注入方式进行研究。

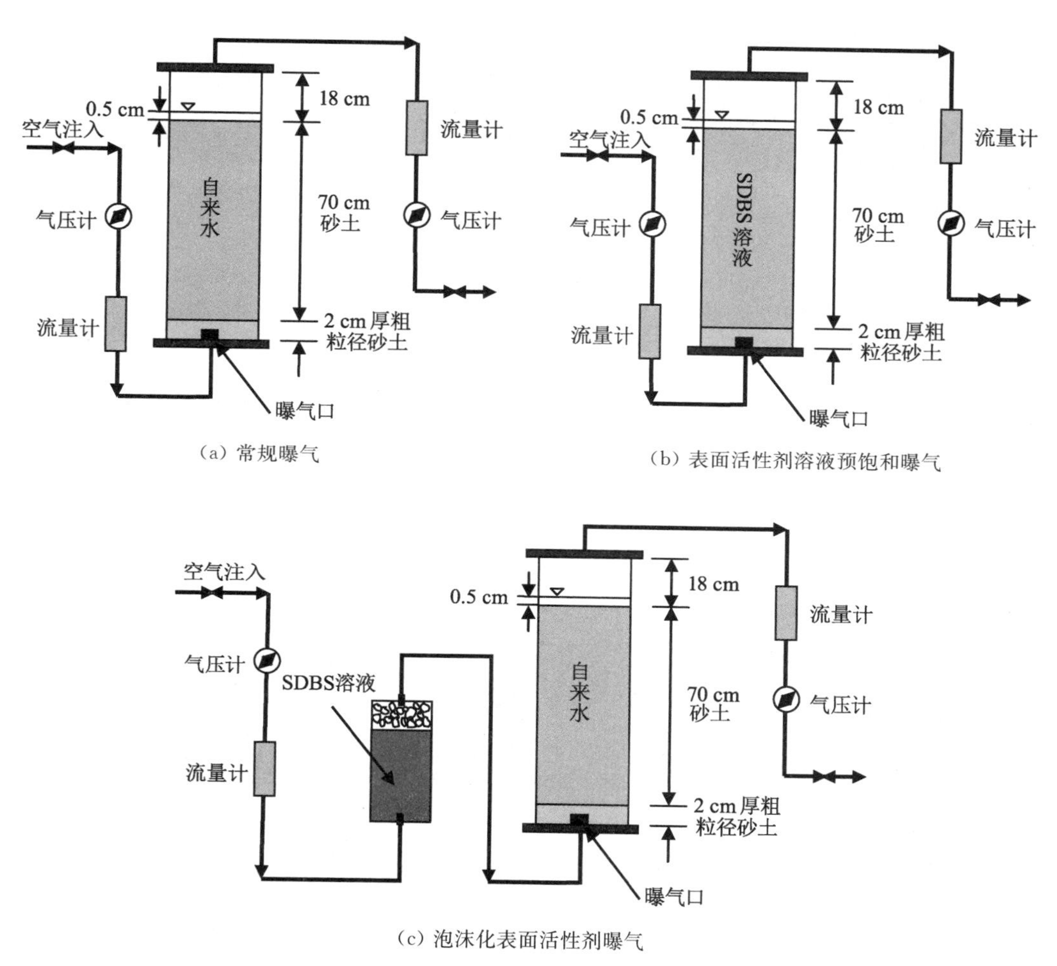

(a) 常规曝气

(b) 表面活性剂溶液预饱和曝气

(c) 泡沫化表面活性剂曝气

图 3-24　一维气相运动规律试验方法示意图

3.2.4.2　二维气相运动规律试验方法

试验时，先连接好气体管路以及饱和管路，关闭排水管阀门，并在各取样孔依次塞入脱脂棉和硅胶塞，然后拧上螺帽。装填时，先用胶带封住模型箱两侧的水槽上部，以防止填装过程中砂土落入水槽中。然后采用砂雨法填装 70 cm 高特定粒径的试验用砂土，且控制落砂高度为 90 cm 左右。当砂土装填完成后，装上顶盖并拧紧，确保各个接口处不漏气，然后通过两侧水箱向模型箱内缓慢加水或表面活性剂溶液直至水位略高于砂土顶部 2.0 cm，确保整个砂土处于饱和状态，整个饱和过程约 10～20 min，并且控制水头差在 1.5 m 以下，尽量减少饱和过程对砂土的扰动。0.5～1.0 mm 砂土和 2.0～4.0 mm 砂土的饱和过程分别如

图 3-25 和图 3-26 所示。由于 0.5～1.0 mm 砂土中毛细压力大于 2.0～4.0 mm 砂土中的，且水在 0.5～1.0 mm 砂土中的渗透性低于 2.0～4.0 mm 砂土中的，水从模型箱两侧向中间区域饱和速率较慢，因此在 0.5～1.0 mm 砂土的饱和过程中饱和区域形成较大的夹角，随着饱和区域的逐渐增大，夹角也逐渐减小。而在 2.0～4.0 mm 砂土中，这一现象不是很明显。

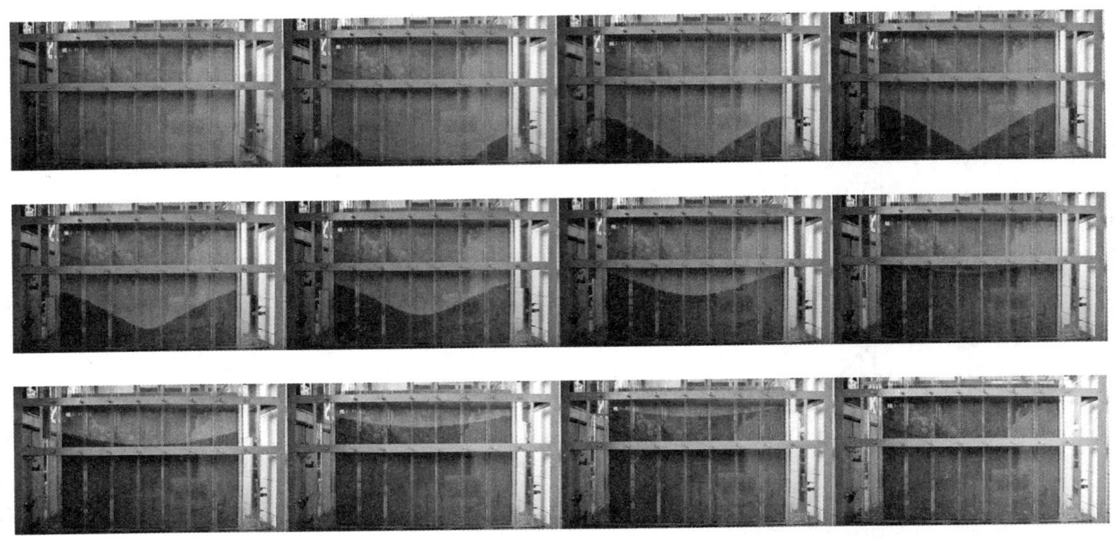

图 3-25　0.5～1.0 mm 砂土饱和过程

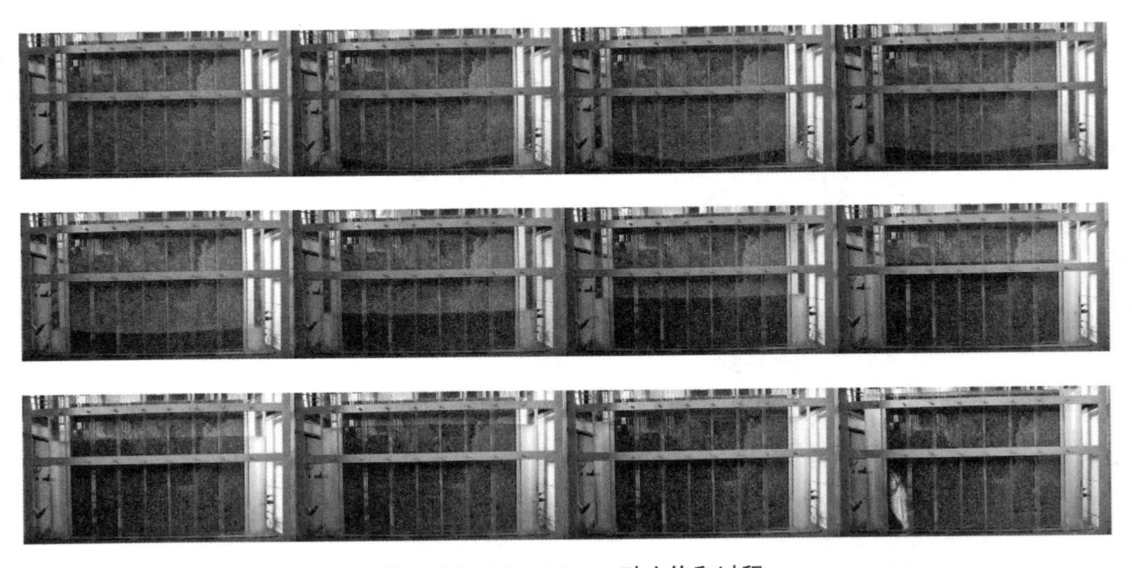

图 3-26　2.0～4.0 mm 砂土饱和过程

静置约 1 h，确保整个砂土试样饱和并达到稳定状态。然后打开空压机，缓慢调节进气压力，同时注意观察空气是否开始进入砂土柱内。试验过程中，控制每次压力上升在 0.2 kPa左右，可视情况适当增大。每一压力下记录对应的流量、液面上升高度、气流影响范围和气体通道数等，并拍照记录相关现象。另外，在试验时定时采取水样，以便后续测试溶解氧浓度及表面张力值。试验完成后，关闭空压机，从排水口将水排出，将砂土挖除，然后把模型箱从管路上拆除清洗干净并风干，同时清洗取样孔内的硅胶塞并更换脱脂棉，以备下一组试验。各条件下的试验方法如图 3-27 所示。

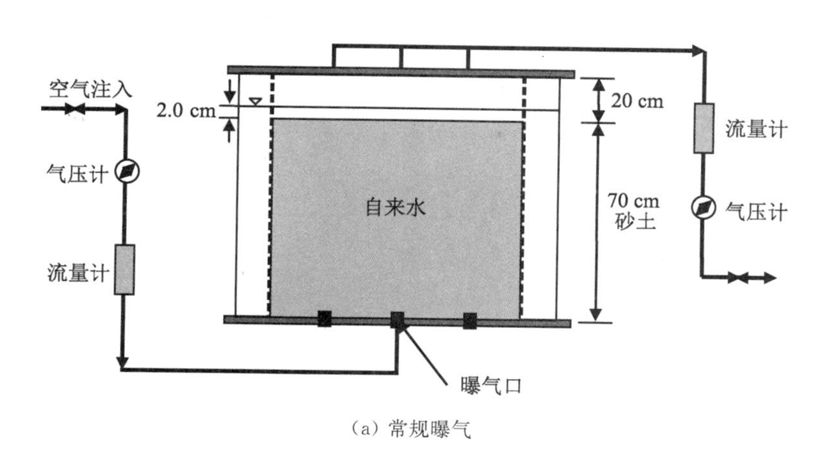

(a) 常规曝气

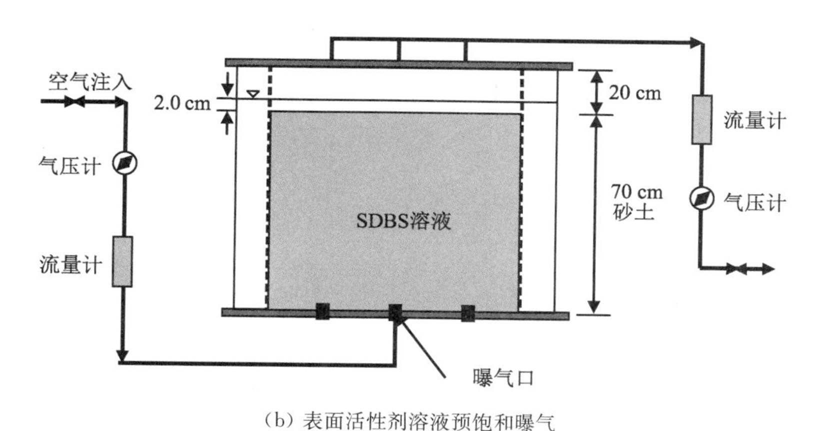

(b) 表面活性剂溶液预饱和曝气

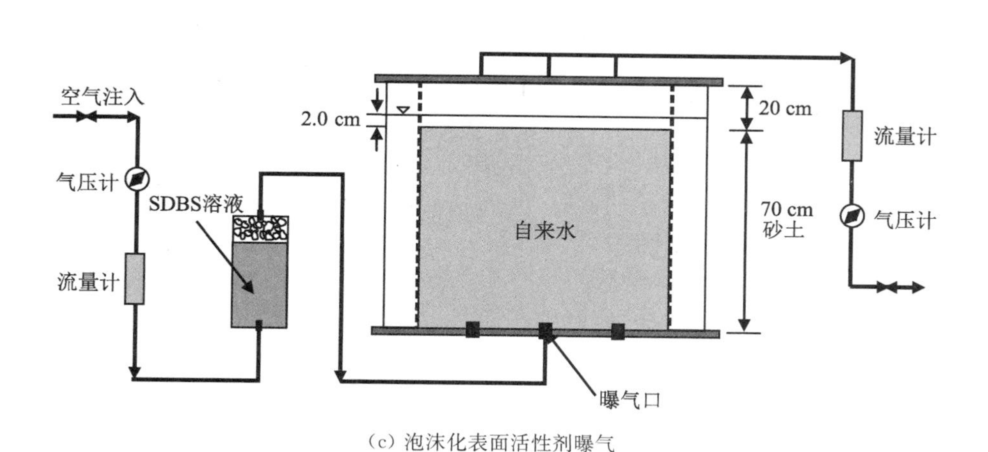

(c) 泡沫化表面活性剂曝气

图 3-27 二维气相运动规律试验方法示意图

在气相运动规律模型试验中，本章共进行了如表所示各种不同条件下的曝气试验，包括两种粒径的砂土，每种粒径的砂土包括常规曝气、表面活性剂溶液预饱和曝气和泡沫化表面活性剂曝气三种情况(表 3-6)。

表 3-6　SDBS 强化曝气修复气相运动规律试验方案

模型试验类型	砂土粒径/mm	是否注入表面活性剂	表面活性剂注入方式
一维	0.5～1.0	否	—
		是	100 mg/L SDBS 溶液饱和砂土
			气体带动 1 000 mg/L SDBS 产生泡沫进入砂土
	2.0～4.0	否	—
		是	100 mg/L SDBS 溶液饱和砂土
			气体带动 1 000 mg/L SDBS 产生泡沫进入砂土
二维	0.5～1.0	否	—
		是	100 mg/L SDBS 溶液饱和砂土
			气体带动 1 000 mg/L SDBS 产生泡沫进入砂土
	2.0～4.0	否	—
		是	100 mg/L SDBS 溶液饱和砂土
			气体带动 1 000 mg/L SDBS 产生泡沫进入砂土

3.2.5　一维气相运动规律

3.2.5.1　常规曝气

1. 0.5～1.0 mm 砂土常规曝气

1) 压力与流量关系

图 3-28 所示为 0.5～1.0 mm 砂土常规曝气时曝气压力与曝气流量的关系，自动采集为传感器每隔 30 s 采集的曝气压力与流量值，而手动记录为每一曝气压力下稳定的流量值。由于随着曝气压力的提高，每一曝气压力下的曝气流量都是一个逐渐增大然后稳定的过程，因此自动采集和手动记录的值之间可能存在一定的差异。从图中可以看出刚开始曝气压力较小时气体不能进入一维土柱，当压力到达一定数值(进气压力)后才开始有流量，在该组试验下得出进气压力为 8.0 kPa。虽然在该曝气压力下流量显示为 0，但已有气体持续通过模型柱到达液面，这是由于流量计的灵敏度为 0.1 L/min，而在曝气压力为 8.0 kPa时流量低于0.1 L/min，因此记录的流量值为 0。另外，当压力超过进气压力后，流量基本随着压力呈

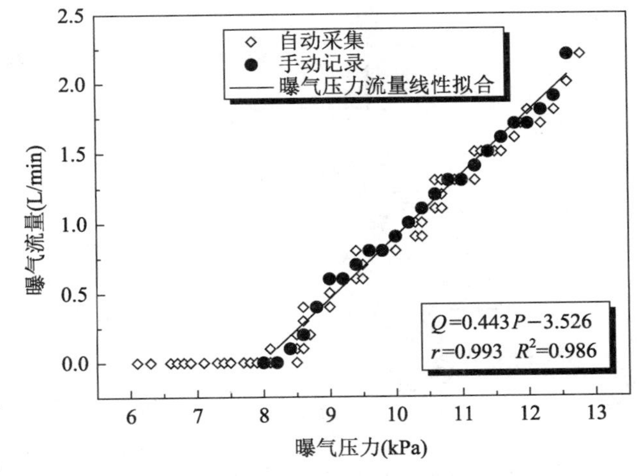

图 3-28　一维模型 0.5～1.0 mm 砂土常规曝气时曝气压力与曝气流量关系

线性增长。

通过对曝气压力与流量数据的线性拟合，得出曝气压力与流量的关系式为 $Q=0.443P-3.526$。

2）气相饱和度评价

试验过程中通过测量不同压力和流量下液面上升的高度(图 3-29)，得出气体进入后排出水的体积，从而计算出整个土柱的平均气相饱和度，图中粗线条标记位置即为初始液面高度。图 3-30 为 0.5～1.0 mm 砂土中曝气时气相饱和度与曝气流量关系图。从图中可看出，气相饱和度随着曝气流量的增加而增大，且开始阶段增加比较明显，当流量达到约 1.7 L/min后，气相饱和度增大的速度逐渐放缓，趋于稳定。

(a) 压力：8.4 kPa；流量：0.1 L/min

(b) 压力：9.0 kPa；流量：0.5 L/min

(c) 压力：10.2 kPa；流量：1.0 L/min

(d) 压力：11.4 kPa；流量：1.5 L/min

图 3-29　0.5～1.0 mm 砂土常规曝气时不同压力下液面上升高度

另外，实验过程中还观察记录了不同流量下的气体通道数，通道数与流量间关系如图 3-31 所示。从中可以看出，流量增大时，通道数先是迅速增多，当流量达到约 0.7 L/min 时通道数达到最多。当流量继续增大时，通道数开始逐渐减少，最后稳定在约 10 个左右。这也在一定程度上解释了前面气相饱和度与流量的关系，当流量较小时(<0.7 L/min)，通道数随着流量的增加迅速增多，因此气相饱和度也迅速增大；随着流量的继续增大(0.7～1.5 L/min)，通道数逐渐减少，但是通道的尺寸有所变大，因此气相饱和度增大较缓慢；当流量较大时(>1.5 L/min)，通道数稳定，通道尺寸也基本稳定，因此气相饱和度也趋于稳定。

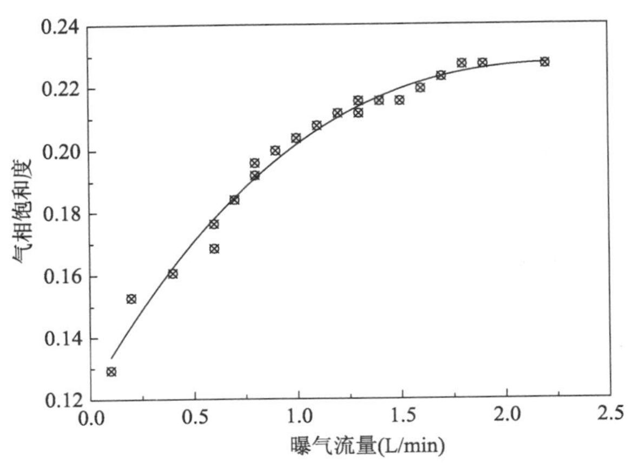

图 3-30　一维模型 0.5～1.0 mm 砂土常规曝气时气相饱和度与流量间关系

图 3-31　一维模型 0.5～1.0 mm 砂土常规曝气时通道数与流量间关系

3）气体流动形态分析

试验过程中对曝气过程气体的流动形态进行了观察，并拍照记录，图 3-32 所示为不同压力和流量下气体的流动形态图片。从图中可以看出，0.5～1.0 mm 砂土中空气以微通道方式运动。

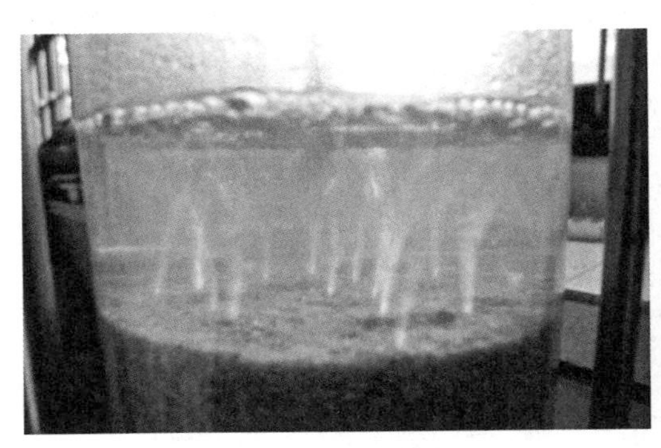

(a) 压力：8.4 kPa；流量：0.1 L/min

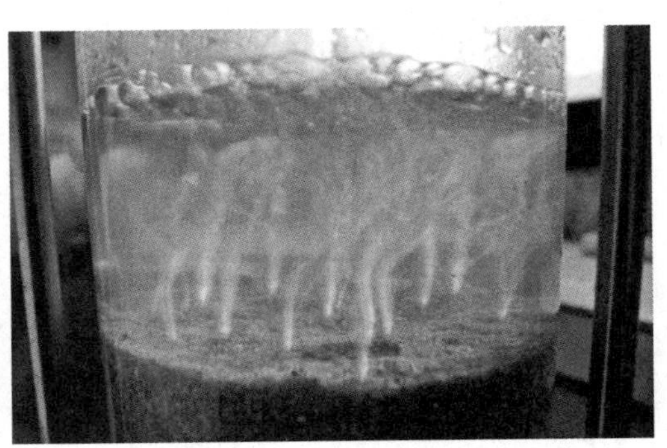

(b) 压力：9.0 kPa；流量：0.5 L/min

(c) 压力：10.2 kPa；流量：1.0 L/min

(d) 压力：11.4 kPa；流量：1.5 L/min

图 3-32　0.5～1.0 mm 砂土常规曝气时不同压力下气体流动形态

另外，在试验过程中发现，当曝气压力为9.6 kPa、流量为0.8 L/min时，有类似气泡方式的运动，出现较大的气泡。这说明即使是同一砂土中，气体的流动形态也并不是单一的，气泡流和微通道流可能同时存在，随着曝气流量的增大，微通道流可能向气泡流转变(Brooks et al.，1999)。

2. 2.0～4.0 mm砂土常规曝气

1) 压力与流量关系

图3-33所示为2.0～4.0 mm砂土常规曝气时曝气压力与曝气流量的关系，对于2.0～4.0 mm砂土，常规曝气下的进气值为7.8 kPa，压力与流量之间也呈较好的线性关系。

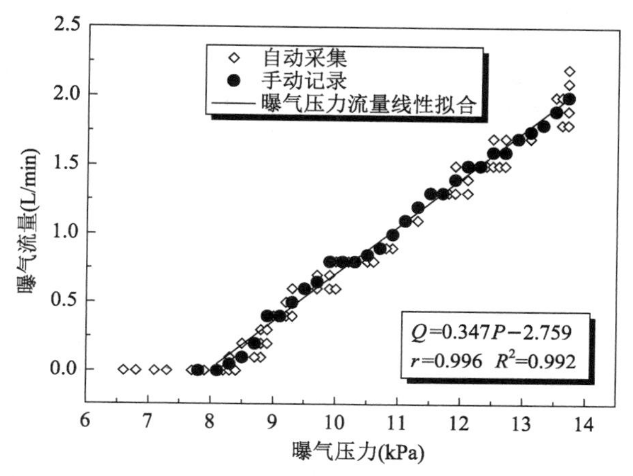

图3-33　2.0～4.0 mm砂土常规曝气时压力与流量关系

通过对压力与流量数据的线性拟合，得出压力与流量的关系式为$Q=0.347P-2.759$。

2) 气相饱和度评价

从2.0～4.0 mm砂土常规曝气时气相饱和度与曝气流量关系(图3-34)中可以看出，气相饱和度随着曝气流量的变化规律与0.5～1.0 mm砂土比较一致，开始阶段气相饱和度随流量的增大而显著增大，当流量达到约1.4 L/min后，气相饱和度增大的速度逐渐放缓，并趋于稳定。

图3-35所示为通道数与流量的关系，可以看出在2.0～4.0 mm砂土中，在低流量下通道数已相对较多，随着流量的上升，通道数略有增加，在流量约为0.6 L/min时达到峰值。当流量达到约0.8 L/min后，通道数基本保持不变。

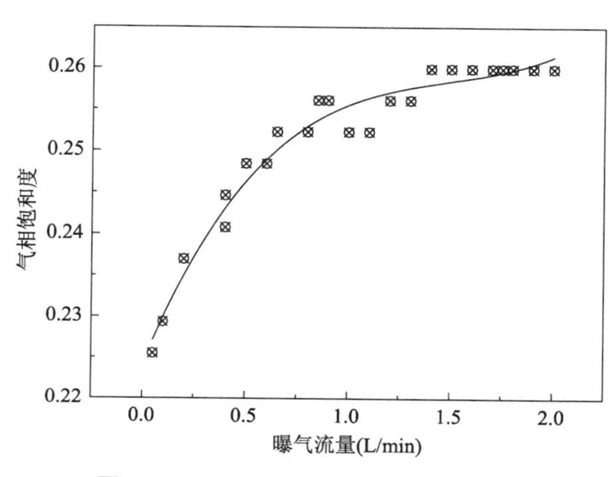

图3-34　2.0～4.0 mm砂土常规曝气时气相饱和度与流量关系

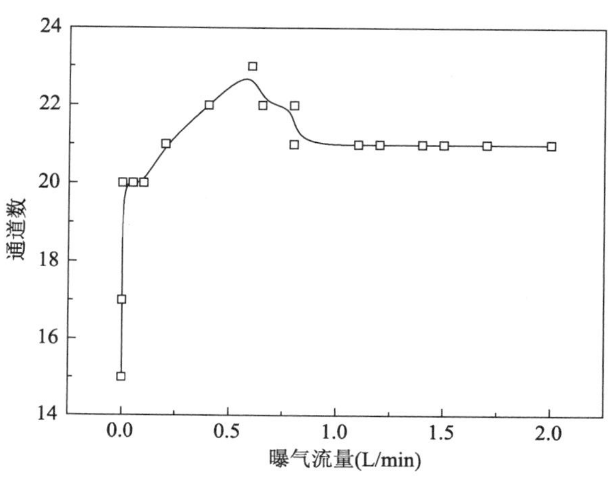

图3-35　2.0～4.0 mm砂土常规曝气时通道数与流量关系

3）气体流动形态分析

图 3-36 所示为不同压力和流量下气体的流动形态图片。从图中可以看出，2.0～4.0 mm砂土中空气以气泡方式运动。

(a) 压力：8.5 kPa；流量：0.1 L/min

(b) 压力：9.3 kPa；流量：0.5 L/min

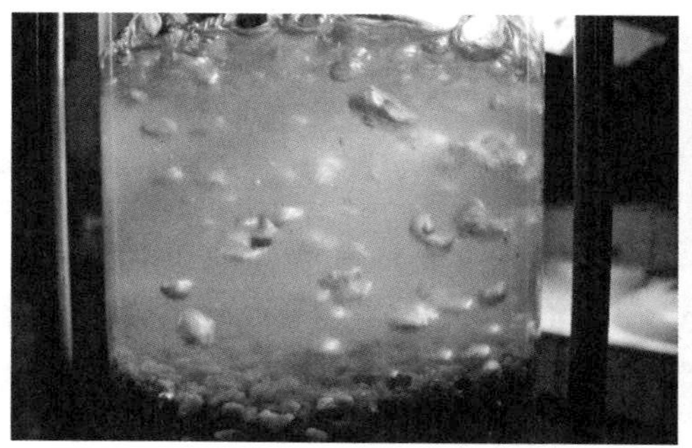

(c) 压力：10.9 kPa；流量：1.0 L/min

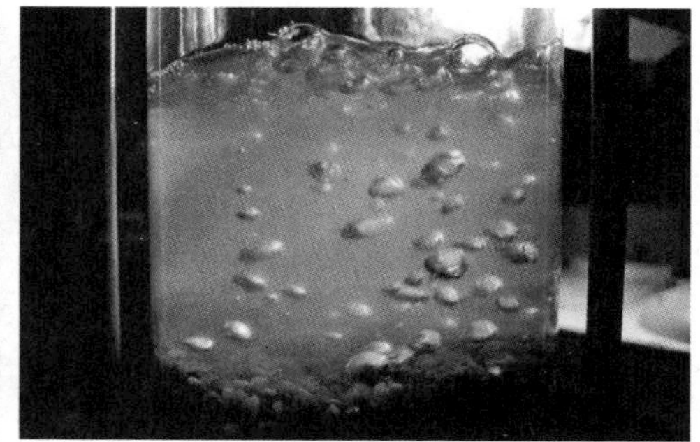

(d) 压力：12.3 kPa；流量：1.5 L/min

图 3-36　2.0～4.0 mm 砂土常规曝气时不同压力下气体流动形态

3.2.5.2　表面活性剂溶液预饱和曝气

1. 0.5～1.0 mm **砂土表面活性剂溶液预饱和曝气**

1）压力与流量关系

图 3-37 所示为 0.5～1.0 mm 砂土表面活性剂溶液预饱和曝气时曝气压力与流量的关系，刚开始压力较小时气体不能进入一维土柱，当压力到达一定数值（进气压力）后才开始有流量，在该组试验下得出进气压力为 7.8 kPa。另外，当压力超过进气压力后，流量基本随着压力呈线性增长。

通过对压力与流量数据的线性拟合，得出压力与流量的关系式为 $Q=0.152P-1.305$。

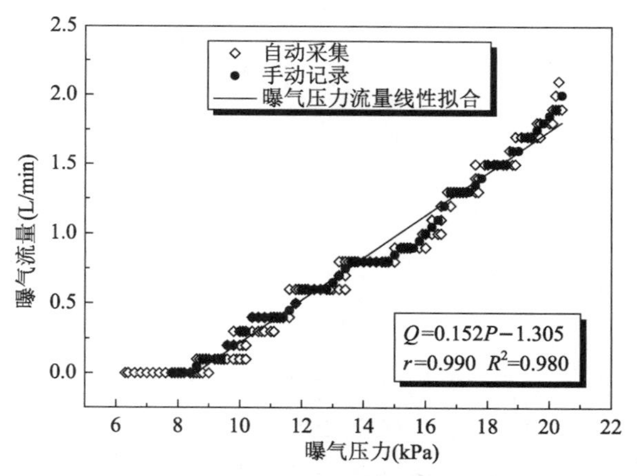

图 3-37　0.5～1.0 mm 砂土表面活性剂溶液预饱和曝气时压力与流量关系

2）气相饱和度评价

图3-38为0.5～1.0 mm砂土中曝气时气相饱和度与曝气流量关系图，从图中可以看出，气相饱和度随着曝气流量的增加而增大，且开始阶段增加比较明显，当流量达到一定值后(0.8 L/min)，气相饱和度增大的速度逐渐放缓，并趋于稳定。当流量大于约1.5 L/min后，气相饱和度基本保持不变。

通道数与流量的关系如图3-39所示，可以看出流量增大时，通道数先是迅速增多，当流量达到约0.2 L/min时通道数达到最多。当流量继续增大时，通道数开始逐渐减少，最后稳定在18～20个左右。

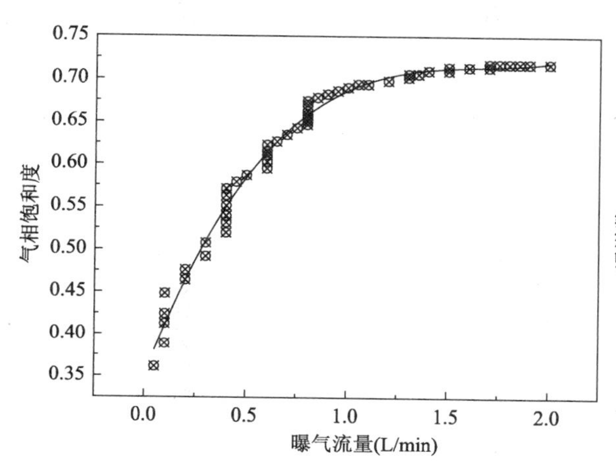

图3-38 0.5～1.0 mm砂土表面活性剂溶液预饱和曝气时气相饱和度与流量关系

图3-39 0.5～1.0 mm砂土表面活性剂溶液预饱和曝气时通道数与流量关系

3）气体流动形态分析

图3-40所示为不同压力和流量下气体的流动形态图片。从图中可以看出，0.5～1.0 mm砂土表面活性剂溶液预饱和曝气时，空气同样是以微通道方式运动。

(a) 压力：8.8 kPa；流量：0.1 L/min

(b) 压力：11.8 kPa；流量：0.5 L/min

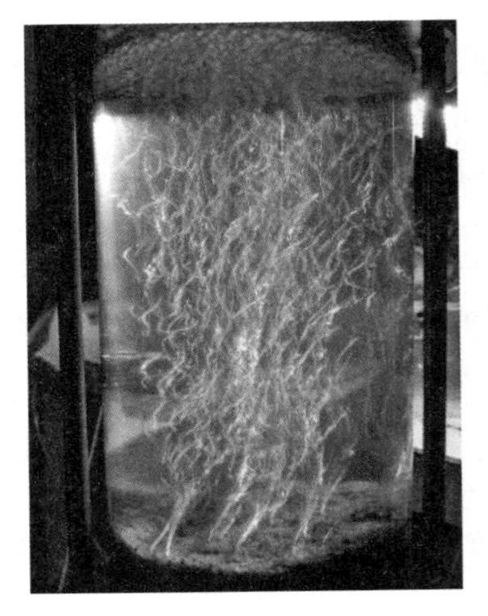

(c) 压力:16.0 kPa;流量:1.0 L/min

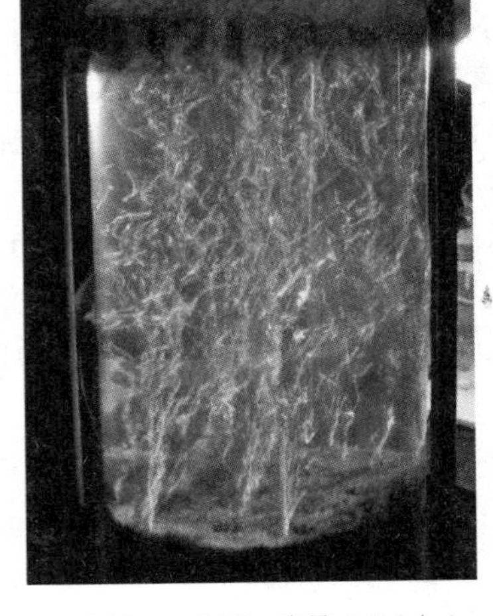

(d) 压力:19.2 kPa;流量:1.5 L/min

图 3-40　0.5～1.0 mm 砂土表面活性剂溶液预饱和曝气时不同压力下气体流动形态

2. 2.0～4.0 mm 砂土表面活性剂溶液预饱和曝气

1) 压力与流量关系

图 3-41 所示为 2.0～4.0 mm 砂土表面活性剂溶液预饱和曝气时曝气压力与流量关系,当开始有流量后,流量与压力也基本呈线性关系。与 0.5～1.0 mm 砂土不同的是,虽然在该组试验下得出的进气压力为 7.5 kPa,但是当压力大于 7.5 kPa 后仍有较长一段压力值对应的流量为 0。这是由于在 2.0～4.0 mm 砂土中,用表面活性剂溶液饱和后,在刚达到进气压力值时液面就有较大的上升值(图 3-42),液面的上升导致底部的水压力变大,因此气体通入模型柱一段时间后便停止。

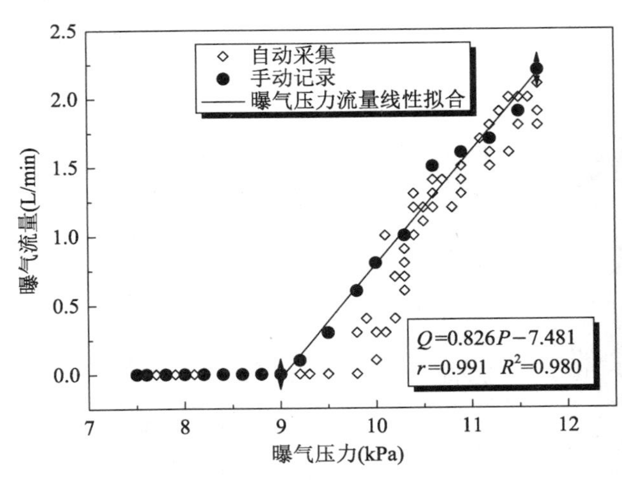

图 3-41　2.0～4.0 mm 砂土表面活性剂溶液预饱和曝气时压力与流量关系

图 3-42　2.0～4.0 mm 砂土表面活性剂溶液预饱和曝气压力为 7.5 kPa 时液面上升高度(上升高度为 6.2 cm,对应于气相饱和度为 0.243)

通过对压力与流量数据的线性拟合，得出压力与流量的关系式为 $Q=0.826P-7.481$。

2）气相饱和度评价

图 3-43 为 2.0～4.0 mm 砂土中曝气时气相饱和度与曝气流量关系图，从整体趋势上看和 0.5～1.0 mm 砂土基本保持一致，但相同流量下气相饱和度的大小则普遍比 0.5～1.0 mm砂土中大了约 0.3。

图 3-44 所示为通道数与流量的关系，可以看出在 2.0～4.0 mm 砂土中，流量较低时通道数已相对较多，随着流量的上升，通道数略有增加，当流量达到 1.0 L/min 后基本保持不变。

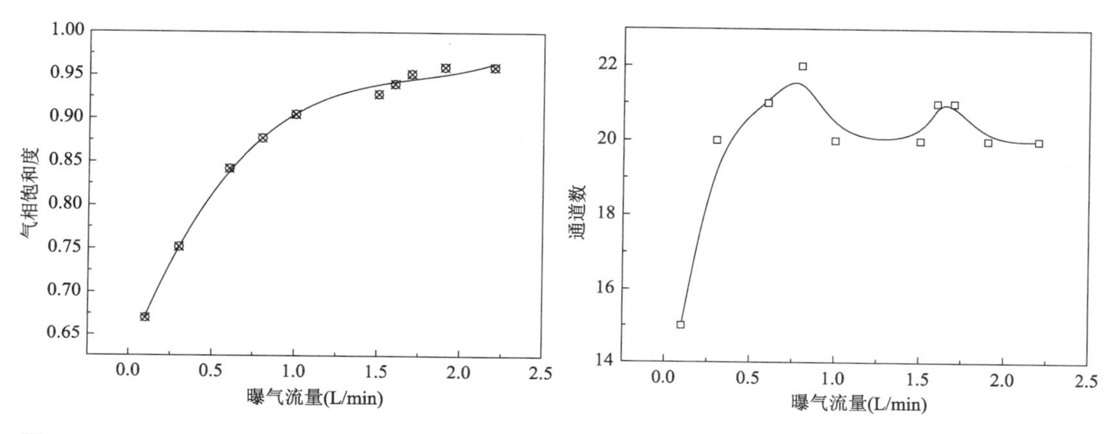

图 3-43　2.0～4.0 mm 砂土表面活性剂溶液预饱和曝气时气相饱和度与流量关系

图 3-44　2.0～4.0 mm 砂土表面活性剂溶液预饱和曝气时通道数与流量关系

3）气体流动形态分析

图 3-45 所示为不同压力和流量下气体的流动形态图片。从图中可以看出，2.0～4.0 mm砂土以表面活性剂溶液饱和后，曝气时空气以气泡方式运动。相比于常规曝气的情况，气泡的尺寸有所减小，且伴随着较多的微型气泡。

(a) 压力：9.2 kPa；流量：0.1 L/min

(b) 压力：9.7 kPa；流量：0.5 L/min

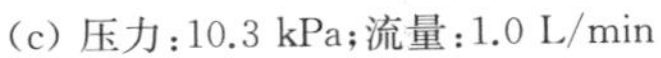
(c) 压力:10.3 kPa;流量:1.0 L/min

(d) 压力:10.6 kPa;流量:1.5 L/min

图 3-45　2.0～4.0 mm 砂土表面活性剂溶液预饱和曝气时不同压力下气体流动形态

3.2.5.3　泡沫化表面活性剂曝气

1. 0.5～1.0 mm 砂土泡沫化表面活性剂曝气

1）压力与流量关系

图 3-46 所示为 0.5～1.0 mm 砂土泡沫化表面活性剂曝气时压力与流量的关系。由于气流通过装有 1 000 mg/L 表面活性剂溶液罐时会营造出大量泡沫，气流通过时会带动表面活性剂泡沫进入气体管路，从而进入模型柱内。然而，当表面活性剂泡沫进入气体管路后会暂时堵塞管路，导致压缩空气无法连续输入模型柱（气体流量为 0）；当气体推动表面活性剂泡沫进入模型柱后，气体才能继续进入模型柱。由于这一特殊的机制，气体并非连续输入模型柱的，而是气体先进入土体中一段时间后，表面活性剂泡沫进入，然后气体再次进入一个循环过程，定义气体开始进入土体到下一次气体进入土体为一个曝气周期。因此，在这个过程中流量也不是恒定的，而是不断变化的，试验过程中记录了每一压力下对应的最大流量。自动采集系统为每 30 s 记录一次压力和流量的数值，在每一循环的不同阶段

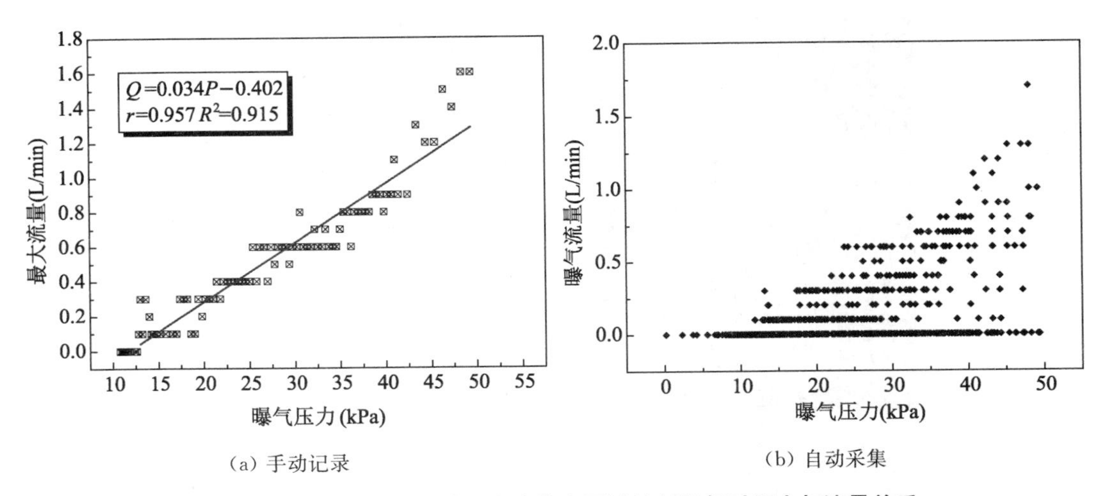

(a) 手动记录　　(b) 自动采集

图 3-46　0.5～1.0 mm 砂土泡沫化表面活性剂曝气时压力与流量关系

采集到的流量值是不同的，因此一个压力下可能对应于多个流量值。整体来看，压力和最大流量值基本呈线性关系。另外，该组试验下得出进气压力为10.8 kPa，相比于常规曝气和表面活性剂溶液预饱和曝气，泡沫化表面活性剂曝气的进气压力大了约2.8～3.0 kPa，这是由于气体管路中多出了产生表面活性剂泡沫的罐子，罐中表面活性剂溶液的高度为23 cm，由于曝气管路中增加了表面活性剂溶液罐，导致曝气系统的压力损失也相应增大，因此进气压力值变大。

通过对压力与最大流量数据的线性拟合，得出压力与最大流量的关系式为 $Q=0.034P-0.402$。

2）气相饱和度评价

由于泡沫化表面活性剂曝气过程中压缩空气并非连续输入土层，在曝气进行时，液面上升，气相饱和度高。而曝气停止时，液面下降，气相饱和度低。因此，试验过程中分别测量了在一个压力下液面的最高值和最低值，从而得出该压力下的最大和最小气相饱和度，如图3-47所示。从图中可以看出，气相饱和度随着曝气流量的增加而增大，且开始阶段增加比较明显，当流量达到一定值后，气相饱和度增大的速度逐渐放缓，并趋于稳定。

另外，最大气相饱和度和最小气相饱和度的差值在流量较小时也较小，随着流量的增大，两者的差值变大，当流量继续增大时，两者的差值又有所减小。这是由于流量较小时，气相饱和度本身也较小，所以两者差值小。随着流量的增大，气相饱和度显著增大，每一循环内进入模型柱的气体变多，曝气停止的时间也变长，导致两者的差值逐渐增大。当流量继续增大时(大于0.8 L/min，约对应于压力35.0 kPa)，从图3-48中可以看出，曝气的周期开始逐渐减小，即曝气时间和停止时间都有所减少，曝气停止的较短时间内液面下降的幅度较小，因此两者的差值略微减小。

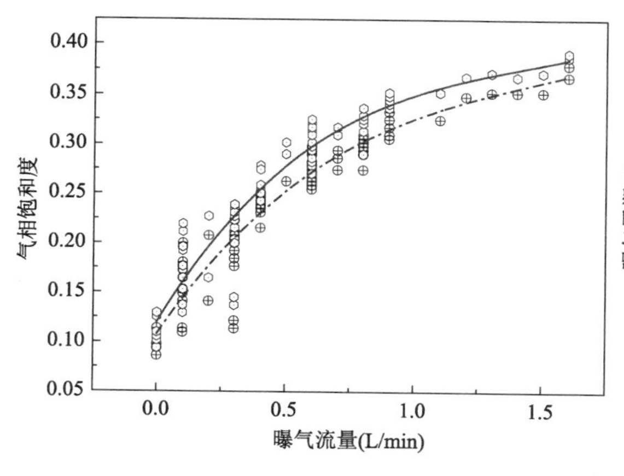

图3-47 0.5～1.0 mm砂土泡沫化表面活性剂曝气时气相饱和度与流量关系

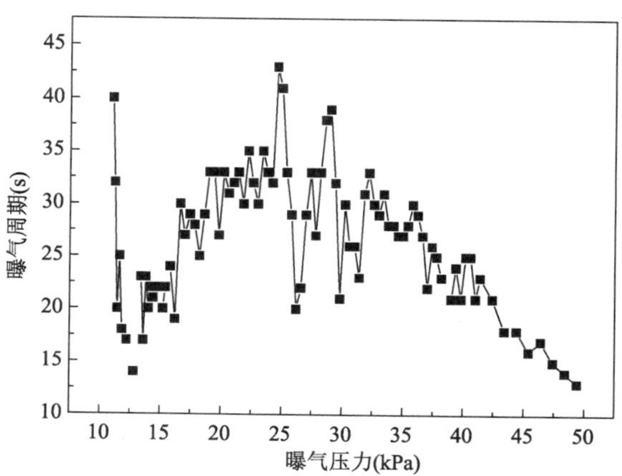

图3-48 0.5～1.0 mm砂土泡沫化表面活性剂曝气时压力与曝气周期关系

3）溶解氧及表面张力变化

不同于常规的曝气，泡沫化后的表面活性剂曝气在通入空气的同时也带入了表面活性剂泡沫，因此经过曝气后不但能提高水中溶解氧的浓度，还能降低水的表面张力，提高空气在地下水中饱和度，扩大气流影响范围。试验过程中取样测试了孔隙水表面张力及其溶解氧浓度，分析相应参数变化规律，为污染物修复机理提供试验证据。

图 3-49 所示为 0.5～1.0 mm 砂土中不同取样点在不同曝气流量下的溶解氧浓度变化规律。在每一曝气流量下曝气 1 h 后取样测试溶解氧，取样点 1 位于模型柱最下部，取样点 11 位于最上部(图 3-1)。从图中可以看出，不同流量下，经过曝气后溶解氧浓度都有一定程度的升高。不同曝气流量下的溶解氧之间并没有较大的差别，反而在流量 1.5 L/min 时，有一定程度的降低。这可能是由于在大流量下，气流速度过快，局部砂土中存在优势流，某些区域没有气流通过，从而导致溶解氧浓度的降低。

图 3-50 为模型柱不同位置处孔隙水的表面张力随时间变化曲线，从图中可以看出，水的初始表面张力均在 70 mN/m 左右，且随着时间的推移都逐渐减小。但是不同位置处表面张力开始减小的时间和减小的幅度存在差异，越靠近曝气口的位置表面张力越早开始减小，取样点 1 和 3 的表面张力分别在 1 h 和 2 h 左右就减小到了比较低的值，而上部取样点的表面张力从 2 h 才开始逐渐减小。这是由于在 0.5～1.0 mm 砂土中表面活性剂泡沫向上部运移的速度较慢，大部分泡沫主要集中在模型柱底部，因此底部取样点的表面张力降低快，而上部取样点则降低较慢。

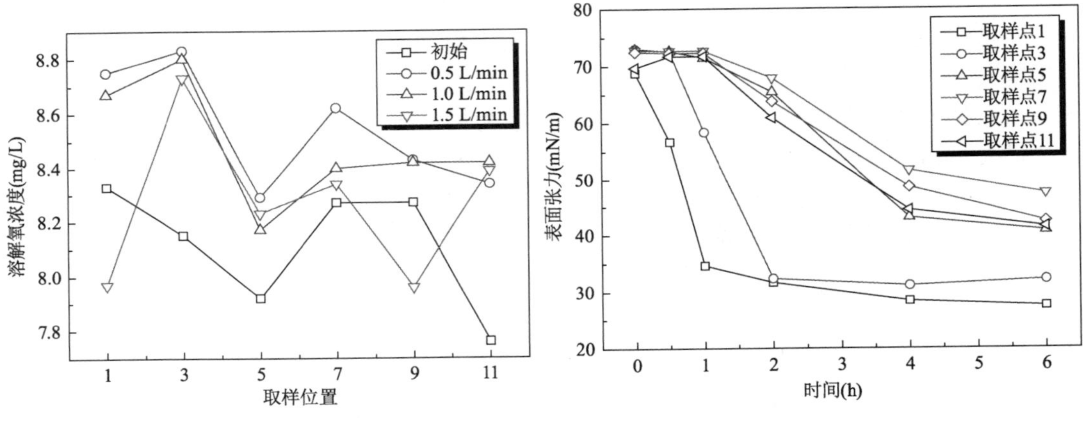

图 3-49　0.5～1.0 mm 砂土泡沫化表面活性剂曝气 1 h 后土柱各位置溶解氧浓度

图 3-50　0.5～1.0 mm 砂土泡沫化表面活性剂曝气时各位置处表面张力随时间的变化

2. 2.0～4.0 mm 砂土泡沫化表面活性剂曝气

1) 压力与流量关系

当砂土粒径为 2.0～4.0 mm 时，从压力和流量的关系(图 3-51)也可以看出最大流量基本随压力线性增长，该组试验下得出进气压力为 10.5 kPa。

通过对压力与最大流量数据的线性拟合，得出压力与最大流量的关系式为 $Q=0.139P-1.247$。

2) 气相饱和度评价

从气相饱和度与流量的关系(图 3-52)可以看出，在 2.0～4.0 mm 砂土中泡沫化表面活性剂曝气时，其气相饱和度随着流量的增加而持续增大。这是由于随着曝气的进行，不断有表面活性剂泡沫被带入模型柱中，且泡沫在 2.0～4.0 mm 砂土中更容易随着气流向模型柱上部运移，被置换出的水也就越来越多，因此气相饱和度不断增大。

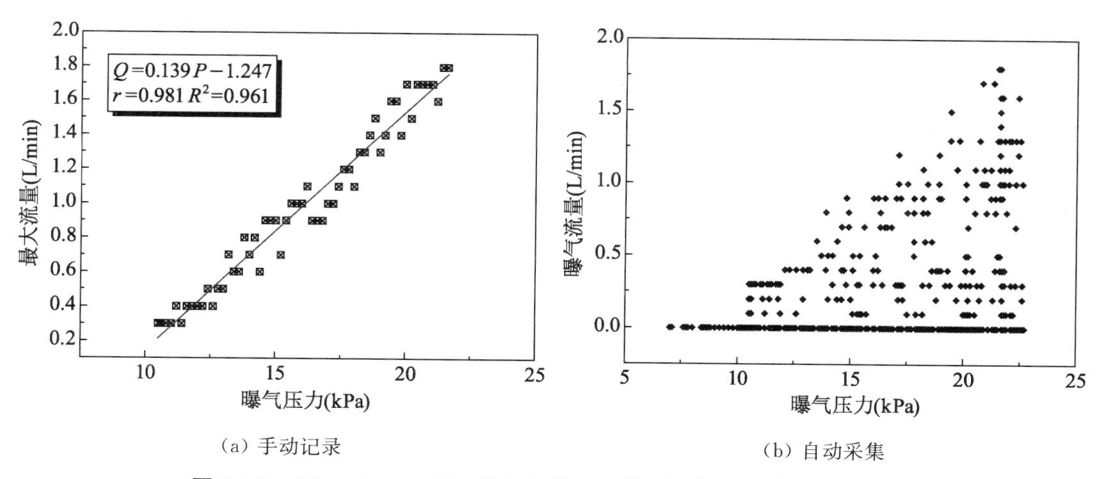

(a) 手动记录　　(b) 自动采集

图 3-51　2.0～4.0 mm 砂土泡沫化表面活性剂曝气时压力与流量关系

另外，当流量大于约 0.7 L/min 后，最大饱和度和最小饱和度之间的差值基本保持不变。这是由于当流量大于 0.7 L/min(对应于压力约为 14.0 kPa)后，曝气周期均较短(图 3-53)，且基本保持在 20 s 左右，曝气停止的较短时间内液面下降的幅度较小，因此两者差值较小且基本保持不变。

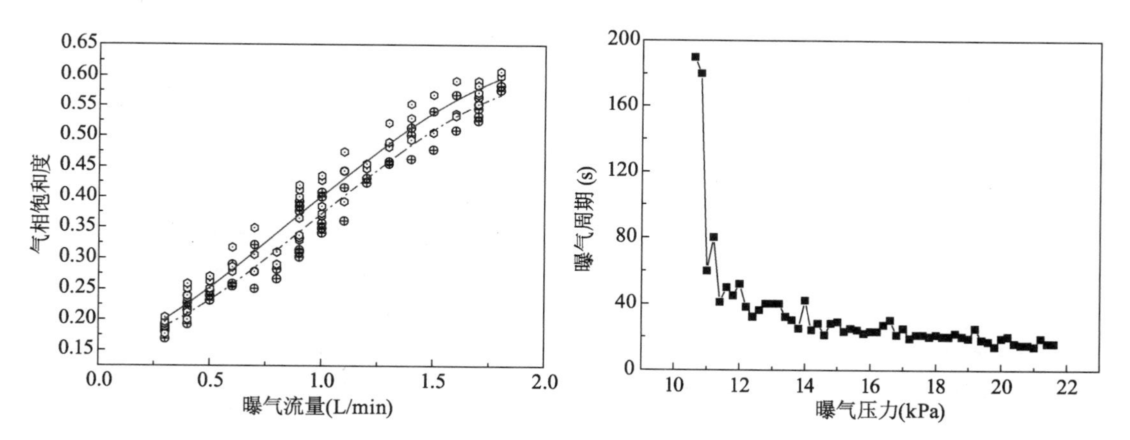

图 3-52　2.0～4.0 mm 砂土泡沫化表面活性剂曝气时气相饱和度与流量关系

图 3-53　2.0～4.0 mm 砂土泡沫化表面活性剂曝气时压力与曝气周期关系

3) 溶解氧及表面张力变化

图 3-54 所示为 2.0～4.0 mm 砂土中不同取样点在不同曝气流量下的溶解氧浓度变化规律。与 0.5～1.0 mm 砂土中类似，不同流量下，经过曝气后溶解氧浓度都有一定程度的升高，且不同曝气流量下的溶解氧之间并没有较大的差别。另外，在取样点 1 处 1.5 L/min 下的溶解氧浓度也出现了较大的降低，正如前面所述，可能是气流速度过快导致局部区域形成优势流。

图 3-55 为模型柱不同位置处孔隙水的表面张力随时间变化曲线，不同取样点的表面张力整体上均是随时间的推移逐渐降低。与 0.5～1.0 mm 砂土中不同的是，上部取样点处

表面张力的减小并没有明显的滞后，虽然与取样点1和3相比表面张力减小的幅度较小，但表面张力均在0.5 h时就开始减小。这可能是由于2.0～4.0 mm砂土中孔隙较大，被空气带入的表面活性剂泡沫更容易通过孔隙向模型柱上部运移。从试验过程中的现象也可以进一步证明这一点，图3-56所示为曝气相同时间后0.5～1.0 mm砂土和2.0～4.0 mm砂土模型柱底部特写，从图中可以看出，在0.5～1.0 mm砂土中由于表面活性剂泡沫向上部运移的速度较慢，不断在模型柱底部累积，而在2.0～4.0 mm砂土中则没有出现表面活性剂在下部累积的现象。

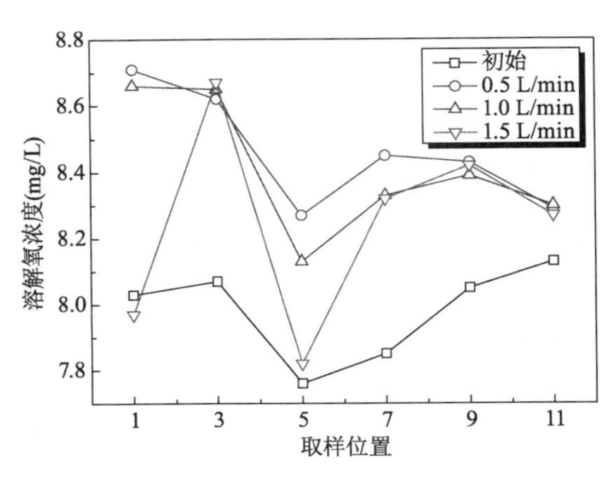

图3-54　2.0～4.0 mm砂土泡沫化表面活性剂曝气时各位置处溶解氧浓度

表面张力(mN/m)
时间(h)
取样点1
取样点3
取样点5
取样点7
取样点9
取样点11
80
70
60
50
40
30
20
0
1
2
3
4
5
6

图3-55　2.0～4.0 mm砂土泡沫化表面活性剂曝气时各位置处表面张力随时间变化曲线

(a) 0.5～1.0 mm砂土

(b) 2.0～4.0 mm砂土

图3-56　不同粒径砂土中曝气一定时间后模型柱底部特写

3.2.5.4　不同曝气条件结果对比

为了对不同粒径砂土、有无表面活性剂以及不同表面活性剂注入方式情况下气相运动规律进行对比，将前述试验结果汇总以分析相互之间的区别。

1）压力与流量关系

图3-57所示为各曝气条件下压力与流量的关系，各种情况下压力与流量均呈较好的

线性关系，其线性拟合汇总如表 3-7 所示。其中，泡沫化表面活性剂曝气时，流量随压力的增加而增大的速度较慢，这是由于泡沫进入砂土孔隙中后一定程度上影响了气体的通过。而其中又以 0.5～1.0 mm 砂土泡沫化表面活性剂曝气时，流量随压力的增加而增大的速度最慢，这是因为 0.5～1.0 mm砂土的孔隙较小，泡沫的存在对气体的通过影响更大；另一方面，如前文所述，在 0.5～1.0 mm 砂土中由于表面活性剂泡沫向上部运移的速度较慢，会不断在模型柱底部累积，从而在模型柱底部形成泡沫聚集区，阻滞压缩空气的输入，也影响了流量的增大。

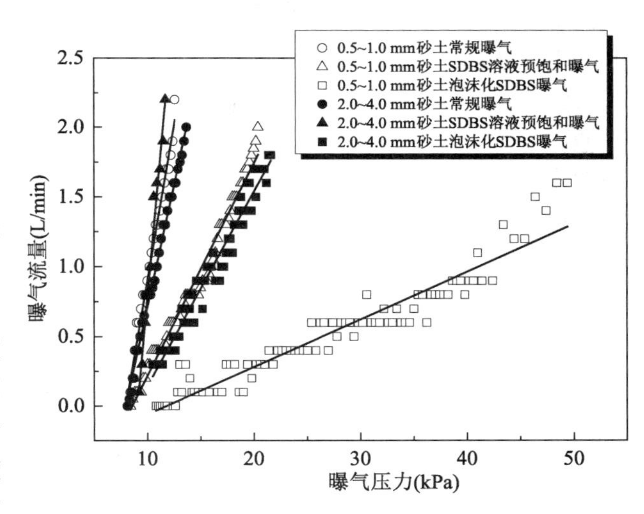

图 3-57　各曝气条件下压力与流量关系

一般认为最小曝气压力（进气压力）取决于曝气点附近所需克服的静水压力和毛细压力（刘燕，2009），其计算公式如式 3-2：

$$p_{\min} = \rho_w g h_w + \frac{4\sigma\cos\theta}{D} \tag{3-2}$$

式中：$p_{\min}$ 为最小理论曝气压力；ρ_w 为孔隙流体密度；h_w 为曝气点以上的液面高度；σ 为气-水两相的表面张力，在第 2 章中测得自来水的水-气表面张力为 0.072 N/m，而 100 mg/L SDBS 溶液的水-气表面张力为 0.036 N/m；θ 为水和固体颗粒之间的接触角；D 为孔隙的平均直径，可取砂土的有效粒径值。通过以上公式可计算得出理论最小曝气压力值，其与最小曝气压力实测值对比如表 3-7 所示。从两者的对比关系可以看出，最小曝气压力的理论值普遍比实测值小，这是因为曝气系统存在压力损失。因此，Kim 等(2013)提出应该对最小曝气压力公式进行修正，公式中还应加上气流通过曝气管、曝气口和气体通道的压力损失。

从最小曝气压力理论值和实测值的相对大小关系来看，其规律基本保持一致，2.0～4.0 mm砂土的进气压力普遍小于 0.5～1.0 mm 砂土的进气压力，SDBS 溶液预饱和曝气的进气压力又小于相同情况下常规曝气的进气压力，而泡沫化 SDBS 曝气的进气压力最大。

表 3-7　不同条件下一维模型中曝气压力与流量间关系及进气压力实测与理论值比较

曝气条件	线性表达式	相关系数 R^2	实测进气压力/kPa	理论进气压力/kPa
0.5～1.0 mm 砂土常规曝气	$Q=0.443P-3.526$	0.986	8.0	7.44
0.5～1.0 mm 砂土 SDBS 溶液预饱和曝气	$Q=0.152P-1.305$	0.980	7.8	7.25
0.5～1.0 mm 砂土泡沫化 SDBS 曝气	$Q=0.034P-0.402$	0.915	10.8	9.74
2.0～4.0 mm 砂土常规曝气	$Q=0.347P-2.759$	0.992	7.8	7.20
2.0～4.0 mm 砂土 SDBS 溶液预饱和曝气	$Q=0.826P-7.481$	0.980	7.5	7.10
2.0～4.0 mm 砂土泡沫化 SDBS 曝气	$Q=0.139P-1.247$	0.961	10.5	9.50

2）气相饱和度

图 3-58 所示为各曝气条件下气相饱和度与流量关系，除了 2.0～4.0 mm 砂土泡沫化表面活性剂曝气的情况，各曝气条件下气相饱和度随流量的变化均为先上升后基本保持不变的趋势。2.0～4.0 mm 砂土泡沫化表面活性剂曝气时，气相饱和度随着流量的增加而不断增大，且在试验的流量范围内并没有趋于稳定的趋势。这是因为随着曝气的进行，不断有表面活性剂泡沫被带入模型柱中，从而置换出水，提高了气相饱和度。而相同的情况并没有在 0.5～1.0 mm 砂土泡沫化表面活性剂曝气中出现，这是因为表面活性剂泡沫在细颗粒的砂土中向上部运移的速度较慢，有大量泡沫堆积在模型柱底部，因此气相饱和度没有不断增大。

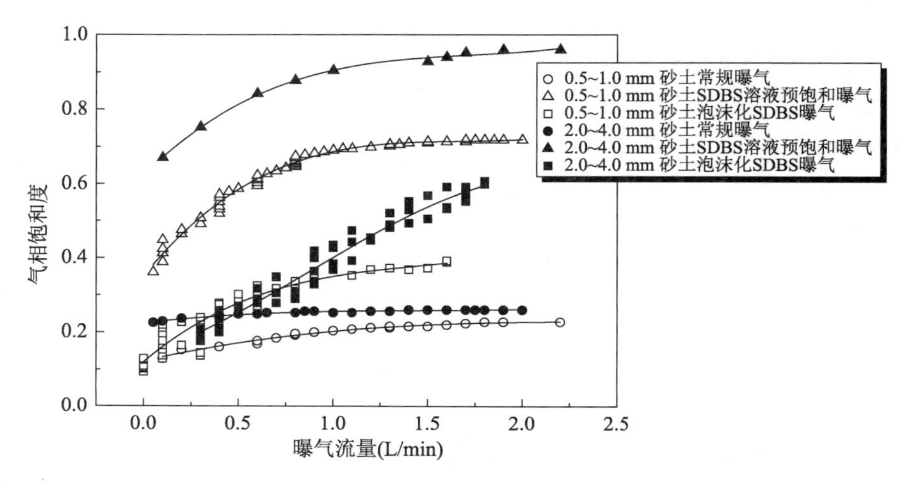

图 3-58　各曝气条件下气相饱和度与流量关系

另一方面，从气相饱和度的大小来看，表面活性剂溶液预饱和曝气的气相饱和度最高，泡沫化表面活性剂曝气的气相饱和度次之，而常规曝气的气相饱和度最低。另外，相同情况下 2.0～4.0 mm 砂土中的气相饱和度要高于 0.5～1.0 mm 砂土。流量为 1.5 L/min 时，0.5～1.0 mm 砂土中常规曝气、表面活性剂溶液预饱和曝气和泡沫化表面活性剂曝气条件下的气相饱和度分别为 0.215、0.710 和 0.372，表面活性剂溶液预饱和曝气和泡沫化表面活性剂曝气条件下气相饱和度较常规曝气分别提升了 230% 和 73%。流量为 1.5 L/min 时，2.0～4.0 mm 砂土中常规曝气、表面活性剂溶液预饱和曝气和泡沫化表面活性剂曝气条件下的气相饱和度分别为 0.260、0.928 和 0.505，表面活性剂溶液预饱和曝气和泡沫化表面活性剂曝气条件下气相饱和度较常规曝气分别提升了 257% 和 94%。

3）通道数

从各曝气条件下通道数与流量间关系（图 3-59）可以看出，在 0.5～1.0 mm 砂土中进行常规曝气时，随着流量的增大，后期的通道数会明显减少至较小值并趋于稳定状态，而以表面活性剂溶液预饱和则可以显著改善这一状况。对于 2.0～4.0 mm 砂土，无论是常规曝气还是表面活性剂溶液预饱和曝气，后期的通道数都没有明显的减少，均维持在 20～22 左右。

4）气体流动形态

通过以上各曝气情况下的试验可以发现，在 0.5～1.0 mm 砂土中曝气时，气体的流动

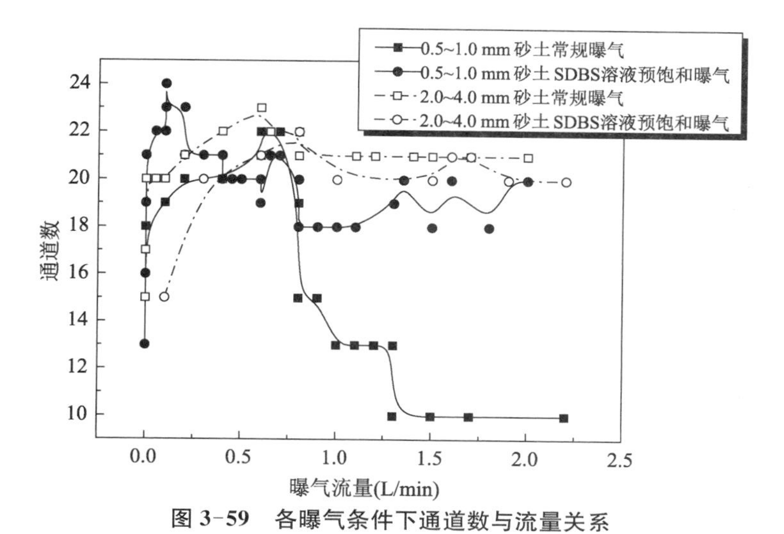

图 3-59　各曝气条件下通道数与流量关系

形态为微通道流，即气体沿着最小阻力方向置换出液体形成连续通道；在 2.0～4.0 mm 砂土中曝气时，气体的流动形态为气泡流，即气体在土壤介质中以离散、不连续的气泡运动。其典型流动形态如图 3-60 所示。

(a) 微通道流

(b) 气泡流

图 3-60　两种典型气体流动形态

加入表面活性剂后，对气体的流动形态没有较大的影响，0.5～1.0 mm 砂土中气体仍以微通道方式运动，而 2.0～4.0 mm 砂土中气体以气泡方式运动。不同的是，在加入表面活性剂后，2.0～4.0 mm 砂土中气泡的尺寸有所减小，且伴随着较多的微型气泡（图 3-61）。

图 3-61　2.0～4.0 mm 砂土表面活性剂溶液预饱和曝气气体流动形态

3.2.6 二维气相运动规律

3.2.6.1 常规曝气

1. 0.5～1.0 mm 砂土常规曝气

1）压力与流量关系

图 3-62 为 0.5～1.0 mm 砂土中常规曝气时曝气压力与流量的关系，在该组试验下得出进气压力为 8.5 kPa，另外，通过对压力与流量数据的线性拟合，得出压力与流量的关系式为 $Q=0.575P-4.820$。

2）气相饱和度评价

图 3-63 所示为气相饱和度与流量的关系，可以看出在二维模型试验中，由于在曝气影响范围内气体排出的孔隙水的体积被平均到了整个模型箱，因此整体的气相饱和度较一维模型柱小很多。在本组试验中，气相饱和度最大仅为 0.014 左右，且后期随着流量的增大基本保持不变。

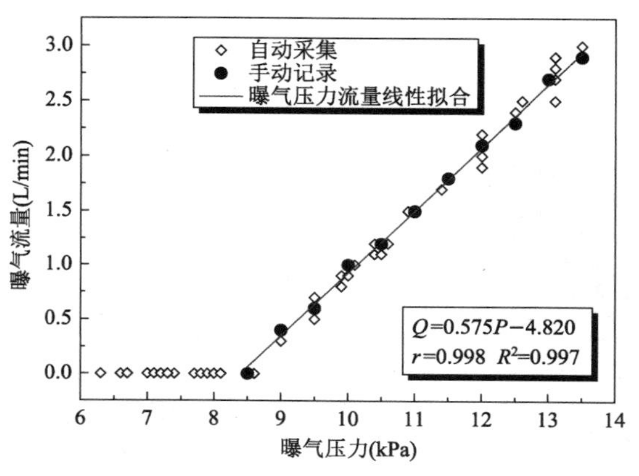

图 3-62 二维模型 0.5～1.0 mm 砂土常规曝气时压力与流量关系

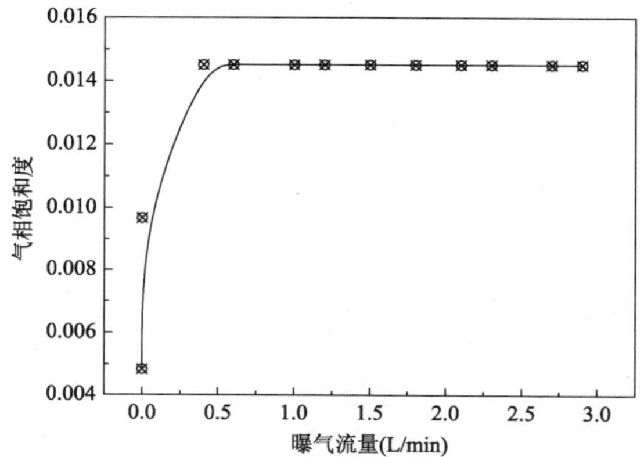

图 3-63 二维模型 0.5～1.0 mm 砂土常规曝气时气相饱和度与流量关系

3）曝气影响范围

在 0.5～1.0 mm 砂土的曝气试验中，由于气体的运动方式为通道流，从外部无法观察出曝气影响范围，因此只有通过通道的分布确定大致的影响范围。在 0.5～1.0 mm 砂土常规曝气的试验中，各流量下对应的通道分布如图 3-64 所示。从气体通道的分布可以看出，在流量较小时通道数较多，且通道分布的范围也较大，如在流量为 0.5 L/min 时最左与最右的通道分别距曝气点水平距离 16 cm 和 26 cm。随着流量的增大，通道数逐渐减少，当流量达到 3.0 L/min 后，空气仅通过曝气口上方的一个通道流出模型箱。

从气体通道数与流量的关系(图 3-65)可以看出，二维模型箱中通道数随流量变化的趋势基本与一维模型柱中一致。随着流量的增大，通道数先是迅速增多，当流量达到一定值后，通道数逐渐减少。但在二维试验中，通道的数量整体较一维而言少很多，当流量大于 2.5 L/min后，仅有 1 个气体通道，而相同情况下一维试验中还有约 10 个气体通道。

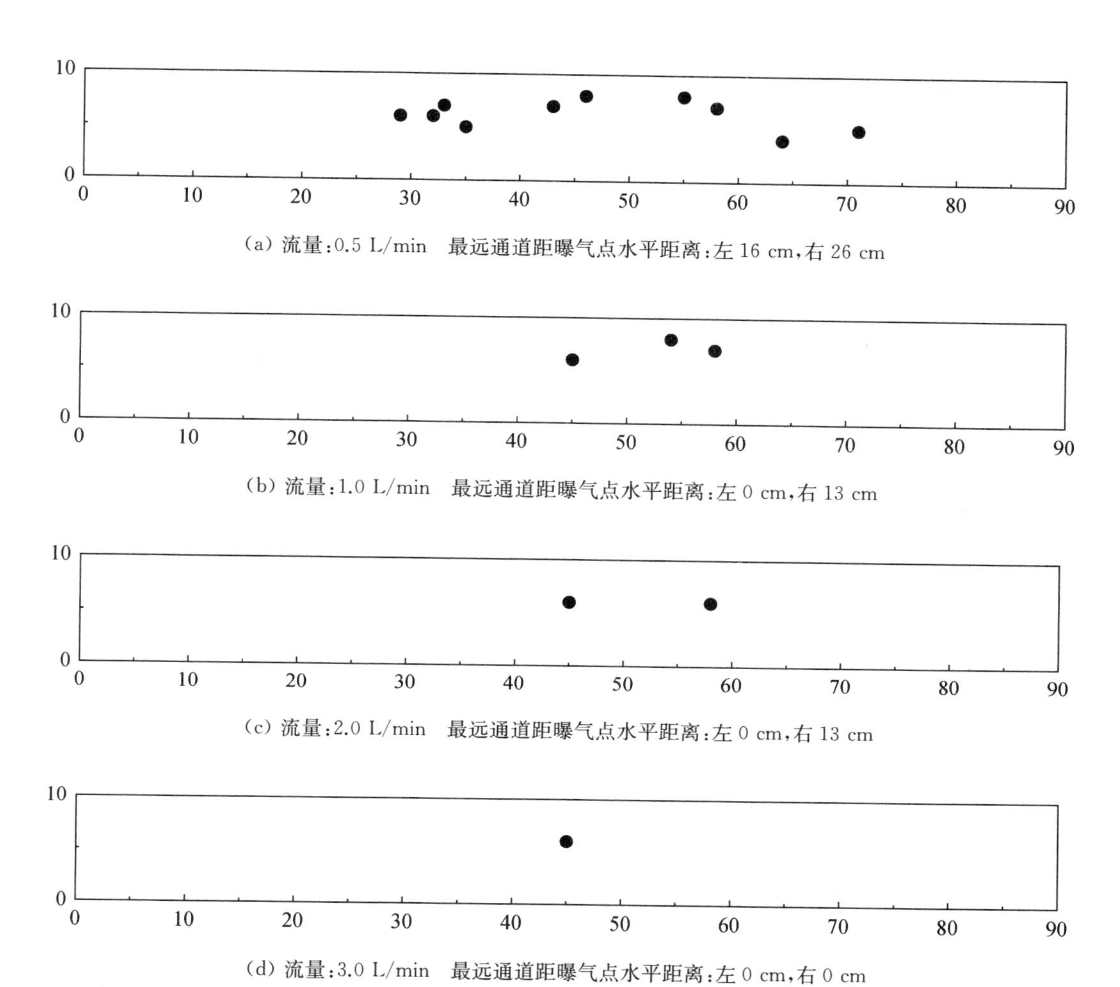

(a) 流量:0.5 L/min 最远通道距曝气点水平距离:左 16 cm,右 26 cm

(b) 流量:1.0 L/min 最远通道距曝气点水平距离:左 0 cm,右 13 cm

(c) 流量:2.0 L/min 最远通道距曝气点水平距离:左 0 cm,右 13 cm

(d) 流量:3.0 L/min 最远通道距曝气点水平距离:左 0 cm,右 0 cm

图 3-64 0.5～1.0 mm 砂土常规曝气时不同流量下气体通道分布

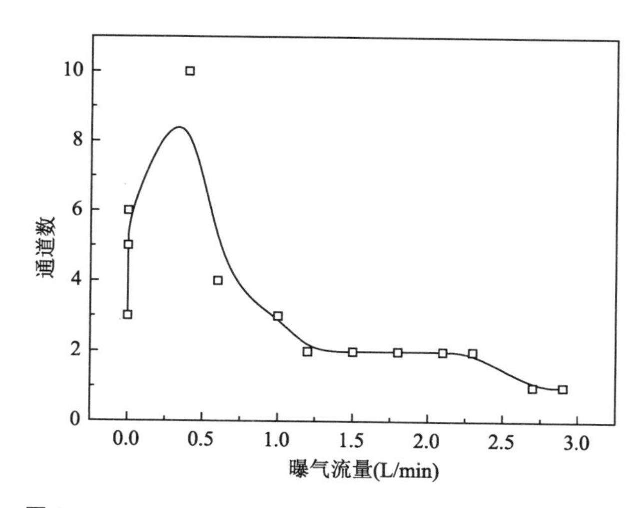

图 3-65 0.5～1.0 mm 砂土常规曝气时通道数与流量关系

4）溶解氧变化

图 3-66 和图 3-67 分别为曝气前后的溶解氧等值线图和曝气后与曝气前溶解氧差值的等值线图。曝气前溶解氧的分布比较随机，而曝气后的溶解氧浓度则明显可以看出靠近曝气口附近的溶解氧浓度较高。溶解氧浓度升高的地方主要在靠近曝气口且在模型的中下部，上部的溶解氧浓度则没有较大的变化，这可能是由于曝气后期上部通道数仅有 1～2 个，对整体的溶解氧影响较小。

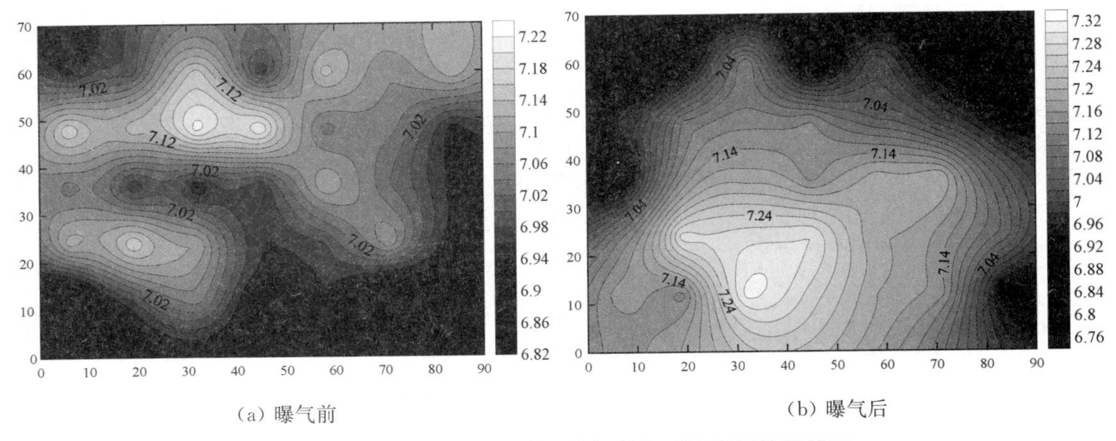

图 3-66　0.5～1.0 mm 砂土常规曝气时溶解氧等值线图

（坐标轴单位：cm；溶解氧浓度单位：mg/L）

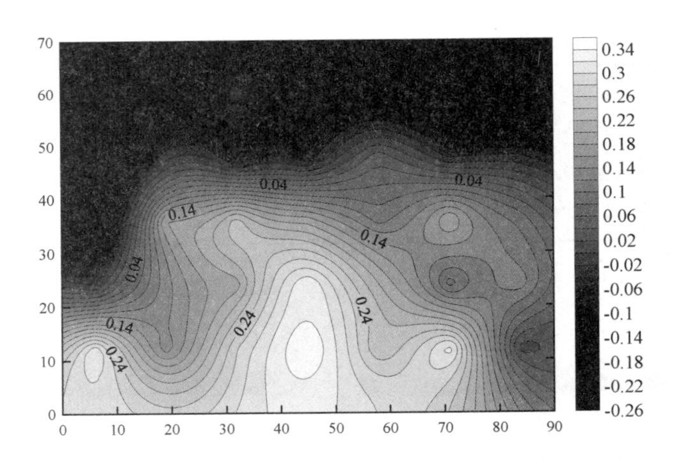

图 3-67　0.5～1.0 mm 砂土常规曝气时溶解氧增加量等值线图

（坐标轴单位：cm；溶解氧浓度单位：mg/L）

2. 2.0～4.0 mm 砂土常规曝气

1）压力与流量关系

图 3-68 为 2.0～4.0 mm 砂土中常规曝气时曝气压力与流量的关系，在该组试验下得出进气压力为 8.3 kPa，另外，通过对压力与流量数据的线性拟合，得出压力与流量的关系式为 $Q=0.545P-3.931$。

2）气相饱和度评价

图3-69所示为气相饱和度与流量的关系，2.0～4.0 mm砂土中的气相饱和度相比于相同情况下0.5～1.0 mm砂土略高（0.5～1.0 mm砂土中气相饱和度最大仅为0.014左右），但随着流量的升高，提升也不明显（达到进气压力时液面上升高度为1 cm，流量为3.8 L/min时液面上升高度也仅为1.3 cm）。

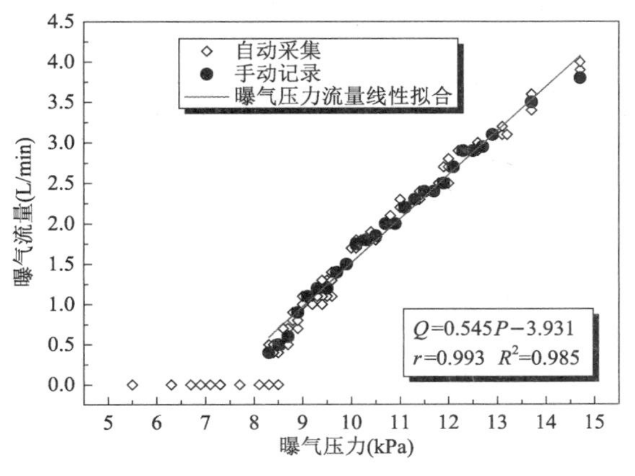

图3-68　2.0～4.0 mm砂土常规曝气时压力与流量关系

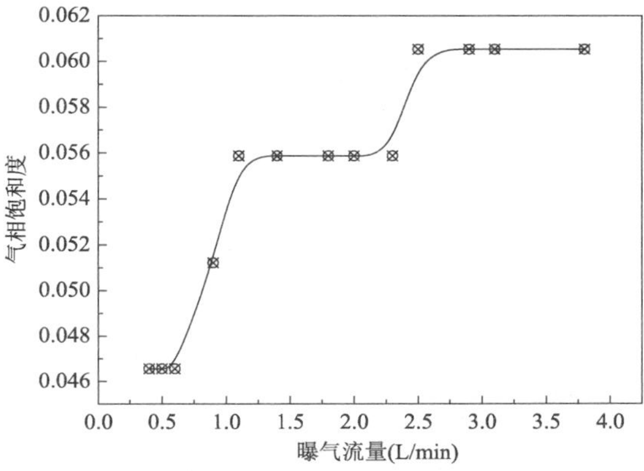

图3-69　2.0～4.0 mm砂土常规曝气时压力与流量的线性拟合

3）曝气影响范围

在2.0～4.0 mm砂土的曝气试验中，由于气体的运动方式为气泡流，因此通过观察气泡到达的范围可以直接确定曝气影响范围（图3-70）。如图3-70(b)所示，分界线上部为影响区，而分界线下部则未受曝气影响。通过这一方法，确定各流量下的曝气影响范围如图3-71所示，可以看出在各流量下曝气影响范围近似呈"V"形，且基本沿曝气点轴线对称分布，这与陈华清(2010)及Ji等(1993)试验得到的结果基本一致。对于曝气影响范围的大小，在流量较小时（<0.5 L/min）曝气影响范围较小；当流量达到1.0 L/min后，曝气影响范围基本达到稳定。

(a) 流量3.0 L/min时曝气影响范围

(b) 影响范围边界

图3-70　2.0～4.0 mm模型箱侧面砂土中曝气影响范围照片

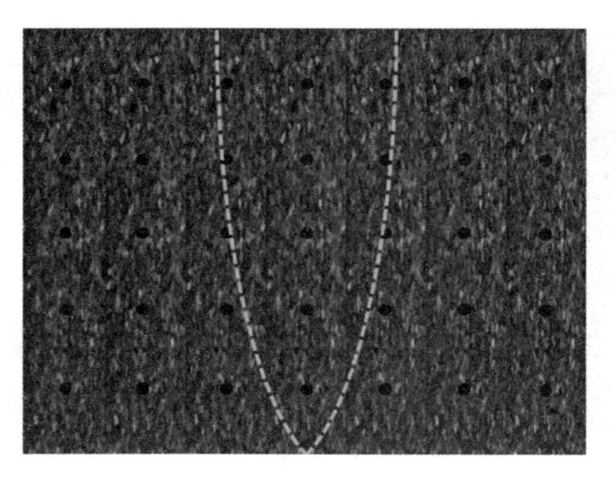

(a) 流量:0.5 L/min 上部影响范围:左 15 cm,右 15 cm

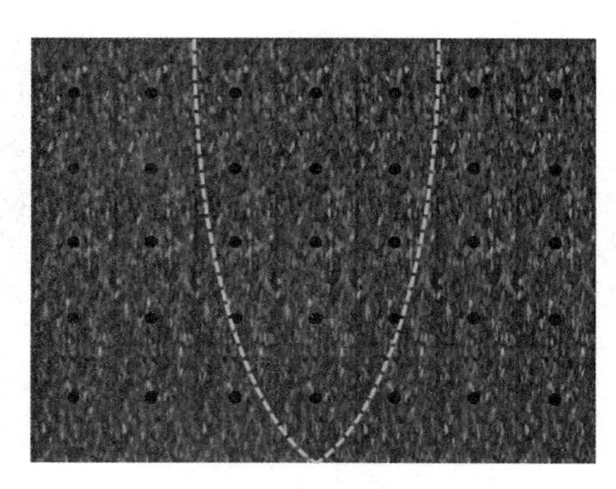

(b) 流量:1.0 L/min 上部影响范围:左 19 cm,右 19 cm

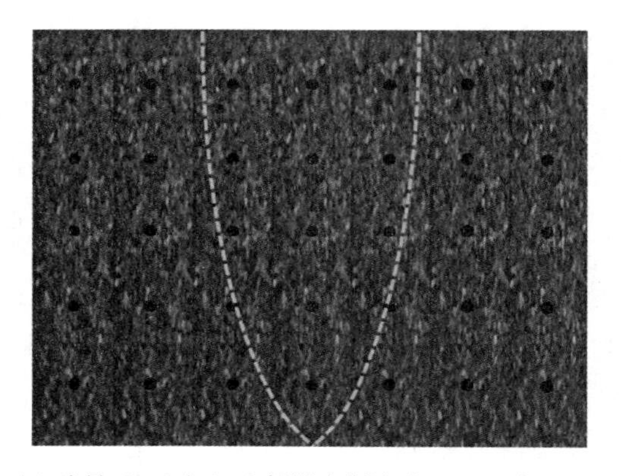

(c) 流量:2.0 L/min 上部影响范围:左 18 cm,右 17 cm

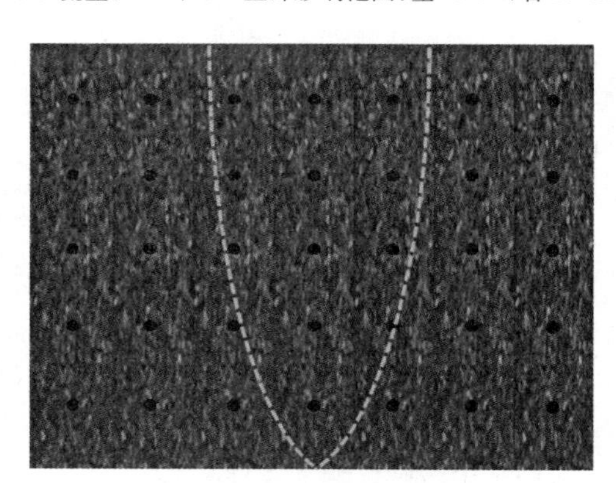

(d) 流量:3.0 L/min 上部影响范围:左 17 cm,右 18 cm

图 3-71　2.0～4.0 mm 砂土常规曝气时不同流量下曝气影响范围

4) 溶解氧变化

从曝气前后溶解氧浓度的变化(图 3-72 和图 3-73)可以看出,曝气后在曝气影响范围内的溶解氧浓度明显要高于其他区域。由于在 0.5～1.0 mm 砂土中曝气后期形成了优势流,上部仅有一个气体通道,因此 2.0～4.0 mm 砂土中溶解氧浓度升高的区域也比相同情况下 0.5～1.0 mm 砂土中大,且模型箱上部的溶解氧也有一定程度升高。

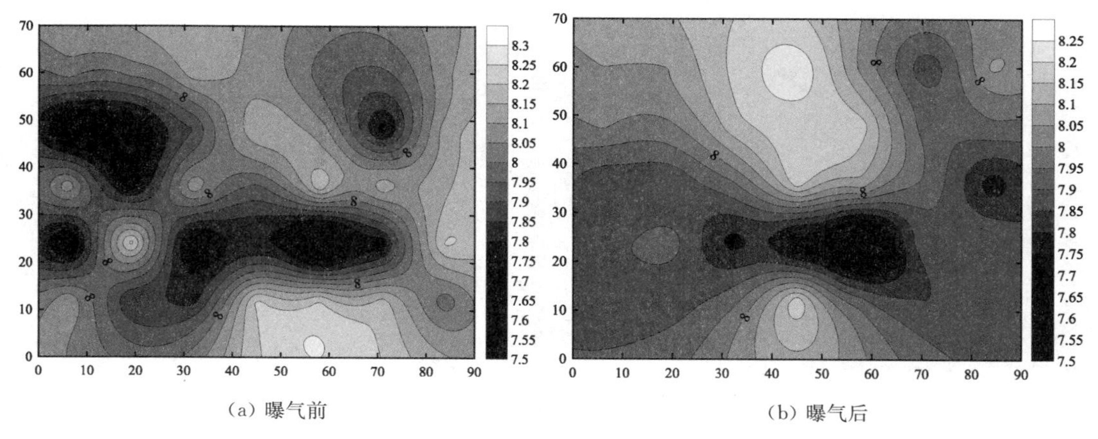

(a) 曝气前　　(b) 曝气后

图 3-72　2.0～4.0 mm 砂土常规曝气时溶解氧等值线图(坐标轴单位:cm;溶解氧浓度单位:mg/L)

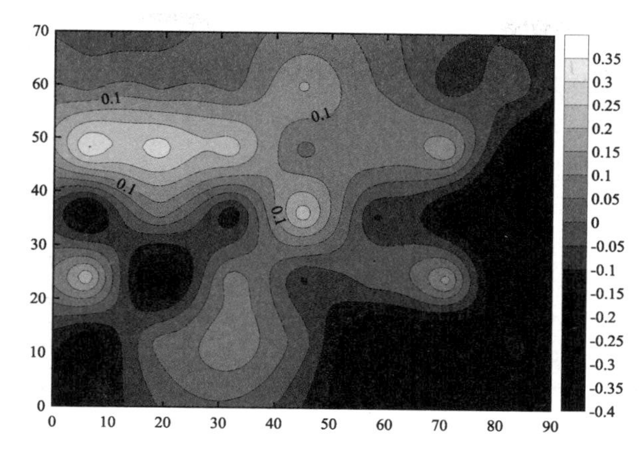

图 3-73　2.0～4.0 mm 砂土常规曝气时溶解氧增加量等值线图
（坐标轴单位：cm；溶解氧浓度单位：mg/L）

3.2.6.2　表面活性剂溶液预饱和曝气

1. 0.5～1.0 mm 砂土表面活性剂溶液预饱和曝气

1）压力与流量关系

图 3-74 所示为 0.5～1.0 mm 砂土表面活性剂溶液预饱和曝气下压力与流量的关系，在该组试验下得出进气压力为 8.1 kPa，另外，通过对压力与流量数据的线性拟合，得出压力与流量的关系式为 $Q=0.503P-3.967$。

2）气相饱和度评价

从气相饱和度与流量的关系（图 3-75）可以看出，表面活性剂溶液预饱和曝气时，气相饱和度较常规曝气大很多。另外，不同于相同情况下的一维曝气，气相饱和度随着流量的增大有较明显的升高。这可能是因为随着流量的增大，曝气的影响区逐渐扩大，从而气相饱和度提高。而在一维曝气中不存在曝气影响区，整个土柱范围均为气体过流断面。

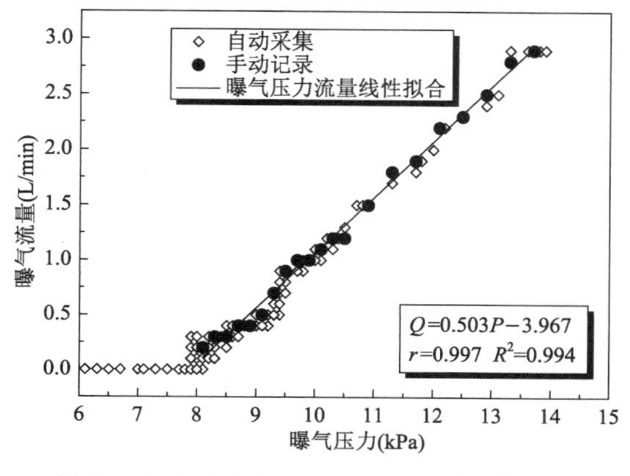

图 3-74　0.5～1.0 mm 砂土表面活性剂溶液预饱和曝气时压力与流量关系

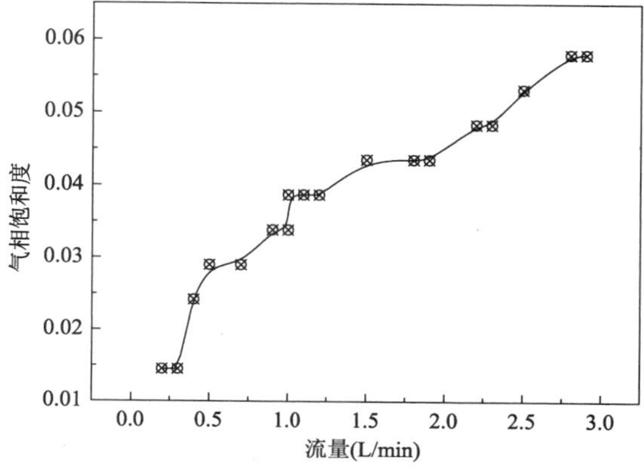

图 3-75　0.5～1.0 mm 砂土表面活性剂溶液预饱和曝气时气相饱和度与流量关系

3）曝气影响范围

从 0.5～1.0 mm 砂土表面活性剂溶液预饱和曝气的气体通道分布（图 3-76）可以看出，

相比于常规曝气，无论是通道数量还是分布范围都明显增大。另外，在常规曝气中随着流量的增大，通道数有明显的减少，而在表面活性剂溶液预饱和曝气中则没有出现这一现象，反而随着流量的增大通道数略微增加，分布的范围也略微扩大。流量为 0.5 L/min 时砂土顶部的影响范围为 54 cm，气体通道数为 19 个；而流量为 3.0 L/min 时砂土顶部的影响范围为 58 cm，气体通道数为 25 个。

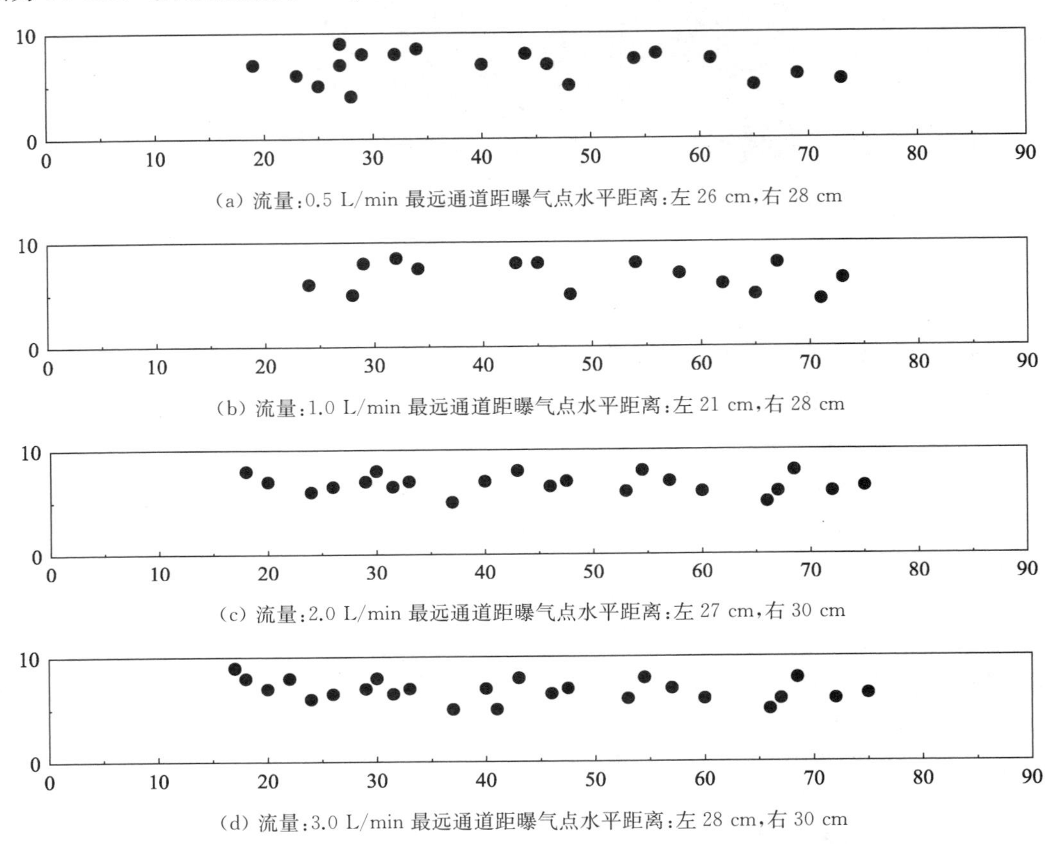

图 3-76　0.5～1.0 mm 砂土表面活性剂溶液预饱和曝气时不同流量下气体通道分布

通道数与流量的关系(图 3-77)也说明了以上气相饱和度较常规曝气大的原因，常规曝气时当流量达到 3.0 L/min 后仅有 1 个气体通道，而表面活性剂溶液预饱和曝气时则达到 23～25 个通道。

4) 溶解氧变化

从曝气前后溶解氧浓度的变化(图 3-78和图 3-79)可以看出，由于在 0.5～1.0 mm砂土中空气的运动形态为微通道流，即气体以分散的通道通过多孔介质，因此溶解氧浓度升高的区域也较分散。但由于表面活性剂溶液预饱和曝气的影响区域

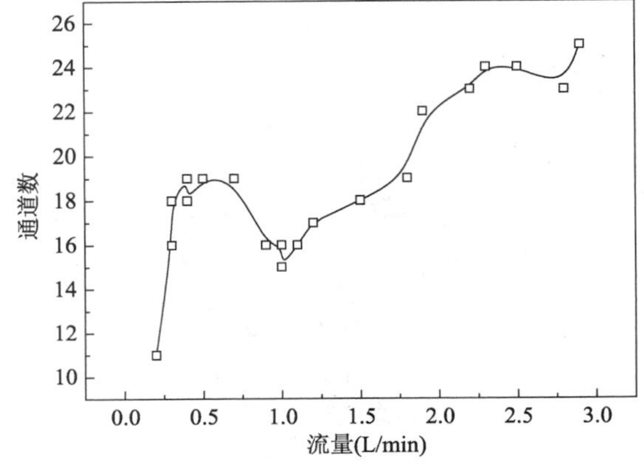

图 3-77　0.5～1.0 mm 砂土表面活性剂溶液预饱和曝气时通道数与流量间关系

要大于常规曝气，因此溶解氧浓度升高的区域也相对较大。

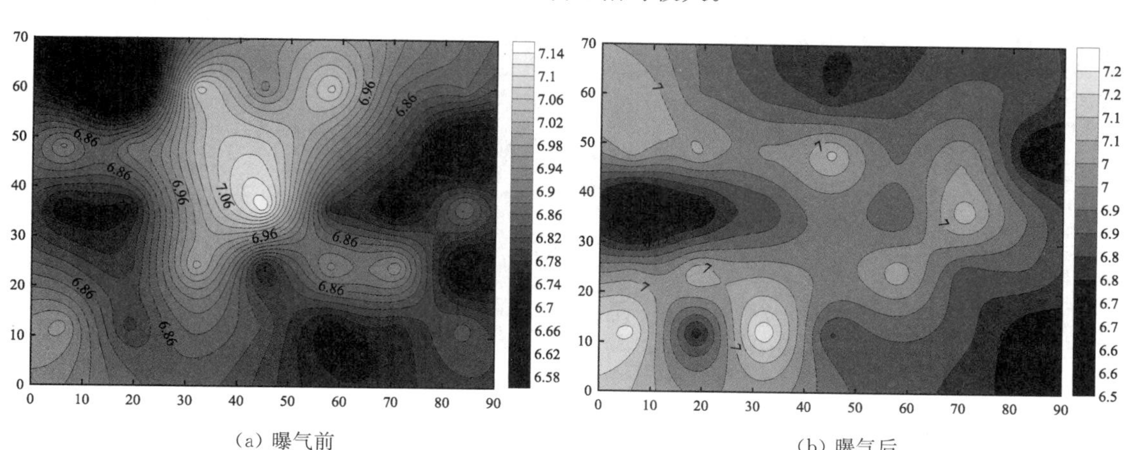

(a) 曝气前　　(b) 曝气后

图 3-78　0.5～1.0 mm 砂土表面活性剂溶液预饱和曝气时溶解氧等值线图
（坐标轴单位：cm；溶解氧浓度单位：mg/L）

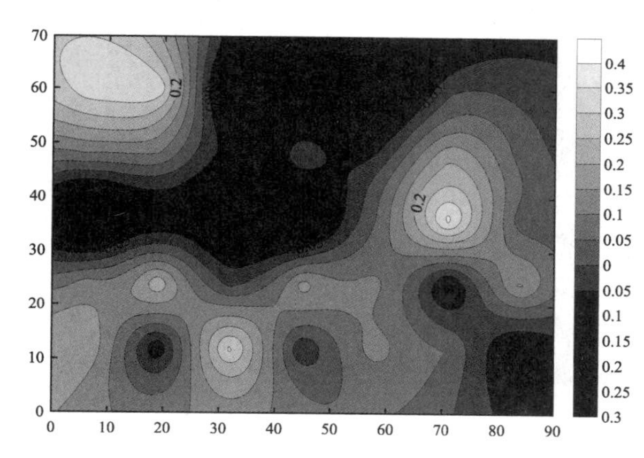

图 3-79　0.5～1.0 mm 砂土表面活性剂溶液预饱和曝气时溶解氧增加量等值线图
（坐标轴单位：cm；溶解氧浓度单位：mg/L）

5）表面张力变化

图 3-80 和图 3-81 所示分别为曝气前后表面张力的等值线图和曝气后与曝气前表面张力差值的等值线图，由于是用 100 mg/L 的表面活性剂溶液饱和，因此曝气前表面张力的分布比较均匀，整体均在 28.0 mN/m 左右，这一值比浓度为 100 mg/L 的 SDBS 溶液的表面张力（35 mN/m 左右）略小，这可能是由于砂土中含有少量的盐分或其他溶质溶解后对表面张力值产生了影响。而曝气后曝气影响范围内的表面张力均有一定程度的增大，这说明曝气过程中在气流通过的区域内，表面活性剂会被带到模型上部，进而由于曝气对孔隙水的扰动作用而运移到其他区域，这也解释了在曝气影响区域外有部分区域表面张力降低的原因。孙勇军（2013）在用表面活性剂强化曝气修复硝基苯的室内试验研究中也发现注入表面活性剂一段时间后，在曝气影响范围内表面张力普遍有一定的升高。

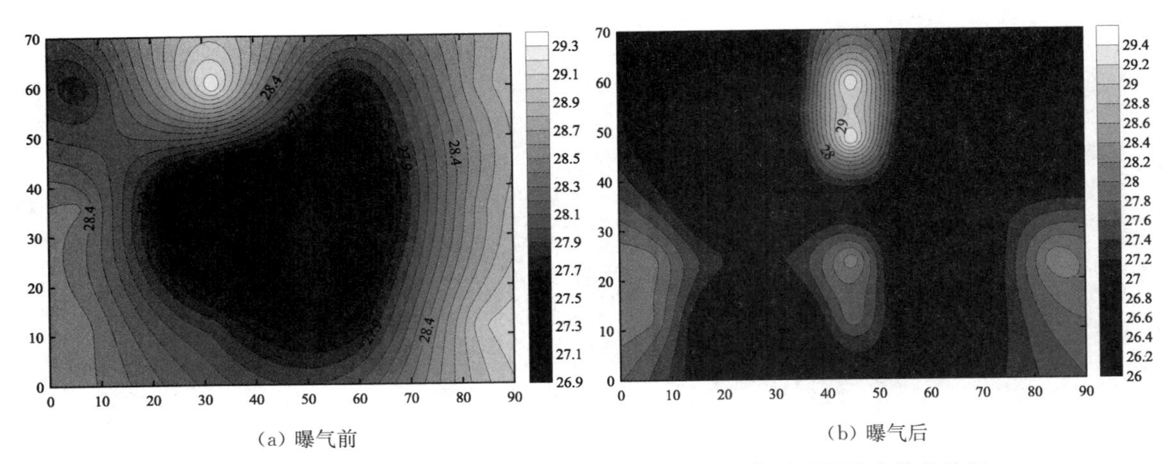

(a) 曝气前　　(b) 曝气后

图 3-80　0.5～1.0 mm 砂土表面活性剂溶液预饱和曝气时表面张力等值线图

(坐标轴单位:cm;表面张力单位:mN/m)

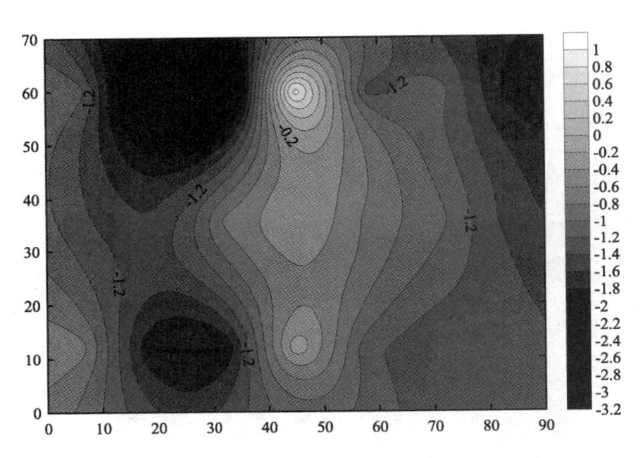

图 3-81　0.5～1.0 mm 砂土表面活性剂溶液预饱和曝气时表面张力增加量等值线图

(坐标轴单位:cm;表面张力单位:mN/m)

2. 2.0～4.0 mm **砂土表面活性剂溶液预饱和曝气**

1) 压力与流量关系

图 3-82 所示为 2.0～4.0 mm 砂土表面活性剂溶液预饱和曝气下压力与流量的关系，在该组试验下得出进气压力为 7.7 kPa,另外,通过对压力与流量数据的线性拟合,得出压力与流量的关系式为 $Q=0.511P-3.962$。

2) 气相饱和度评价

从气相饱和度与流量的关系(图 3-83)可以看出,在流量小于 0.5 L/min 时,气相饱和度随着曝气流量的增大而迅速升高,流量为 0.5 L/min 时气相饱和度达到 0.21;当流量大于 0.5 L/min 后气相饱和度随流量增大而升高的速度放缓;当流量达到 2.3 L/min 后,气相饱和度基本稳定在 0.25。

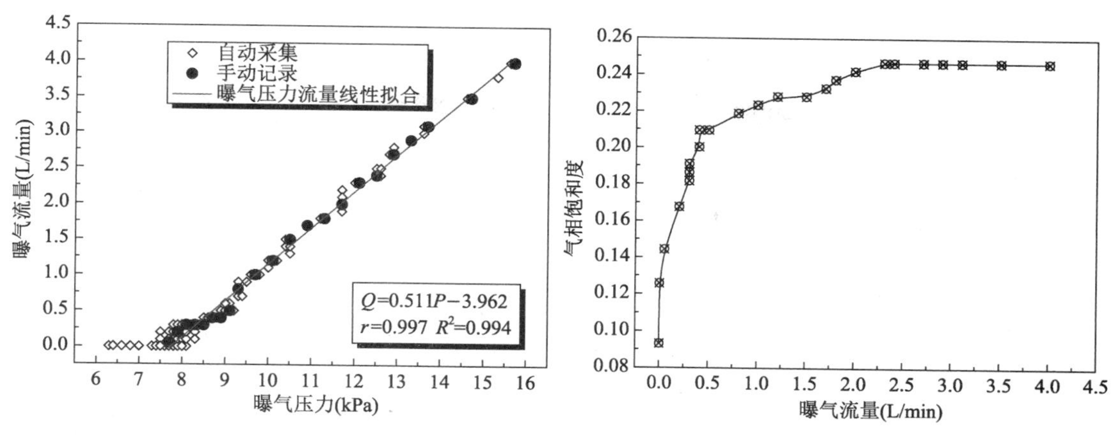

图 3-82　2.0～4.0 mm 砂土表面活性剂溶液预饱和曝气时压力与流量关系

图 3-83　2.0～4.0 mm 砂土表面活性剂溶液预饱和曝气时气相饱和度与流量关系

3）曝气影响范围

图 3-84 所示为 2.0～4.0 mm 砂土表面活性剂溶液预饱和曝气时不同流量下对应的曝气影响范围，不同于常规曝气，表面活性剂溶液预饱和流量在 0.5 L/min 时就达到了很大的影响范围，而且随着流量的继续增大，曝气影响范围继续有小幅的增大。

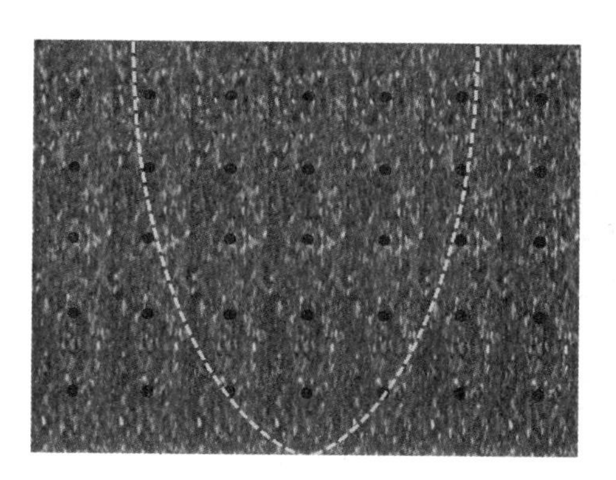

(a) 流量：0.5 L/min 上部影响范围：左 26 cm，右 25 cm

(b) 流量：1.0 L/min 上部影响范围：左 27 cm，右 26 cm

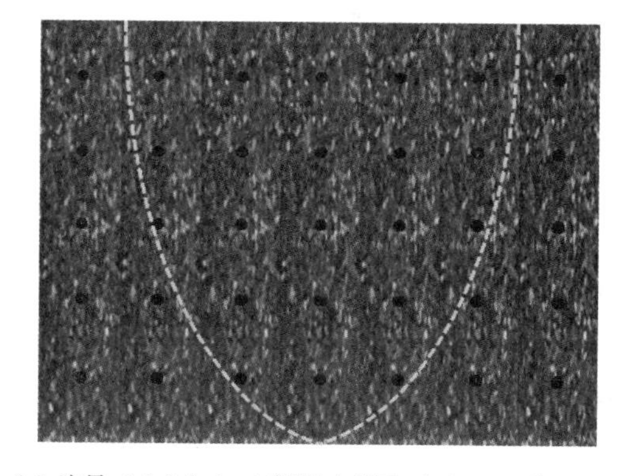

(c) 流量：2.0 L/min 上部影响范围：左 28 cm，右 28 cm

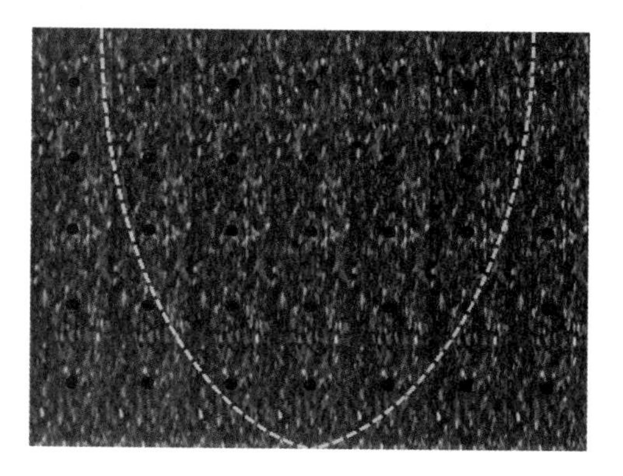

(d) 流量：3.0 L/min 上部影响范围：左 30 cm，右 31 cm

图 3-84　2.0～4.0 mm 砂土表面活性剂溶液预饱和曝气时不同流量下曝气影响范围

4）溶解氧变化

从曝气前后溶解氧浓度的变化（图 3-85 和图 3-86）可以看出，与常规曝气类似，在曝气影响范围内，溶解氧浓度均有不同程度的升高。而对于某些在影响区域外溶解氧浓度的升高，则可能是由于曝气过程中对孔隙水的扰动作用，使得溶解氧浓度较高的孔隙水运动到了其他位置。

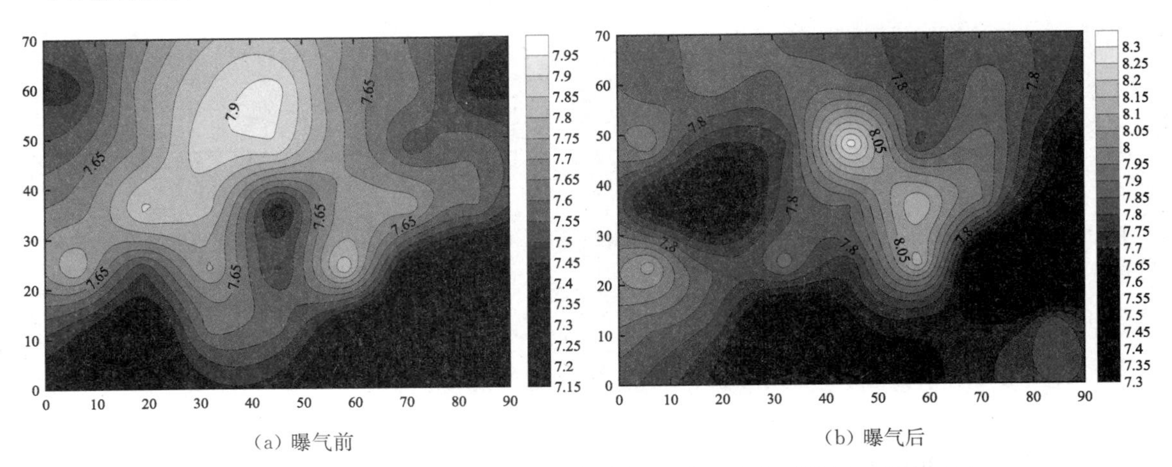

（a）曝气前　（b）曝气后

图 3-85　2.0～4.0 mm 砂土表面活性剂溶液预饱和曝气时溶解氧等值线图

（坐标轴单位：cm；溶解氧浓度单位：mg/L）

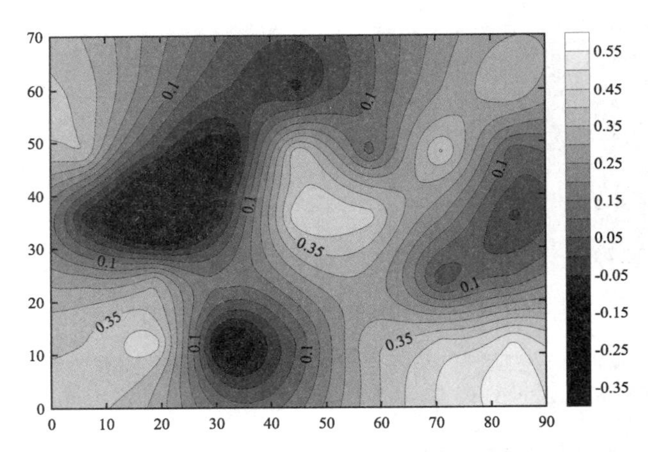

图 3-86　2.0～4.0 mm 砂土表面活性剂溶液预饱和曝气时溶解氧增加量等值线图

（坐标轴单位：cm；溶解氧浓度单位：mg/L）

5）表面张力变化

图 3-87 和图 3-88 所示分别为曝气前后表面张力的等值线图和曝气后与曝气前表面张力差值的等值线图，与 0.5～1.0 mm 砂土表面活性剂溶液预饱和曝气类似，曝气后在曝气影响范围内，表面张力有一定幅度的升高，但表面张力升高的区域较 0.5～1.0 mm 砂土中大，这是由于 2.0～4.0 mm 砂土中曝气影响范围比 0.5～1.0 mm 砂土大。

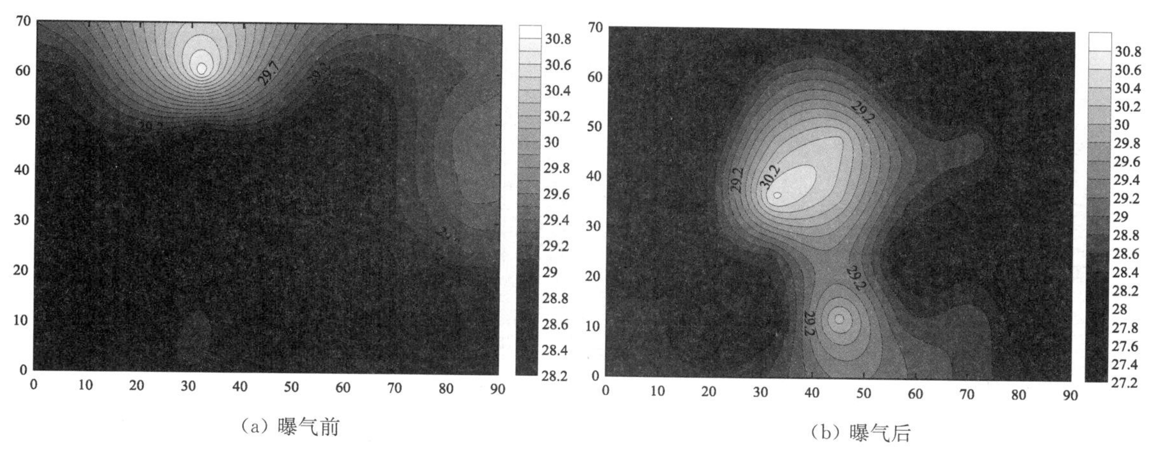

图 3-87　2.0～4.0 mm 砂土表面活性剂溶液预饱和曝气时表面张力等值线图
（坐标轴单位：cm；表面张力单位：mN/m）

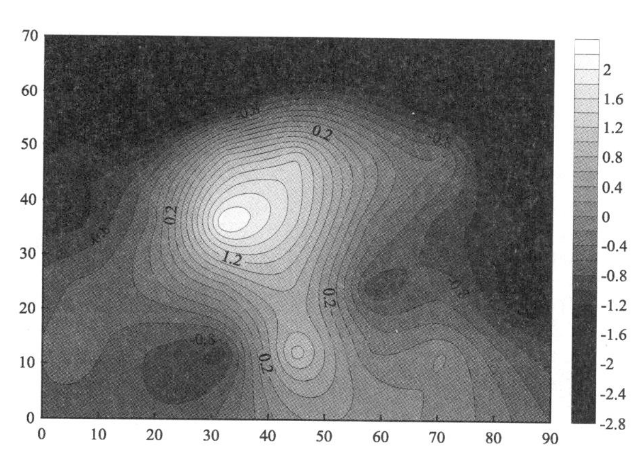

图 3-88　2.0～4.0 mm 砂土表面活性剂溶液预饱和曝气时表面张力增加量等值线图
（坐标轴单位：cm；表面张力单位：mN/m）

3.2.6.3　泡沫化表面活性剂曝气

1. 0.5～1.0 mm **砂土泡沫化表面活性剂曝气**

1) 压力与流量关系

图 3-89 所示为 0.5～1.0 mm 砂土泡沫化表面活性剂曝气下压力与流量的关系，在该组试验下得出进气压力为 11.5 kPa，另外，通过对压力与流量数据的线性拟合，得出压力与流量的关系式为 $Q=0.084P-0.822$。

2) 气相饱和度评价

从气相饱和度与流量的关系（图 3-90）可以看出，气相饱和度整体较小，随着流量的增大，后期的气相饱和度略有提升。

从曝气周期与压力的关系（图 3-91）可以看出，曝气周期整体上随着压力的不断增大先增大，而后不断减小。这一变化趋势与相同情况下一维模型柱中的曝气较为一致。

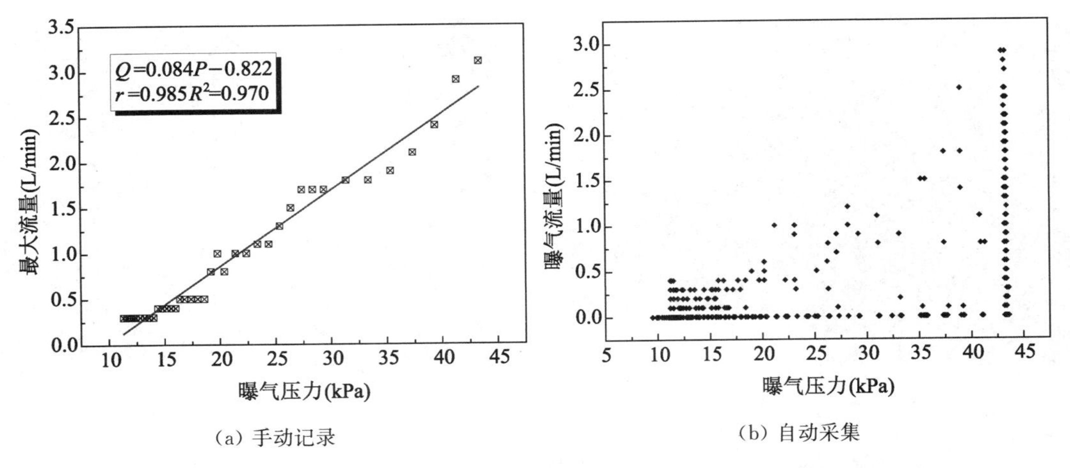

(a) 手动记录　　(b) 自动采集

图 3-89　0.5～1.0 mm 砂土泡沫化表面活性剂曝气时压力与流量关系

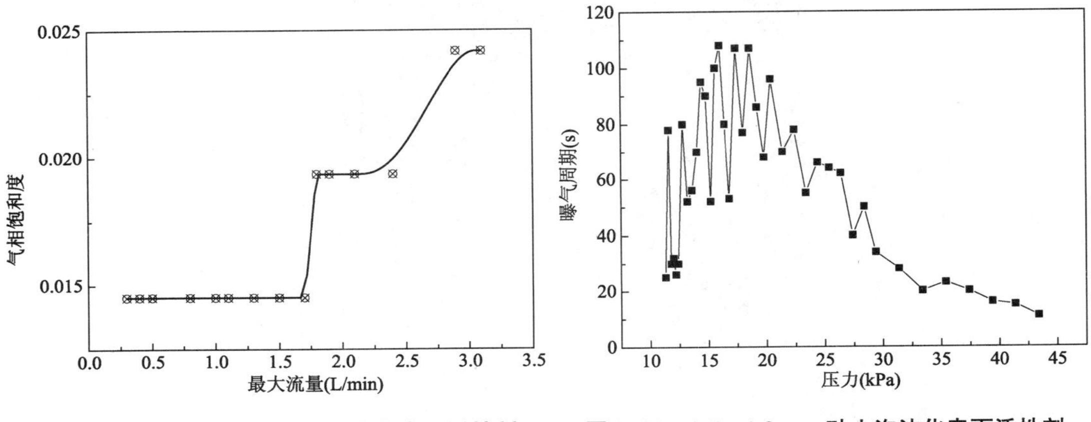

图 3-90　0.5～1.0 mm 砂土泡沫化表面活性剂曝气时气相饱和度与流量关系

图 3-91　0.5～1.0 mm 砂土泡沫化表面活性剂曝气时压力与曝气周期关系

3) 曝气影响范围

从 0.5～1.0 mm 砂土泡沫化表面活性剂曝气的通道分布(图 3-92)可看出,其通道数量和通道分布范围的大小均介于常规曝气和表面活性剂溶液预饱和曝气之间。而且随着流量的增大,通道的数量和位置均没有太大的变化。另外,曝气影响范围随着时间的变化也不明显,图 3-92(d)所示为在 3.0 L/min 流量下继续曝气 1 h 后的气体通道分布,通道数和分布范围并没有变化,这可能是由于表面活性剂泡沫在 0.5～1.0 mm 砂土中向上部及侧方运移的速度较慢,1 h 内并没有显著的效果。

从通道数与流量的关系(图 3-93)可以看出,泡沫化表面活性剂曝气时,气体通道数基本维持在 5～7 个,随着流量的增大,通道数也并没有出现常规曝气中通道数急剧减少的现象。

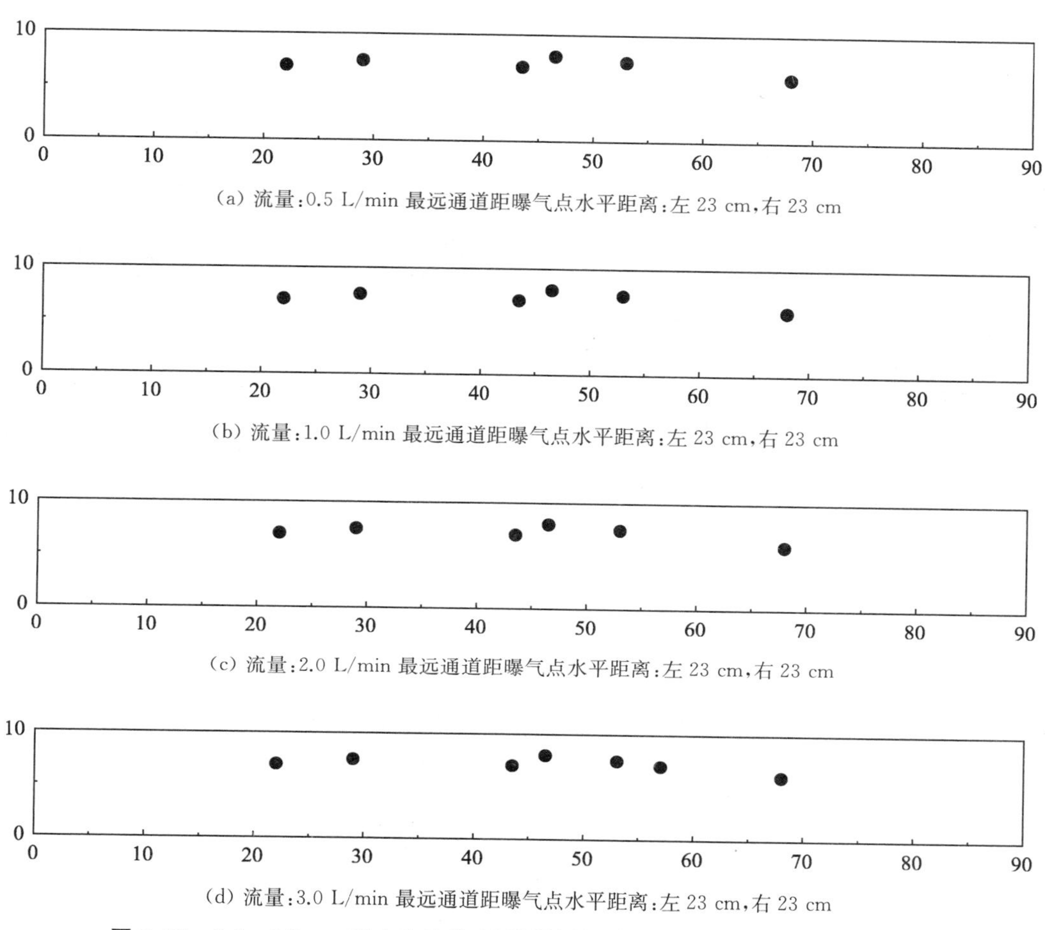

(a) 流量:0.5 L/min 最远通道距曝气点水平距离:左 23 cm,右 23 cm

(b) 流量:1.0 L/min 最远通道距曝气点水平距离:左 23 cm,右 23 cm

(c) 流量:2.0 L/min 最远通道距曝气点水平距离:左 23 cm,右 23 cm

(d) 流量:3.0 L/min 最远通道距曝气点水平距离:左 23 cm,右 23 cm

图 3-92 0.5～1.0 mm 砂土泡沫化表面活性剂曝气时不同流量下气体通道分布

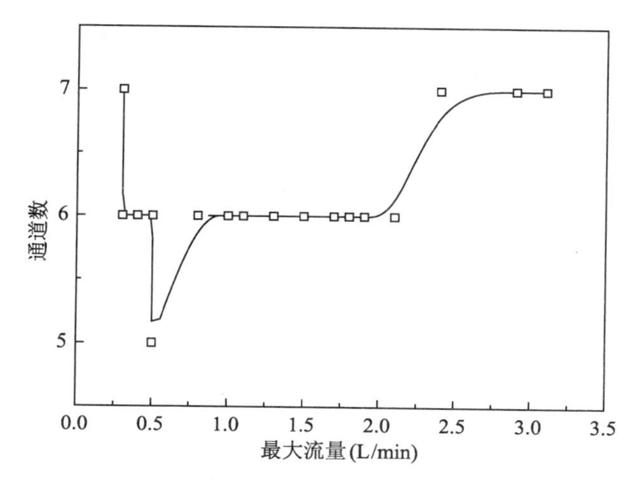

图 3-93 0.5～1.0 mm 砂土泡沫化表面活性剂曝气时通道数与流量关系

4）溶解氧变化

从曝气前后溶解氧浓度的变化（图 3-94 和图 3-95）来看，溶解氧浓度升高的区域主要分布在曝气影响范围内的中下部，而上部溶解氧升高的区域则较为分散。

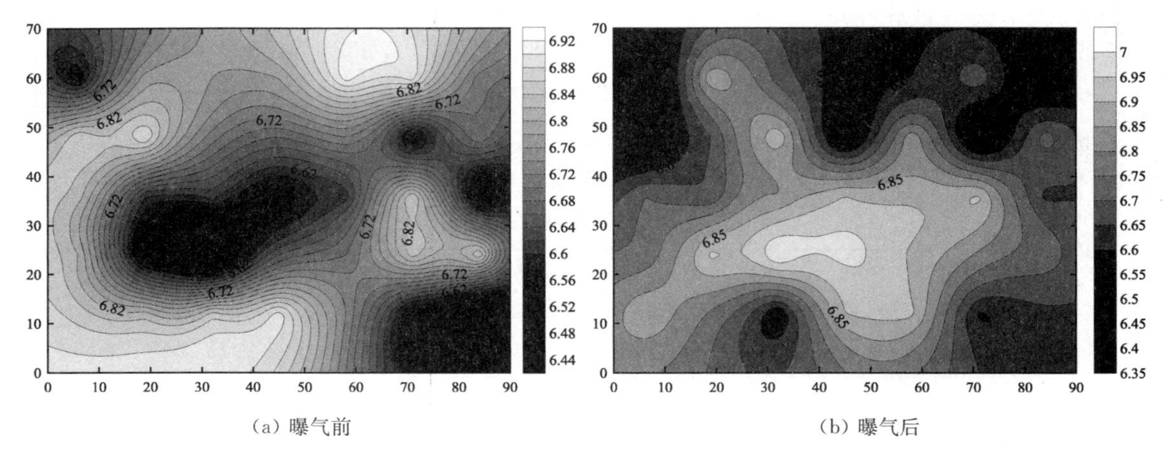

（a）曝气前　　（b）曝气后

图 3-94　0.5～1.0 mm 砂土泡沫化表面活性剂曝气时溶解氧等值线图
（坐标轴单位：cm；溶解氧浓度单位：mg/L）

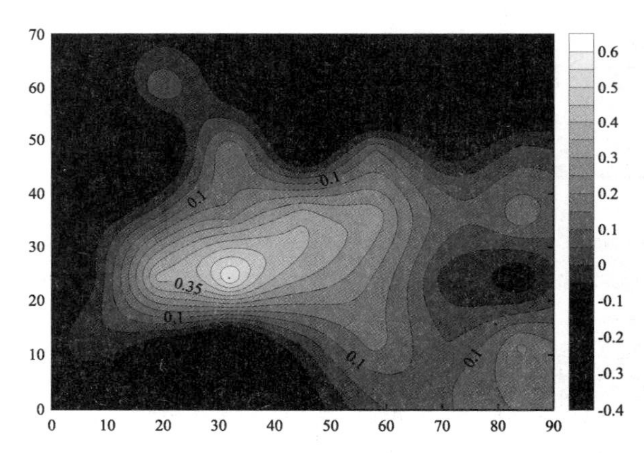

图 3-95　0.5～1.0 mm 砂土泡沫化表面活性剂曝气时溶解氧增加量等值线图（坐标轴单位：cm；溶解氧浓度单位：mg/L）

5）表面张力变化

图 3-96 和图 3-97 所示分别为曝气前后表面张力的等值线图和曝气后与曝气前表面张力差值的等值线图，由于是用自来水饱和，因此曝气前表面张力的分布比较均匀，整体均在 58.0 mN/m 左右，这一值比自来水的表面张力（72 mN/m 左右）略小。正如前文所述，这可能是由于砂土中含有少量的盐分或其他溶质溶解后对表面张力值产生了影响。而曝气后的表面张力则有明显的变化，越靠近曝气口，表面张力越小，且基本呈倒"V"形分布，这是由于表面活性剂泡沫是由曝气口逐渐向外扩散的一个过程。在本试验的曝气时间内（约 4 h），表面活性剂泡沫的最大影响范围约为距曝气口 30 cm。从图 3-98 中也可以看出，表面活性剂泡沫主要集中在曝气口附近的半圆形区域内。

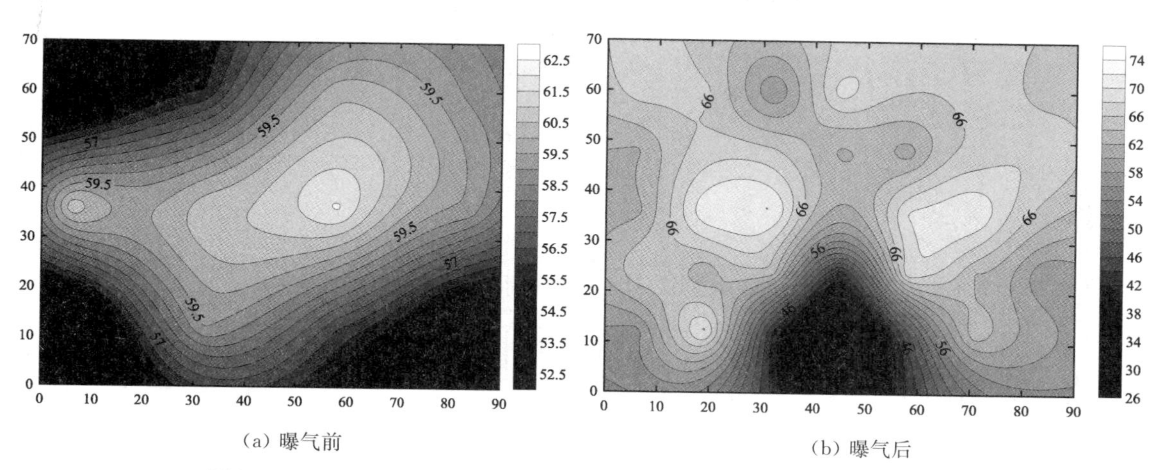

(a) 曝气前 (b) 曝气后

图3-96 0.5～1.0 mm砂土泡沫化表面活性剂曝气时表面张力等值线图

（坐标轴单位：cm；表面张力单位：mN/m）

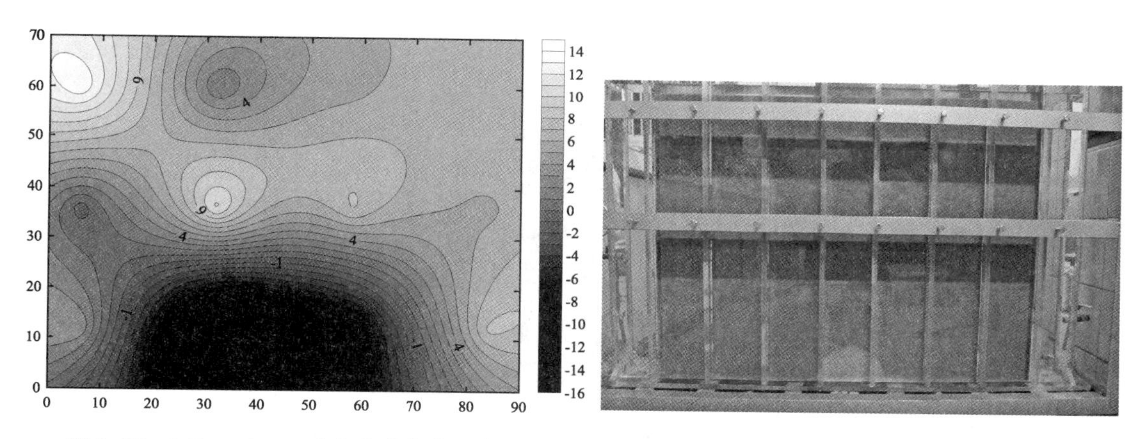

图3-97 0.5～1.0 mm砂土泡沫化表面活性剂曝气时表面张力增加量等值线图

（坐标轴单位：cm；表面张力单位：mN/m）

图3-98 0.5～1.0 mm砂土中曝气一定时间后模型箱照片

2. 2.0～4.0 mm **砂土泡沫化表面活性剂曝气**

1）压力与流量关系

图3-99所示为2.0～4.0 mm砂土泡沫化表面活性剂曝气下压力与流量的关系，在该组试验下得出进气压力为11.4 kPa，另外，通过对压力与流量数据的线性拟合，得出压力与流量的关系式为$Q=0.173P-1.230$。

2）气相饱和度评价

从二维模型试验中气相饱和度与流量的关系（图3-100）可以看出，在试验的流量范围内，气相饱和度随着流量的升高有不断增大的趋势，与相同情况下一维模型试验中的规律比较一致。

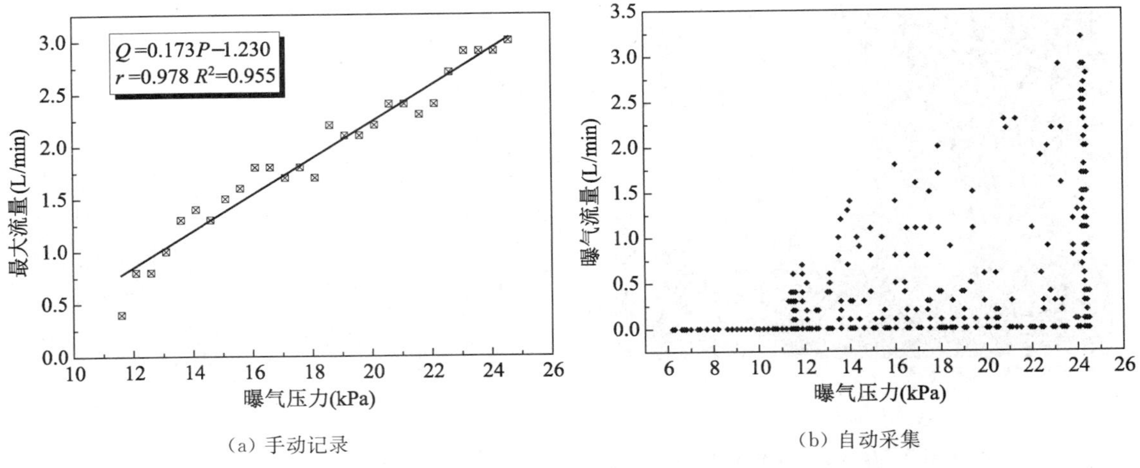

图 3-99　2.0～4.0 mm 砂土泡沫化表面活性剂曝气时压力与流量关系

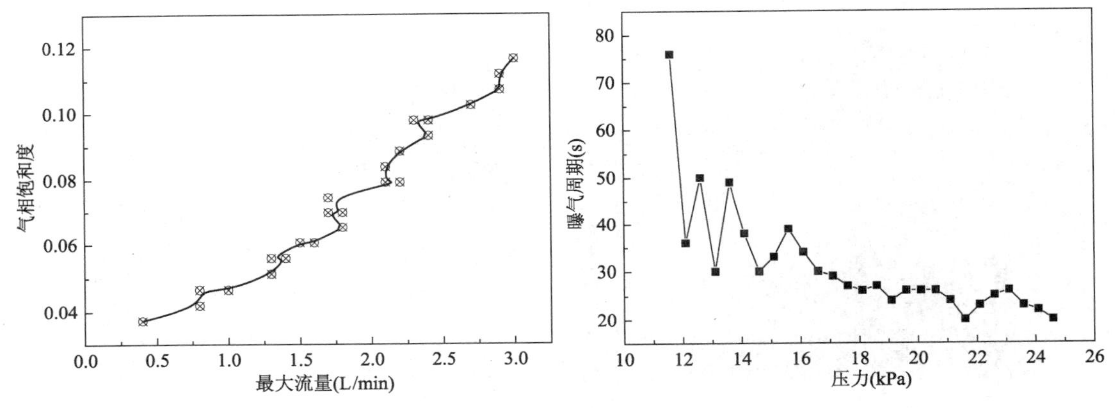

图 3-100　2.0～4.0 mm 砂土泡沫化表面活性剂曝气时气相饱和度与流量关系

图 3-101　2.0～4.0 mm 砂土泡沫化表面活性剂曝气时压力与曝气周期关系

从曝气周期与压力的关系(图 3-101)可以看出，曝气周期在前期压力较小时较长，随着压力的逐渐增大，曝气周期不断变短并趋于稳定。这一变化趋势与相同情况下一维模型柱中的曝气也较为一致。

3）曝气影响范围

图 3-102 所示为 2.0～4.0 mm 砂土泡沫化表面活性剂曝气时各流量下对应的曝气影响范围，从图中可以看出，曝气影响范围随着流量的增大有较明显的提升，而曝气影响范围的大小则介于常规曝气和表面活性剂溶液预饱和曝气之间。另外，泡沫化表面活性剂曝气时，由于表面活性剂泡沫是缓慢且持续被带入模型箱中，因此表面活性剂的作用是逐渐增强的，体现在曝气影响范围上则是曝气影响范围随着时间的推移不断增大。图 3-103 所示为在流量 3.0 L/min 下继续曝气 1 h 后的曝气影响范围，从图中可以看出，过了 1 h 后的曝气影响范围有了明显的提升。

(a) 流量:0.5 L/min 上部影响范围:左 11 cm,右 11 cm

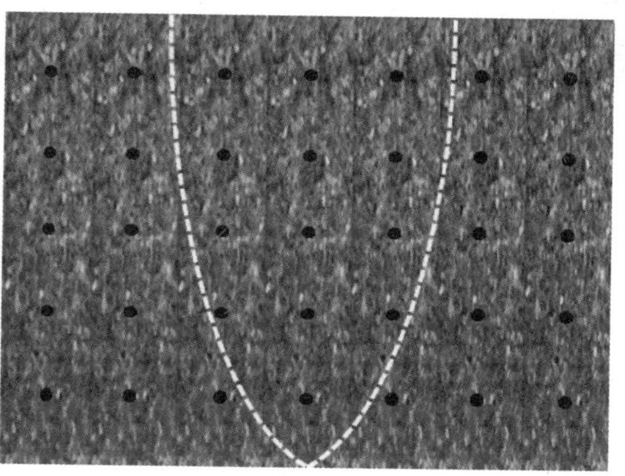

(b) 流量:1.0 L/min 上部影响范围:左 14 cm,右 13 cm

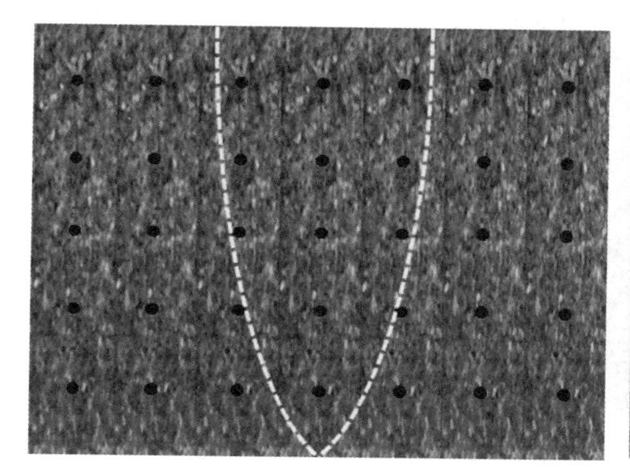

(c) 流量:2.0 L/min 上部影响范围:左 17 cm,右 17 cm

(d) 流量:3.0 L/min 上部影响范围:左 20 cm,右 20 cm

图 3-102　2.0～4.0 mm 砂土泡沫化表面活性剂曝气时不同流量下曝气影响范围

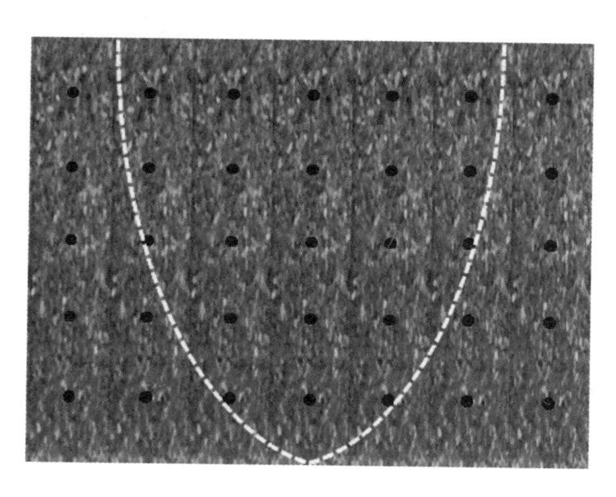

图 3-103　在流量 3.0 L/min 下持续曝气 1 h 后曝气影响范围
(上部影响范围:左 28 cm,右 27 cm)

4）溶解氧变化

从曝气前后溶解氧浓度的变化（图 3-104 和图 3-105）可以看出，在较大范围内，孔隙水的溶解氧都有一定程度的升高，且溶解氧浓度升高的区域与曝气影响区域也有较大程度的重合。

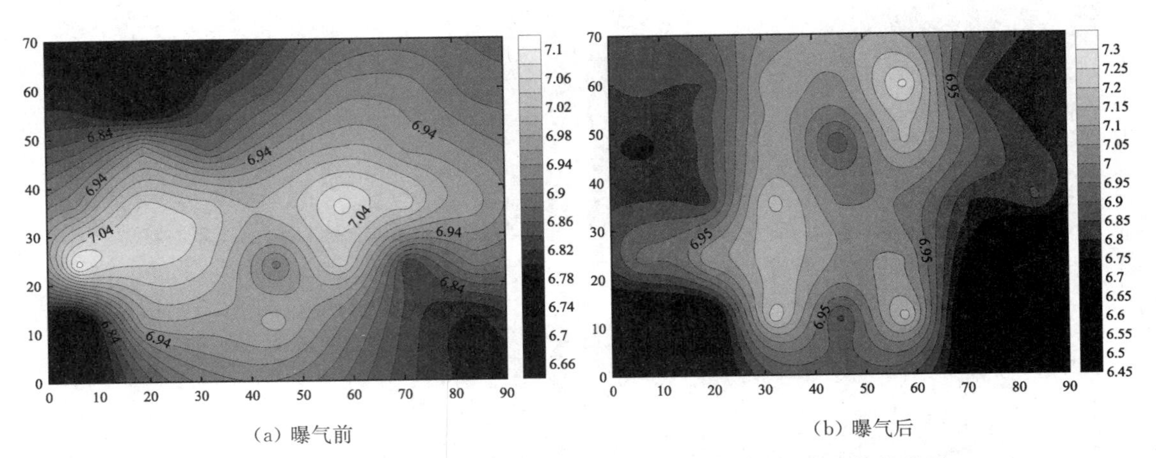

（a）曝气前　　（b）曝气后

图 3-104　2.0～4.0 mm 砂土泡沫化表面活性剂曝气时溶解氧等值线图

（坐标轴单位：cm；溶解氧浓度单位：mg/L）

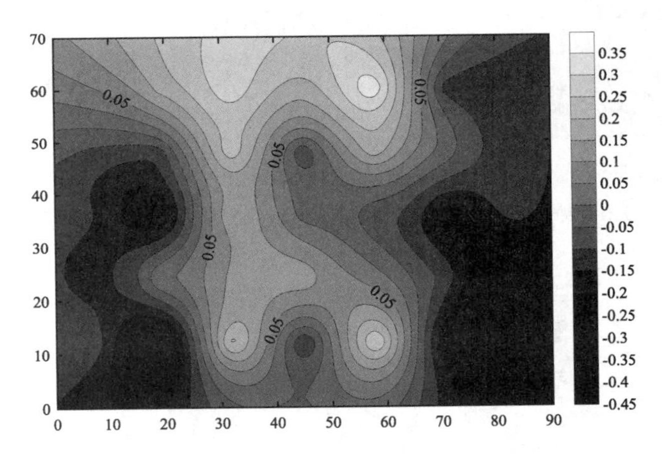

图 3-105　2.0～4.0 mm 砂土泡沫化表面活性剂曝气时溶解氧增加量等值线图

（坐标轴单位：cm；溶解氧浓度单位：mg/L）

5）表面张力变化

图 3-106 和图 3-107 所示分别为曝气前后表面张力的等值线图和曝气后与曝气前表面张力差值的等值线图，从表面张力的变化规律可以看出，模型箱中部孔隙水的表面张力均有不同程度的降低，且越靠近曝气点，降低的程度越大。不同于 0.5～1.0 mm 砂土，模型箱顶部中间区域孔隙水的表面张力也有一定程度的降低，可见表面活性剂泡沫已被空气带到模型箱顶部。

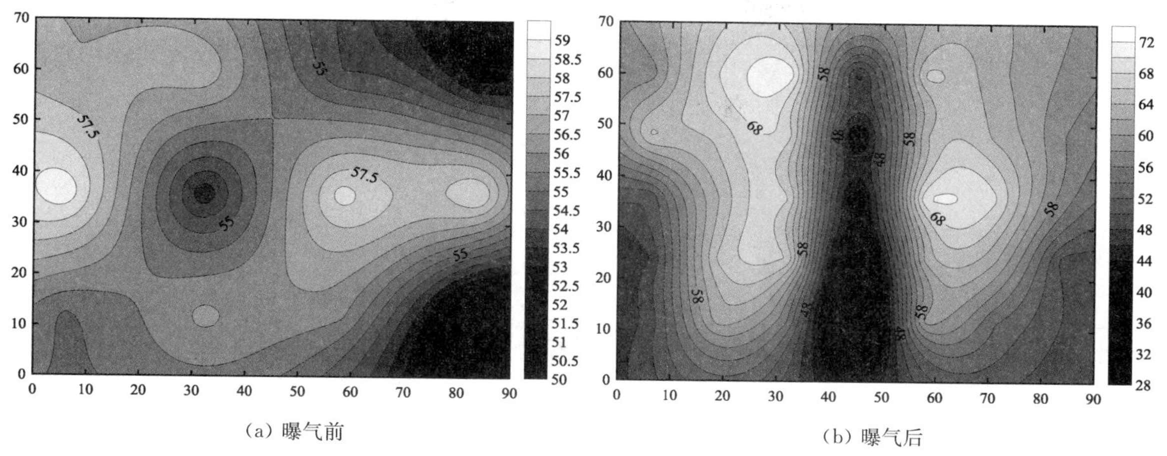

图 3-106 2.0～4.0 mm 砂土泡沫化表面活性剂曝气时表面张力等值线图
(坐标轴单位:cm;表面张力单位:mN/m)

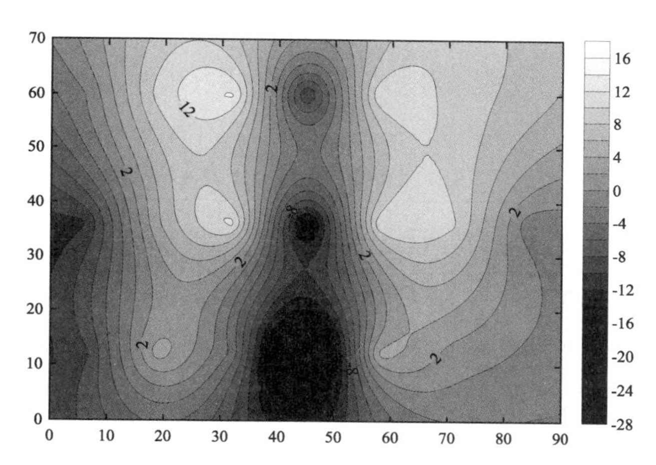

图 3-107 2.0～4.0 mm 砂土泡沫化表面活性剂曝气时表面张力增加量等值线图(坐标轴单位:cm;溶解氧浓度单位:mN/m)

3.2.6.4 不同曝气条件结果对比

1) 压力与流量关系

图 3-108 所示为各曝气条件下压力与流量的关系,各种情况下压力与流量均呈较好的线性关系,其线性拟合汇总如表 3-8 所示。与一维曝气中规律较一致,泡沫化的表面活性剂曝气时,流量随压力的增加而增大的速度较慢,而其中又以 0.5～1.0 mm 砂土泡沫化表面活性剂曝气时,流量随压力的增加而增大的速度最慢,这是因为 0.5～1.0 mm 砂土的孔隙较小,泡沫的存在对气体的通过影响更大;另一方面,与一维模型试验类似,在 0.5～1.0 mm砂土中由于表面活性剂泡沫向上部运移的速度较慢,会不断在模型曝气口处积累(图 3-109),从而在模型柱底部形成泡沫聚集区,也影响了流量的增大。

同样,通过公式 3-2 可计算得出各曝气条件下的理论进气压力,其与实测进气压力的对比如表 3-8 所示。从表中可以看出,其规律基本与一维模型试验中保持一致,理论进气

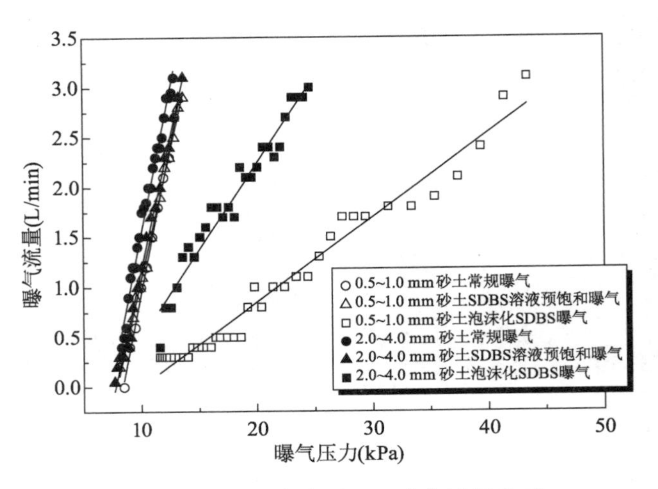

图 3-108　各曝气条件下压力与流量关系

压力普遍小于实测进气压力，只是在二维模型试验中，系统的压力损失较一维模型试验中略大。另外，从实测的进气压力值来看，SDBS 溶液对进气压力值的减小作用也较一维模型试验中明显。

表 3-8　二维模型中各曝气条件下压力与流量间关系

曝气条件	线性表达式	相关系数 R^2	实测进气压力/kPa	理论进气压力/kPa
0.5～1.0 mm 砂土常规曝气	$Q=0.575P-4.820$	0.997	8.5	7.44
0.5～1.0 mm 砂土 SDBS 溶液预饱和曝气	$Q=0.503P-3.967$	0.994	8.1	7.25
0.5～1.0 mm 砂土泡沫化 SDBS 曝气	$Q=0.084P-0.822$	0.970	11.5	9.74
2.0～4.0 mm 砂土常规曝气	$Q=0.545P-3.931$	0.985	8.3	7.20
2.0～4.0 mm 砂土 SDBS 溶液预饱和曝气	$Q=0.511P-3.962$	0.994	7.7	7.10
2.0～4.0 mm 砂土泡沫化 SDBS 曝气	$Q=0.173P-1.230$	0.955	11.4	9.50

(a) 0.5～1.0 mm 砂土　　(b) 2.0～4.0 mm 砂土

图 3-109　不同粒径砂土中曝气一定时间后模型箱

2）气相饱和度

图3-110所示为各曝气条件下气相饱和度与流量的关系，与一维模型试验较类似，只有2.0～4.0 mm砂土泡沫化表面活性剂曝气时，气相饱和度随流量的增加有较明显的升高，这是由于表面活性剂泡沫的不断进入置换出了水，从而增大了气相饱和度。而在0.5～1.0 mm砂土泡沫化表面活性剂曝气的试验中，则同样由于表面活性剂泡沫堆积在曝气口附近而导致气相饱和度没有持续升高。

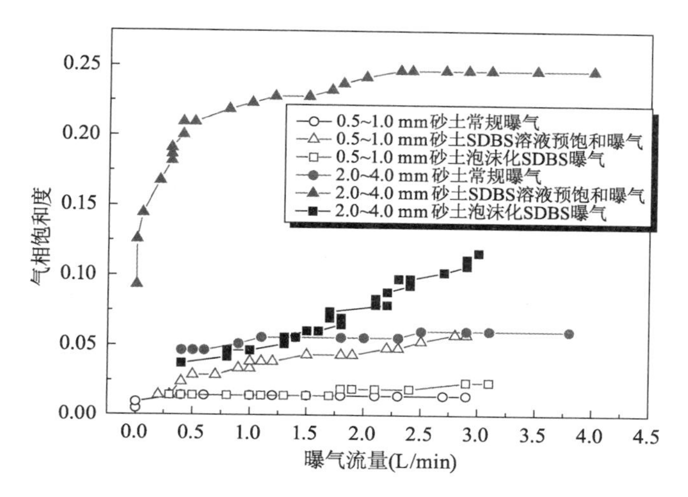

图3-110 各曝气条件下气相饱和度与流量关系

另外，从气相饱和度的大小来看，表面活性剂溶液预饱和曝气的气相饱和度最高，泡沫化表面活性剂曝气的气相饱和度次之，而常规曝气的气相饱和度最低，且2.0～4.0 mm砂土中各曝气条件下的气相饱和度均高于0.5～1.0 mm砂土。流量为2.5 L/min时，0.5～1.0 mm砂土中常规曝气、表面活性剂溶液预饱和曝气和泡沫化表面活性剂曝气条件下的气相饱和度分别为0.015、0.053和0.020，表面活性剂溶液预饱和曝气和泡沫化表面活性剂曝气条件下气相饱和度较常规曝气分别提升了253%和33%。流量为2.5 L/min时，2.0～4.0 mm砂土中常规曝气、表面活性剂溶液预饱和曝气和泡沫化表面活性剂曝气条件下的气相饱和度分别为0.061、0.247和0.098，表面活性剂溶液预饱和曝气和泡沫化表面活性剂曝气条件下气相饱和度较常规曝气分别提升了305%和61%。

参考文献

Brooks M C, Wise W R, Annable M D, 1999. Fundamental changes in *in situ* air sparging how patterns [J]. Groundwater Monitoring & Remediation, 19(2): 105-113.

Ji W, Dahmani A, Ahlfeld D P, et al., 1993. Laboratory study of air sparging: Air flow visualization[J]. Groundwater Monitoring & Remediation, 13(4): 115-126.

Kim H, Yang S, Yang H, 2013. Surfactant-enhanced ozone sparging for removal of organic compounds from sand[J]. Journal of Environmental Science and Health, Part A, 48(5): 526-533.

Reddy K R, Adams J A, 2008. Conceptual modeling of air sparging for groundwater remediation[C]. Proceedings of 9th International Symposium on Environmental Getechnology and Global Sustainable

Development, Hong Kong.

Reddy K R, Kosgi S, Zhou J, 1995. A review of in-Situ air sparging for the remediation of VOC-contaminated saturated soils and groundwater[J]. Hazardous Waste and Hazardous Materials, 12(2): 97-118.

Tsai Y, 2008. Air distribution and size changes in the remediated zone after air sparging for soil particle movement[J]. Journal of Hazardous Materials,158(2): 438-444.

Udakara D D S, 2000. Experimental study of a modified flat dilatometer under plane strain condition[D]. Hong Kong: The University of Hong Kong Libraries.

陈华清,2010.原位曝气修复地下水 NAPLs 污染实验研究及模拟[D].武汉:中国地质大学.

胡黎明,刘毅, 2008.地下水曝气修复技术的模型试验研究[J]. 岩土工程学报,30(6): 835-839.

刘燕,2009. 地下水曝气法的模型试验研究[D].北京:清华大学.

孙勇军,2013. 表面活性剂强化空气扰动技术修复硝基苯实验室研究[D].长春:吉林大学.

第4章 常规IAS修复污染土一维模型试验与理论研究

4.1 常规IAS修复MTBE污染饱和砂土一维模型试验研究

4.1.1 试验用有机污染物试剂

试验用污染物的选取应具有代表性，应为目前挥发性有机污染物的主要类型之一。为使室内试验具有重复性及对比性，有机物组分含量便于确定，宜采用单组分溶剂。本研究选取甲基叔丁基醚(MTBE)作为研究对象，采用化学纯级试剂，纯度为99.5%。此外，气相色谱分析用标准品为色谱纯。MTBE常用于无铅汽油中作为抗爆剂，在化工及生物领域也具有广泛的用途，已有研究证明其可对环境产生污染。MTBE是一种无色透明、黏度低的可挥发性液体，具有特殊气味。MTBE蒸气比空气重，可沿地面扩散，蒸气与空气可形成爆炸性混合物。其蒸气对皮肤、眼睛、黏膜和上呼吸道有刺激性作用。因此试验时应远离火源，保持良好的通风条件，同时佩戴手套、口罩，避免与眼睛、皮肤接触。MTBE的基本物理化学性质如表4-1所示。

表4-1 甲基叔丁基醚(MTBE)主要物理化学参数(25 ℃时)(Zogorski et al.,1997)

参数	数值
摩尔质量/mol	88.15
比重	0.744
沸点/℃	53.6～55.2
在水中溶解度/($mg \cdot L^{-1}$)	43 000～54 300
蒸气压/mmHg	245～256
亨利常数/($Pa \cdot m^3 \cdot mol^{-1}$)	5.98×10^4～3.04×10^5
无量纲亨利常数	0.024～0.122
$\log K_{oc}$	1.035～1.091

(续表)

参数	数值
$\log K_{ow}$	1.20
有效扩散系数/($m^2 \cdot s^{-1}$)	$3.748\times10^{-6}\sim5.81\times10^{-4}$
吸附分配系数/($m^3 \cdot kg^{-1}$)	$1.63\sim1.94\times10^{-6}$

4.1.2 试验方法及测试技术

4.1.2.1 试验方法和步骤

本节同样用砂雨法制样，试样制备完成后的试验包括两部分内容。

首先是研究污染物注入土柱后的初步分布规律。采用两种方法加入污染物，第一种是先在有机玻璃柱底部的进水口处通过三通阀注入一定量的MTBE，然后打开水箱阀门，让蒸馏水缓慢流下并带动MTBE进入土柱内，MTBE溶解于水中并随着水在试样内部运移分布，直至蒸馏水完全淹没砂土。关闭阀门，静置48 h让MTBE在自然状态下迁移分布。试验过程中每隔一段时间在土柱的不同位置处采取水样以分析各个时间点不同位置MTBE的浓度，观察MTBE在自然条件下的浓度分布。第二种是先配制一定浓度的MTBE溶液，然后通过水箱将MTBE溶液加入砂土柱内，静置24 h，让其在自然条件下迁移分布，并在试验开始前取样测试其初始浓度。

其次是研究不同曝气参数条件下MTBE的去除规律。经过48 h后，采集水样并将其作为曝气操作过程MTBE的初始浓度。然后打开空压机，调节进气压力，过程中注意压力要缓慢增加，防止其突然增大对土样造成扰动破坏。本次试验采用三个进气流量，分别为0.5 L/min、1.0 L/min、1.5 L/min。各粒径所对应的进气压力由前文得到的进气压力与进气流量间的关系计算得到，如表4-2所示。当进气压力达到所需压力时停止并保持进气压力不变，进气流量即维持在一个稳定值。然后经过一定时间采集水样测试水中MTBE浓度，主要的取样时间为1 h、2 h、4 h、8 h、12 h、24 h，具体试验过程中根据试验情况可适当增加取样时间点。具体的试验方案如表4-3所示。

表4-2　三种进气流量下所对应的进气压力值

粒径范围/mm	线性表达式	进气压力/kPa		
		0.5 L/min	1.0 L/min	1.5 L/min
0.10～0.25	$Q=0.243P-2.914$	14.0	16.1	18.2
0.25～0.50	$Q=0.305P-2.819$	10.9	12.5	14.2
0.50～1.00	$Q=0.329P-2.763$	9.9	11.4	13.0
1.00～2.00	$Q=0.263P-2.366$	10.9	12.8	14.7
2.00～4.75	$Q=0.249P-2.200$	10.8	12.8	14.9

表4-3　曝气法去除MTBE试验方案

砂土粒径/mm	0.10～0.25、0.5～1.00、2.00～4.75
进气流量/($L \cdot min^{-1}$)	0.5、1.0、1.5
主要取样时间点/h	1、2、4、8、12

试验步骤主要包括试验装置结构连接、砂雨法制备土样、MTBE及水注入、空气注入以及试验过程水溶液采集、试验结束后装置拆除清洗等，试验中采样具体方法是采用5.0 mL玻璃注射器在取样孔处抽取2.0～2.5 mL的水溶液，注入2.0 mL螺纹口色谱样品瓶中，拧紧瓶盖，并用封口膜密封，确保浓度测试前不受空气影响。此外，整个试验过程的环境温度为0～10 ℃。试验具体步骤如表4-4所示。

表4-4　曝气修复MTBE试验步骤

试验步骤		基本组成步骤	备注
1	试验装置连接	• MTBE、蒸馏水、空气注入管连接 • 空气干燥剂、活性炭过滤柱连接	确保所有连接处气密性
2	砂土装填	• 采用砂雨法装填 • 称量填入砂土总质量	确定砂土样干密度、孔隙率
3	MTBE注入、蒸馏水饱和	• 确定MTBE注入量，并在特定位置注入 • 注入蒸馏水至完全淹没砂土，并称量注入蒸馏水体积 • 静置一段时间让MTBE在自然状态下迁移分布 • 初始取样获取MTBE初始状态	确定试样初始状态、MTBE初始浓度
4	空气注入	• 进气压力及进气流量调试、监测及管理	
5	取样、保存及测试	• 空气开始注入 • 温度测量及水样采集 • 样品保存及送往化学实验室测试	低温保存，7天内完成测试
6	装置拆除、清洗	• 试验完成后将水排空，将土挖除，把有机玻璃柱从管路上拆除、清洗干净并风干以备下一组试验	防止交叉污染影响试验结果

4.1.2.2　气相色谱分析

试验所采集水样中MTBE污染物浓度分析由南京市环境监测中心站专业技术人员协助测试完成，采用气相色谱分析技术，具体测试方法如下：

1. 样品及材料

1）MTBE污染液：测试的溶液为室内模型试验采集的水样，用2 mL螺纹口色谱样品瓶（图4-1）密封并置于4 ℃温度的冰箱中保存。

2）纯水：纯净蒸馏水，无干扰测定的杂质。

3）顶空样品瓶：40 mL透明钳口顶空瓶，银色开口铝盖，带聚四氟乙烯硅胶密封垫（图4-2）。

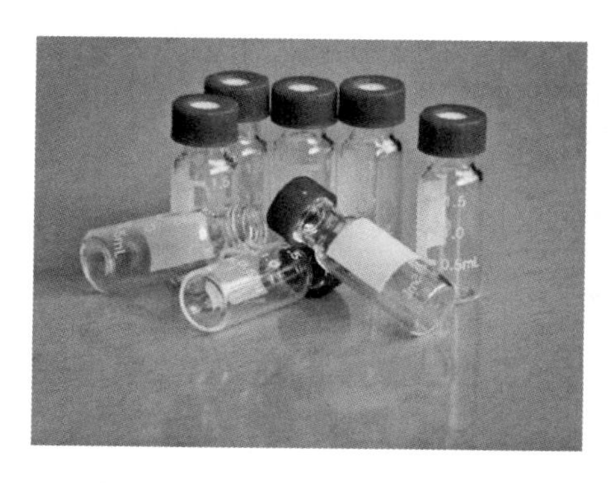

图4-1　2 mL螺纹口色谱样品瓶

图4-2　40 mL透明钳口顶空瓶

2. 试验仪器和设备

1）安捷伦 GC6890 气相色谱仪（FID 检测器），如图 4-3 所示。

2）自动顶空进样设备。

图 4-3　安捷伦 GC6890 气相色谱分析仪

3. 分析步骤

1）水样预处理

在顶空瓶中预先注入 5 mL 的纯净水，然后根据预定的稀释倍数缓慢注入一定量的水样，盖上硅胶垫和铝盖，用封口工具加封，放入顶空进样器中待测定。

2）顶空条件

顶空瓶加热温度：70 ℃；进样针温度：75 ℃；传输线温度：110 ℃；顶空瓶加热时间：5 min；载气压力：52.7 psi；进样量：2 μL。

3）色谱条件

色谱柱：HP-INNOWAX 聚乙二醇毛细管柱 30 m×0.25 mm×0.25 μm；柱箱温度：45 ℃保持 0.5 min，以 30 ℃/min 增温至 80 ℃；柱流量：0.5 mL/min；进样方式：分流进样，分流比为 10∶1；FID 检测器的温度：250 ℃，氢气流量：40 mL/min，空气流量：300 mL/min。

4）校准曲线

配制 MTBE 浓度为 0.148 mg/L、0.296 mg/L、0.740 mg/L、1.184 mg/L、1.480 mg/L 的标准系列溶液，放入顶空进样器中，进行顶空-气相色谱分析，采用外标法绘制浓度-峰面积校准曲线，如图 4-4 所示。

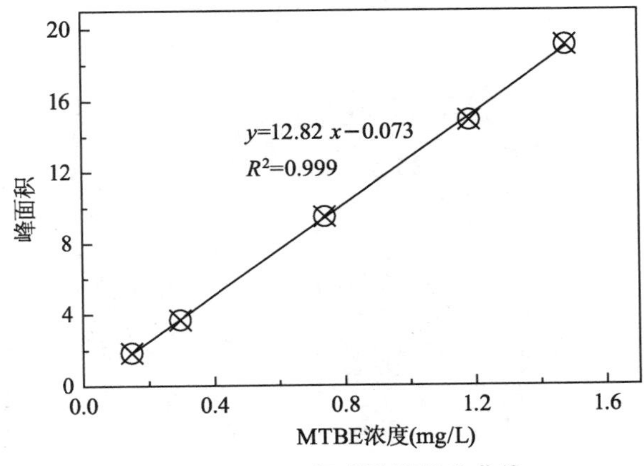

图 4-4　MTBE 标准溶液校准曲线

5）定量测定

按相同的分析条件进行实际样品和校准曲线的同步测定，根据色谱图上的峰面积，通过校准曲线计算得到样品的浓度值，标准色谱图如图 4-5 所示。

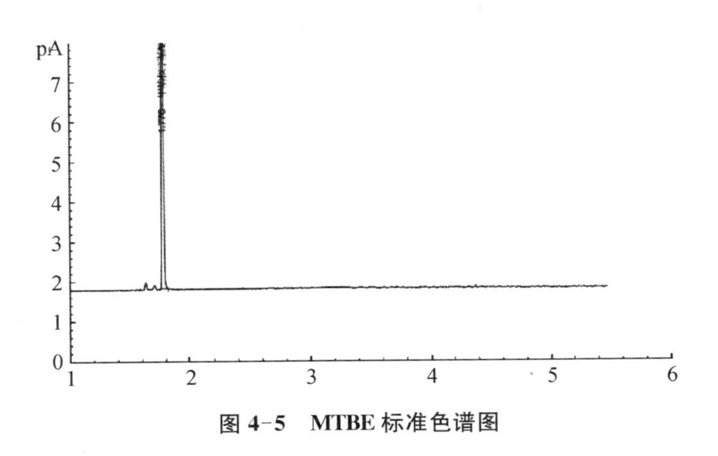

图 4-5　MTBE 标准色谱图

4.1.3　曝气法修复 MTBE 试验结果

4.1.3.1　MTBE 初始浓度分布

表 4-5、图 4-6 为粗粒径砂土(2.00～4.75 mm)中 MTBE 在试样中经过 36 h 后的浓度分布情况。从中可以看出，当水带动 MTBE 进入试样后经过 2 h 测得的各采样点 MTBE 浓度差别较大，试样底部位置点 1 处的 MTBE 浓度约为 631 mg/L，试样中部位置点 5 处的 MTBE 浓度最低，约为 514 mg/L，而试样顶部位置点 9 处的 MTBE 浓度较高，约为 1 077 mg/L。随着时间的推移，除了位置点 1 处的浓度是先有所上升然后再降低，各位置点处的 MTBE 浓度都有所降低。36 h 时，位置点 1、3、5 处的浓度比较接近，略高于 300 mg/L，位置点 7、9 处的浓度较高，在 450 mg/L 左右。说明开始阶段，MTBE 浓度的分布不太均匀，但随着时间的推移，MTBE 会从浓度高的地方向浓度低的地方扩散运移，最后整个试样中的 MTBE 浓度达到平衡，比较接近，但仍然有所差异。这种差异在细粒径砂土试样中表现得更加明显。

表 4-5　MTBE 初始浓度分布

时间/h	MTBE 浓度/$(mg \cdot L^{-1})$				
	位置点 1	位置点 3	位置点 5	位置点 7	位置点 9
2	631.0	730.0	514.5	992.5	1 077.0
6	679.0	503.0	518.0	866.0	837.5
14	797.5	396.0	452.5	603.5	620.5
18	700.5	370.0	455.0	633.0	591.5
24	538.0	306.0	411.0	559.0	558.5
36	339.0	300.5	329.5	445.0	471.0

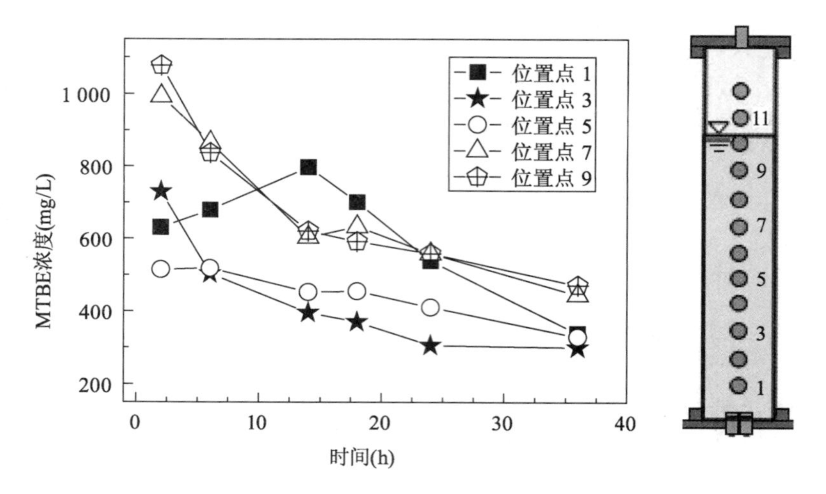

图 4-6　粗粒径砂土中 MTBE 浓度在 36 h 内的迁移分布

图 4-7 为 0.10～0.25 mm、0.50～1.00 mm两种粒径的试样使用该种 MTBE 加入方法得到的 48 h 后的 MTBE 浓度分布。从图中可以看出，对于细粒径的试样，经过 48 h 后的浓度分布仍然比较不均，粒径 0.50～1.00 mm 的土样 48 h 后，位置点 1 的浓度为 44.6 mg/L，而位置点 9 的浓度则达到 823.8 mg/L，究其原因是因为细粒径砂土中 MTBE 自然状态下的运移更为缓慢，导致 48 h 后浓度分布仍然不均匀。因此使用该种方法得到的 MTBE 浓度分布比较不均匀。

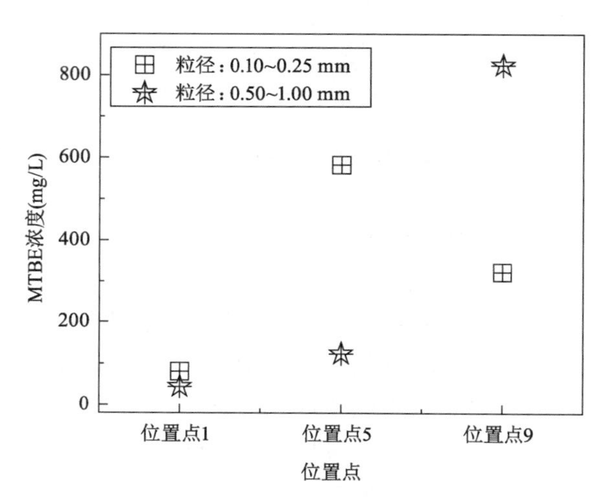

图 4-7　细粒径砂土中 MTBE 在 48 h 时浓度分布

4.1.3.2　曝气修复 MTBE 浓度随时间变化

为研究粒径级配对曝气过程中 MTBE 浓度变化的影响，选取三种单一粒径范围(0.10～0.25 mm、0.50～1.00 mm、2.00～4.75 mm)的砂土进行试验，进气流量分别为 0.5 L/min、1 L/min、1.5 L/min，受测试条件限制，主要以中间位置取样孔 5 处的孔隙水样为研究对象，在试验过程不同时间取样。而上部和底部位置取样孔 1、9 处主要取其初始浓度以及曝气完成后的浓度进行测试分析，并根据试验需要适当增加取样点。图 4-8～图 4-19 为三种粒径下 MTBE 浓度随时间的变化图。从图中可以看出，随着空气的注入，各种粒径试样中的 MTBE 的浓度均随着时间的增加而降低。在空气注入的初始阶段，MTBE 浓度快速降低，而后浓度缓慢减小，此后逐渐趋于一个较低值。在多数试验中，这种浓度相对稳定状态一般出现在空气注入 12 h 以后。

1. 0.10～0.25 mm **粒径砂土**

图 4-8～图 4-11 为 0.10～0.25 mm 细粒径砂土中 MTBE 浓度在三种进气流量情况下随曝气时间的变化。

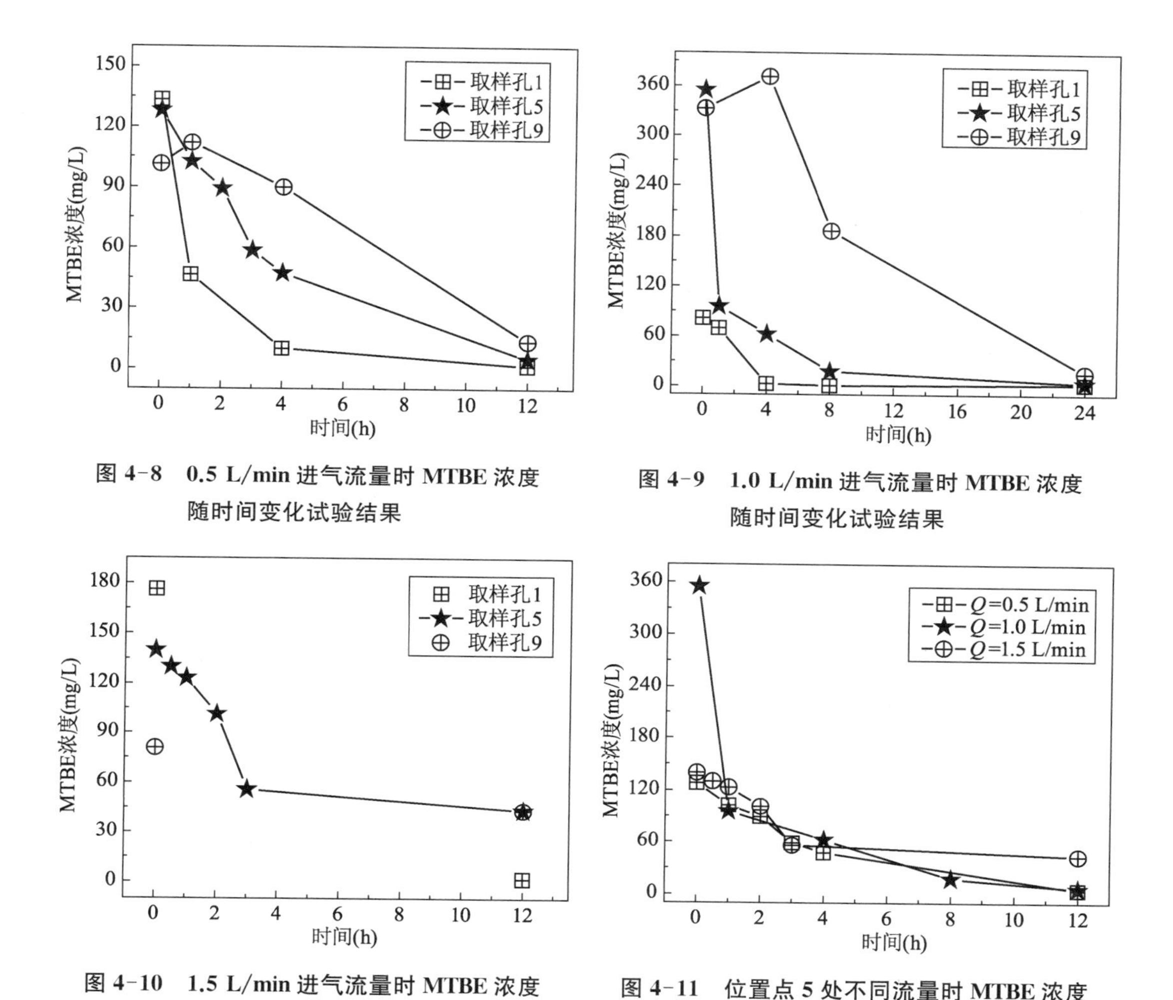

图4-8 0.5 L/min进气流量时MTBE浓度随时间变化试验结果

图4-9 1.0 L/min进气流量时MTBE浓度随时间变化试验结果

图4-10 1.5 L/min进气流量时MTBE浓度随时间变化试验结果

图4-11 位置点5处不同流量时MTBE浓度随时间变化试验结果

从图中可以看出，土柱底部的MTBE浓度降低速率最快，而顶部MTBE浓度降低速率最慢，并且12 h后MTBE浓度也是底部最低，而顶部的浓度最高。0.5 L/min、1.0 L/min、1.5 L/min时12 h后底部位置点1处的MTBE浓度分别为1.44 mg/L、0.73 mg/L、1.77 mg/L，而顶部位置点9处的MTBE浓度分别为13.57 mg/L、16.12 mg/L、43.24 mg/L。这是因为：①空气从土体底部通入，底部的MTBE受到空气的直接吹脱影响，水和空气充分混合，因此浓度降低速率较快；②当气体从底部运行到顶部的时候，在土体内会形成稳定的气体通道，气体沿着较为固定的通道运行，气体和空气间的接触不如底部处充分，因此浓度降低较慢；③同时由于空气从底部向顶部运移，底部水中的MTBE较先挥发进入空气，当气体到达顶部的时候，空气中已有一定的MTBE含量，不再是干净的空气，因此导致顶部水中的MTBE浓度降低较慢，甚至有可能出现浓度在一段时间内先上升随后才开始下降的情况，整体的去除速率也较为缓慢。

由图4-8和图4-9还可以看到在空气注入的初始阶段，顶部位置点处的MTBE浓度会先略微增大，然后才开始降低，这是因为初期阶段，底部的饱和砂土MTBE挥发进入空气，随空气上升被带到上部，并且有可能再次溶解于水中，导致上部的砂土中MTBE浓度有所上升。Reddy 和 Adams(1998)利用一维模型装置进行了曝气法去除苯的试验研究，试验中也观察到了曝气初始阶段，土柱上部位置处，苯浓度先上升随后才开始下降的现象。

对比三个流量下的试验结果，对于 1.5 L/min 流量时，曝气 12 h 后，底部位置点 1 处的 MTBE 浓度为 1.77 mg/L，与 0.5 L/min、1.0 L/min 时浓度的差异不是很明显，然而中部位置点 5 和顶部位置点 9 处的 MTBE 的最终浓度反而比低流量情况时的浓度高，分别为 43.40 mg/L和 43.24 mg/L。究其原因是因为高流量情况下，细粒径砂土中出现土体破裂的情况，导致优势流的产生，使得空气沿优势流通道运行，降低空气在整个土体中分布的均匀性，所以离空气通道较远处孔隙水中 MTBE 不能与空气充分混合，因此浓度降低得也较为缓慢，去除效率不太理想。在现场应用中，对于细粒径、低渗透率的土层特别要注意此种情况的产生，不宜采用过高的曝气流量，防止产生优势流，从而降低总体的修复效果。

2. 0.50～1.00 mm **粒径砂土**

图 4-12～图 4-15 为 0.50～1.00 mm 粒径砂土中 MTBE 浓度在三种进气流量情况时随曝气时间的变化。

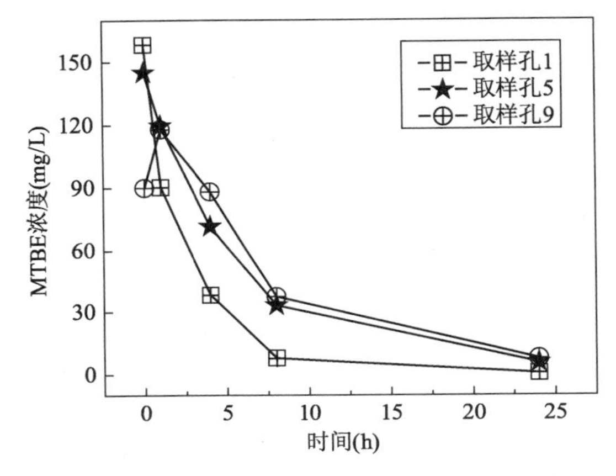

图 4-12　0.5 L/min 进气流量时 MTBE 浓度随时间变化试验结果

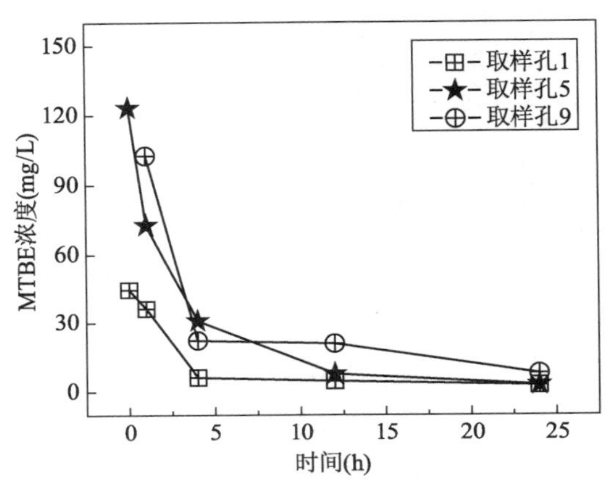

图 4-13　1.0 L/min 进气流量时 MTBE 浓度随时间变化试验结果

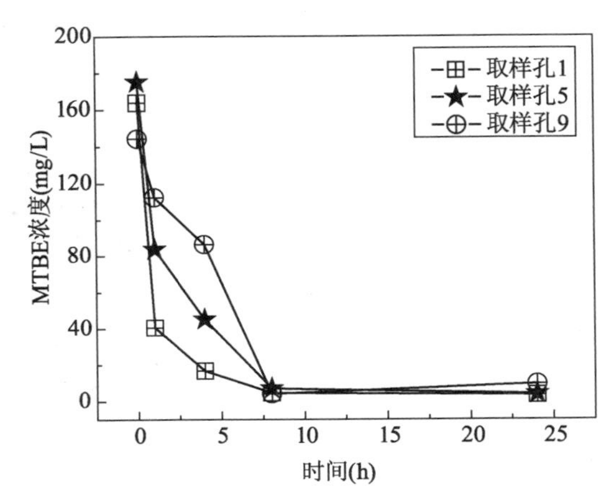

图 4-14　1.5 L/min 进气流量时 MTBE 浓度随时间变化试验结果

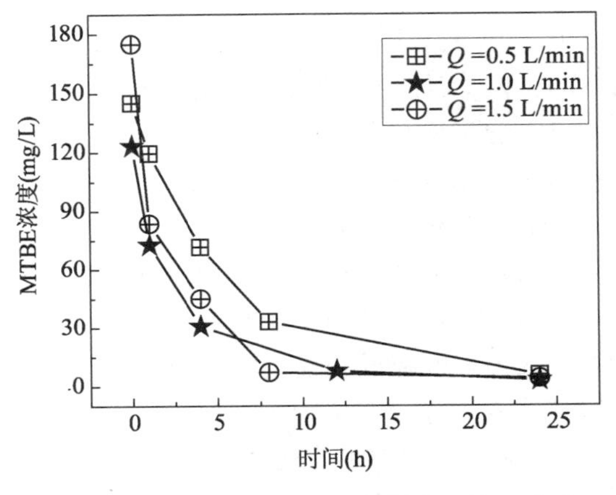

图 4-15　位置点 5 处不同流量时 MTBE 浓度随时间变化试验结果

从图中可以看出，MTBE 浓度降低的规律与细粒径时的基本一致，只是三个位置浓度降低的速率差别没有细粒径砂土中那么明显。在顶部位置点 9 处只有在低流量 0.5 L/min 的时候可以看到 MTBE 浓度先上升后降低，而在 1.0 L/min、1.5 L/min 的情况下则没有这种情况，究其原因可能是因为在粒径较大的情况下，MTBE 的去除速率相对较快，在取样的时间点上观测不到这种浓度上升现象。曝气 24 h 后，各位置点的 MTBE 浓度均降到 10 mg/L 以下。同样的，三种流量情况下都是底部位置点 1 处的 MTBE 浓度最低，而顶部位置点 9 处的 MTBE 的浓度最高。

3. 2.00～4.75 mm **粒径砂土**

图 4-16～图 4-19 为 2.00～4.75 mm 粗粒径砂土中 MTBE 浓度在三种进气流量情况下随曝气时间的变化。同样可以看出 MTBE 浓度降低的基本规律与前两种粒径砂土一致，空气注入开始阶段，MTBE 浓度降低明显，而到了 12 h 以后，浓度变化微小，维持在一个较低的水平，水中 MTBE 浓度达到了一个相对稳定的状态，MTBE 浓度的降低变得极为缓慢。

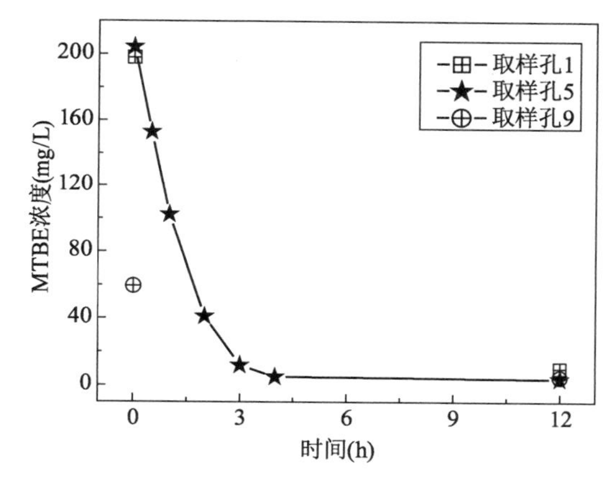

图 4-16 0.5 L/min 进气流量时 MTBE 浓度随时间变化试验结果

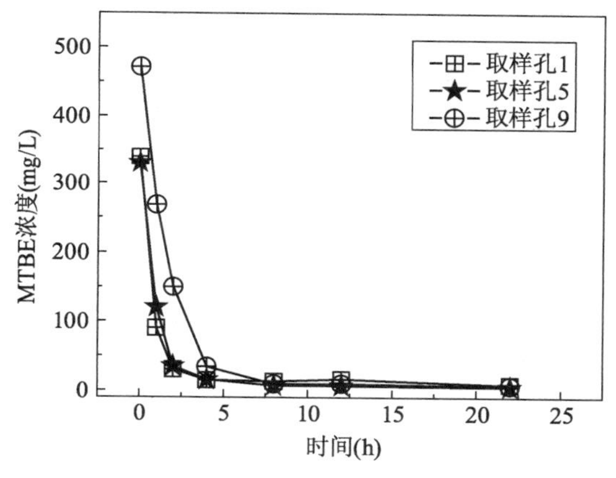

图 4-17 1.0 L/min 进气流量时 MTBE 浓度随时间变化试验结果

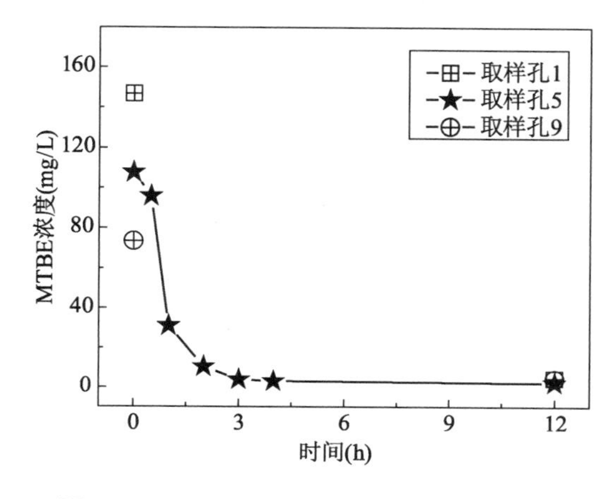

图 4-18 1.5 L/min 进气流量时 MTBE 浓度随时间变化试验结果

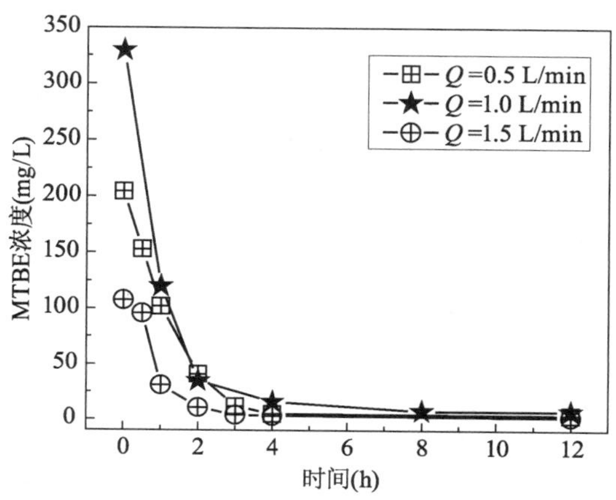

图 4-19 位置点 5 处不同流量时 MTBE 浓度随时间变化试验结果

4.1.4 MTBE 去除效果讨论

曝气的修复效果可以通过挥发性有机污染物的去除率和去除时间进行评价。定义去除率为曝气修复某时刻，水中挥发出来的污染物质量与初始污染物质量的比值，实际中以浓度进行计算：

$$R_{\mathrm{MTBE}} = \frac{C_0 - C_w}{C_0} \tag{4-1}$$

式中：R_{MTBE}为去除率(%)；C_0为初始浓度(mg/L)；C_w为某一时刻浓度(mg/L)。

定义去除时间为 MTBE 去除率达到某一特定值时对应的去除时间。

4.1.4.1 砂土粒径对 MTBE 去除效果的影响

为了研究砂土粒径对 MTBE 去除效果的影响，对试验结果进行归一化处理得到 MTBE 去除率与时间的关系，并利用公式(4-2)进行指数拟合，式中，y_0、A、R_0为拟合参数。不同粒径 MTBE 去除率随时间的变化曲线如图 4-20～图 4-22 所示。

$$y = y_0 + Ae^{R_0 x} \tag{4-2}$$

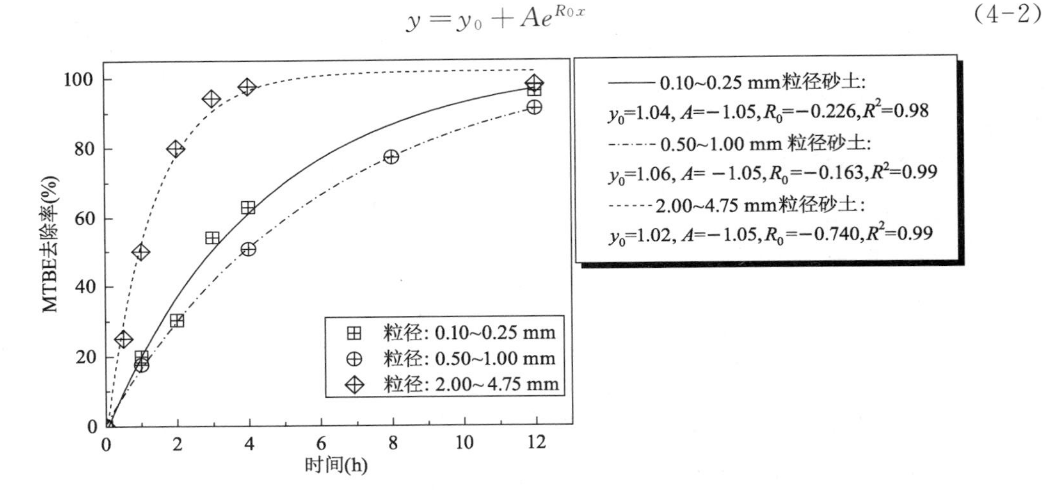

图 4-20 不同粒径砂土的 MTBE 去除率随时间变化曲线(0.5 L/min 进气流量，取样孔 5)

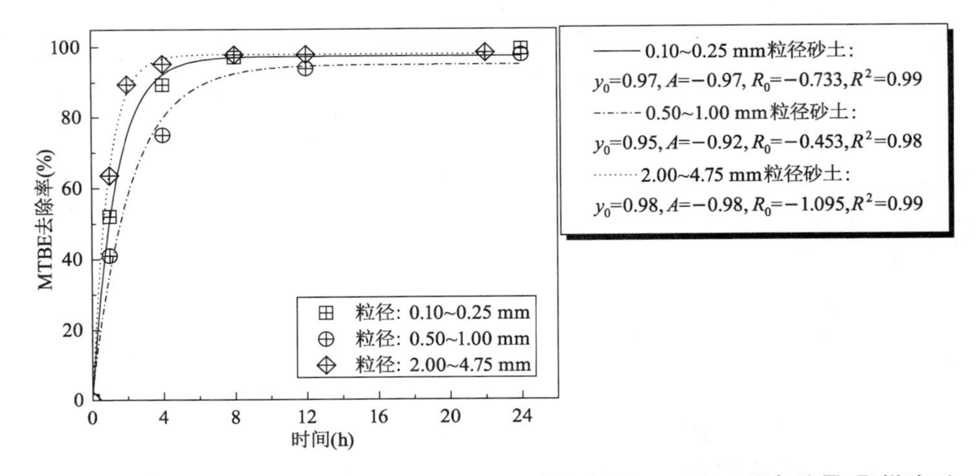

图 4-21 不同粒径砂土的 MTBE 去除率随时间变化曲线(1.0 L/min 进气流量，取样孔 5)

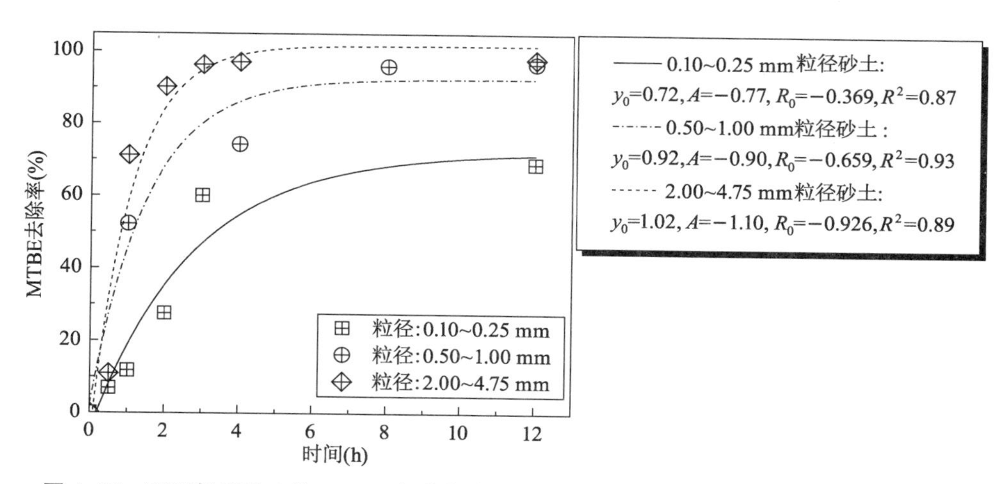

图 4-22　不同粒径砂土的 MTBE 去除率随时间变化曲线(1.5 L/min 进气流量,取样孔 5)

通过拟合得到的函数曲线可以计算出特定时间(1 h、2 h、4 h、12 h)MTBE 去除率如表 4-6 所示,以及 MTBE 去除率得到特定值(30%、60%、90%)时所需要的曝气时间如表 4-7 所示。

表 4-6　不同粒径时不同时间点的 MTBE 的去除率 (位置点 5)

进气流量/(L·min^{-1})	粒径范围/mm	气相饱和度	不同时间点 MTBE 的去除率/%			
			1 h	2 h	4 h	12 h
0.5	0.10～0.25	0.204	19.8	36.8	61.2	96.8
	0.50～1.00	0.133	16.5	29.9	51.1	91.0
	2.00～4.75	0.133	51.8	78.0	96.4	99.2
1.0	0.10～0.25	0.251	50.8	74.9	92.1	97.2
	0.50～1.00	0.186	36.1	57.5	79.7	94.4
	2.00～4.75	0.149	65.0	86.8	96.6	97.9
1.5	0.10～0.25	0.277	18.8	35.4	54.7	71.4
	0.50～1.00	0.215	45.9	68.4	86.1	92.6
	2.00～4.75	0.156	58.3	84.5	94.5	96.8

表 4-7　不同砂土粒径时 MTBE 去除率达到特定值所用的时间(位置点 5)

进气流量/(L·min^{-1})	粒径范围/mm	气相饱和度	MTBE 去除率达到特定值时的时间/h		
			30%	60%	90%
0.5	0.10～0.25	0.204	1.57	3.88	9.00
	0.50～1.00	0.133	2.01	5.10	11.64
	2.00～4.75	0.133	0.51	1.24	2.96
1.0	0.10～0.25	0.251	0.50	1.30	3.56
	0.50～1.00	0.186	0.78	2.16	6.48
	2.00～4.75	0.149	0.34	0.87	2.34

（续表）

进气流量/(L·min^{-1})	粒径范围/mm	气相饱和度	MTBE 去除率达到特定值时的时间/h		
			30%	60%	90%
1.5	0.10～0.25	0.277	1.63	4.98	—
	0.50～1.00	0.215	0.56	1.54	5.38
	2.00～4.75	0.156	0.45	1.04	2.42

1. **砂土粒径对 MTBE 去除率的影响**

图 4-23、图 4-24、图 4-25 为 0.5 L/min、1.0 L/min、1.5 L/min 进气流量时的 MTBE 去除率与砂土粒径的关系图。其中由于 1.5 L/min 流量时 0.10～0.25 mm 粒径土体破坏，修复机理有所不同，因此 1.5 L/min 流量时只探讨 0.50～1.00 mm 和 2.00～4.75 mm 粒径砂土的去除率。

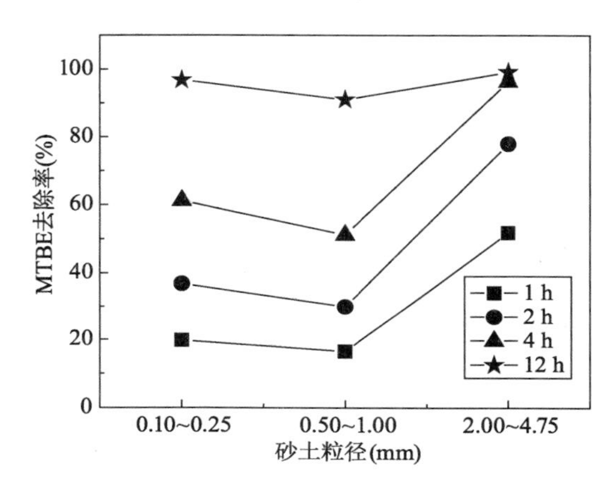

图 4-23　砂土粒径与 MTBE 去除率间的关系（0.5 L/min 进气流量，取样孔 5）

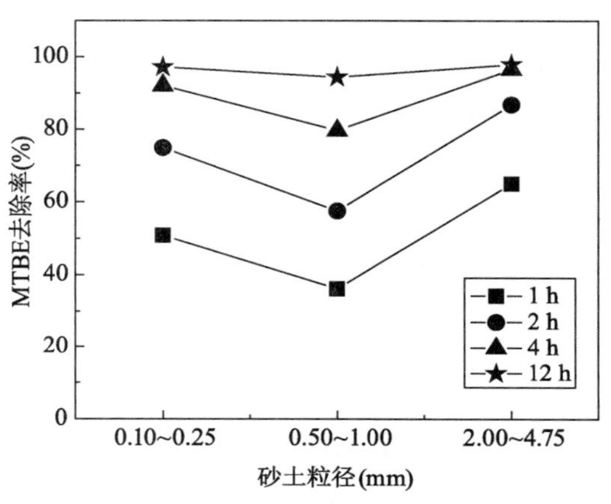

图 4-24　砂土粒径与 MTBE 去除率间的关系（1.0 L/min 进气流量，取样孔 5）

从图中可以看出，砂土粒径与 MTBE 的去除率之间并没有很明显的规律，相同进气流量时，各个时间点均是 2.00～4.75 mm 粗粒径的砂土中 MTBE 的去除率最高，0.10～0.25 mm 细粒径的砂土中次之，而 0.50～1.00 mm中粒径的砂土中去除率最低。究其原因可能是粗粒径砂土中，气体以气泡的形式运动，空气和水之间充分接触，因此污染物的去除也越快；而细粒径和中粒径砂土中，气体以微通道的形式运动，空气和水之间并没有充分接触，因此污染物的去除速率没有粗粒径的快。同时，由于 0.10～0.25 mm 细粒径砂土中的气相饱和度为 0.204，比0.50～1.00 mm 中粒径砂土中的气相饱和度 0.133 高，因此细粒

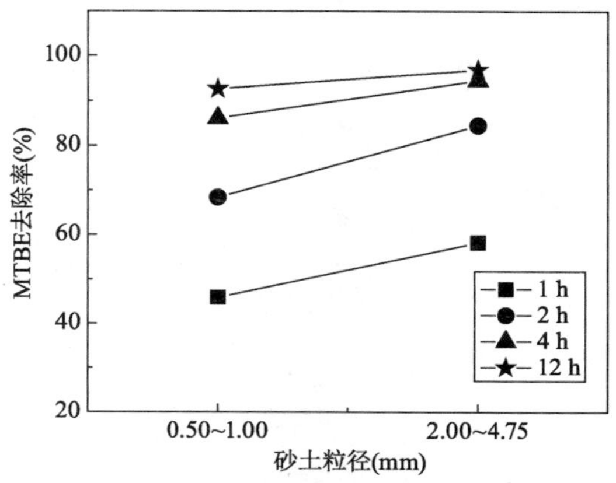

图 4-25　砂土粒径与 MTBE 去除率间的关系（1.5 L/min 进气流量，取样孔 5）

径砂土中的 MTBE 去除率反而比 0.50～1.00 mm 中粒径砂土中的高。从图中还可以发现，在注气开始阶段，三种粒径砂土的去除率差别较大，而随着时间的推移，这种差别越来越小，12 h 后，三种粒径砂土差别不是很明显，去除率基本上都达到了 90%以上，在 0.5 L/min 和 1.0 L/min 时，细粒径砂土中 MTBE 的去除率分别 96.8%、97.2%，粗粒径砂土中分别为99.2%、97.9%。

2. **砂土粒径对 MTBE 去除时间的影响**

图 4-26、图 4-27、图 4-28 分别为 0.5 L/min、1.0 L/min、1.5 L/min 进气流量时 MTBE 去除时间与砂土粒径的关系图。从中可以看出，粗粒径砂土中 MTBE 的去除速率最快，所需的时间最短，细粒径砂土中的 MTBE 去除速率次之，而中粒径砂土中需要的时间最长。0.5 L/min 流量时，达到 90%去除率时，粗粒径所需的时间为 2.96 h，中粒径为 11.64 h，细粒径为 9.00 h，差异显著，说明气体以何种方式（气泡方式或微通道方式）运动对污染物的去除速率有较大影响，而以同一种方式运动时，土体中气相的饱和度的大小对污染物的去除速率起决定性作用。

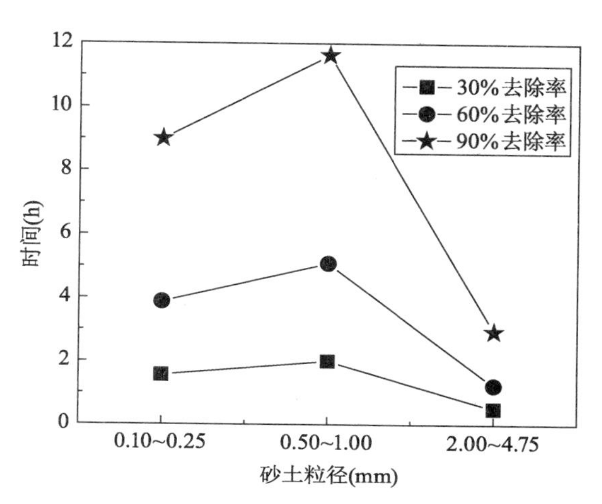

图 4-26　砂土粒径对 MTBE 去除时间的影响（0.5 L/min 进气流量，取样孔 5）

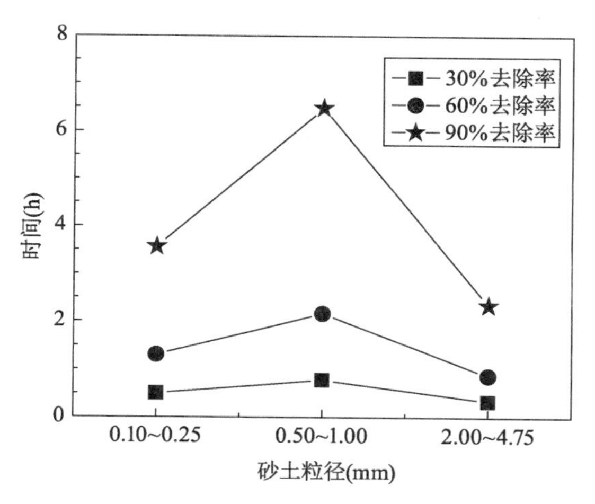

图 4-27　砂土粒径对 MTBE 去除时间的影响（1.0 L/min 进气流量，取样孔 5）

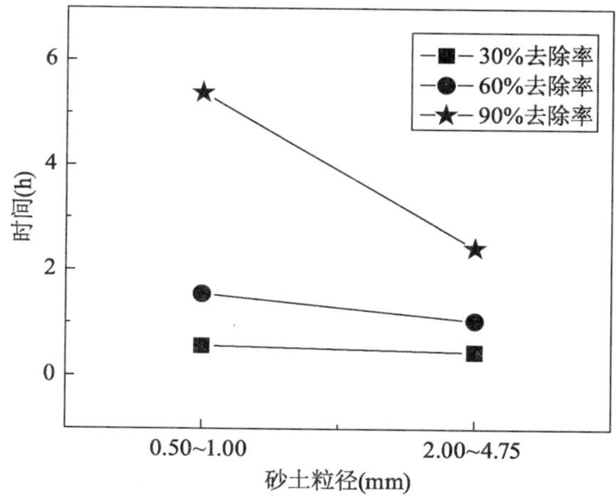

图 4-28　砂土粒径对 MTBE 去除时间的影响（1.5 L/min 进气流量，取样孔 5）

4.1.4.2　进气流量对 MTBE 去除效果的影响

为了研究进气流量对 MTBE 去除效果的影响，同样对试验结果进行归一化处理得到各种粒径砂土中不同流量时 MTBE 去除率随时间变化的规律，并进行指数拟合，得到不同进气流量时 MTBE 去除率随时间变化曲线如图 4-29～图 4-31 所示。

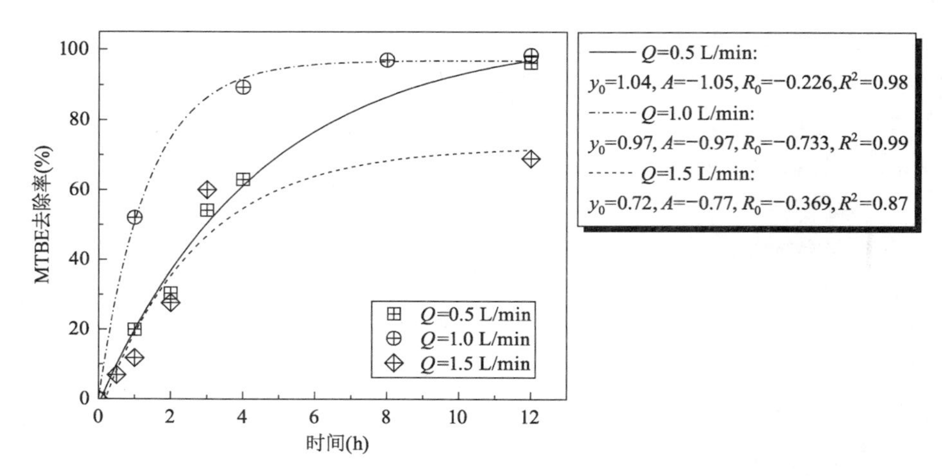

图 4-29　不同进气流量时的 MTBE 去除率随时间变化曲线(0.10～0.25 mm 粒径砂土,取样孔 5)

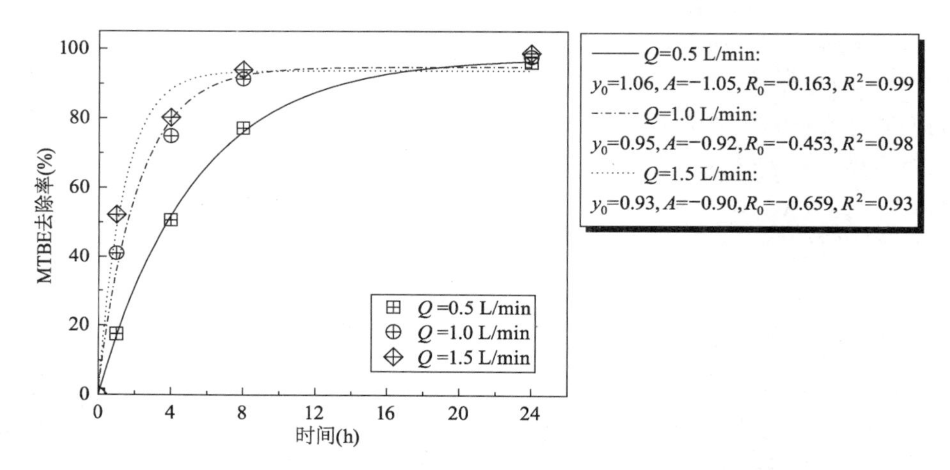

图 4-30　不同进气流量时的 MTBE 去除率随时间变化曲线(0.50～1.00 mm 粒径砂土,取样孔 5)

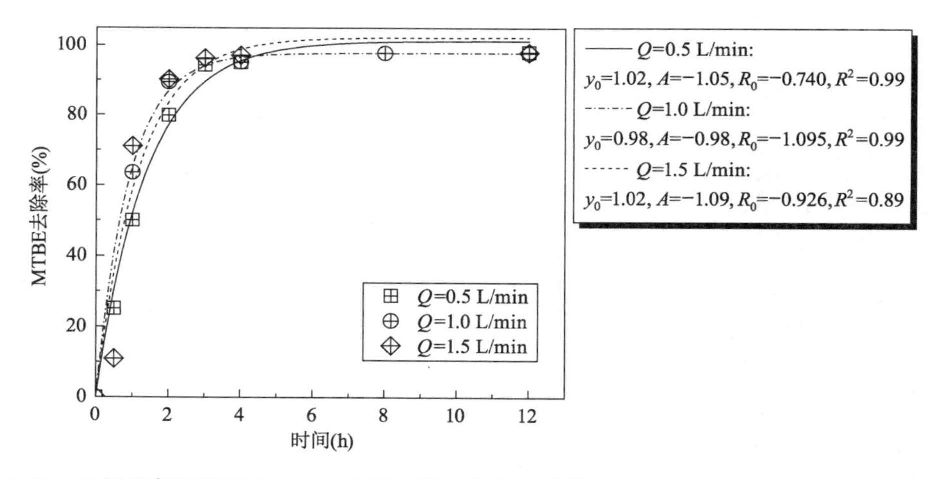

图 4-31　不同进气流量时的 MTBE 去除率随时间变化曲线(2.00～4.75 mm 粒径砂土,取样孔 5)

从图 4-29 中可以看出，0.10～0.25 mm 粒径砂土中，由于 1.5 L/min 流量较大时引起土体破坏，产生优势流，导致 MTBE 去除效果不理想，去除率反而比 0.5 L/min、1.0 L/min 流量时的低。此外，对比 0.5 L/min 和 1.0 L/min 进气流量下 MTBE 的去除率，可以看出两者有着显著的差异，在 12 h 之前，1.0 L/min 流量时的 MTBE 去除率明显比 0.5 L/min 流量时的去除率高。从图 4-30 可以看出，0.50～1.00 mm 中粒径砂土中，仍可以看到上述的差异，1.0 L/min流量时的 MTBE 去除率明显比 0.5 L/min 流量时的 MTBE 去除率高，但当继续增加流量到 1.5 L/min 时，MTBE 去除率的变化就比较小，由此可以看出，在0.5～1.00 mm 粒径砂土中，进气流量的增加可以加快 MTBE 的去除，且可能存在一个值，当进气流量超过这个值后，进气流量的增加对 MTBE 的去除速率提高不再明显。从图 4-31 可以看出，2.00～4.75 mm 粒径砂土中，进气流量的增加对 MTBE 总体去除率基本没有影响。

1. 进气流量对 MTBE 去除率的影响

图 4-32～图 4-34 为三种粒径砂土中 MTBE 去除率与进气流量的关系图。

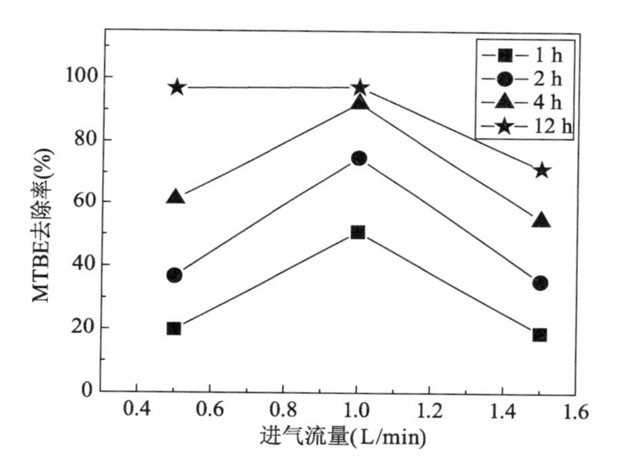

图 4-32　进气流量对 MTBE 去除率的影响（0.10～0.25 mm 粒径，取样孔 5）

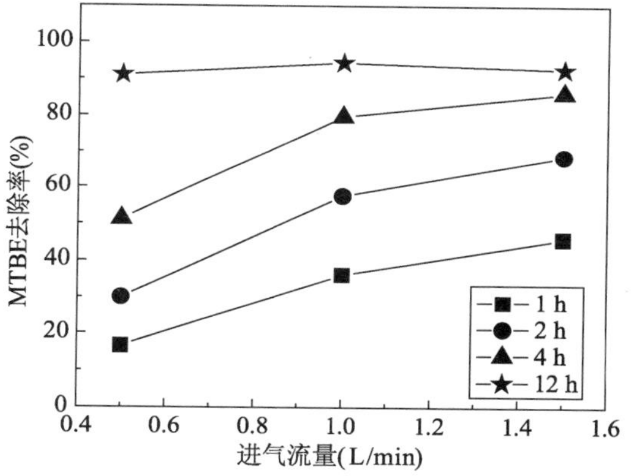

图 4-33　进气流量对 MTBE 去除率的影响（0.50～1.00 mm 粒径，取样孔 5）

从图 4-32 中可以看出，0.10～0.25 mm 粒径砂土中，由于 1.5 L/min 流量较大时引起土体破坏，产生优势流，导致 MTBE 去除效果不理想，各个时刻的去除率明显较低。

从图 4-33 可以发现，在 0.50～1.00 mm 粒径砂土中，可以明显看出 MTBE 去除率随着气体流量的增大而增大，在曝气的前期阶段，如 1 h、2 h、4 h 时，三种流量时的 MTBE 去除率有较大差别，但到了 12 h 后，三种流量对应的 MTBE 去除率差值不大，说明进气流量的增大可以加快 MTBE 前期的去除率，然而对 MTBE 最终的去除率的提高不是很明显。

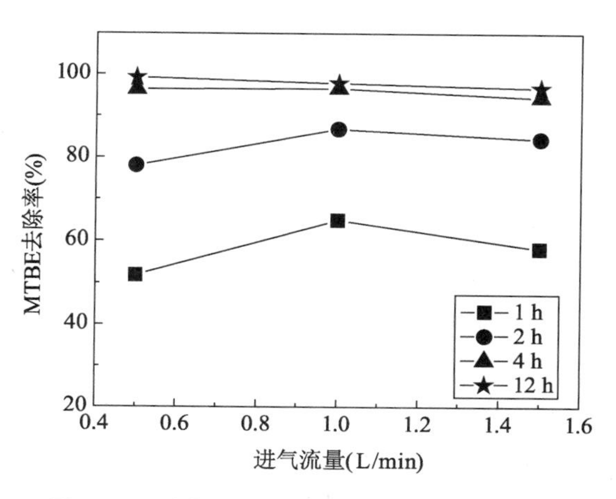

图 4-34　进气流量对 MTBE 去除率的影响（2.00～4.75 mm 粒径，取样孔 5）

从图 4-34 中可以看出，2.00～4.75 mm 粒径砂土中，进气流量对 MTBE 的前期去除率稍有影响，而到了 4 h 以后的去除率基本变化不大。这是因为粗粒径砂土中，进气流量的提高不能明显提高土体中气相的饱和度，0.5 L/min、1.0 L/min、1.5 L/min 进气流量时对应的气相饱和度分别为 0.133、0.149、156，气相饱和度的提高有限，说明土体中气体和水的接触面积变化不大，因此进气流量的提高对其 MTBE 的去除率没有较大影响。

2. 进气流量对 MTBE 去除时间的影响

图 4-35～图 4-37 为三种粒径砂土中 MTBE 去除时间与进气流量的关系图。

从图 4-35 可以看出，0.10～0.25 mm 粒径砂土中，由于 1.5 L/min 流量较大时引起土体破坏，产生优势流，降低 MTBE 的去除效率，达到特定去除率需要更多的时间，1.5 L/min 时去除率达到 60%所需时间为 4.98 h。

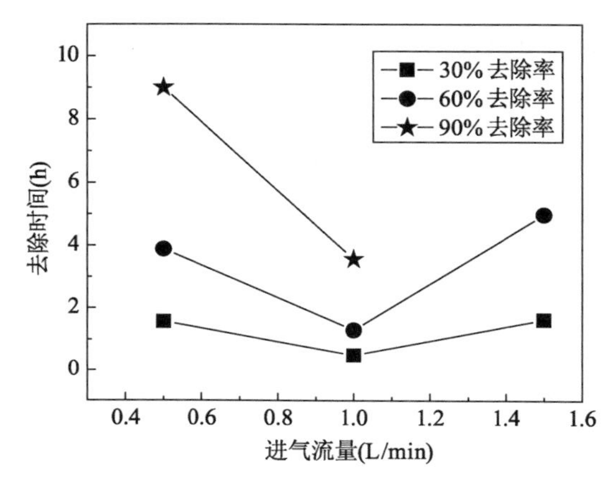

图 4-35　进气流量对 MTBE 去除时间的影响
(0.10～0.25 mm 粒径，取样孔 5)

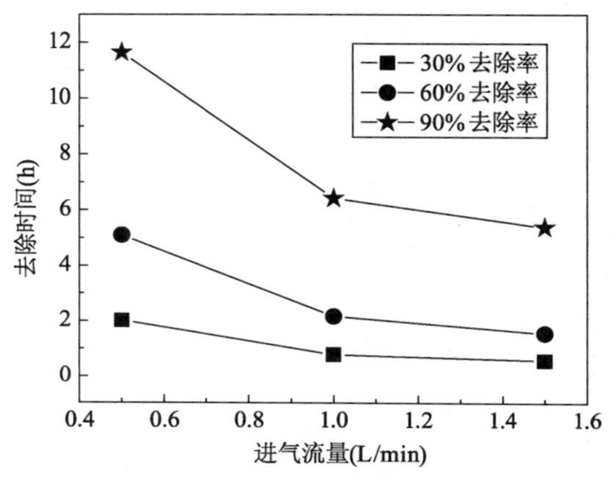

图 4-36　进气流量对 MTBE 去除时间的影响
(0.50～1.00 mm 粒径，取样孔 5)

从图 4-36 可以发现，在 0.50～1.00 mm 粒径砂土中，可以明显看出 MTBE 去除时间随着气体流量的增大而降低，流量从 0.5 L/min 提高到 1.0 L/min 时 90%去除率所需的时间从 11.64 h 减少到 6.48 h，继续提高到1.5 L/min 时，去除时间为 5.38 h，继续降低，只是程度变小。这是因为流量较低时，随着流量的提高，土体中的孔隙通道明显增多，气相饱和度增加，因此去除效率提高，去除时间降低，当流量达到一定值后，土层中的气相饱和度的提高不再明显，因此去除时间降低也不再明显。

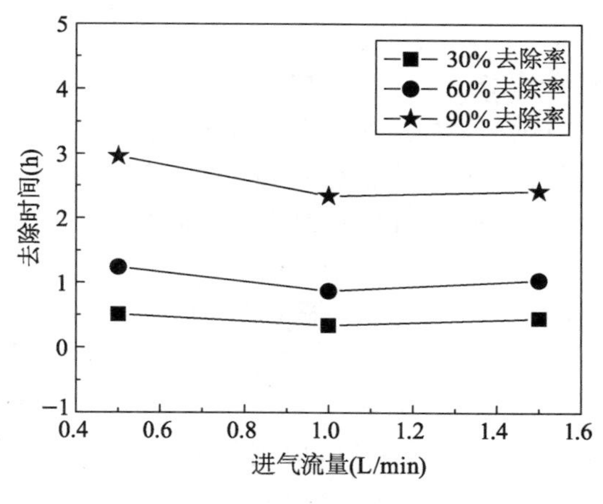

图 4-37　进气流量对 MTBE 去除时间的影响
(2.00～4.75 mm 粒径，取样孔 5)

从图 4-37 中可以看出 2.00～4.75 mm 粒径砂土中，进气流量对 MTBE 的去除时间影响不大，这是因为粗粒径砂土中，进气流量的提高不能明显提高土体中气相的饱和度，0.5 L/min、1.0 L/min、1.5 L/min 进气流量时对应的气相饱和度分别为 0.133、0.149、0.156，气相饱和度的提高有限，说明土体中气体和水的接触面积变化不大，因此进气流量的提高对其 MTBE 的去除时间没有较大影响。

4.2 MTBE 污染饱和砂土曝气修复传质过程集总参数研究

4.2.1 传质过程集总参数

前已述及，计算对流传质速率的关键是确定对流传质系数，而对流传质系数的确定往往是非常复杂的。为使问题简化，可先对对流传质过程作一定的假定，然后，根据假定建立描述对流传质的数学模型，即为对流传质模型，求解对流传质模型，即可得出对流传质系数的计算式(贾绍义和柴诚敬，2001)。

地下水曝气过程中，传质过程主要发生在水和气体两种流体间，即气液两相间的传质。为了确定曝气过程的气液两相间的传质系数，一些学者提出双区模型(Braida and Ong，2000，2001；Chao et al.，1998，2008)。双区概念模型如图 4-38 所示，模型假定多孔介质内的气流以气体通道方式运动，气体的压缩性以及滞留忽略不计，气体通道和土壤颗粒之间存在一个连续的薄膜。曝气试验过程中，在气体通道附近，VOCs 在气液界面处挥发并被空气带走，离气体通道较远处的 VOCs 由于浓度差就会扩散至气液界面处。考虑到 VOCs 在水中的扩散系数较低，因此离气体通道较远处的土体受气体通道的影响可以忽略不计，质量传递只在气体通道附近一定的区域内发生。单个气体通道所能影响到的饱和多孔介质区域定义为质量传质区(MTZ)，而离气体通道较远处的近似认为不受气体通道影响的区域为主体介质区(BMZ)，质量传递只在气体通道和传质区内产生。

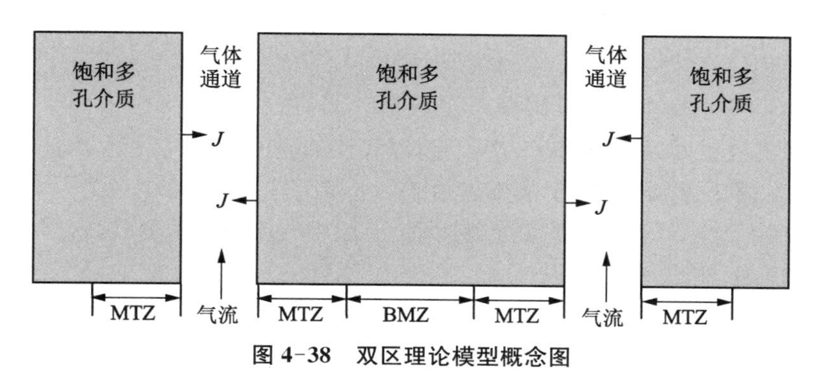

图 4-38 双区理论模型概念图

由于质量传质区直接受气体通道影响，有必要定义一个参数 F 来代表质量传质区的体积和土体总体积的比值。参数 F 与气体通道的尺寸、两个气体通道间的距离有关。显然，两个气体通道间的距离越大，F 值越小，受气体通道影响的区域也越小。

以下为双区理论模型的基本数学描述方程(Braida and Ong，2000，2001；Chao et al.，1998，2008)。

在传质区内,VOCs 在气-液两相间的传质速率(J)可以用一阶动力学方程描述如下:

$$J = K_G A(HC_w - C_a) \tag{4-3}$$

式中:J 为气液间的传质速率(mg/min);$K_G A$ 为传质系数(L/min);H 为无量纲亨利常数;C_w为水中 VOCs 的平均浓度(mg/L);C_a为气相中的 VOCs 的平均浓度(mg/L)。

在稳定气流条件下,一个曝气系统内的气相对流的总体质量守恒方程如下:

$$V_a \frac{dC_a}{dt} = K_G A(HC_w - C_a) - QC_a \tag{4-4}$$

式中:V_a为饱和土体中注入的气体总体积(L);Q 为空气注入流量(L/min)。

由于砂土极低的有机碳含量和低分配系数,因此模型中不考虑 VOCs 的吸附作用。则液相对流的总质量守恒方程如下:

$$FV_w \frac{dC_w}{dt} = K_G A\left(\frac{C_a}{H} - C_w\right) \tag{4-5}$$

式中:V_w为土体中水的总体积(L)。

在实际工程案例中,通常会用到气相传质系数,即 $K_G a$(1/min),为气-水传质系数和单位体积内的气液总接触面积的乘积,其表达式如下:

$$K_G a = \frac{K_G A}{V_a} \tag{4-6}$$

由于实际中气体通道和土体的总接触面积难以确定,$K_G a$ 一般合在一起作为总气-水间传质系数,因此上式中的未知参数只有一个,称为集总传质系数(或集总参数)$K_G a$。

Chao 等(2008)利用上述模型对曝气过程的气-水传质过程进行模拟分析,得到的 $K_G a$ 值为 $10^{-2} \sim 10^{-3}\,min^{-1}$。

4.2.2 模型改进求解

为了简化计算,本模型作以下假设:

1) 认为在气液界面处挥发出来的 VOCs 以较快的速度被空气带走,因此气液界面处气相中 VOCs 的浓度 C_a假定可忽略,即 $C_a = 0$;

2) 考虑试验条件下,当曝气流量足够大时,土层中气流通道密度较高,因此假定整个土层都处于传质区内,有 $F = 1$;

3) 由于本试验过程中主要采集水样,以曝气过程水中的 MTBE 浓度变化为研究对象,故本试验采用以液相表示的传质系数,即集总参数 $K_L a$,定义为:

$$K_L a = \frac{K_L A}{V_w} \tag{4-7}$$

由此,液相中的对流传质方程 4-5 可简化为:

$$\frac{dC_w}{dt} = -K_L a C_w \tag{4-8}$$

对方程 4-8 进行变化：

$$\frac{\mathrm{d}C_{\mathrm{w}}}{C_{\mathrm{w}}}=-K_{\mathrm{L}}a\,\mathrm{d}t \tag{4-9}$$

借助 VOCs 液相浓度的初始条件（$t=0$ 时，$C_{\mathrm{w}}=C_0$），对方程（4-9）两边进行积分，可得到水中 VOCs 任意时刻的浓度值 C_{w} 的解析解为：

$$C_{\mathrm{w}}=C_0\mathrm{e}^{-K_{\mathrm{L}}at} \tag{4-10}$$

式中：C_{w} 为水中 VOCs 任意时刻的浓度（mg/L），C_0 为水中 VOCs 的初始浓度（mg/L）。

基于方程 4-10，结合饱和砂土中 MTBE 曝气修复室内试验测试结果，通过最小二乘回归分析的方法，可确定上述集总参数 $K_{\mathrm{L}}a$。由于受测试条件限制，本章节试验过程中主要对取样孔 5 位置处进行观测分析，取样孔处得到的数据最为完整全面，因此本节分析中以取样孔 5 处进行分析对比确定 $K_{\mathrm{L}}a$。本研究得到的集总参数 $K_{\mathrm{L}}a$ 值如表 4-8 所示。从表中可以看出，随着进气流量的增大，传质系数相应增大，说明饱和砂土中 MTBE 传质速率随进气流量的增大而增大。

表 4-8　曝气法修复 MTBE 试验中 $K_{\mathrm{L}}a$ 值　　单位：h^{-1}

进气流量/($\mathrm{L\cdot min^{-1}}$)	粒径		
	0.10～0.25 mm	0.50～1.00 mm	2.00～4.75 mm
0.5	0.226	0.189	0.740
1.0	0.356	0.316	0.888
1.5	—	0.608	0.926

图 4-39～图 4-41 为根据水-气传质理论模拟得到的三种粒径砂土中，三种进气流量下取样孔 5 处的 MTBE 浓度随时间变化的结果和试验数据的对比。

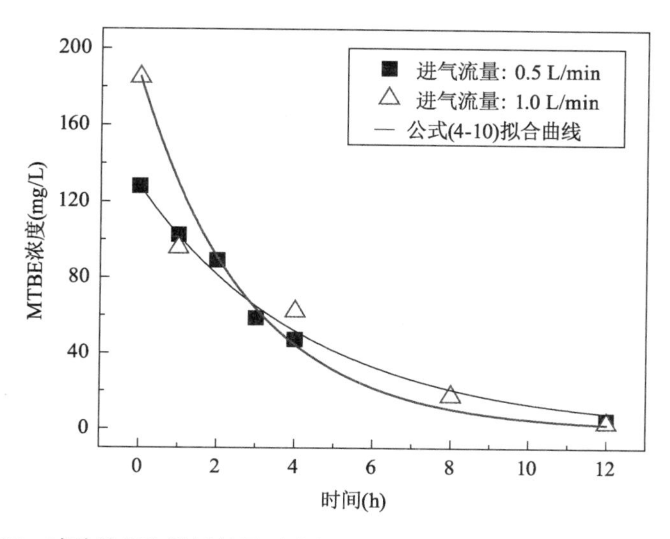

图 4-39　试验结果和模拟结果对比（0.10～0.25 mm 粒径砂土，取样孔 5 处）

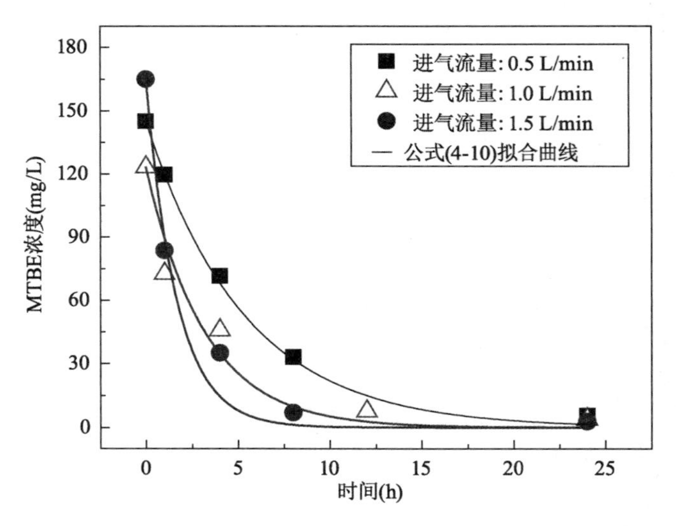

图 4-40　试验结果和模拟结果对比(0.50～1.00 mm 粒径砂土,取样孔 5 处)

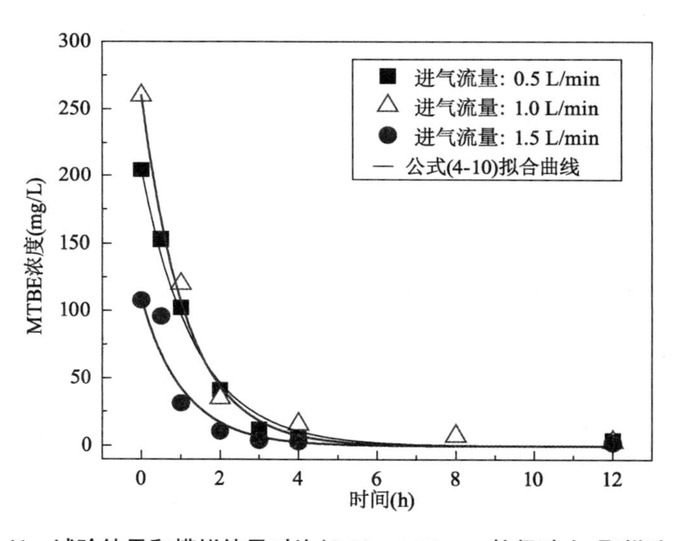

图 4-41　试验结果和模拟结果对比(2.00～4.75 mm 粒径砂土,取样孔 5 处)

从图中可以看出,模型可以较好地模拟一维土柱中 MTBE 的去除规律,试验数据与模拟结果比较吻合。0.5 L/min 低进气流量时,模拟得到的结果与试验结果十分吻合。而对于 1.0 L/min、1.5 L/min 高进气流量时,略有偏差。这可能是因为随着进气流量的增大,土层中的水不能再近似视为相对静止状态,而双区模型忽略水的流动,将其视为静止不动的,因此实际得到的结果与模拟结果会有一定的误差。

4.2.3　基于 K_La 的 MTBE 浓度变化预测分析

上一节中对 K_La 值的确定全部采用取样孔 5 处的试验结果进行计算得到。对其是否也适用于评价取样孔 1 和取样孔 9 处的 MTBE 浓度降低趋势尚不明确。因此本节利用上一节从取样孔 5 处确定得到的集总参数 K_La，对曝气过程取样孔 1 和取样孔 9 处的 MTBE 浓度进行预测分析。图 4-42～图 4-44 为 0.50～1.00 mm 粒径砂土中在 0.5 L/min、1.0 L/min、1.5 L/min 流量时预测的浓度与试验结果对比，图 4-45、图 4-46 为 0.10～0.25 mm 粒径砂土中 0.5 L/min、1.0 L/min流量时预测的 MTBE 浓度与试验结果对比。

1. 0.50～1.00 mm 粒径 MTBE 浓度预测

从图 4-42～图 4-44 可以看出，预测得到的 MTBE 浓度变化趋势与试验结果比较吻合。0.5 L/min、1.0 L/min 流量下的预测和实测结果都比较接近，而 1.5 L/min 流量下对于取样孔 9 处，由于实际试验中存在 MTBE 先上升后下降的情况，导致前期浓度预测与实测结果稍有差异，而到了 8 h 后两者就较为接近。

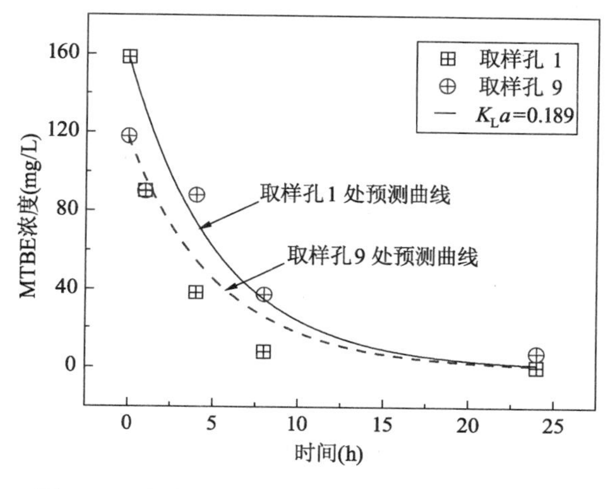

图 4-42　取样孔 1 和 9 处 MTBE 浓度预测和试验结果对比(0.50～1.00 mm，0.5 L/min)

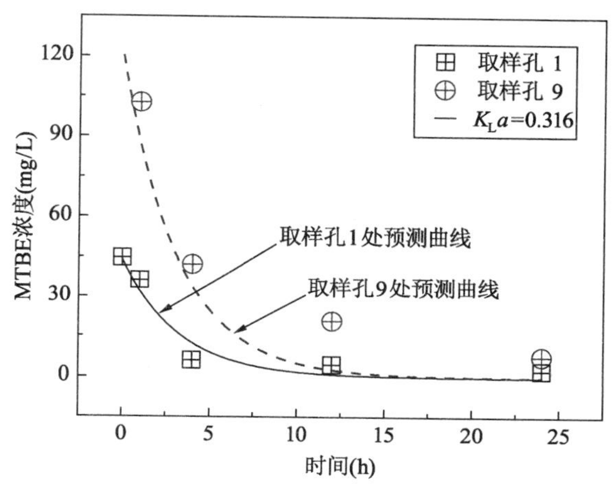

图 4-43　取样孔 1 和 9 处 MTBE 浓度预测和试验结果对比(0.50～1.00 mm，1.0 L/min)

从图中还可以看出，取样孔 1 实测的 MTBE 浓度值都分布在预测曲线下方，说明实际取样孔 1 处 MTBE 浓度降低比预测的快，而取样孔 9 处实测点分布在预测曲线上方，说明取样孔 9 处的 MTBE 浓度降低比预测的慢。说明整体上，模型柱底部取样孔 1 处的 MTBE 去除效果最好，中部取样孔 5 处的 MTBE 去除效果次之，而顶部 MTBE 去除效果最差。这与第 4 章中得到的结论相一致。

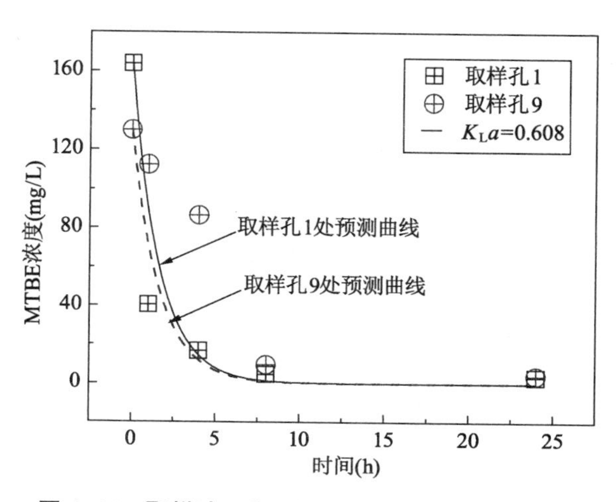

图 4-44　取样孔 1 和 9 处 MTBE 浓度预测和试验结果对比(0.50～1.00 mm，1.5 L/min)

实际工程中，污染物的分布范围更广，在地下不同深度处的污染物分布不一，且受曝气过程中空气的影响方式有所不同，因此特定工程条件下，需考虑深度范围采用不同的 K_La 来评价污染物的浓度随时间的变化。

2. 0.10～0.25 mm 粒径 MTBE 浓度预测

从图 4-45、图 4-46 可以看出，0.5 L/min 流量比较低时，预测的浓度与试验结果有所差别，这是模型求解假定气液界面处挥发出来的 VOCs 以较快的速度被空气带走，忽略了气液界面处气相中 VOCs 的浓度 C_a。然而空气流量较低时，挥发出的 VOCs 浓度无法被全部带走，曝气过程中，空气从模型柱底部向上部运动的过程中，取样孔 5 处的空气中的 MTBE 浓度比取样孔 1 处的浓度大，因此传质速率就比 1 处慢，故利用取样孔 5 处确定的 K_La 值来预测取样孔 1 处的 MTBE 浓度会导致预测浓度比实际浓度高。同样，利用取样孔 5 处确定的 K_La 值预测取样孔 9 处的 MTBE 浓度会导致预测浓度比实际浓度低。

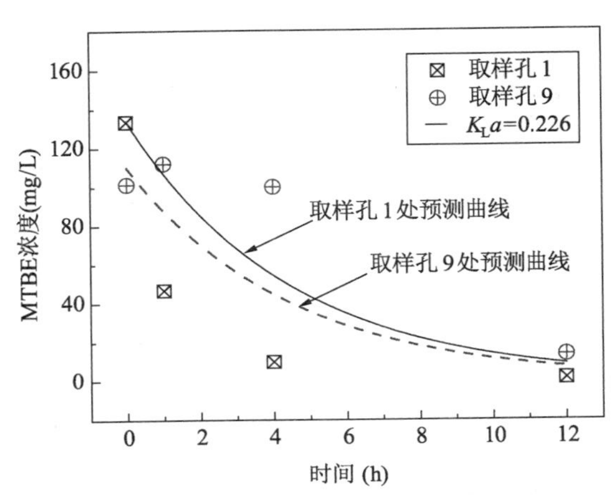

图 4-45　取样孔 1 和 9 处 MTBE 浓度预测和试验结果对比(0.10～0.25 mm，0.5 L/min)

图 4-46　取样孔 1 和 9 处 MTBE 浓度预测和试验结果对比(0.10～0.25 mm，1.0 L/min)

3. 不同位置点 MTBE 浓度预测与试验结果对比

图 4-47～图 4-49 为 0.50～1.00 mm 粒径砂土中，在三种进气流量(0.5 L/min、1.0 L/min、1.5 L/min)下，三个取样孔位置处(取样孔 1、5、9)，三个典型时间点(1 h、4 h、8 h 或 12 h)预测的 MTBE 浓度与试验实测的浓度比较。表 4-9 为预测和试验实测具体数据。

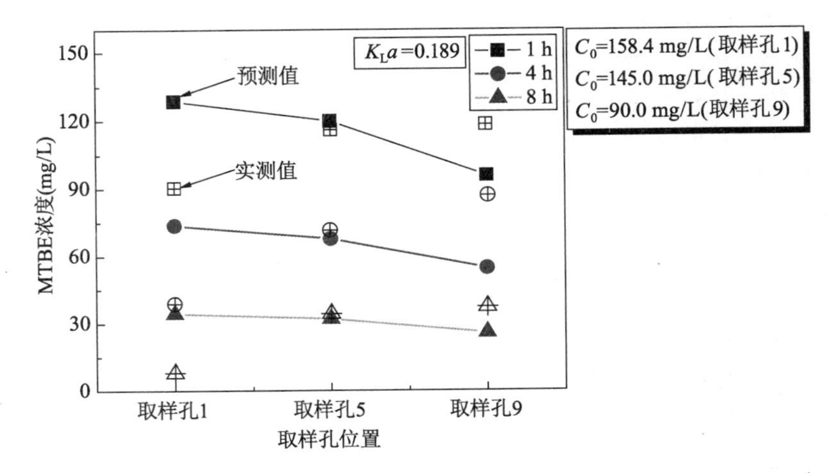

图 4-47　三个位置处 MTBE 浓度预测值和实测值对比(0.50～1.00 mm, 0.5 L/min)

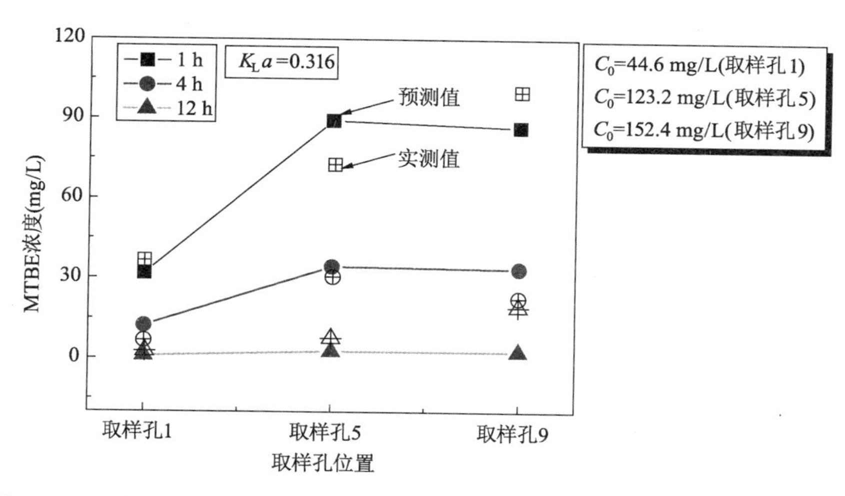

图 4-48 三个位置处 MTBE 浓度预测值和实测值对比(0.50～1.00 mm, 1.0 L/min)

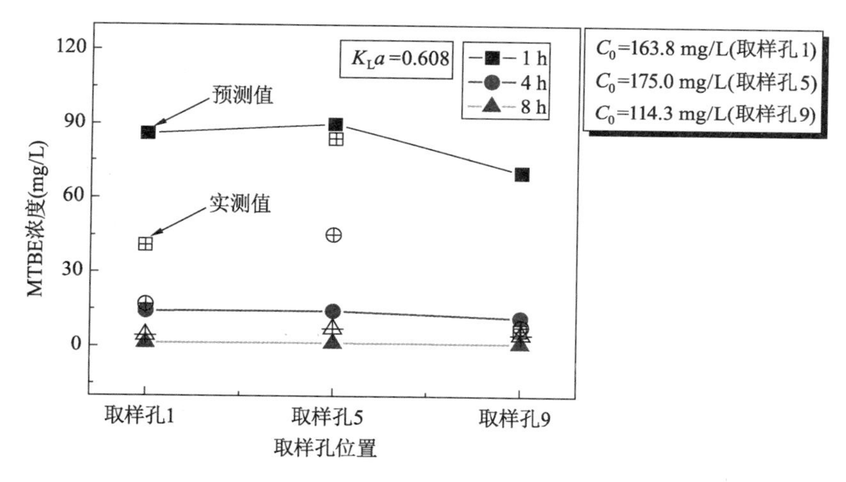

图 4-49 三个位置处 MTBE 浓度预测值和实测值对比(0.50～1.00 mm, 1.5 L/min)

从图中可以看出，1 h时，预测的浓度与实测浓度误差较大，随着时间的增大，误差逐渐缩小，8 h或12 h时，预测的浓度与实测浓度较为接近。同时还可以看出，不同进气流量下的误差略有差别，总体上看，0.5 L/min流量时的误差最大，1.5 L/min流量时的误差次之，1.0 L/min时的误差最小。

表 4-9 MTBE 浓度预测值和实测值对比

进气流量/(L·min^{-1})	取样位置点	MTBE浓度/(mg·L^{-1})					
		1 h		4 h		8 h(12 h)	
		预测值	实测值	预测值	实测值	预测值	实测值
0.5	取样孔 1	128.7	90.3	73.8	38.2	34.3	7.9
	取样孔 5	119.8	119.6	67.8	71.6	31.9	33.1
	取样孔 9	95.8	117.9	54.6	88.1	25.7	37.4

(续表)

进气流量/(L·min⁻¹)	取样位置点	MTBE浓度/(mg·L⁻¹)					
		1 h		4 h		8 h(12 h)	
		预测值	实测值	预测值	实测值	预测值	实测值
1.0	取样孔 1	31.8	36.2	12.3	6.1	0.98	2.6
	取样孔 5	89.2	72.6	34.4	30.8	2.78	7.6
	取样孔 9	86.8	102.6	33.6	22.2	2.71	20.8
1.5	取样孔 1	85.8	40.6	14.2	16.6	1.26	4.6
	取样孔 5	89.8	83.7	14.3	45.1	1.26	7.0
	取样孔 9	70.2	112.4	11.6	86.4	1.04	4.1

参考文献

Braida W J, Ong S K, 2001. Air sparging effectiveness: Laboratory characterization of air-channel mass transfer zone for VOC volatilization[J]. Journal of Hazardous Materials,87(1/2/3):241-258.

Braida W, Ong S K, 2000. Modeling of air sparging of VOC-contaminated soil columns[J]. Journal of Contaminant Hydrology,41(3/4):385-402.

Chao K, Ong S K, Huang M, 2008. Mass transfer of VOCs in laboratory-scale air sparging tank[J]. Journal of Hazardous Materials,152(3):1098-1107.

Chao K, Ong S K, Protopapas A, 1998. Water-to-air mass transfer of VOCs: Laboratory-scale air sparging system[J]. Journal of Environmental Engineering,124(11):1054-1060.

Reddy K R, Adams J A, 1998. System effects on benzene removal from saturated soils and ground water using air sparging[J]. Journal of Environmental Engineering,124(3):288-299.

Zogorsky J, Morduchowitz A, Baehr A, et al., 1997. Fuel oxygenates and water quality coordinated by the interagency oxygenated fuel assessment[R]. Washington, DC: Office of Science and Technology Policy, Executive Office of the President.

贾绍义,柴诚敬,2001.化工传质与分离过程[M].北京:化学工业出版社.

第5章 表面活性剂溶液强化 IAS 去除 MTBE 污染机理与效果研究

通过在曝气过程中引入表面活性剂，其最主要的作用就是降低地下水的表面张力，从而减小水气两相毛细压力，提高空气在地下水中的饱和度，扩大气流影响范围，增加气流对低渗透性地层的穿透能力。同时，表面活性剂还能够促进土体颗粒中许多难溶有机物（如石油烃污染物）的解吸和溶解，使吸附在土颗粒表面的有机污染物得到有效去除，增强污染场地修复效果。

本章首先对表面活性剂 SDBS 降低表面张力的规律进行了研究，然后进一步探讨了盐度以及 pH 对其效果的影响。此外，基于 Batch 试验对有机污染物 MTBE 在土中的吸附和表面活性剂对 MTBE 的增溶和解吸附作用进行了研究。

5.1 表面活性剂强化 IAS 修复作用机理研究

5.1.1 试验材料及测试仪器

5.1.1.1 土体材料基本性质

由于自然界中纯净的砂土很少见，大多含有一定的细粒（黏粒或粉粒）成分。在我国长江中下游地区广泛分布着富含云母、长石的片状颗粒砂，它是一种具有明显特征的粉细砂，以南京河西地区最为典型，周镜院士将其命名为南京砂（朱建群，2007）。考虑细粒含量下砂土的曝气修复机理对长江中下游地区的污染场地处理更具有现实意义，但一般认为地下水曝气修复技术更适用于高渗透性的砂土层，因此仅在本章中对含细粒砂土对有机污染物的吸附以及表面活性剂在其中的解吸附作用进行了相关机理试验。

在前期调研工作中，对南京某工业污染场地的土壤进行了现场取样，其颗粒分析结果如表 5-1 所示，其细粒含量为 55.6%。因此，在本章后续试验中选择两种砂土粒径范围：0.075～0.25 mm 以及 0.5～1.0 mm。另外，在砂土中添加高岭土作为细粒，细粒含量分别为 10%、30%和 50%。

表 5-1　污染土颗粒组成

粒径/mm	>0.25	0.25～0.1	0.1～0.075	0.075～0.005	<0.005
颗粒组成/%	1.5	17.3	25.6	44.8	10.8

本试验选用的砂土为河砂，其主要矿物成分是二氧化硅，河砂的颜色为灰白色-灰黄色，主要技术指标如表 5-2 所示。

表 5-2　试验用河砂主要技术参数

参数	数值	参数	数值
二氧化硅(SiO_2)含量/%	≥98.6	磨损率/%	0.3
比重	2.66	破碎率/%	0.6
表观密度/$g \cdot cm^{-3}$	1.75	熔点/℃	1 750
莫氏硬度	7.5	沸点/℃	2 550
盐酸可溶率/%	0.2	不均匀系数	$K_{80} \leqslant 1.7$

本试验中选用徐州矿务局夹河高岭土厂生产的商业高岭土。高岭土的基本物理力学性质为：塑限(搓条法)23%，液限 32%，比重(比重瓶法)2.65，比表面积 77 m^2/g，最优含水率 15%，最大干密度 1.70 g/cm^3。高岭土的化学成分如表 5-3 所示。

表 5-3　高岭土的化学成分

成分	Al_2O_3	Fe_2O_3	TiO_2	SiO_2	烧失量	水分
含量/%	37	0.4	0.6	46	14.5	1.5

5.1.1.2　表面活性剂 SDBS 基本性质

本研究选用十二烷基苯磺酸钠(SDBS)作为表面活性剂，采用分析纯级试剂，其主要物理化学参数见表 5-4 所示。SDBS 是一种阴离子型表面活性剂，为白色或淡黄色粉状或片状固体，因生产成本低、性能好，因而用途广泛。SDBS 作为去污剂的主要成分，广泛应用于洗衣粉、洗衣液和家居表面去污剂等家用清洁护理领域；作为乳化剂、分散剂、抗结块剂等，应用于农药领域；作为发泡剂、原油破乳剂等应用于石油行业。SDBS 在洗涤剂中使用的量最大，主要有支链结构(ABS)和直链结构(LAS)两种。支链结构生物降解性小，会对环境造成污染。而直链结构易生物降解，生物降解性可大于 90%，对环境污染程度小。

表 5-4　十二烷基苯磺酸钠(SDBS)主要物理化学参数

参数	数值
摩尔质量/($g \cdot mol^{-1}$)	348.48
密度/($g \cdot mL^{-1}$)	1.05
亲水亲油平衡值	10.638
临界胶束浓度/($mmol \cdot L^{-1}$)	1.2
在水中溶解度/($g \cdot L^{-1}$)(25℃)	20

5.1.1.3 有机污染物 MTBE 基本性质

本研究中选取甲基叔丁基醚(MTBE)作为挥发性有机污染物，采用化学纯级试剂，纯度为 99.5%。此外，气相色谱分析用标准品为色谱纯。MTBE 常被添加于无铅汽油中作为抗爆剂，在化工及生物领域也有广泛的应用，相关研究证明其会对环境产生污染(ATSDR, 1996)。

MTBE 为一种无色透明、黏度低的挥发性液体，具有特殊气味。MTBE 蒸气密度大于空气，可沿地面扩散，它与空气可形成爆炸性混合物。MTBE 蒸气对人体皮肤、眼睛、黏膜及上呼吸道具有刺激性。因此试验过程中应远离火源，保持室内良好的通风条件，并佩戴手套与口罩，避免 MTBE 与眼睛、皮肤直接接触。

5.1.1.4 测试仪器

试验中测量溶液表面张力使用上海方瑞仪器有限公司生产的 BZY-201 型自动表面/界面张力仪(图 5-1)，其主要技术参数如表 5-5 所示。

图 5-1 BZY-201 型自动表面/界面张力仪

表 5-5 BZY-201 型自动表面/界面张力仪主要技术参数

测试方式	铂金板法	数据显示	LCD 显示屏
操作方式	样品台手动升降，自动测量	温度范围	15～60℃
测试范围	0～400 mN/m	测量时间	测量低浓度样品液需 3～5 s
灵敏度	0.01 mN/m	容器常量	最小 15 mL
测量精度	±0.04 mN/m	数据输出	RS 232C 串口或选配 USB 数据接口
重复性	±0.04 mN/m	电压	市电 AC220V，1 A

试验中测量 pH、电导率、溶解氧(DO)、氧化还原电位(ORP)等参数时，使用 Horiba 公司生产的 F74BW 台式主机和 D-75 便携式主机配合相应的电极进行测量。

5.1.2 试验内容与方案

5.1.2.1 SDBS 溶液表面张力变化规律及其影响因素

1) SDBS 溶液表面张力随浓度变化规律

配制浓度分别为 0 mg/L、50 mg/L、100 mg/L、200 mg/L、300 mg/L、400 mg/L、500 mg/L、600 mg/L、1 000 mg/L 的 SDBS 溶液，用表面张力仪及电导率电极分别测定其表面张力值与电导率值。

2) pH 对 SDBS 溶液表面张力的影响

配制一系列浓度为 0～1 000 mg/L 的 SDBS 溶液，用表面张力仪及电导率电极测定其初始表面张力及电导率。然后用浓度为 10%(质量比)的 HCl 溶液和 10%(质量比)的 NaOH 溶液将配制好的表面活性剂溶液的 pH 分别调节至 2、4、6、8 和 10。最后测定其表面张力及电导率。

3）盐度对 SDBS 溶液表面张力的影响

配制一系列浓度为 0～1 000 mg/L 的 SDBS 溶液，用表面张力仪及电导率电极测定其初始表面张力及电导率。然后添加一定质量的 NaCl，使其盐度分别为 0.5‰、1‰、2.5‰、5‰、10‰、15‰、20‰、40‰、60‰、80‰和 100‰（质量比）。最后测定不同盐度下溶液的表面张力及电导率。

方案中盐度的范围基本覆盖了从淡水到卤水，如表 5-6 所示。

表 5-6　不同类型水的盐度范围

淡水	微咸水	咸水	卤水
＜0.5‰	0.5‰～30‰	30‰～50‰	＞50‰

5.1.2.2　SDBS 对 MTBE 的增溶作用

在容器中加入 0～1 000 mg/L 不同浓度的表面活性剂溶液 100 mL，用注射器向容器中注入 10 g MTBE（MTBE 在水中的溶解度是 20℃下为 4.3 g/100 g），密封后放入翻转振荡器以（29±2）r/min 的速度翻转 24 h，然后将容器静置 1 h，取一定体积的溶液分析污染物浓度。

5.1.2.3　SDBS 对 MTBE 在土中的解吸附作用

1）MTBE 在土中的吸附特性试验

参照 ASTM 规范 D5285-03（Materials F.A.S.T.，2003），关于液固比的确定，根据标准中的计算方法得出对于本研究中的挥发性有机污染物 MTBE，其计算所得液固比为 1.12，但标准中建议最小为 2，因此本研究中选择液固比为 2。将不同粒径的砂土风干后按照液固比 2∶1 与不同浓度的有机污染物溶液混合，并装入密封容器中（表 5-7）。将容器置于翻转振荡器中以（29±2）r/min 的速度翻转 24 h。然后将容器静置 1 h，取上清液分析有机污染物浓度。

表 5-7　MTBE 在土中的吸附试验方案

砂土粒径/mm	砂土质量/g		高岭土质量/g		MTBE 溶液体积/mL		MTBE 浓度/（mg・L^{-1}）		试验编号
0.075～0.25	49.5	5.5	110	50	100	200	500	1 000	FA1
	38.5	16.5	110	50	100	200	500	1 000	FA3
	27.5	27.5	110	50	100	200	500	1 000	FA5
0.5～1.0	49.5	5.5	110	50	100	200	500	1 000	CA1
	38.5	16.5	110	50	100	200	500	1 000	CA3
	27.5	27.5	110	50	100	200	500	1 000	CA5

2）SDBS 对 MTBE 在土中解吸附作用试验

为了便于分析 SDBS 的解吸附作用，对于吸附性相对较强的细粒含量为 50%且 MTBE 浓度为 1 000 mg/L 的样品，进行 24 h 的吸附平衡后，取上清液分析其中污染物 MTBE 的浓度，然后分别加入一定量的表面活性剂，使其浓度为 0 mg/L、50 mg/L、100 mg/L、200 mg/L、500 mg/L 和 1 000 mg/L，继续将容器置于翻转振荡器中以（29±2）r/min 的速度翻转 24 h，将容器静置 1 h 后取上清液分析有机污染物 MTBE 浓度。

5.1.3　试验结果与分析

5.1.3.1　SDBS 溶液表面张力变化规律及其影响因素

1）SDBS 溶液表面张力随浓度变化规律

通过测量不同 SDBS 浓度水溶液的表面张力，得出表面张力随 SDBS 浓度变化的曲线如图 5-2 所示。从图中可以看出，当 SDBS 溶度低于 400 mg/L 时，水溶液的表面张力随 SDBS 浓度的增大快速减小。去离子水的表面张力为 72.30 mN/m，当 SDBS 浓度为 400 mg/L时，溶液的表面张力仅为 29.77 mN/m。另外，当 SDBS 浓度超过 400 mg/L 后，随着 SDBS 浓度的继续升高，溶液表面张力基本保持不变。因此，可得出表面活性剂 SDBS 的临界胶束浓度(CMC)约为 400 mg/L。

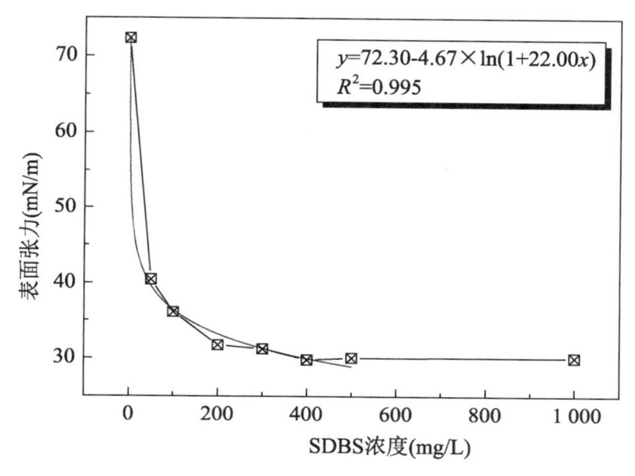

图 5-2　SDBS 溶液表面张力随浓度变化曲线

希斯科夫经验公式(侯新朴，2005)表示表面张力与浓度之间的关系较为合适，尤其在稀溶液中，因此我们尝试通过这一经验公式进行非线性拟合，对试验数据进行处理：

$$\sigma = \sigma_0 - \sigma_0 \times b \times \ln\left(1 + \frac{C}{a}\right) \tag{5-1}$$

式中：σ 为溶液的表面张力；σ_0 为溶剂的表面张力；a、b 为待定参数；C 为溶液浓度。

对浓度为 0～500 mg/L 范围内 SDBS 溶液表面张力数据拟合后的曲线如图 5-2 所示，试验结果与拟合的结果较符合，拟合曲线可以较好地反映 SDBS 溶液表面张力的变化特性。

本试验在测量不同 SDBS 浓度水溶液的表面张力的同时，也测量了其电导率，结果如图 5-3 所示。由于表面活性剂溶液的许多物理化学性质随着胶束的形成而发生突变，电导率增长趋势在到达临界胶束浓度(CMC)后也会发生改变。本章通过电导法测定 SDBS 的 CMC 约为 413 mg/L，与前文表面张力法得出的结果较为一致。

2）pH 对 SDBS 溶液表面张力的影响

在研究 pH 对 SDBS 溶液表面张力的影响之前，首先测量了不同浓度 SDBS 溶液的初始 pH，其结果如图 5-4 所示。从图中可以看出 pH 随着表面活性剂浓度的升高并没有太大的变化，基本都在 6.5～7.0 之间。

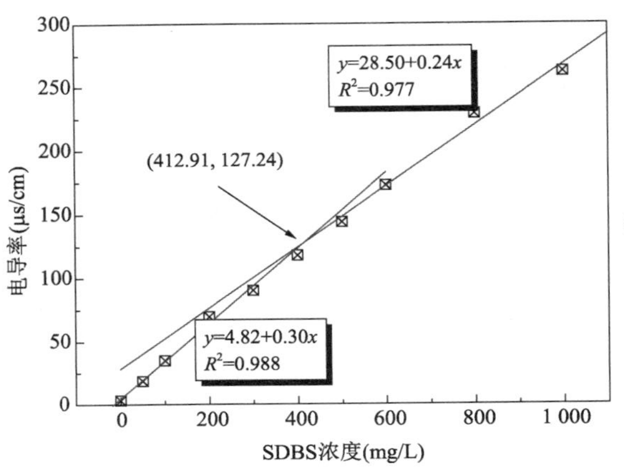

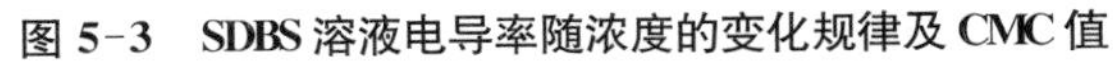

图 5-3　SDBS 溶液电导率随浓度的变化规律及 CMC 值

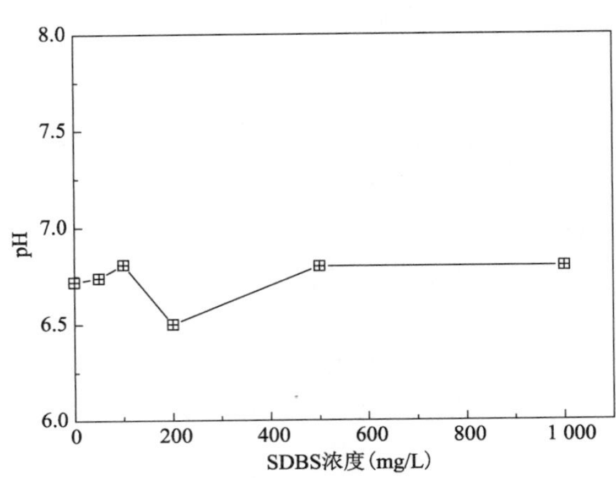

图 5-4　不同浓度 SDBS 溶液初始 pH

图 5-5 为不同 pH 下 SDBS 溶液表面张力随浓度的变化曲线，不同 pH 下其基本变化规律较为一致，初始阶段 SDBS 溶液的表面张力均随着浓度的升高而明显降低，当 SDBS 浓度到达 400 mg/L 后表面张力基本保持不变。从图中还可以看出，在相同浓度下，pH 为 2 时的表面张力最低，而在 pH 为 12 时的表面张力最高，说明表面张力随 pH 的升高略有增大。另外，在 SDBS 浓度为 400 mg/L 时，各 pH 下的表面张力值都较低，可能是由于该点处于 SDBS 的 CMC 值附近。

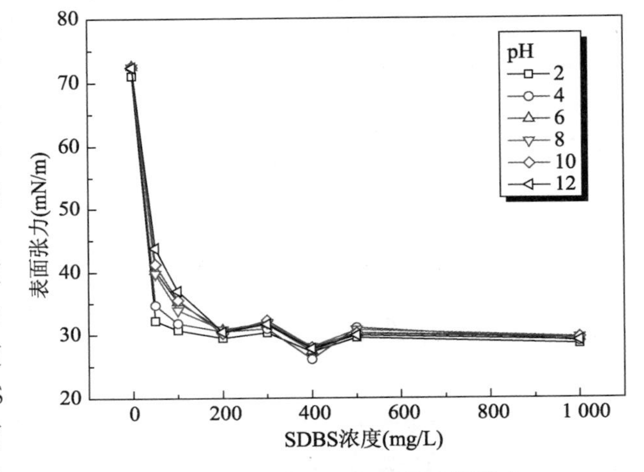

图 5-5　不同 pH 下 SDBS 溶液表面张力随浓度变化规律

图 5-6 为不同浓度下 SDBS 溶液表面张力随 pH 的变化曲线。从图中可以看出，去离子水的表面张力基本不随 pH 的变化而变化。各 SDBS 浓度下，随着 pH 的增大，溶液的表面张力值均有逐渐升高的趋势，且 SDBS 浓度越低，其溶液的表面张力随 pH 增大而升高的趋势越明显。

同样的，在测量不同 pH 下不同 SDBS 浓度溶液的表面张力的同时，也测量了其电导率，并通过电导率法测定了不同 pH 下 SDBS 的 CMC 值(图 5-7)。pH 为 4、6、8 和 10 时 SDBS 的 CMC 值分别为 373 mg/L、335 mg/L、314 mg/L 和 333 mg/L，当 pH 为 2 和 12 时，由于加入的 HCl 和 NaOH 溶液对由 SDBS 引起的电导率变化的干扰过大，导致用电导率法无法得出相应的 CMC 值。从 CMC 值随着 pH 的变化规律可以看出(图 5-8)，加入 HCl 或是 NaOH 都会降低 SDBS 的表面张力值，但是 pH 的变化对 SDBS 的 CMC 值没有明显影响。

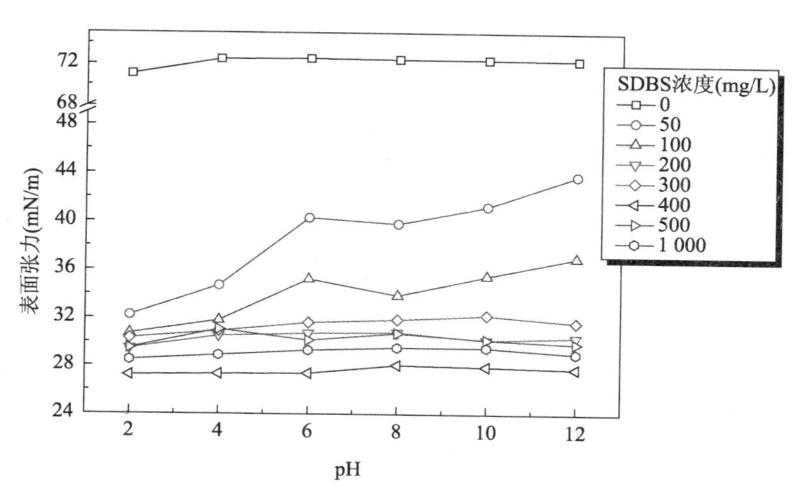

图 5-6 不同浓度下 SDBS 溶液表面张力随 pH 变化规律

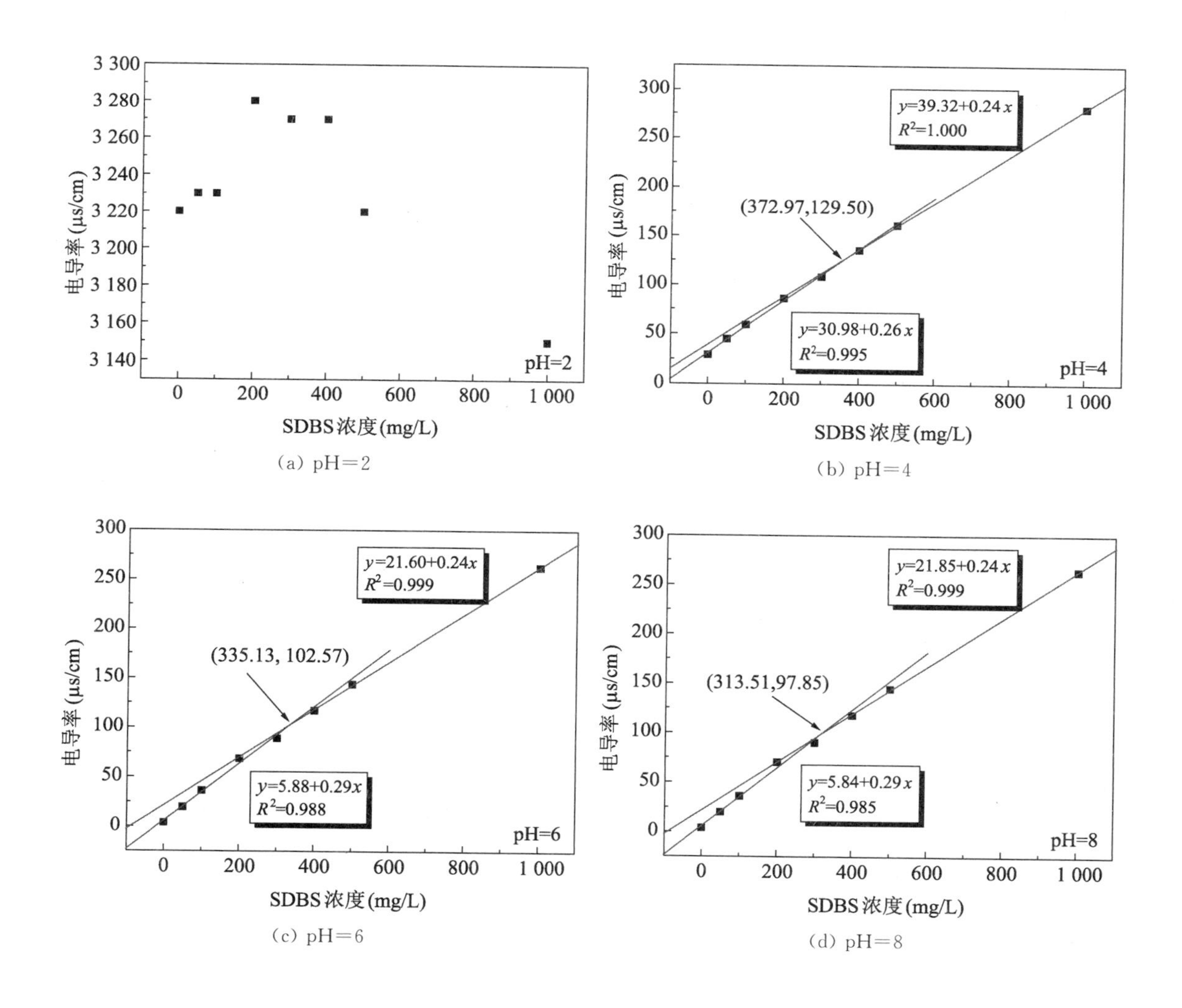

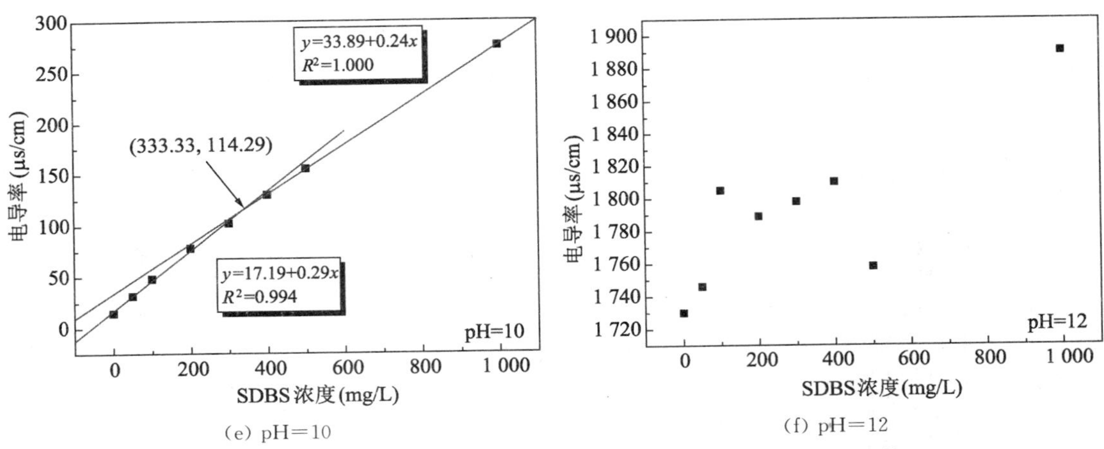

(e) pH=10　　(f) pH=12

图 5-7　不同 pH 下 SDBS 溶液电导率随浓度的变化规律及 CMC 值

3）盐度对 SDBS 溶液表面张力的影响

图 5-9 为不同盐度下 SDBS 溶液表面张力随浓度变化的规律，初始阶段 SDBS 溶液的表面张力均随着浓度的升高而明显降低，当 SDBS 浓度到达某一阈值后表面张力基本保持不变。根据这一变化规律，可大致将盐度分为两组，一组为盐度 0～10‰[图 5-9(a)]，另一组为盐度 15‰～100‰[图 5-9(b)]。第一组盐度下，SDBS 溶液表面张力随着浓度的升高逐渐降低，然后基本保持不变。而第二组盐度下，SDBS 溶液的表面张力在 50 mg/L 时就已经达到最低，随着浓度的升高基本保持不变。

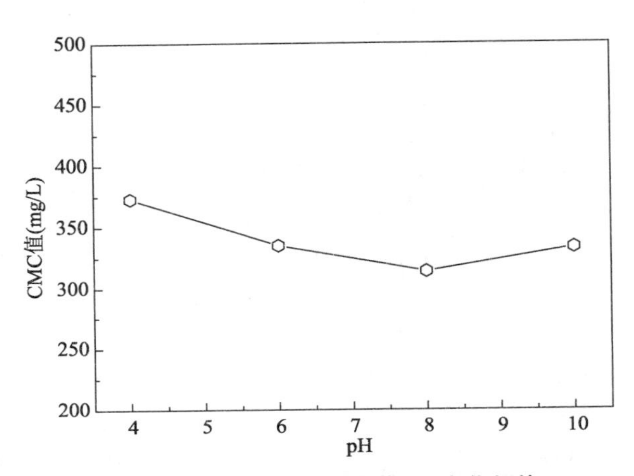

图 5-8　SDBS 的 CMC 值随 pH 变化规律

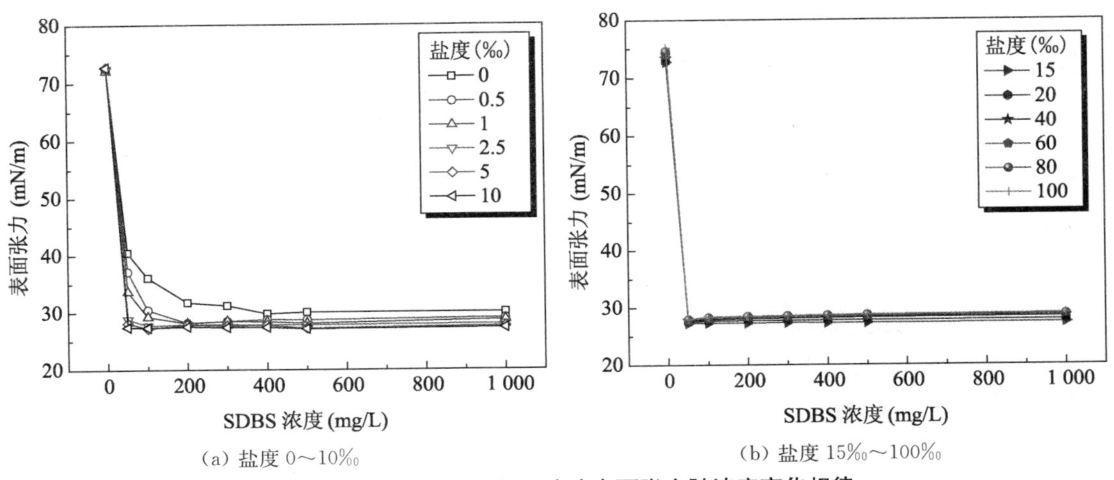

(a) 盐度 0～10‰　　(b) 盐度 15‰～100‰

图 5-9　不同盐度下 SDBS 溶液表面张力随浓度变化规律

从不同SDBS浓度下表面张力随盐度的变化规律(图5-10)可以看出：去离子水的表面张力随着盐度的升高逐渐增大，但增幅较小。盐度为0和100‰时，去离子水的表面张力分别为72.3 mN/m和75.2 mN/m；在盐度≤15‰时，各浓度下SDBS溶液的表面张力均随着盐度的升高明显减小；在盐度≥15‰时，表面张力随着盐度的升高有增大的趋势，但增幅较小。

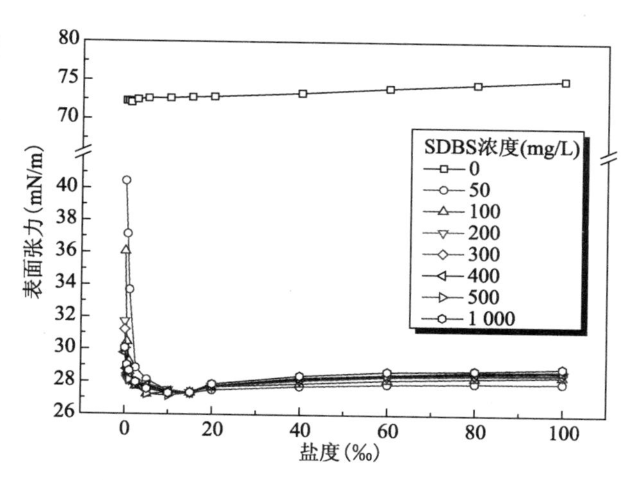

图5-10 不同浓度下SDBS溶液表面张力随盐度的变化规律

同样的，在测量不同盐度下不同SDBS浓度溶液的表面张力的同时，也测量了其电导率，并通过电导率法测定了不同盐度下SDBS的CMC值(图5-11)。

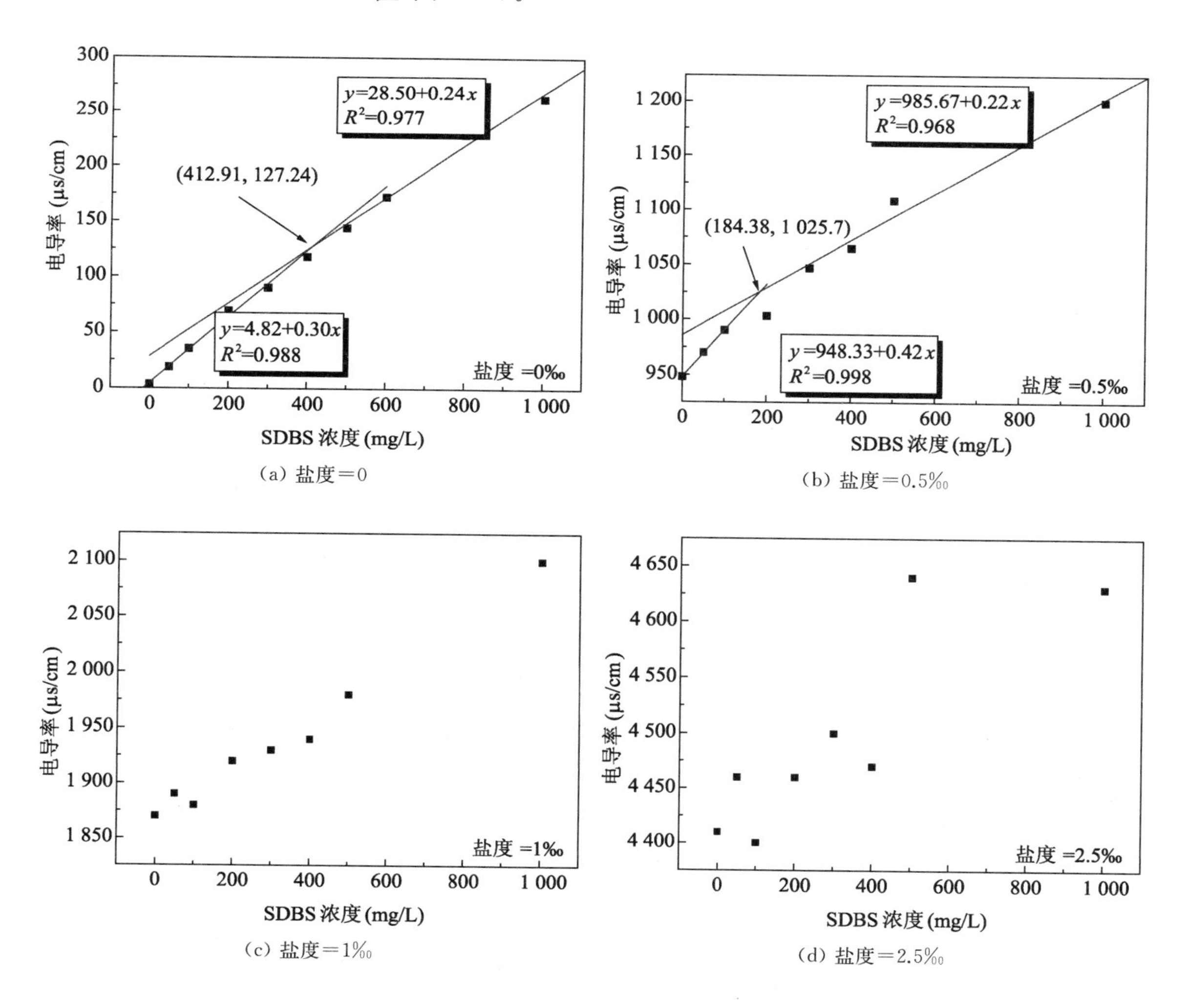

(a) 盐度=0

(b) 盐度=0.5‰

(c) 盐度=1‰

(d) 盐度=2.5‰

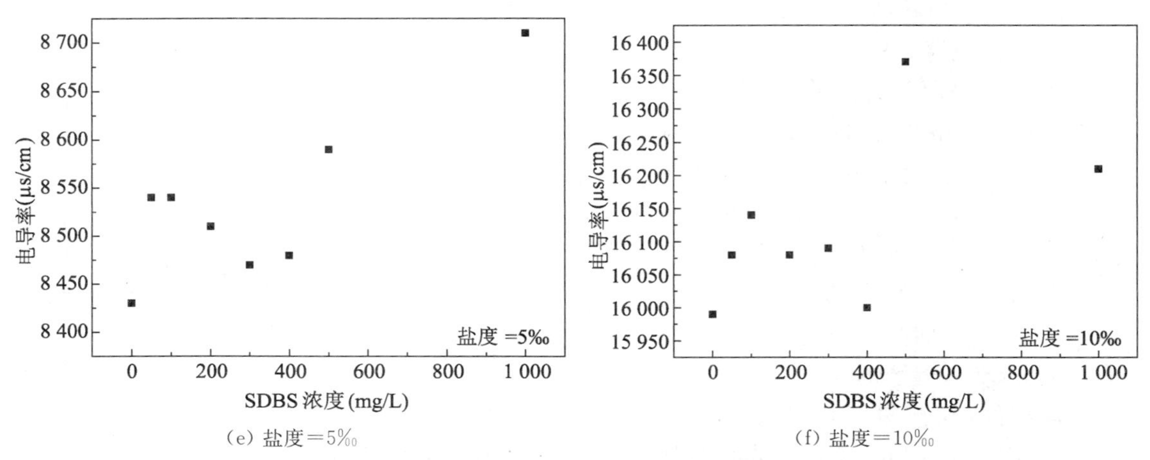

(e) 盐度=5‰　　(f) 盐度=10‰

图 5-11　不同盐度下 SDBS 溶液电导率随浓度的变化规律及 CMC 值

从图中可以看出，盐度为 0 时 SDBS 的 CMC 为 413 mg/L，而盐度为 0.5‰时 SDBS 的 CMC 仅为 184 mg/L。当盐度继续增大时，由于无机盐的存在对电导率测量值影响过大，导致无法继续使用电导率法确定 SDBS 的 CMC 值。但是，通过图 5-9 中不同盐度下 SDBS 溶液表面张力随浓度的变化规律，由表面张力法可大致得出：盐度为 1‰时 CMC 值在 100～200 mg/L 之间；盐度为 2.5‰时 CMC 值约在 100 mg/L 左右；盐度为 5‰时 CMC 值在 50～100 mg/L 之间；盐度为 10‰时 CMC 值在 50～100 mg/L 之间；盐度为 15‰时 CMC 值约在 50 mg/L 左右；盐度≥20‰时 CMC 值均在 50 mg/L 以下。因此，无机盐的存在可以使 SDBS 的 CMC 值显著降低。

另一方面，通过试验发现，无机盐的加入还能使表面活性剂溶液的胶束聚集数增加、胶束变大。图 5-12 所示为盐度为 0.5‰时不同 SDBS 浓度的溶液，从左至右依次为 0 mg/L、50 mg/L、100 mg/L、200 mg/L、500 mg/L 和 1 000 mg/L。由于前文得出结论，在盐度为 0.5‰时 SDBS 的 CMC 值约为 184 mg/L，图中 SDBS 溶液浓度 200 mg/L 时可以明显看到溶液变浑浊，反映出有大量胶束形成。而在未加入 NaCl 的溶液中，即使 SDBS 浓度达到 1 000 mg/L，溶液也很清澈。因此，无机盐的加入明显使胶束变大(赵涛涛，2010)。

图 5-12　盐度为 0.5‰时不同 SDBS 浓度的溶液

从以上试验结果可知，无机盐的存在使得 SDBS 溶液的临界胶束浓度(CMC)显著降低，且在 SDBS 浓度相同的情况下，一定量的无机盐可以显著降低溶液的表面张力。另外，无机盐的加入还能使表面活性剂的胶束聚集数增加、胶束变大。其他学者的研究还表明，无机盐的加入还能为有机污染物提供更大的增溶空间，促进污染物在水中的溶解（李隋等，2008）。因此，在实际应用中可以在表面活性剂中添加适量的无机盐，增强表面活性剂作用效果，从而降低成本。

5.1.3.2 SDBS对MTBE的增溶作用

图5-13为不同SDBS浓度下MTBE在水中的最大溶解浓度，从图中可以看出在SDBS浓度较低的情况下，表面活性剂的增溶效果不是很明显。当SDBS浓度达到200 mg/L后，随着溶液中胶束的逐渐形成，表面活性剂对MTBE的增溶作用得到显著的体现。

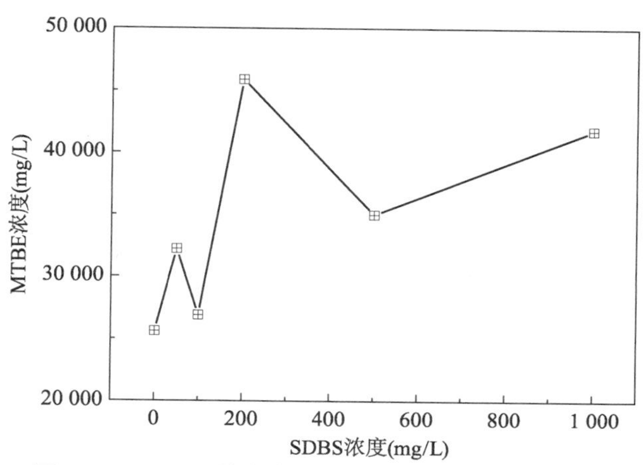

图5-13 MTBE最大溶解浓度随SDBS浓度变化规律

图5-14为翻转震荡前后的照片，从左至右SDBS浓度依次为0 mg/L、50 mg/L、100 mg/L、200 mg/L、500 mg/L和1 000 mg/L。翻转震荡前，加入的MTBE与表面活性剂溶液间有明显的分层现象，且由于MTBE密度比水小，因此MTBE层位于表面活性剂溶液上面[图5-14(c)]。翻转震荡后，随着MTBE的溶解，分层现象变得不明显，溶液中SDBS浓度越高，分层现象越不明显，且随着胶束对MTBE增溶作用的体现，溶液也逐渐变得浑浊[图5-14(d)]。

(a) 翻转震荡前

(b) 翻转震荡后

(c) SDBS浓度为1 000 mg/L翻转震荡前

(d) SDBS浓度为1 000 mg/L翻转震荡后

图5-14 翻转震荡前后现象对比

5.1.3.3 SDBS 对 MTBE 在土中的解吸附作用

图 5-15 所示为不同细粒含量下两种砂土对 MTBE 的等温吸附曲线。从图中可以看出，吸附等温曲线为“S”形，表明在高浓度下其吸附机理为有机-有机相互作用，MTBE 更倾向于束缚在砂土颗粒边缘的 MTBE 本身，而不是直接吸附在砂土颗粒表面（Semer and Reddy，1998）。Semer 等(1998)在研究曝气过程中甲苯的去除机理时，也发现了甲苯在砂土中的类似吸附规律。另外，各细粒含量下 0.5～1.0 mm 砂土中吸附的 MTBE 量均高于 2.0～4.0 mm 砂土。随着细粒含量的增加，砂土对 MTBE 的吸附性略有提高。

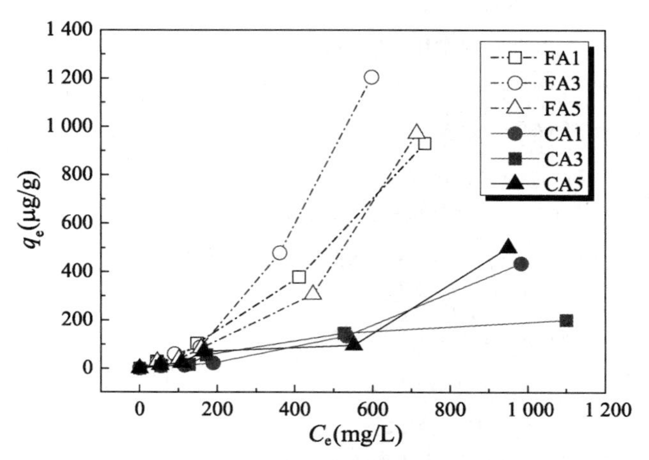

图 5-15 MTBE 在不同细粒含量砂土上的吸附等温曲线

Freundlich 模型被普遍用于描述非极性有机污染物在土上的吸附规律，因此将等温吸附的试验数据用 Freundlich 模型进行模拟，以解释不同细粒含量下粗细两种砂土对 MTBE 的吸附行为。Freundlich 模型假设吸附剂的平衡常数和吸附容量之间存在一定的关系，此模型可用方程表示为：

$$\ln q_e = \ln K_F + N \ln C_e \tag{5-2}$$

式中：q_e是平衡时单位质量土表面吸附的溶质质量(μg/g)；C_e是溶液的平衡浓度(mg/L)；K_F是 Freundlich 常数，与吸附容量和强度相关；N 是表示吸附强度的常数。

拟合结果如表 5-8 所示，从相关系数 R^2 可以看出 Freundlich 模型与试验数据的相关性都很好。常数 N 对于不同细粒含量及粒径砂土均大于 1，这可能是由于其主要吸附机理为有机-有机相互作用，在增加吸附量的同时，有更多的 MTBE 可以吸附于其本身(Semer and Reddy，1998)，从而促进了 MTBE 的进一步吸附。

表 5-8 MTBE 在土中等温吸附参数

编号	拟合公式	R^2	K_F	N
FA1	$\ln q_e = -1.974 + 1.295\ln C_e$	0.930	−1.974	1.295
FA3	$\ln q_e = -2.610 + 1.488\ln C_e$	0.964	−2.610	1.488
FA5	$\ln q_e = -1.974 + 1.295\ln C_e$	0.930	−1.974	1.295
CA1	$\ln q_e = -3.947 + 1.416\ln C_e$	0.943	−3.947	1.416
CA3	$\ln q_e = -1.959 + 1.073\ln C_e$	0.917	−1.959	1.073
CA5	$\ln q_e = -1.860 + 1.118\ln C_e$	0.868	−1.860	1.118

图 5-16 所示为 SDBS 对 MTBE 的解吸附率与 SDBS 浓度的关系。从图中可以看出，当 SDBS 的浓度低于 500 mg/L 时，SDBS 的加入不但没有使吸附在土上的 MTBE 解吸附，

反而促进了 MTBE 在土上的吸附。当 SDBS 的浓度大于 500 mg/L 时，其对 MTBE 的解吸附作用才得到体现。这是由于 SDBS 在低浓度下，其自身在土壤中的吸附形成新的吸附介质，促进了 MTBE 在固相中的吸附作用。只有当 SDBS 在土壤中达到吸附饱和并在溶液中形成胶束时，SDBS 才能促进 MTBE 的解吸附。Zhou 等(Zhou and Zhu, 2007)对非离子型表面活性剂对土壤中 PAHs 的解吸作用的研究结果也表明，低浓度表面活性剂作用下，在表面活性剂溶液中形成胶束之前，土壤/水体系中表面活性剂在土壤中的吸附量急剧增大直至达到吸附饱和，吸附态的表面活性剂增强了 PAHs 在土壤中的吸附能力。

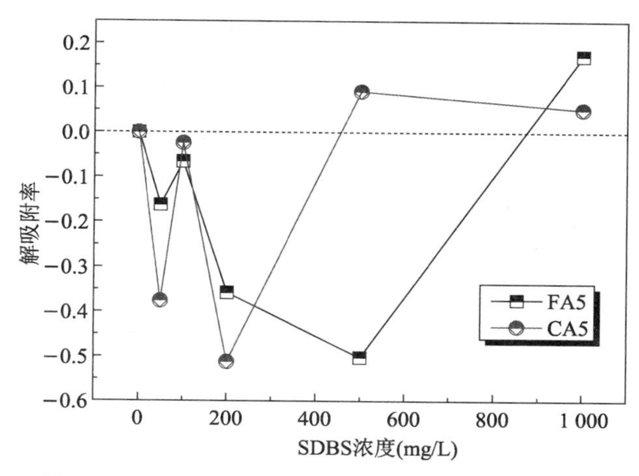

图 5-16 SDBS 对 MTBE 的解吸附率与其浓度间关系

5.2 表面活性剂溶液强化 IAS 去除 MTBE 效果研究

本节通过常规曝气与泡沫化 SDBS 曝气的对比，研究表面活性剂强化曝气在去除 MTBE 时的实际效果，并对去除过程进行了集总参数分析，得出相应的集总参数 K_La 值。

5.2.1 试验方法及测试技术

5.2.1.1 SDBS 强化曝气去除 MTBE 一维模型试验方法

本小节进行两种曝气条件下的一维模型试验，如图 3-8 和图 5-17 所示，分别为常规曝气去除 MTBE 和泡沫化表面活性剂曝气去除 MTBE，以更好地评价 SDBS 对曝气去除 MTBE 的强化效果。试验中取样点位置见图 3-1 所示。

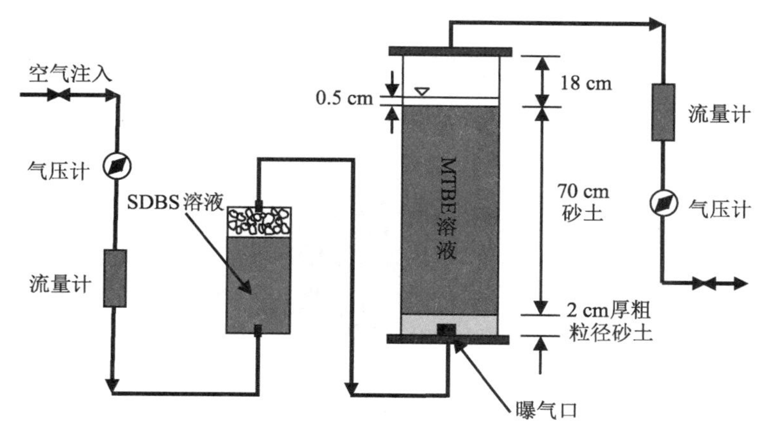

图 5-17 泡沫化表面活性剂强化曝气去除 MTBE 一维试验方法示意图

5.2.1.2 SDBS强化曝气去除MTBE二维模型试验方法

二维模型中SDBS强化曝气去除MTBE试验方法与二维气相运动规律试验方法也基本一致，只是在饱和过后多一个污染物注入的过程。由于地下水挥发性有机物污染一般来源于地下储油罐等的泄漏，因此二维模型试验中通过直接注入自由相NAPLs污染物的方式来引入有机污染物。当采用自来水对模型箱内砂土预饱和结束后，通过长的注射器针头从砂土顶部插入内部对应于取样孔24号的中间位置注入MTBE 3.5 mL，静置12 h后取水样测试初始MTBE浓度，在曝气过程中分别在曝气2 h、4 h、8 h和12 h取样测试MTBE浓度，待曝气修复24 h后停止曝气并取样测试最终MTBE浓度。曝气修复过程中，本章同样进行两种曝气条件下的二维模型试验，如图5-18和图5-19所示，分别为常规曝气去除MTBE和泡沫化表面活性剂曝气去除MTBE。对于常规曝气，控制曝气流量为1.0 L/min；而对于泡沫化表面活性剂的曝气则控制空气输入时的流量为1.0 L/min。

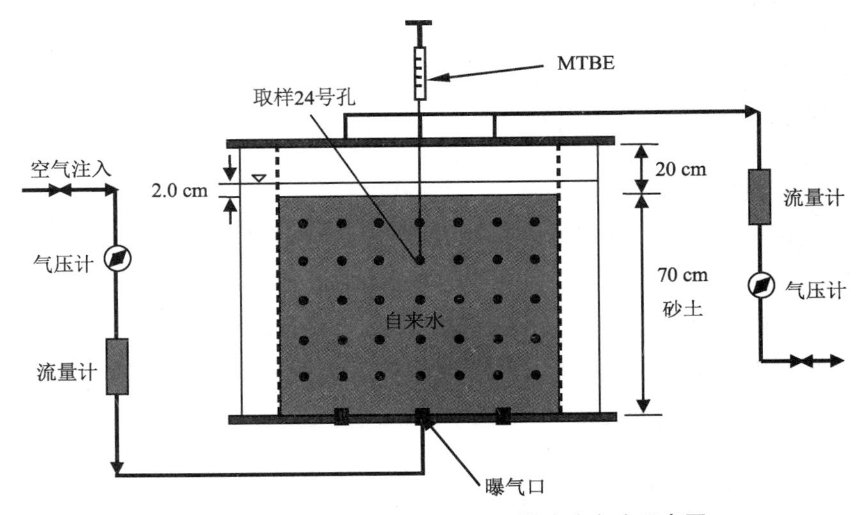

图5-18 常规曝气去除MTBE二维试验方法示意图

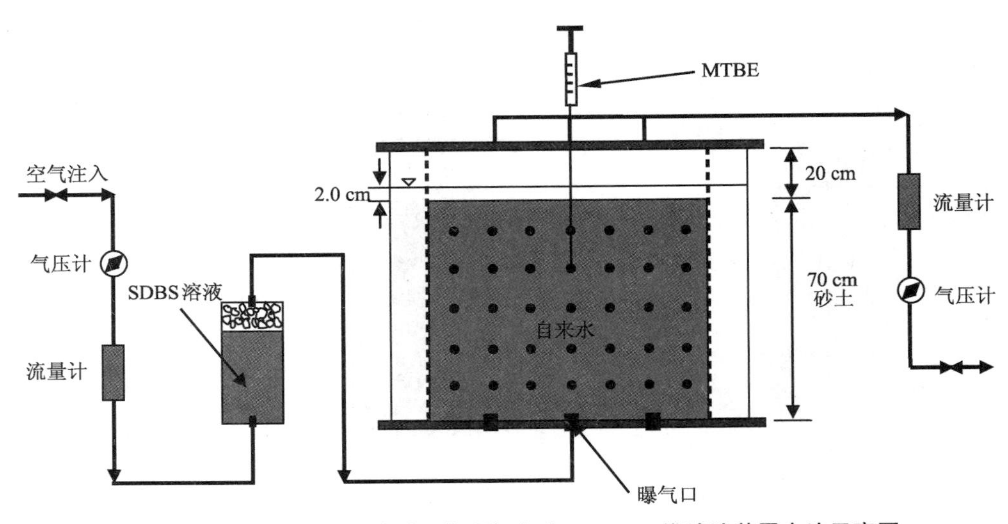

图5-19 泡沫化表面活性剂强化曝气去除MTBE二维试验装置方法示意图

在 SDBS 强化曝气去除 MTBE 模型试验中，本章共进行了如表 5-9 所示的各种不同条件下的曝气试验，包括两种粒径的砂土，每种粒径的砂土包括常规曝气以及泡沫化表面活性剂曝气两种情况。

表 5-9　SDBS 强化曝气去除 MTBE 试验方案

模型	砂土粒径/mm	是否注入表面活性剂	表面活性剂注入方式
一维	0.5～1.0	否	—
		是	气体带动 1 000 mg/L SDBS 产生泡沫进入砂土
	2.0～4.0	否	—
		是	气体带动 1 000 mg/L SDBS 产生泡沫进入砂土
二维	0.5～1.0	否	—
		是	气体带动 1 000 mg/L SDBS 产生泡沫进入砂土
	2.0～4.0	否	—
		是	气体带动 1 000 mg/L SDBS 产生泡沫进入砂土

5.2.1.3　MTBE 浓度测试

试验过程中取样步骤如下(图 5-20)：

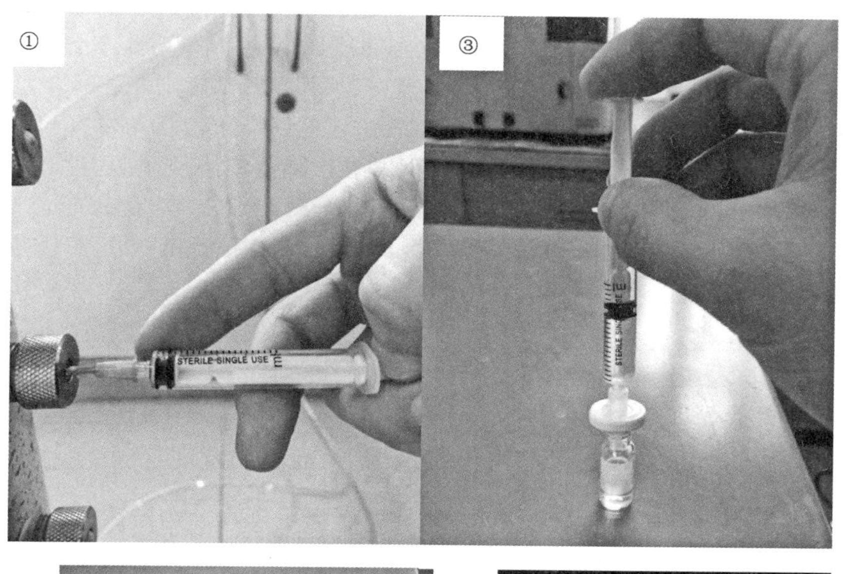

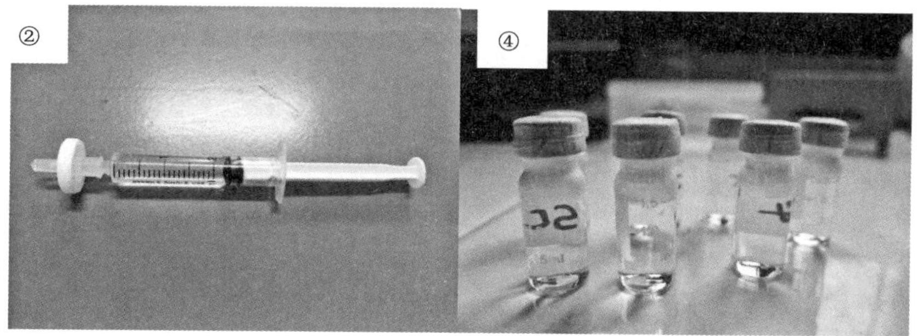

图 5-20　MTBE 水样采取步骤

① 适当拧松取样口螺帽，将 2 mL 一次性注射器插入硅胶塞，缓慢抽取水样；

② 拔出注射器，并拿下针头，换上针头滤器，缓慢将水样注入 2 mL 螺纹口色谱进样瓶；

③ 尽量将 2 mL 进样瓶注满，减少顶部空间，然后盖上螺纹盖，螺纹盖内含有 PTFE/红色硅橡胶隔垫；

④ 用封口膜密封螺纹盖处，然后置于 4℃的冰箱中保存，并在 7 天内完成测试。

MTBE 浓度测试所用仪器包括安捷伦气相色谱质谱联用仪(7890A-5975C)以及吹扫捕集自动进样器，如图 5-21 所示。

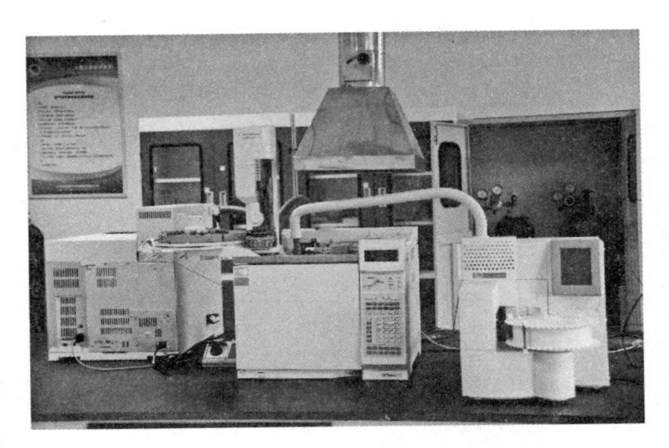

图 5-21　安捷伦气相色谱质谱联用仪

5.2.2　表面活性剂强化曝气修复一维模型试验

5.2.2.1　曝气去除 MTBE 浓度变化

1) 0.5～1.0 mm 砂土

从 MTBE 浓度的变化规律(图 5-22)可以看出，不论是常规曝气还是泡沫化 SDBS 曝气去除 MTBE，都是一维土柱底部(取样点 1)的 MTBE 浓度降低最快，土柱顶部(取样点 9)的 MTBE 浓度降低最慢，而土柱中部(取样点 5)的 MTBE 浓度则介于两者之间。取样点位置参见图 3-1。分析其主要原因如下：①空气由土柱底部通入，底部的 MTBE 受到空气的直接吹脱作用，水和空气充分接触，因此 MTBE 浓度降低较快；②由于空气是从模型柱底部向顶部运移，底部的 MTBE 首先挥发进入空气，当空气继续向顶部运移时，空气中已带有一定量的 MTBE，导致顶部的 MTBE 去除较慢，因此只有当下部的 MTBE 浓度较低时，上部的 MTBE 才开始得到有效的去除。

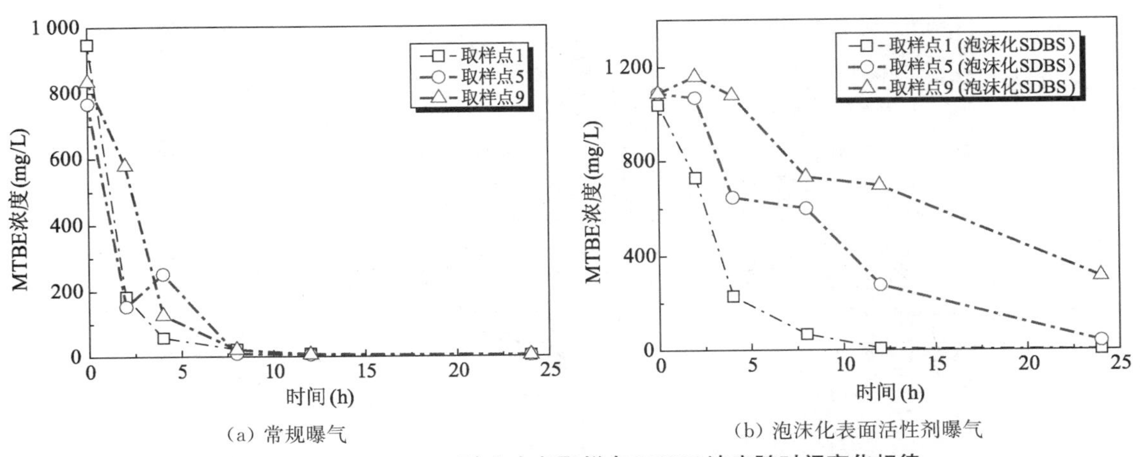

(a) 常规曝气　　(b) 泡沫化表面活性剂曝气

图 5-22　0.5～1.0 mm 砂土中各取样点 MTBE 浓度随时间变化规律

为了对 0.5～1.0 mm 砂土中常规曝气和泡沫化表面活性剂曝气两种条件时不同初始 MTBE 浓度条件下数据进行平行比较，并能直观反映上中下各点浓度差，对 MTBE 以取样点 1 的初始浓度进行归一化后如图 5-23(a)所示。由于在泡沫化 SDBS 曝气时气体并不是连续曝入模型柱的，而是气体和表面活性剂泡沫交替进入模型柱，类似于间歇曝气的过程。因此泡沫化表面活性剂曝气时的实际曝气时间要短于常规曝气，试验过程中通过记录曝气的周期，将总的时间换算成空气连续注入的时间后如图 5-23(b)所示。从图中可以看出，以曝气修复试验开始后累计时间为横坐标时，泡沫化表面活性剂曝气时，相同时间下的浓度均高于常规曝气。而以曝气过程压缩空气连续注入砂土层的时间为横坐标时，泡沫化表面活性剂曝气时取样点 1 的去除效果明显好于常规曝气，而取样点 5 和 9 则由于表面活性剂泡沫运移速度的限制，泡沫尚未完全到达取样点所在区域，前期表面活性剂泡沫的强化作用较弱，随着时间的推移可以看出，取样点 5 和 9 MTBE 浓度降低的速率逐渐高于常规曝气。到达约 8 h 时，泡沫化表面活性剂曝气情况下取样点 5 的 MTBE 浓度已经基本与常规曝气一致，因此可以推断再曝气一段时间后取样点 9 的浓度也将低于常规曝气。

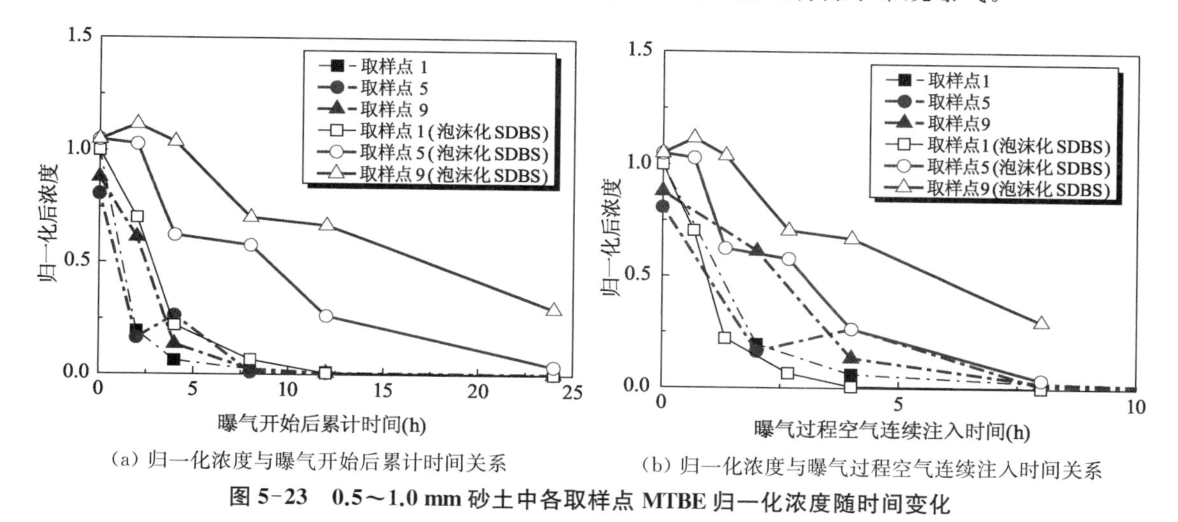

图 5-23　0.5～1.0 mm 砂土中各取样点 MTBE 归一化浓度随时间变化

2) 2.0～4.0 mm 砂土

从 MTBE 浓度的变化规律可以看出，与 0.5～1.0 mm 砂土中类似，一维土柱底部(取样点 1)的 MTBE 浓度降低最快，土柱顶部(取样点 9)的 MTBE 浓度降低最慢，而土柱中部(取样点 5)的 MTBE 浓度则介于两者之间。

同时，从图 5-24 中还可以看到，在空气注入的初始阶段，模型柱顶部(取样点 9)处的 MTBE 浓度不但没有下降，反而有一定程度的升高。这是因为在曝气的初始阶段，模型柱底部的 MTBE 大量挥发进入空气，随着空气的上升被带到上部后，又再次溶解进入孔隙水中，从而导致上部 MTBE 浓度的升高。Reddy 和 Adams(1998)利用一维模型装置进行曝气法去除苯的室内试验研究时，也观察到了在曝气初始阶段土柱上部苯的浓度先上升后下降的现象。陈华清和李义连(2010)通过数值模拟的方法模拟曝气修复苯的过程中，也发现了模型上部污染物浓度在初期不降反增的现象。

另外，在泡沫化表面活性剂曝气的试验中，模型柱中部位置(取样点 5)处在曝气初期 MTBE 的浓度也出现了小幅的上升，且上部位置处(取样点 9)MTBE 浓度上升的幅度也更大。这是由于表面活性剂完全进入模型柱需要一定的时间，在曝气初期，表面活性剂泡沫的强化修复作用仅局限于模型柱底部，导致底部(取样点 1)的 MTBE 浓度迅速降低，由于

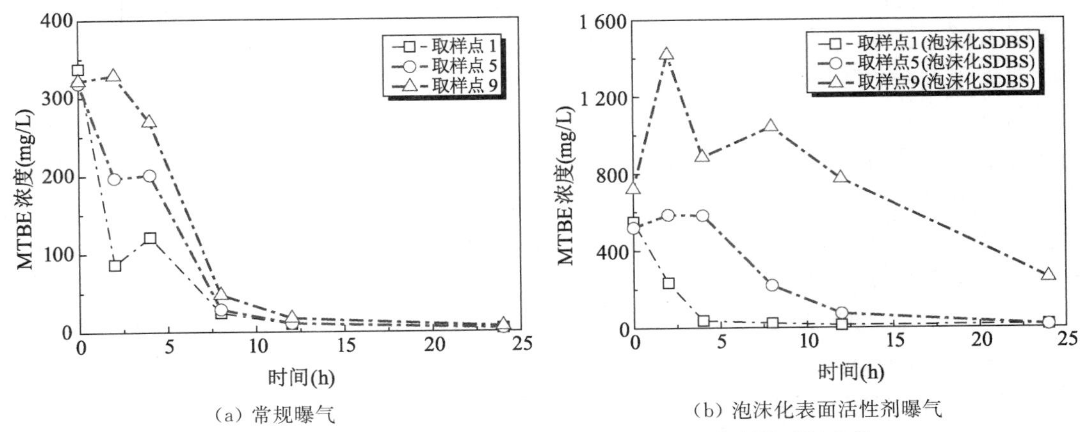

(a) 常规曝气　　(b) 泡沫化表面活性剂曝气

图 5-24　2.0～4.0 mm 砂土中各取样点 MTBE 浓度随时间变化

有大量的溶解相 MTBE 进入气相，因此随空气上升到模型中部时便有少量 MTBE 开始再次溶解于水中，导致取样点 5 处 MTBE 浓度在曝气开始初期小幅上升，且取样点 9 处 MTBE 浓度上升幅度也更大。

在 0.5～1.0 mm 砂土的常规曝气修复试验中，取样点 9 的 MTBE 浓度在曝气初期并没有出现不降反增的情况，这可能是由于①MTBE 在 0.5～1.0 mm 砂土中整体的去除速率较快，上部取样点的浓度未明显升高时便得到有效去除；②由于气体在 0.5～1.0 mm 砂土中以微通道的方式运动，气体在土柱中停留的时间相对较短，且与孔隙水的接触面积也相对较小，因此 MTBE 到达上部后再次溶解的现象不是很明显。

将浓度进行归一化处理后如图 5-25 所示，从图中可以看出，以曝气开始后累计时间为横坐标时，泡沫化表面活性剂曝气时仅有取样点 1 的去除效果好于常规曝气。而以曝气过程空气连续注入时间为横坐标时，泡沫化表面活性剂曝气时仅有取样点 1 和取样点 5 的去除效果均好于常规曝气。取样点 9 的 MTBE 浓度虽然高于常规曝气，但浓度降低的速率高于常规曝气，因此可以推断再曝气一段时间后其浓度也将低于常规曝气。

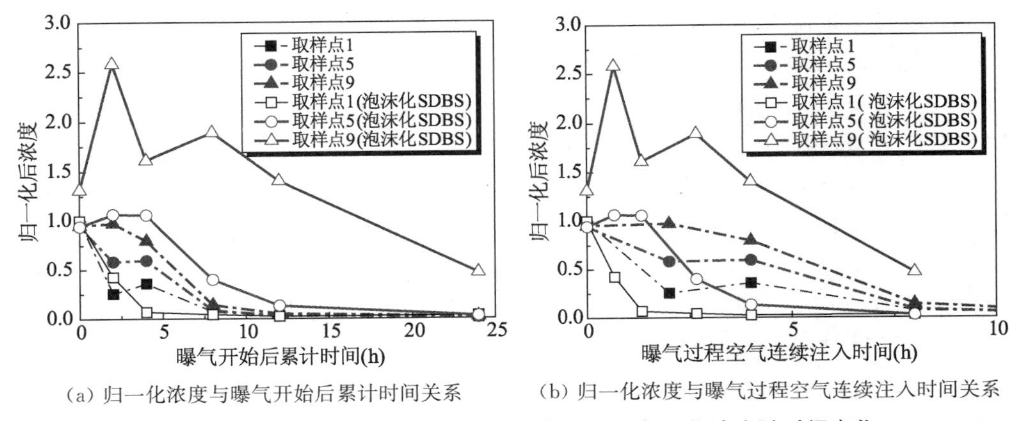

(a) 归一化浓度与曝气开始后累计时间关系　　(b) 归一化浓度与曝气过程空气连续注入时间关系

图 5-25　2.0～4.0 mm 砂土中各取样点 MTBE 归一化浓度随时间变化

5.2.2.2 一维模型曝气去除 MTBE 效果分析

曝气修复的去除效果可以通过挥发性有机污染物的去除率和去除时间进行评价。定义去除率为曝气修复某时刻，水中挥发出来的污染物质量与初始污染物质量的比值，实际中以浓度进行计算：

$$R_{\mathrm{MTBE}}=\frac{C_0-C_{\mathrm{w}}}{C_0}\times 100\% \tag{5-3}$$

式中：R_{MTBE}为去除率(%)；C_0为初始浓度(mg/L)；C_{w}为某一时刻浓度(mg/L)。

从 MTBE 去除率与曝气开始后累计时间的关系[图 5-26(a)]可以看出，MTBE 在砂土中的去除效果从好到坏依次为 0.5～1.0 mm 砂土、2.0～4.0 mm 砂土、0.5～1.0 mm 砂土(泡沫化 SDBS)以及 2.0～4.0 mm 砂土(泡沫化 SDBS)。而如果从 MTBE 去除率与曝气过程空气连续注入时间的关系[图 5-26(b)]看，则泡沫化 SDBS 曝气的效果有显著的提升，2.0～4.0 mm 砂土中泡沫化 SDBS 曝气在后期要优于相同情况下常规曝气。0.5～1.0 mm 砂土中泡沫化 SDBS 曝气的去除率虽然仍低于常规曝气，但差别并不大，这可能是由于表面活性剂泡沫在 0.5～1.0 mm砂土中运移较慢，导致表面活性剂的作用在试验的时间内没有得到充分体现。

整体来看，表面活性剂的强化效果在 2.0～4.0 mm 砂土中体现得更明显。一方面是由于表面活性剂泡沫在 0.5～1.0 mm 砂土中运移速率较 2.0～4.0 mm 砂土慢，而另一方面可能是由于在 0.5～1.0 mm 砂土中常规曝气下的去除率已经相对较高，可提升空间不大。

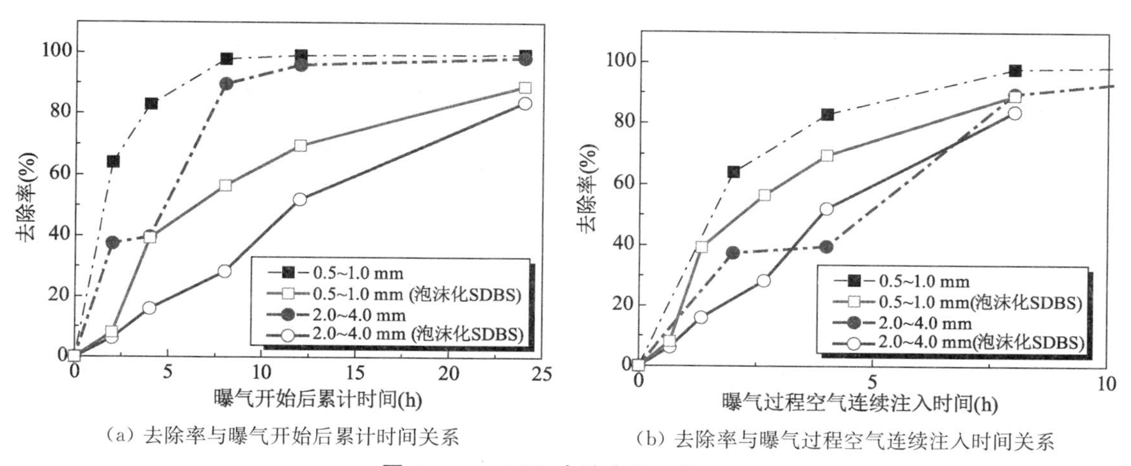

(a) 去除率与曝气开始后累计时间关系 (b) 去除率与曝气过程空气连续注入时间关系

图 5-26 MTBE 去除率随时间变化

5.2.3 表面活性剂强化曝气修复二维模型试验

5.2.3.1 曝气去除 MTBE 浓度变化

1) 0.5～1.0 mm 砂土

图 5-27 和图 5-28 所示分别为 0.5～1.0 mm 砂土中常规曝气和泡沫化表面活性剂曝气 24 h 情况下 MTBE 的初始和最终浓度分布。从曝气前 MTBE 浓度分布可以看出，MTBE 主要分布在注入点附近及注入点上方区域。另外，由于自由相 MTBE 密度小于水，属

于轻非水相液体，通过注射器从注入点注入后，除少量溶解和扩散外，有相当一部分自由相MTBE上浮至砂土上部水面附近，从而导致在取样点范围内初始溶解相MTBE浓度较低。

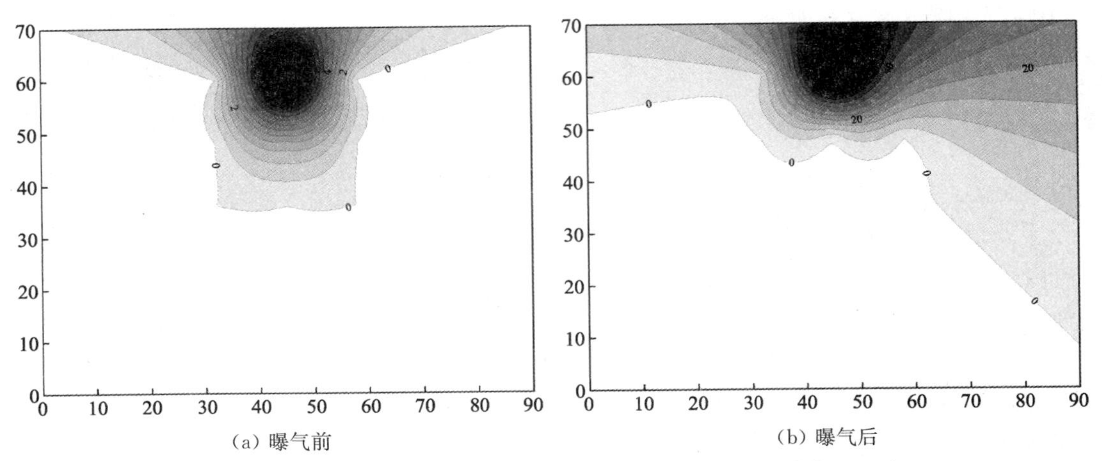

图 5-27　0.5～1.0 mm 砂土中常规曝气 MTBE 浓度分布(单位：mg/L)

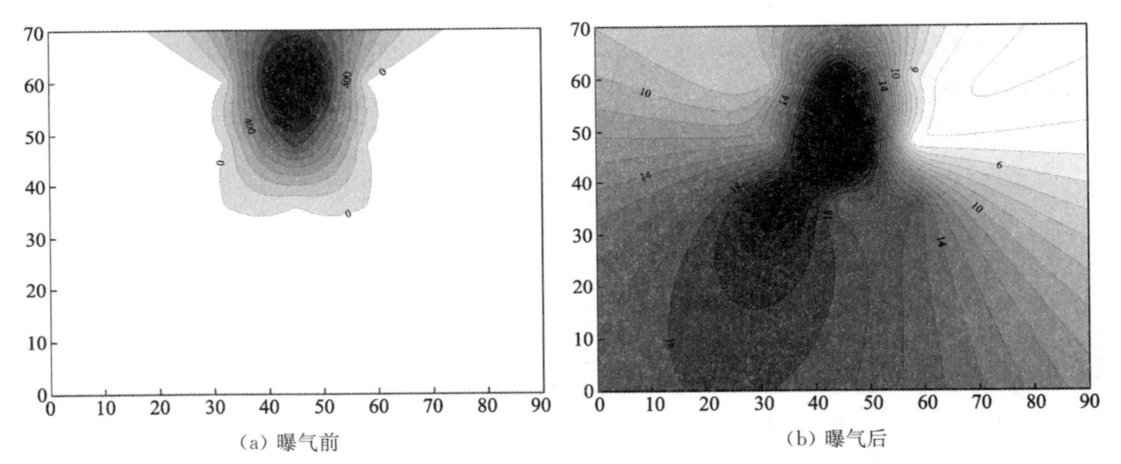

图 5-28　0.5～1.0 mm 砂土中泡沫化表面活性剂曝气 MTBE 浓度分布(单位：mg/L)

而曝气后MTBE浓度的分布范围较曝气前大，但各区域间浓度的差异较小。这是由于曝气过程中气体的通过对孔隙水的扰动作用，促进了孔隙水的扩散和对流，使得污染物MTBE分布范围扩大且浓度差异变小。另外，在常规曝气中，曝气后在取样范围内MTBE浓度反而高于曝气前，这是由于曝气前有大量MTBE分布于砂土上方的水面附近，曝气过程中引起的对流作用促进了上方高浓度MTBE溶液中的MTBE向下运动，从而导致了取样范围内浓度的不降反增，但整体浓度较曝气前还是有大幅的降低。

2) 2.0～4.0 mm 砂土

图5-29和图5-30所示分别为2.0～4.0 mm砂土中常规曝气和泡沫化表面活性剂曝气情况下MTBE的初始和最终浓度分布。与0.5～1.0 mm砂土中类似，曝气前MTBE主要分布在注入点附近及注入点上方区域。而表面活性剂曝气情况下初始MTBE浓度在注入点下方和侧方还有少量的分布，这可能是由于MTBE在2.0～4.0 mm砂土中的扩散快于

0.5～1.0 mm 砂土。另外，由于前文所述原因，2.0～4.0 mm 砂土中也出现了取样范围内 MTBE 浓度的不降反增。

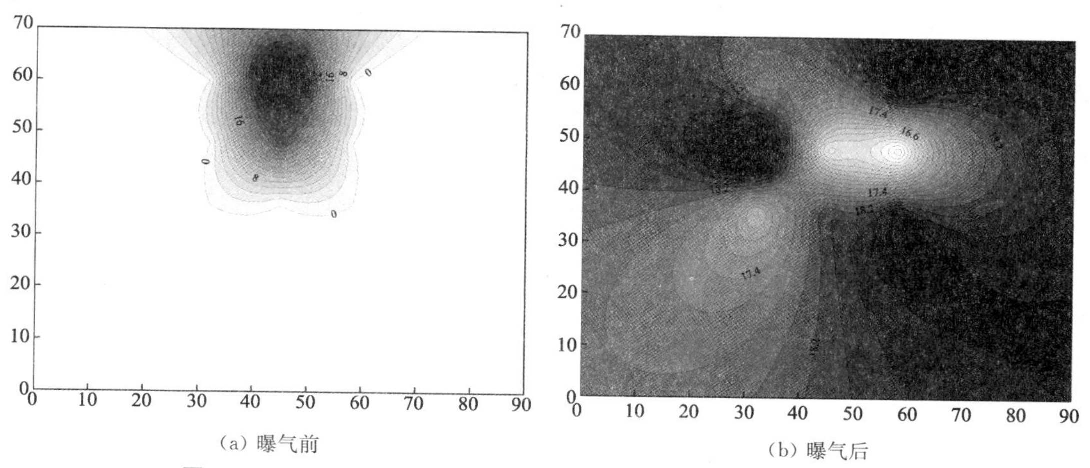

图 5-29　2.0～4.0 mm 砂土中常规曝气 MTBE 浓度分布(单位：mg/L)

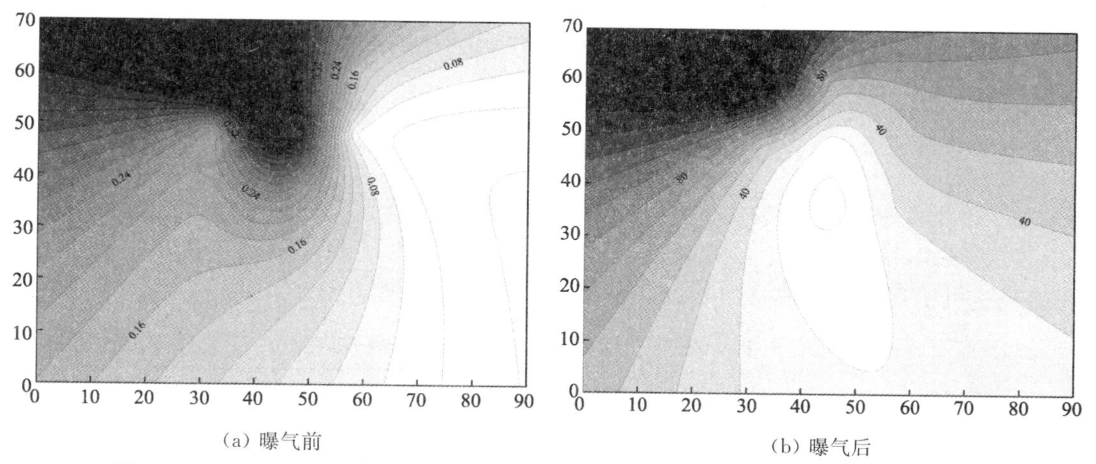

图 5-30　2.0～4.0 mm 砂土中泡沫化表面活性剂曝气 MTBE 浓度分布(单位：mg/L)

5.2.3.2　二维模型曝气去除 MTBE 效果分析

每一条件下曝气结束后，将模型箱中污染溶液全部排入同一容器中，搅拌使溶液充分混合后取样分析最终 MTBE 的平均浓度，以评价曝气去除 MTBE 的效果。

图 5-31 为各曝气条件下的最终去除率和去除速率，可以看出最终去除率从高到低依次为 0.5～1.0 mm 砂土常规曝气、2.0～4.0 mm 砂土常规曝气、2.0～4.0 mm 砂土泡沫化表面活性剂曝气和 0.5～1.0 mm 砂土泡沫化表面活性剂曝气。常规曝气条件下 0.5～1.0 mm 砂土的去除率要高于 2.0～4.0 mm砂土，这可能是因为气体在 0.5～1.0 mm 砂土中以微通道的方式运动，而在 2.0～4.0 mm 砂土中以气泡的方式运动，由于微通道数量较多，且可以维持土体的不饱和状态(胡黎明和刘毅，2008)，因此 0.5～1.0 mm 砂土的修复效果更好。相同条件下，泡沫化表面活性剂曝气的最终去除率要低于常规曝气，这是因为泡沫化表面活性剂曝气时由于存在泡沫进入的过程，实际曝气时间低于常规曝气。

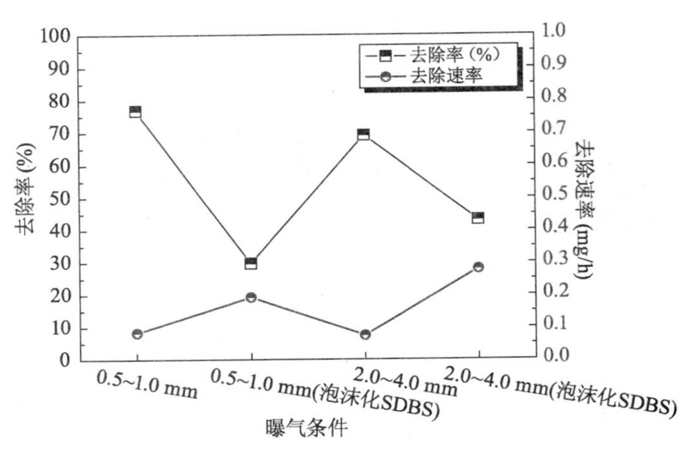

图 5-31　各曝气条件下去除率与去除速率

由于上述原因，通过各曝气条件下的 MTBE 去除速率来评价曝气修复效果，MTBE 去除速率从高到低依次为 2.0～4.0 mm 砂土泡沫化表面活性剂曝气、0.5～1.0 mm 砂土泡沫化表面活性剂曝气、0.5～1.0 mm 砂土常规曝气和 2.0～4.0 mm 砂土常规曝气。可见泡沫化表面活性剂曝气情况下曝气去除速率较常规曝气有明显的提高，且对 2.0～4.0 mm 砂土的强化效果优于 0.5～1.0 mm 砂土。

5.2.4　曝气去除 MTBE 集总参数研究

关于地下水曝气修复传质过程集总参数模型在 4.2 节已有详细说明，在此不再赘述。基于公式 4-10，结合饱和砂土中 MTBE 曝气修复室内试验测试结果，通过最小二乘回归分析的方法，可确定上述集总参数 $K_{L}a$（表 5-10，图 5-32 和图 5-33）。

表 5-10　曝气去除 MTBE 试验中集总参数 $K_{L}a$ 值

曝气条件	取样点	MTBE 浓度随曝气时间变化拟合公式	$K_{L}a$ /h^{-1}
0.5～1.0 mm	1	$C_{w}=948e^{-0.798t}$	0.798
	5	$C_{w}=767e^{-0.532t}$	0.532
	9	$C_{w}=835e^{-0.320t}$	0.320
0.5～1.0 mm(SDBS 泡沫)	1	$C_{w}=1040e^{-0.864t}$	0.864
	5	$C_{w}=1090e^{-0.291t}$	0.291
	9	$C_{w}=1090e^{-0.125t}$	0.125
2.0～4.0 mm	1	$C_{w}=338e^{-0.431t}$	0.431
	5	$C_{w}=319e^{-0.199t}$	0.199
	9	$C_{w}=322e^{-0.131t}$	0.131
2.0～4.0 mm(SDBS 泡沫)	1	$C_{w}=550e^{-1.465t}$	1.465
	5	$C_{w}=519e^{-0.254t}$	0.254
	9	$C_{w}=722e^{-0.028t}$	0.028

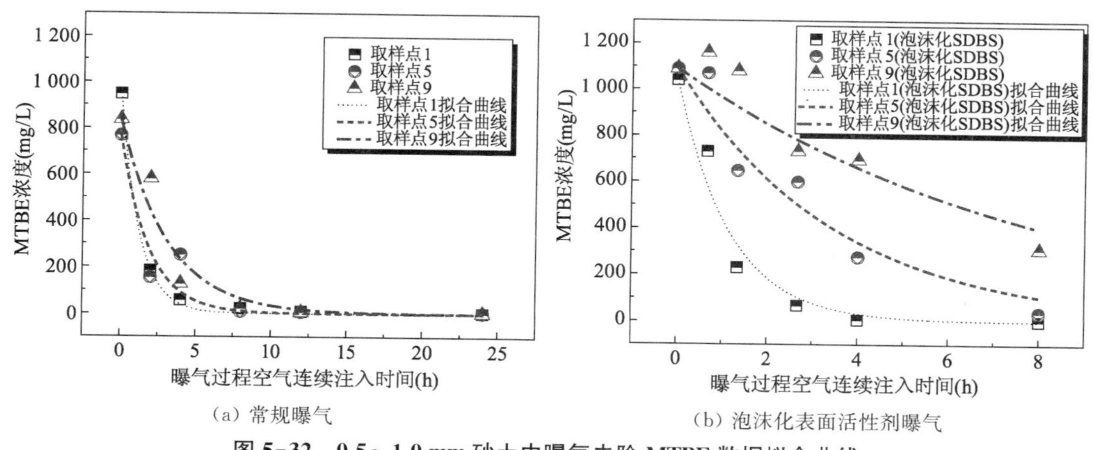

(a) 常规曝气　　(b) 泡沫化表面活性剂曝气

图 5-32　0.5～1.0 mm 砂土中曝气去除 MTBE 数据拟合曲线

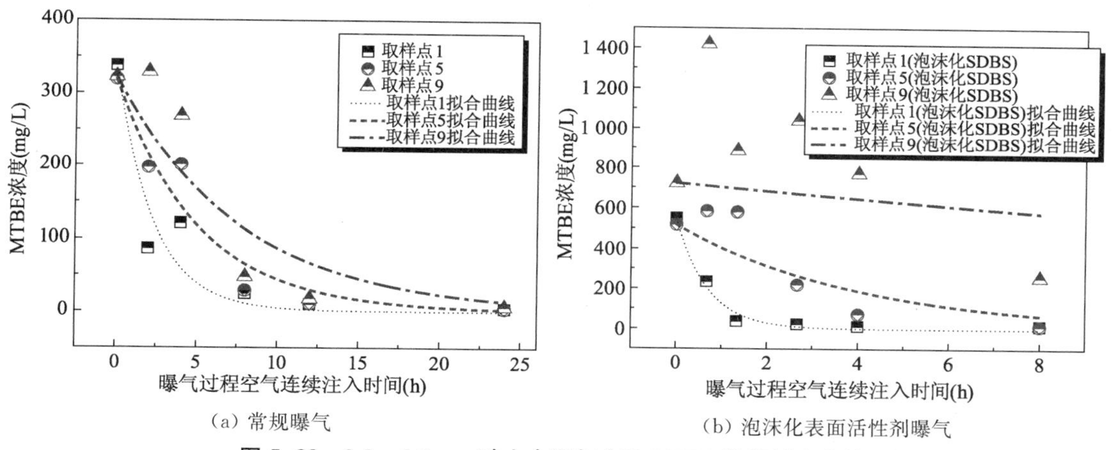

(a) 常规曝气　　(b) 泡沫化表面活性剂曝气

图 5-33　2.0～4.0 mm 砂土中曝气去除 MTBE 数据拟合曲线

表 5-11 所示为各曝气条件下各个取样点的集总参数 K_La 值，其变化规律如图 5-34 所示，从图中可以看出各曝气条件下取样点 1、5 和 9 的 K_La 逐渐减小，即模型柱从底部到顶部的传质速率逐渐减小。正如前文所述，这是由于底部的气体通道中为清洁的空气，污染物在气液界面处挥发并被空气带走，在空气向上运动的过程中，气体通道中污染物的浓度逐渐升高，污染物在气液界面处挥发并被带走的行为受到抑制，从而影响了顶部的传质速率。

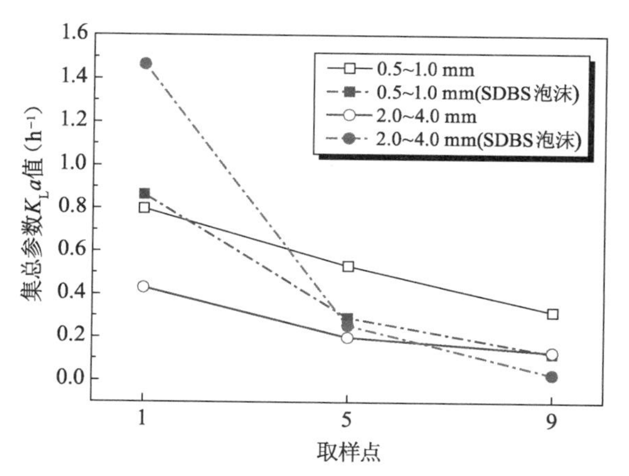

图 5-34　各曝气条件下不同取样点的集总参数 K_La 值

泡沫化 SDBS 曝气的情况下，对于 0.5～1.0 mm 砂土，取样点 1 的 K_La 值高于常规曝气；而对于 2.0～4.0 mm 砂土，取样点 1 和 5 的 K_La 值均高于常规曝气。从中可以看出①由于表面活性剂泡沫完全进入模型柱需一定的时间，且表面活性剂泡沫在 2.0～4.0 mm 砂土中运移速率快于0.5～1.0 mm砂土，因此在 2.0～4.0 mm 砂土中受到表面活性剂泡沫强化修复的范围大于 0.5～1.0 mm 砂土；②受到表面活性剂泡沫强化修复的范围内，集总参数 $K_{L}a$ 值得到了显著提升，可见表面活性剂加入后加快了 MTBE 的传质速率。

参考文献

ATSDR, 1996. Toxicological profile for methyl tert-butyl ether[R]. Atlanta.

Materials F A S T, 2003. ASTM D5285: Standard test method for 24-hour batch-type measurement of volatile organic sorption by soils and sediments[S]. American Society for Testing and Materials, West Conshohocken, PA USA.

Reddy K R, Adams J A, 1998. System effects on benzene removal from saturated soils and ground water using air sparging[J]. Journal of Environmental Engineering, 124(3): 288-299.

Semer R, Reddy K R, 1998. Mechanisms controlling toluene removal from saturated soils during in situ air sparging[J]. Journal of Hazardous Materials, 57(1/2/3): 209-230.

Zhou W, Zhu L, 2007. Efficiency of surfactant-enhanced desorption for contaminated soils depending on the component characteristics of soil-surfactant-PAHs system[J]. Environmental Pollution, 147(1): 66-73.

Zogorski J, Morduchowitz A, Baehr A, et al., 1997. Fuel oxygenates and water quality coordinated by the interagency oxygenated fuel assessment[R]. Washington, DC: Office of Science and Technology Policy, Executive Office of the President.

陈华清，李义连，2010.地下水苯系物污染原位曝气修复模拟研究[J].中国环境科学，30(1)：46-51.

侯新朴，2005.物理化学[M].北京：人民卫生出版社.

胡黎明，刘毅，2008.地下水曝气修复技术的模型试验研究[J].岩土工程学报，30(6)：835-839.

李隋，赵勇胜，徐巍，等，2008.吐温 80 对硝基苯的增溶作用和无机电解质作用机理研究[J].环境科学，29(4)：920-924.

赵涛涛，2010.阴离子表面活性剂与无机盐的相互作用[D].济南：山东大学.

朱建群，2007.含细粒砂土的强度特征与稳态性状研究[D].武汉：中国科学院研究生院(武汉岩土力学研究所).

第6章 泡沫化表面活性剂强化IAS修复效果研究

6.1 表面活性剂溶液发泡性能测试与评价

本节从表面活性剂发泡能力、泡沫稳定性两个方面着手探究了表面活性剂泡沫的性能：①采用表面张力法确定不同类型表面活性剂的临界胶束浓度（Critical Micelle Concentration，CMC）值；②通过调整曝气压力、曝气流量和表面活性剂浓度，以不同类型、不同浓度表面活性剂为研究对象，研究其在不同曝气压力、曝气流量条件下的发泡能力、泡沫稳定性。

6.1.1 试验材料和仪器

6.1.1.1 表面活性剂性质

本研究选用天津鼎盛鑫化工有限公司生产的分析纯级试剂十二烷基苯磺酸钠（SDBS）以及西陇科学股份有限公司生产的化学纯级试剂曲拉通 X-100（Triton X-100）作为试验用表面活性剂。SDBS 是阴离子表面活性剂，溶于水时解离出表面活性阴离子。SDBS 为白色粉末状固体，其水溶液表面张力低，并且发泡能力和泡沫稳定性好，是优良的泡沫剂（宋昭峥等，2015）。Triton X-100 是非离子表面活性剂，它不能在水中解离成离子。Triton X-100 是无色或几乎无色透明的黏稠液体，其水溶液表面张力低，具有良好的发泡能力和泡沫稳定性（Mulligan and Eftekhari，2003）。表面活性剂 SDBS 及 Triton X-100 的主要参数如表 6-1 所示。

表 6-1 表面活性剂 SDBS 和 Triton X-100 主要参数

表面活性剂名称	SDBS	Triton X-100
英文名称	Sodium dodecylbenzenesulfonate	Triton X-100
摩尔质量/$(g \cdot mol^{-1})$	348.48	646.86

（续表）

表面活性剂名称	SDBS	Triton X-100
形态	粉末	液体
比重	0.9	1.07
临界胶束浓度/(mg·L^{-1})	500	100
净电荷	阴离子	非离子
生物降解	是	是

6.1.1.2　试验仪器

表面活性剂发泡性试验装置由空气压缩机、一维有机玻璃模型试验柱、压力/流量控制与监测系统、电脑数据采集系统、数码相机图像采集系统等组成。一维有机玻璃柱为透明材质，以便于观察气体在柱中的流动、柱中水位变化等，一维柱高度为 90 cm，内径为 9.8 cm，上下端均为 18 mm 厚不锈钢板，采用 3 根金属拉杆固定。柱身设置 12 个采样孔用于在试验过程中采集水样，编号由下向上为 1～12。连接管路上设置有气压传感器、气体流量计以用于测量试验过程中曝气压力和曝气流量，以及调节阀以控制气体和液体的流动。此外，系统设置有自动采集系统，以在曝气试验中实时自动记录进气压力和进气流量。一维模型柱底板开有两个孔，分别用于饱和试验砂土和压缩空气的注入。注水口直径 0.5 cm，与水箱相连接，通过水头差将水注入土柱内。注气口伸出底部 2 cm，上部用高 1 cm 的螺帽拧紧，螺帽下面对称开有 4 个直径 0.4 cm 的小孔，使得气体更加均匀分散地通过土体。试验装置示意图如图 3-15 所示。

试验中，使用上海方瑞仪器有限公司生产的 BZY-201 型自动表面/界面张力仪测量溶液的表面张力，图 5-1 为 BZY-201 型自动表面/界面张力仪，表 5-5 为 BZY-201 型自动表面/界面张力仪主要技术参数。

使用日本 Horiba 公司生产的 D-75G 便携式主机配合相应的电极测量溶液的溶解氧(Dissolved Oxygen, DO)，图 6-1 为 D-75G 型水质分析仪，表 6-1 为 D-75G 型水质分析仪主要技术参数。

表 6-2　D-75G 型水质分析仪主要技术参数

pH 测试方式	玻璃电极法	DO 测试方法	隔膜式伽伐尼电池法
pH 测试范围	0.00～14.00	DO 测试范围	≥0 mg/L
pH 测量精度	±0.01	DO 测量精度	±0.01 mg/L
pH 再现性	±0.01 pH±1 digt	DO 再现性	±0.1 mg/L±1 digt

图 6-1　D-75G 型水质分析仪

6.1.2　表面活性剂溶液发泡性能试验

表面活性剂泡沫在实际的应用中大多以泡沫的发泡性和稳定性作为评价泡沫性能的主要指标(方伟，2015)。本研究中采用一定曝气流量下泡沫在一维有机玻璃柱中上升的极限高度来评价表面活性剂的发泡性，使用停止曝气后泡沫高度下降一半的时间(简称半衰期)来评价泡沫稳定性。泡沫的稳定性主要受液膜强度的影响，液体的表面张力、气体的透过性、液膜表面电荷、温度、表面活性剂分子结构、压力和气泡大小分布也会对其产生一定的影响(宋昭峥等,2015)。

6.1.2.1 试验内容及方案

本研究中表面活性剂发泡性试验在一维有机玻璃模型试验柱中进行。试验时,先从一维有机玻璃模型试验柱底部分别缓慢通入浓度为 100 mg/L、200 mg/L、300 mg/L、400 mg/L、500 mg/L、1 000 mg/L 的 SDBS 溶液以及浓度分别为 20 mg/L、40 mg/L、60 mg/L、80 mg/L、100 mg/L、200 mg/L 的 Triton X-100 溶液,这 6 种浓度分别对应两种表面活性剂临界胶束浓度(Critical Micelle Concentration, CMC)的 0.2 倍、0.4 倍、0.6 倍、0.8 倍、1.0 倍、2.0 倍。表面活性剂溶液在一维有机玻璃模型试验柱中高度为 10 cm,体积为 760 mL。压缩的空气从空气压缩机通过气体管道到达压力/流量控制与监测系统,通过气压调节阀调节进气压力和进气流量的大小,然后从底部曝气口分别以 0.5 L/min、1 L/min、1.5 L/min、2 L/min 的曝气流量注入压缩空气。

为了研究不同种类表面活性剂、不同曝气流量、不同浓度表面活性剂溶液的发泡性能,本次试验总共进行 48 组,表 6-3 为表面活性剂发泡性试验方案。

表 6-3 表面活性剂发泡性试验方案

表面活性剂溶液高度/cm	曝气流量/(L·min^{-1})	表面活性剂溶液体积/mL	加入的表面活性剂浓度/(mg·L^{-1})	
10	0.5、1、1.5、2	760	SDBS	100、200、300、400、500、1 000
			Triton X-100	20、40、60、80、100、200

6.1.2.2 试验结果与分析

1) 表面活性剂溶液发泡性

如图 6-2(a)、(b)、(c)、(d)、(e)和(f)分别是表面活性剂 SDBS 和 Triton X-100 溶液在不同溶液浓度、不同曝气流量条件下,表面活性剂溶液泡沫上升与破灭过程曲线。表面活性剂溶液界面张力减至最小时对应的表面活性剂浓度即为临界胶束浓度(李兆敏,2010)。当表面活性剂溶液的浓度大于临界胶束浓度时,溶液表面张力不再降低,而是大量形成胶团(宋昭峥等,2015),此时溶液的表面张力就是该表面活性剂能达到的最小表面张力。而表面活性剂溶液的表面张力是影响其发泡性的重要因素,并对泡沫的稳定性也有较大的影响(王雪峰,2016),也有研究表明表面张力低有利于产生泡沫(宋昭峥等,2015),所以选择临界胶束浓度的相对值来研究两种表面活性剂溶液的发泡性和泡沫稳定性。

对于相同曝气流量、不同浓度表面活性剂溶液的发泡性,由图 6-2 可知,不同浓度(0.2～2.0 CMC) SDBS 溶液极限发泡高度随着曝气流量的增大而增大,仅在浓度为 1.0 CMC时 SDBS 溶液极限发泡高度与曝气流量无明显规律关系;而 Triton X-100 溶液在高浓度(1.0～2.0 CMC)条件下其溶液极限发泡高度随着曝气流量的增大而增大,在低浓度(0.4～0.8 CMC)条件下其溶液极限发泡高度与曝气流量无明显规律关系。

对于相同表面活性剂溶液浓度(CMC 相对值)、相同曝气流量、不同表面活性剂种类的表面活性剂溶液的发泡性,由图 6-2 亦可知,低浓度(0.2～0.8 CMC)条件下,在相同表面活性剂溶液浓度(CMC 相对值)、相同曝气流量下,SDBS 溶液极限发泡高度小于 Triton X-100 溶液极限发泡高度;高浓度(1.0～2.0 CMC)条件下,当曝气流量低(0.5～1.5 L/min)时,

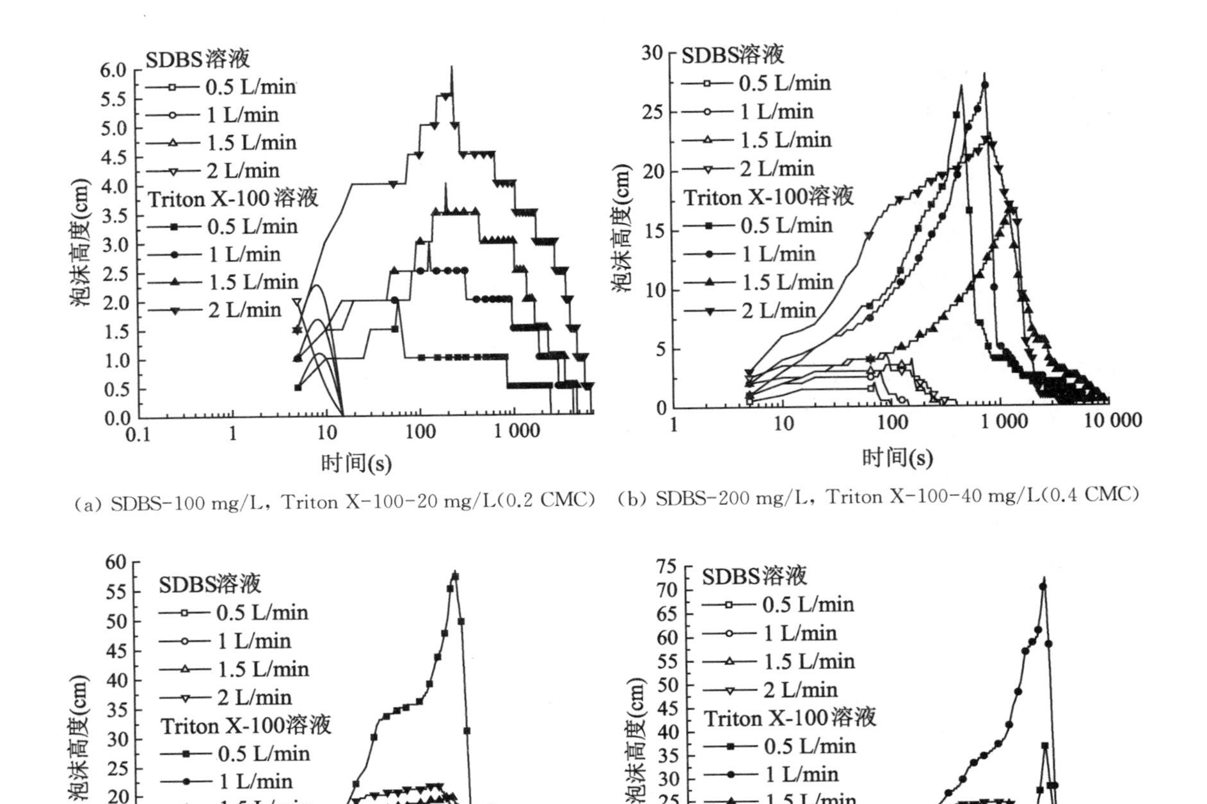

(a) SDBS-100 mg/L，Triton X-100-20 mg/L(0.2 CMC)　(b) SDBS-200 mg/L，Triton X-100-40 mg/L(0.4 CMC)

(c) SDBS-300 mg/L，Triton X-100-60 mg/L(0.6 CMC)　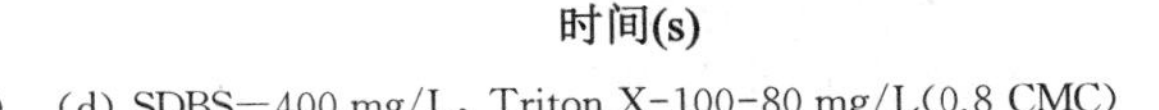(d) SDBS—400 mg/L，Triton X-100-80 mg/L(0.8 CMC)

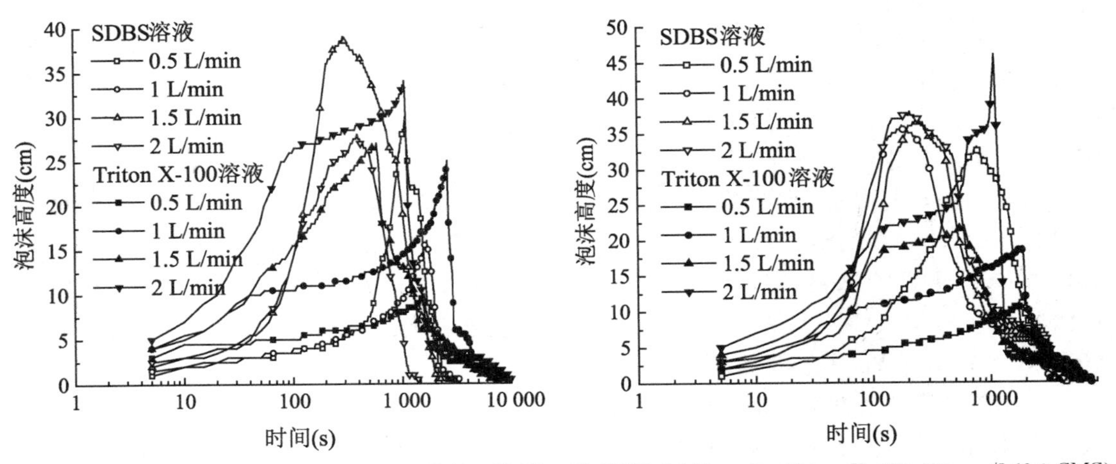

(e) SDBS-500 mg/L，Triton X-100-100 mg/L(1.0 CMC)　(f) SDBS-1 000 mg/L，Triton X-100-200 mg/L(2.0 CMC)

图 6-2　SDBS 和 Triton X-100 表面活性剂溶液泡沫上升与破灭过程曲线

相同表面活性剂溶液浓度(CMC 相对值)下 SDBS 溶液极限发泡高度总体上大于 Triton X-100 溶液极限发泡高度。当曝气流量为 2.0 L/min 时,相同表面活性剂溶液浓度(CMC 相对值)下 SDBS 溶液极限发泡高度小于 Triton X-100 溶液极限发泡高度。

对于不同种类表面活性剂、不同曝气流量、不同表面活性剂浓度条件下表面活性剂溶液极限发泡高度最大值,由图 6-2(e)可知,SDBS 溶液浓度为 500 mg/L (1.0 CMC)时,曝气流量为 1.5 L/min 时,SDBS 溶液极限发泡高度最大值为 39 cm。由图 6-2(d)可知,Triton X-100溶液浓度为 80 mg/L (0.8 CMC)时,曝气流量为 1.0 L/min 时,Triton X-100 溶液极限发泡高度最大值为 72 cm。SDBS 溶液极限发泡高度最大值小于 Triton X-100 溶液极限发泡高度最大值。

2) 表面活性剂溶液泡沫稳定性

图 6-3 为不同浓度表面活性剂 SDBS 及 Triton X-100 溶液泡沫在相同曝气流量、相同表面活性剂浓度(CMC 相对值)条件下半衰期随曝气流量的变化。

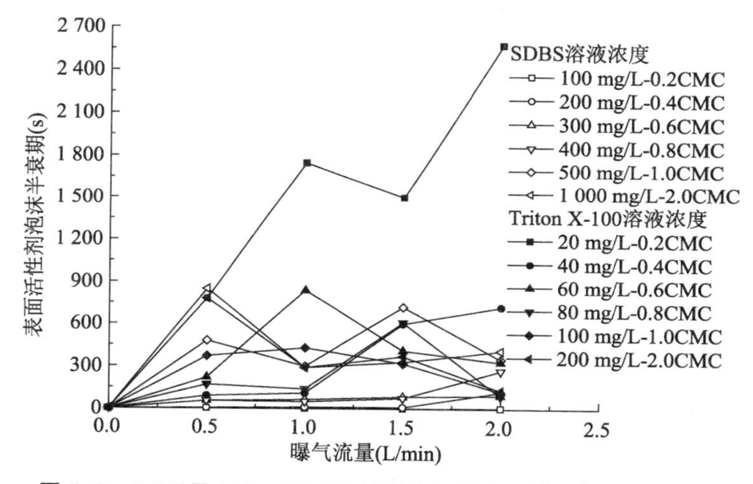

图 6-3　SDBS 及 Triton X-100 溶液泡沫半衰期随曝气流量的变化

对于表面活性剂溶液浓度对半衰期的影响,由图 6-3 可知,表面活性剂溶液浓度较低时(0.2～0.8 CMC),在相同溶液浓度(CMC 相对值)、相同曝气流量(0.5～2.0 L/min)条件下,SDBS 溶液泡沫半衰期小于 Triton X-100 溶液泡沫半衰期。当表面活性剂溶液浓度较高时(1.0～2.0 CMC),在相同溶液浓度(CMC 相对值)、相同曝气流量条件下,SDBS 溶液泡沫半衰期总体上大于 Triton X-100 溶液泡沫半衰期。

对于曝气流量对表面活性剂泡沫半衰期的影响,由图 6-4 亦可知,当表面活性剂 SDBS 溶液浓度较低时(0.2～0.8 CMC),其泡沫半衰期随着曝气流量的增加而不断增加,当表面活性剂 SDBS 溶液浓度较高时(1.0～2.0 CMC),其泡沫半衰期与曝气流量无明显规律关系。Triton X-100 溶液泡沫半衰期与曝气流量无明显规律。

对于不同种类表面活性剂、不同曝气流量、不同表面活性剂浓度条件下泡沫半衰期最大值,由图 6-2 可知,SDBS 溶液浓度为 1 000 mg/L (2.0 CMC)、曝气流量为 0.5 L/min时,SDBS 溶液泡沫半衰期最大值为 850 s;由图 6-2 可知,Triton X-100溶液浓度为 20 mg/L(0.2 CMC)、曝气流量为 2.0 L/min 时,Triton X-100 溶液半衰期最大值为 2 580 s,SDBS 溶液泡沫半衰期最大值小于 Triton X-100 溶液泡沫半衰期最大值。

6.2 表面活性剂泡沫运移特性及对地下水性质的影响

本节使用二维模型试验装置，对表面活性剂泡沫运移特性及其对地下水性质的影响进行了以下探究：①结合光透法，分析泡沫化表面活性剂曝气影响区域面积、泡沫运移范围、泡沫运移速度；②研究不同粒径（0.5～1 mm、1～2 mm、2～3 mm 和 3～4 mm）玻璃珠中泡沫化表面活性剂曝气时曝气压力与流量关系，分别使用手动记录及使用电脑自动采集不同压力对应的流量；③探究不同曝气压力下表面活性剂的泡沫对地下水表面张力、水中溶解氧含量以及气相饱和度的影响。

6.2.1 试验装置

二维模型试验采用地下水曝气二维模型试验系统，试验装置示意图和二维模型箱实物图如图 3-16 和图 6-4 所示。

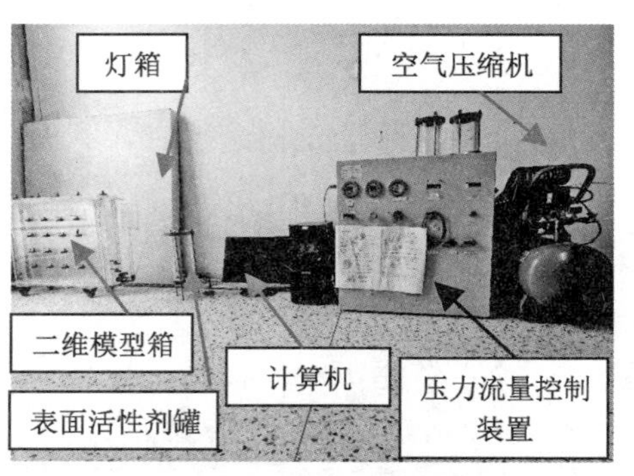

图 6-4　二维模型试验装置与测试系统实物图

二维模型箱板材采用高透明度有机玻璃，板厚约为 10 mm，箱体外无须采用钢质框架加强，因为模型箱尺寸较小，填土后箱体侧面产生的变形较微小，并且这样更方便在曝气试验过程中观察表面活性剂泡沫在玻璃珠中的运移情况。二维模型箱长 70 cm，高 50 cm，宽 5 cm。在距离模型箱左右两侧各 5 cm 处插有 2 个多孔塑料板，此板将二维模型箱分为砂土腔、两侧水槽三个部分。曝气试验开始前，在多孔塑料板上衬一层土工布，此土工布的作用是过水阻砂。在有机玻璃板的一侧布置 16 个采样孔，采样孔实物图如图 6-5 所示，采样孔布置图如图 6-6 所示，采样孔孔径 12 mm，采样孔外部是阀门，这样方便取样，阀门内部塞入纱布以防止取样期间土样从二维砂箱中流出。

图 6-5　二维模型箱及采样孔实物图

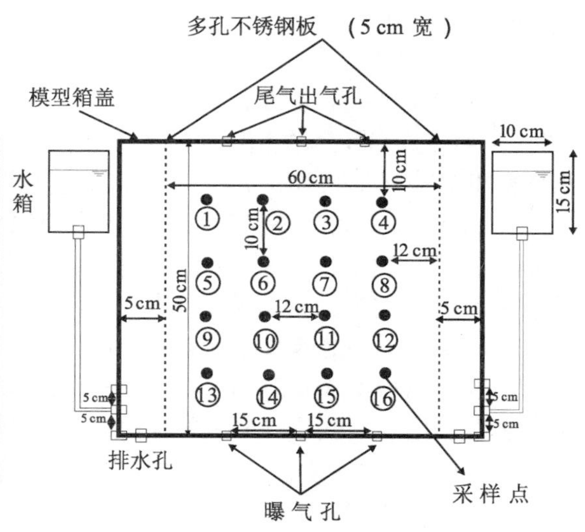

图 6-6　二维模型箱及采样孔布置示意图

6.2.2　试验材料

本试验选用的是河北永清县广宇玻璃微珠有限公司生产的玻璃珠，其主要成分是二氧化硅，玻璃珠外观上圆整、透明，无明显气泡和杂质，颜色为白色偏灰。本章试验选用的玻璃珠的粒径为 0.5～1 mm、1～2 mm、2～3 mm 及 3～4 mm，如图 6-7 所示，其干密度分别为 1.45 g/cm^3、1.47 g/cm^3、1.48 g/cm^3、1.52 g/cm^3。

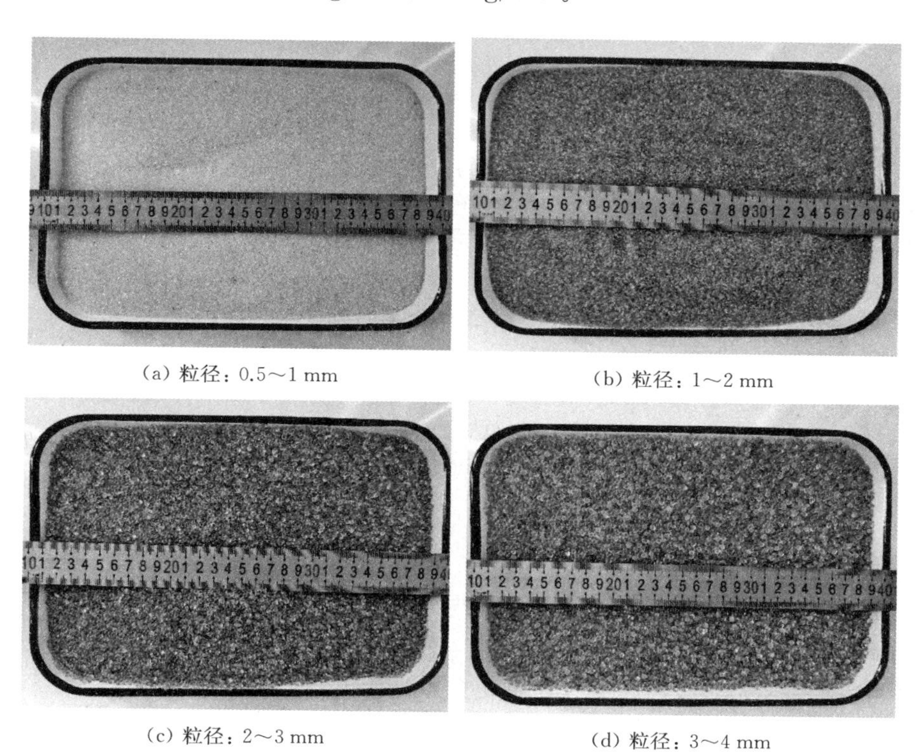

(a) 粒径：0.5～1 mm　　(b) 粒径：1～2 mm

(c) 粒径：2～3 mm　　(d) 粒径：3～4 mm

图 6-7　试验用玻璃珠

二维模型箱的填装采用砂雨法。因为砂雨法填装可以得到更加均匀的试样，并且可以制备各种密实度的试样。为了确定不同高度落下的玻璃珠的干密度与高度的关系，进行了不同高度下的落砂试验。图 6-8 为不同粒径玻璃珠干密度与落砂高度关系曲线，由图 6-8 可知，不同粒径玻璃珠干密度随落砂高度的增加而增加，但是玻璃珠落距为 70 cm 时其干密度随着落砂高度的增加而减小。程朋等(2016)在砂雨法制备三轴砂样的影响因素试验中发现，随着落砂高度的增加，砂样密度逐渐增大，但增长越来越缓慢，当落砂高度达到 60 cm

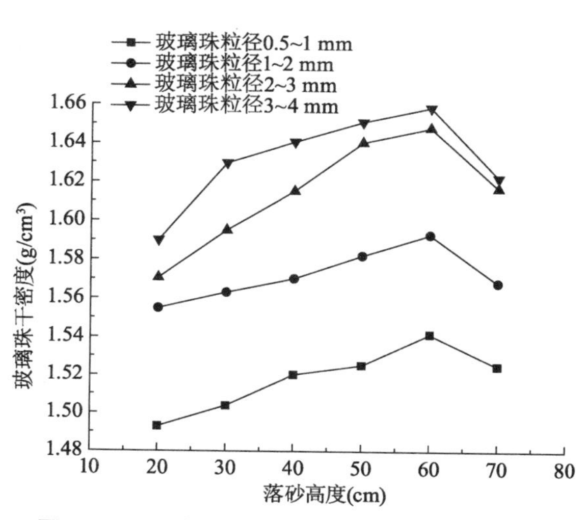

图 6-8　不同粒径玻璃珠干密度与落砂高度关系

以后，砂样的密度趋于稳定。对于本研究而言，当落砂高度较高(≥60 cm)时，光滑的玻璃珠很容易发生弹跳，导致玻璃珠难以密实地堆积，所以玻璃珠干密度减小。此外，当不同粒径玻璃珠从同一落距落下时，同一落距玻璃珠干密度随着其粒径的增加而增加。玻璃珠颗粒下落时，玻璃珠的动能影响下部玻璃珠的密度(Vaid et al., 1990)，分析认为，玻璃珠粒径较大时，它具有较大的重力势能，下落过程中，重力势能转化为动能，所以随着玻璃珠粒径的增加，其下落后的动能也增加，这样下层的玻璃珠被更密实地堆积，密度也更高。

本试验选用西陇科学股份有限公司生产的化学纯级试剂曲拉通 X-100(Triton X-100)作为试验用表面活性剂，其性质与 6.1.1.1 章节所用的 Triton X-100 相同。

6.2.3 试验方法

为了研究二维砂箱中泡沫化表面活性剂曝气期间不同曝气压力和表面活性剂 Triton X-100 溶液浓度对泡沫在砂箱中运移及泡沫对地下水性质的影响，进行室内二维模型试验。

试验前，先连接好气体管路及饱和管路，关闭排水阀门和取样口阀门，并在取样孔里依次塞入纱布。纱布的作用是防止打开阀门取样时，玻璃珠从砂箱中流出。砂雨法填装前，用纸板盖住两侧水槽上方并用胶带固定，以防止填装过程中玻璃珠落入水槽。然后采用砂雨法填装 40 cm 高特定粒径的试验用玻璃珠，且控制落砂高度在 50 cm 左右。砂土填装完成后，通过两侧水箱向二维模型箱内缓慢加水直至水位略高于玻璃珠顶面 1 cm，确保砂箱中玻璃珠处于饱和状态，整个饱和过程约 15 min，并且控制水头差在 80 cm 以下，饱和过程中尽量减少对玻璃珠的扰动。

加水饱和后，将砂箱静止 1 h，以确保整个玻璃珠试样饱和并且处于稳定状态。曝气试验前，将灯箱、二维砂箱以及相机放到合适位置，灯箱在砂箱正后方约 10 cm 处，相机距离砂箱正前方约 50 cm。然后打开空气压缩机以及压力/流量控制装置，试验过程中控制特定的曝气压力，记录下对应的曝气流量、液面上升高度、曝气影响范围等等，并拍照记录试验现象。此外，曝气试验中定时采取水样，以便后续测量砂箱中液体表面张力值和溶解氧浓度。试验结束后，关闭空气压缩机，从排水口将水排出，清理砂箱中玻璃珠，并将模型箱清洗干净并风干，以备下组试验。

6.2.4 泡沫化表面活性剂原位 IAS 结果与分析

6.2.4.1 曝气影响区域

图 6-9、图 6-10、图 6-11 和图 6-12 分别为二维砂箱中粒径 0.5～1 mm、1～2 mm、2～3 mm 和 3～4 mm 玻璃珠泡沫化表面活性剂曝气 60 min 过程中曝气影响区变化过程。如图 6-9所示，对于粒径为 0.5～1 mm 的玻璃珠，泡沫化表面活性剂曝气压力为 15 kPa、20 kPa、25 kPa 时，其曝气影响区形状为半圆形；泡沫化表面活性剂曝气压力为 30 kPa 时，其曝气影响区在 1～27 min 为半圆形，28～60 min 为"V"形。由图 6-10 可知，对于粒径为 1～2 mm 的玻璃珠，泡沫化表面活性剂曝气压力为 10 kPa、15 kPa、20 kPa、25 kPa、30 kPa 时，其曝气影响区形状基本都为半圆形。如图 6-11 所示，对于粒径为 2～3 mm 的玻璃珠，泡沫化表面活性剂曝气压力为 10 kPa、15 kPa、20 kPa、25 kPa、30 kPa 时，曝气影响

区形状都由半圆形逐渐转变为“∩”形。由图6-12可知，对于粒径为 3～4 mm 的玻璃珠，当曝气压力为 10 kPa、15 kPa、20 kPa、25 kPa 时，其曝气影响区都为“U”形；当曝气压力为 30 kPa 时，其曝气影响区如图 6-13 所示。图 6-13 的 30 张图分别为二维砂箱中泡沫化表面活性剂曝气 1～30 min 过程中，曝气影响区的变化范围。1～8 min 曝气影响区范围呈“∩”形，9～30 min 曝气影响区呈“U”形。

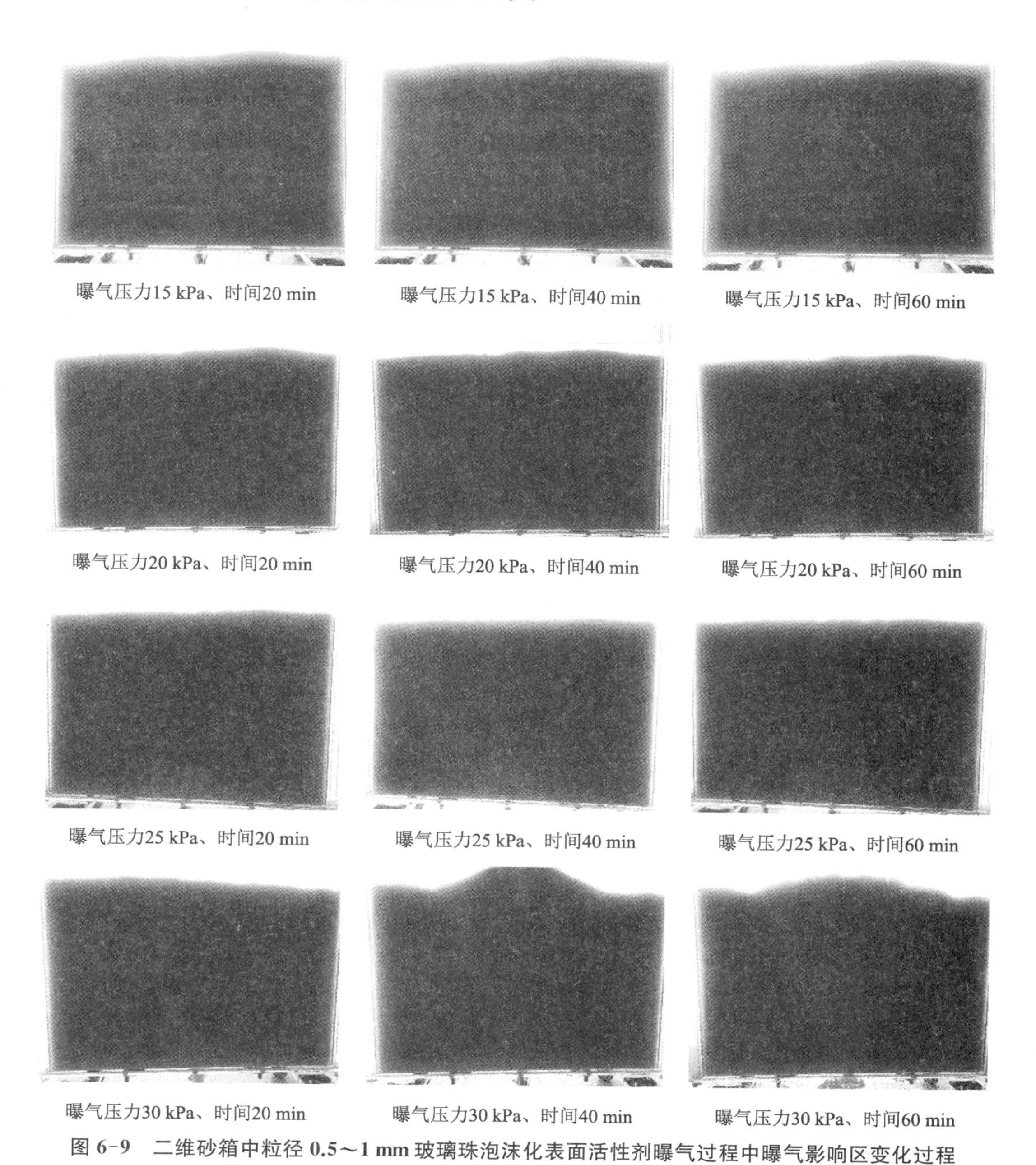

图 6-9　二维砂箱中粒径 0.5～1 mm 玻璃珠泡沫化表面活性剂曝气过程中曝气影响区变化过程

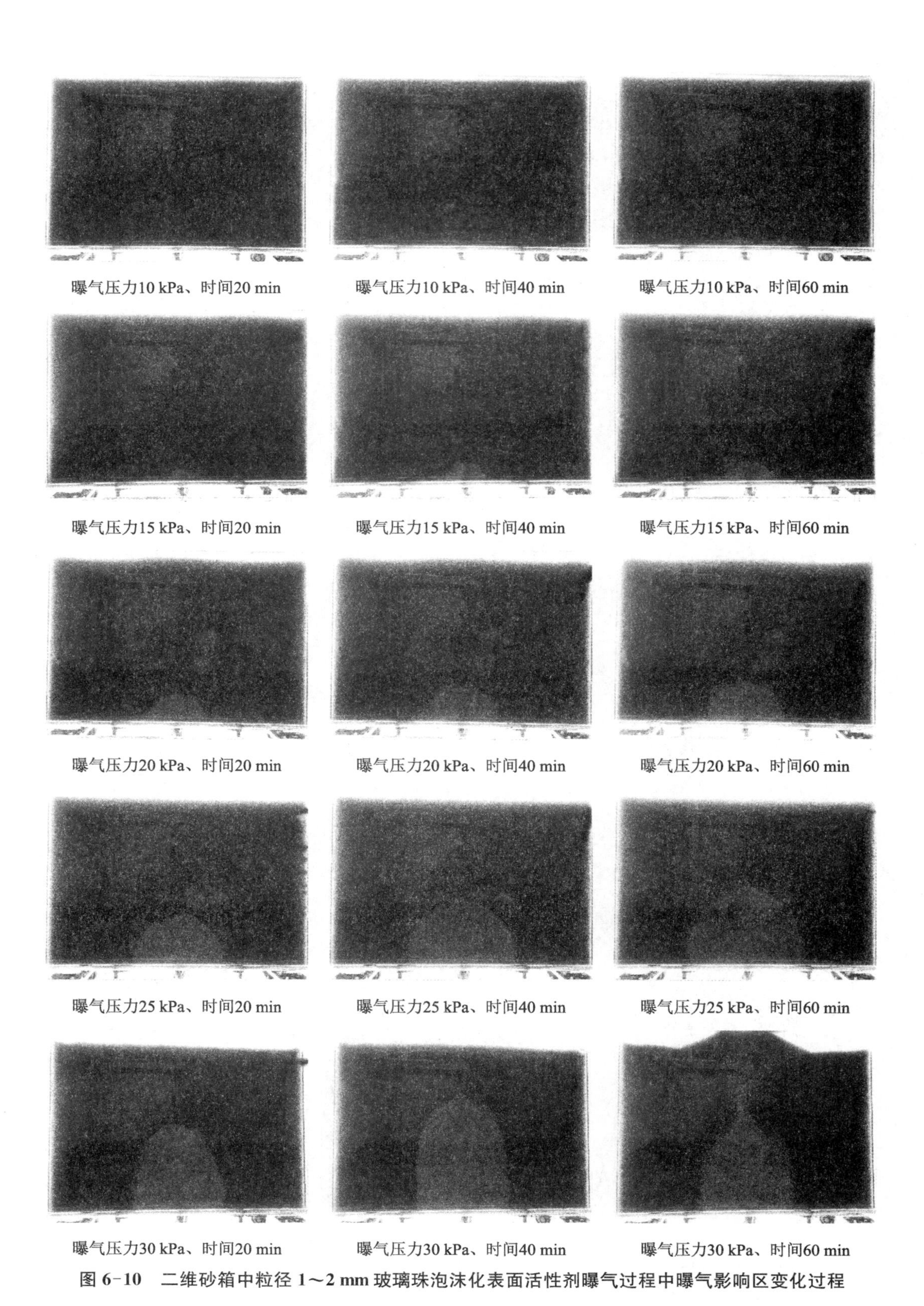

图 6-10　二维砂箱中粒径 1～2 mm 玻璃珠泡沫化表面活性剂曝气过程中曝气影响区变化过程

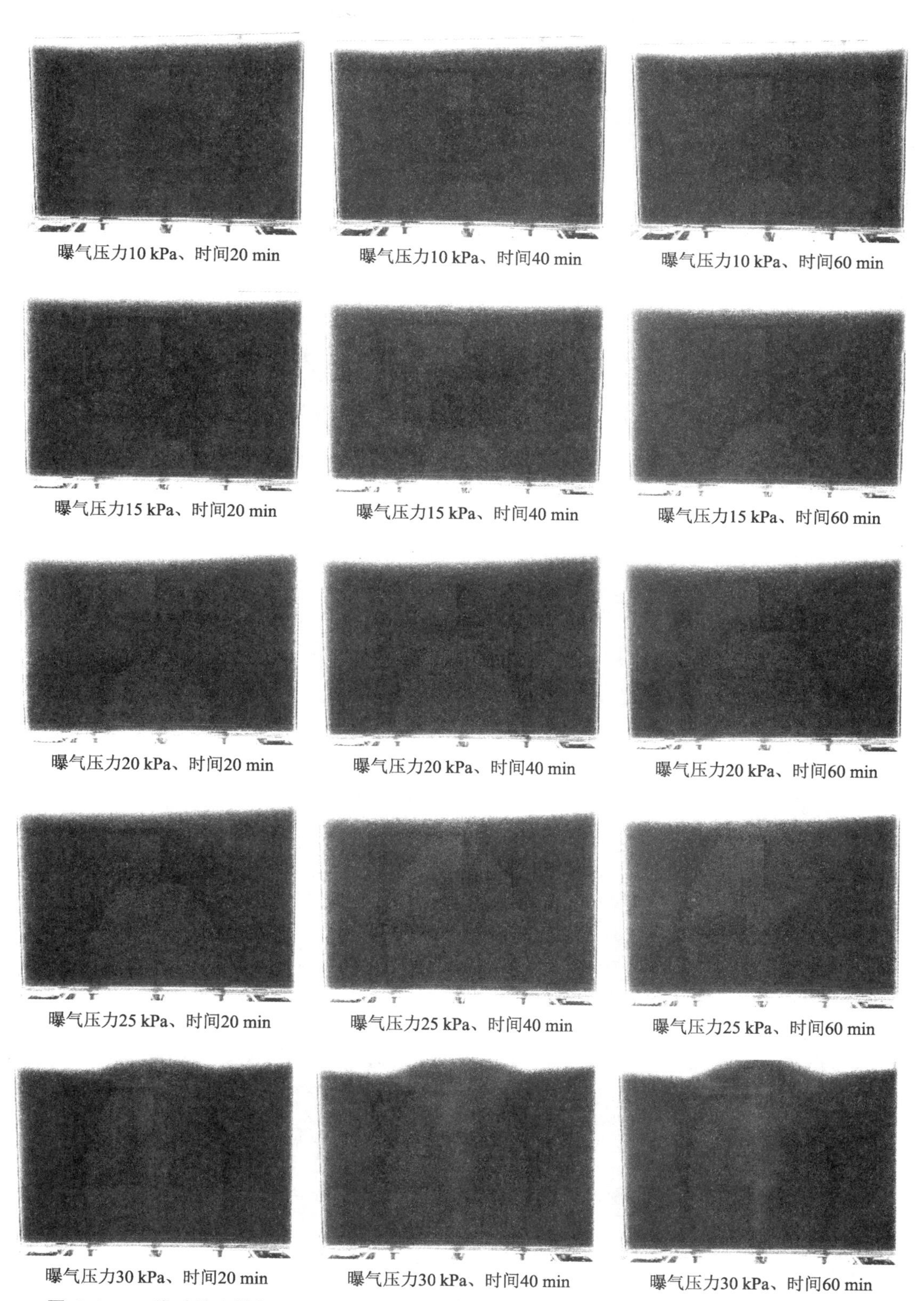

图 6-11　二维砂箱中粒径 2～3 mm 玻璃珠泡沫化表面活性剂曝气过程中曝气影响区变化过程

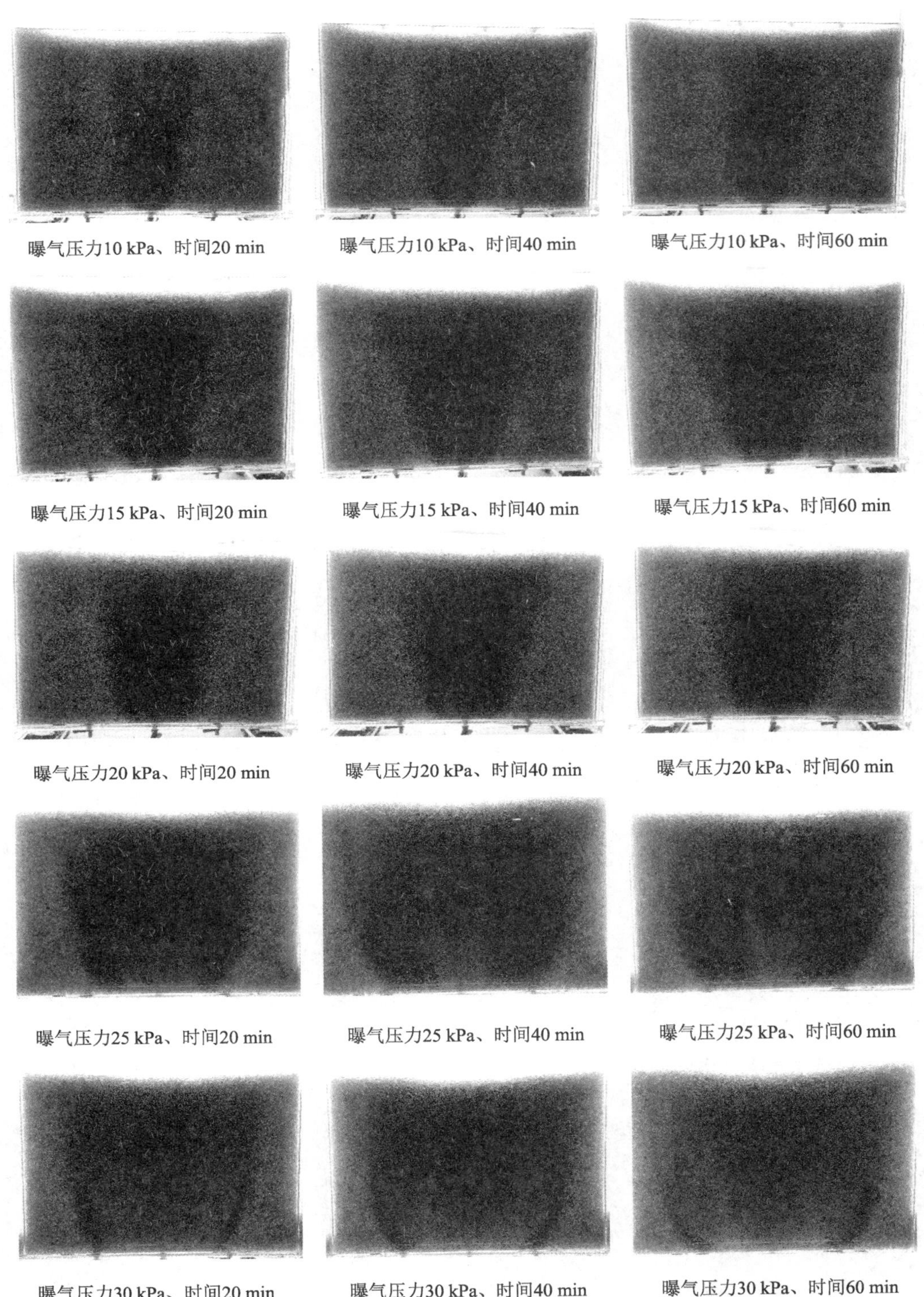

图 6-12　二维砂箱中粒径 3～4 mm 玻璃珠泡沫化表面活性剂曝气过程中曝气影响区变化过程

以图 6-13 为例分析曝气影响区形状。根据光透法原理，当光照射于吸收介质即泡沫表面时，在通过一定厚度的介质后，由于介质吸收了一部分光能，透射光的强度就要减弱

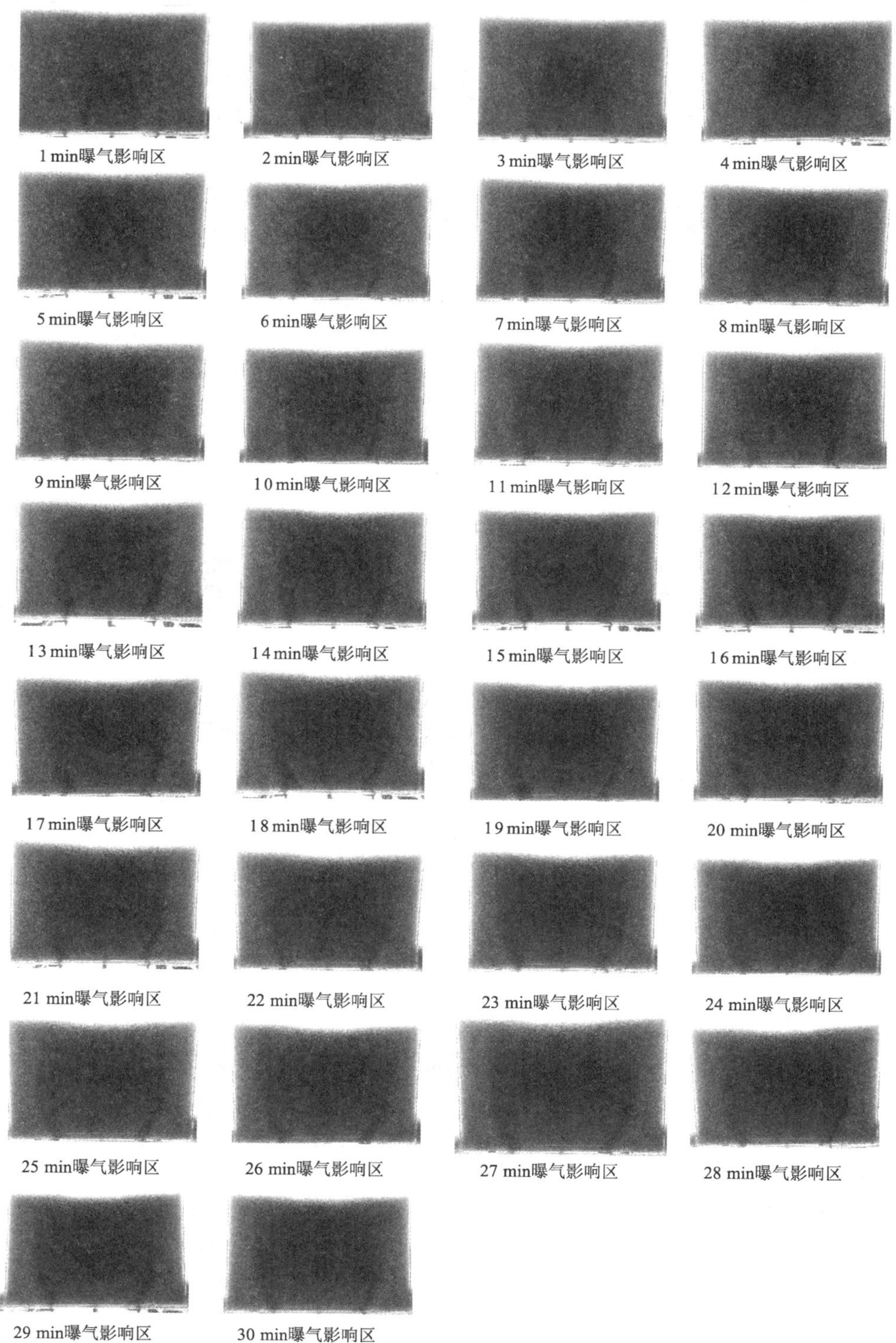

图 6-13　粒径 3～4 mm 玻璃珠中泡沫化表面活性剂 1～30 min 曝气过程(曝气压力为 30 kPa)

(章艳红,2014),所以在图 6-13 中可见泡沫流过的区域亮度减小。当泡沫化表面活性剂曝气开始时,曝气口及其附近聚集了大量的表面活性剂泡沫,此时泡沫向上部以及两侧运移较少,故曝气影响区呈现下部粗、上部细的倒"U"形状。随着曝气的不断进行,表面活性剂泡沫不断向上以及向两侧运移,曝气影响区由倒"U"形逐渐转变为"U"形。由图 6-13 第 9 张图(曝气 9 min)可看出,表面活性剂泡沫已经完全运移到玻璃珠顶部区域,而第 1 至 8 min 泡沫未能完全运移到玻璃珠顶部,泡沫在玻璃珠上部通过多个气体、泡沫通道向上运移。此外,经过 1 h 曝气后,距曝气口垂直距离 0～15 cm 处,气体通道少,距曝气口垂直距离 15～40 cm 处有较多的气体通道。因为此时在低表面张力下,由于明显较高的空气饱和度,在曝气口附近不能形成空气通道,而在玻璃珠上部形成较多的空气通道(Kim et al., 2004)。

图 6-14 为二维砂箱中不同粒径玻璃珠在不同曝气压力下泡沫化表面活性剂曝气时曝气影响区面积随时间变化关系曲线。由图 6-14(a)～(d)可知,二维砂箱中不同粒径玻璃珠泡沫化表面活性剂曝气时,在不同曝气压力下,曝气影响区面积随着曝气时间的增加而不断增加。此外,二维砂箱中,不同粒径玻璃珠泡沫化表面活性剂曝气时,同一时间曝气影响区面积随着曝气压力的增加而增加,即相同粒径、相同时间条件下,曝气影响区面积随着曝气压力的增加而增加。

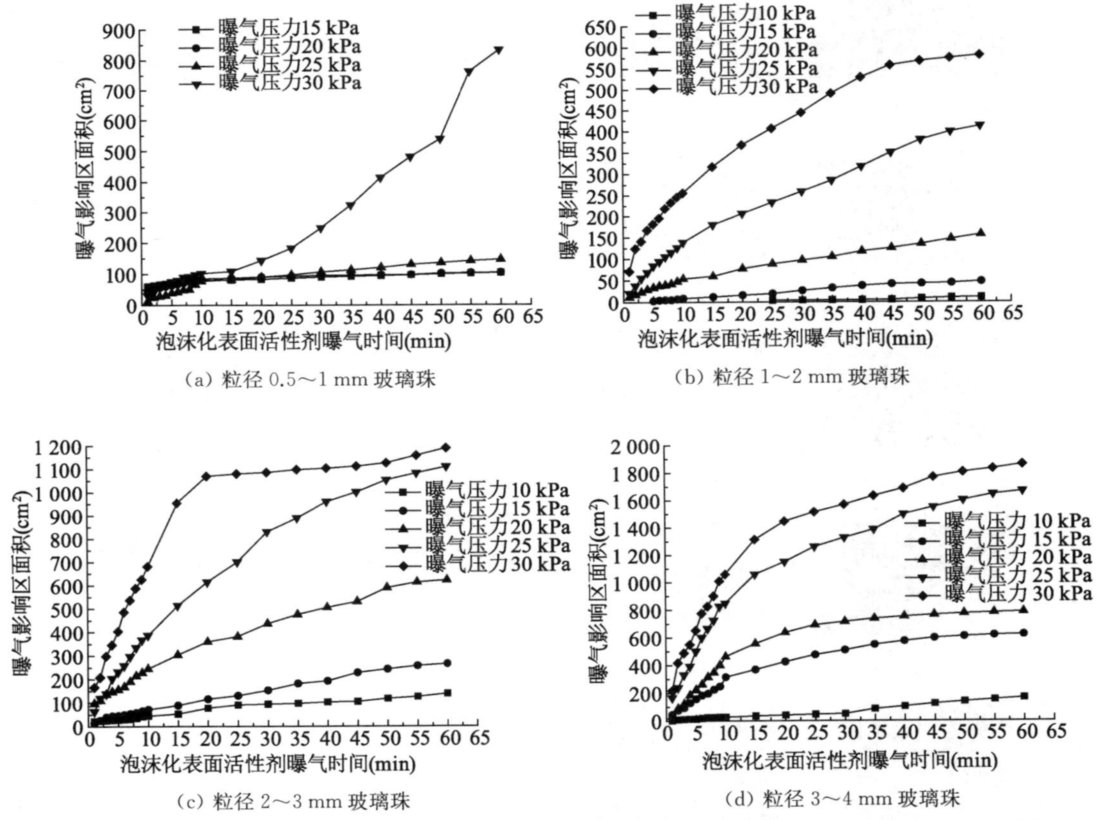

(a) 粒径 0.5～1 mm 玻璃珠　(b) 粒径 1～2 mm 玻璃珠

(c) 粒径 2～3 mm 玻璃珠　(d) 粒径 3～4 mm 玻璃珠

图 6-14　二维砂箱不同粒径玻璃珠中泡沫化表面活性剂曝气时曝气影响区面积随时间变化关系

图 6-14(a)为二维砂箱中粒径 0.5～1 mm 玻璃珠在不同压力下泡沫化表面活性剂曝气时曝气影响区面积随时间变化关系，由于曝气压力为 10 kPa 时未出现明显的曝气影响区，故未对其进行研究。图 6-14(a)表明，对于粒径为 0.5～1 mm 的玻璃珠，当曝气压力为 15 kPa、20 kPa、25 kPa 时，曝气影响区面积随着曝气时间的增加而不断增加，但是增加的幅度很小且增加的速度缓慢；曝气压力为 30 kPa 时，在曝气的前 15 min，曝气影响区面积增加速度缓慢，而从 15 min 到 60 min 曝气影响区面积快速增加。

图 6-14(b)为二维砂箱中粒径 1～2 mm 玻璃珠在不同压力下泡沫化表面活性剂曝气时曝气影响区面积随时间变化关系。由图 6-14(b)可知，当曝气压力较低时(10～20 kPa)，泡沫化表面活性剂曝气过程中，曝气影响区面积基本不增加或者增加得较少；当曝气压力较高时(25～30 kPa)时，曝气影响区面积在曝气过程中迅速增加。

图 6-14(c)为二维砂箱中粒径 2～3 mm 玻璃珠在不同压力下泡沫化表面活性剂曝气时曝气影响区面积随时间变化关系。图 6-14(c)表明，当曝气压力较低时(10～20 kPa)，泡沫化表面活性剂曝气过程中，曝气影响区面积随时间缓慢地增长；当曝气压力较高时(20～25 kPa)时，曝气影响区面积在曝气过程中快速地增加；对于曝气压力为 30 kPa 时的曝气，在曝气的前 20 min，曝气影响区面积迅速增加，而从 20 min 到 60 min 曝气影响区面积缓慢增加。

图 6-14(d)为二维砂箱中粒径 3～4 mm 玻璃珠在不同压力下泡沫化表面活性剂曝气时曝气影响区面积随时间变化关系。由图 6-14(d)可知，当曝气压力较低时(10～20 kPa)，在曝气的前 13 min，曝气影响区面积迅速增加，而从 14 min 到 60 min 曝气影响区面积基本不增加或者增加得较少；当曝气压力较高时(25～30 kPa)时，在曝气的前 13 min，曝气影响区面积迅速增加，而从 14 min 到 60 min 曝气影响区面积仍持续增加，且增加的速度相比前 13 min 较缓慢。曝气法降低了曝气影响区内空气-水界面处的表面张力，降低的表面张力可以减少空气进入压力，而降低的空气进入压力增加了曝气影响区的面积。

图 6-15 为二维砂箱中不同曝气压力条件下不同粒径玻璃珠泡沫化表面活性剂曝气时曝气影响区面积随时间变化关系。图 6-15(a)～(e)表明，总体而言，相同曝气压力、同一时间条件下，二维砂箱玻璃珠中泡沫化表面活性剂曝气时曝气影响区面积与玻璃珠粒径的大小呈正相关，即玻璃珠粒径越大，其曝气影响区面积越大。此外，在不同曝气压力条件下，粒径大的(2～3 mm、3～4 mm)玻璃珠，其曝气影响区面积都随着时间的增加而快速增加；粒径小的(0.5～1 mm、1～2 mm)玻璃珠，其曝气影响区面积都随着时间的增加而缓慢增加。

图 6-16 和图 6-17 为二维砂箱中粒径分别为 0.5～1 mm、1～2 mm、2～3 mm、3～4 mm 玻璃珠在不同曝气压力下泡沫化表面活性剂曝气时泡沫锋面竖直方向运移范围与时间曲线，采用绘图软件 AutoCAD，从二维砂箱的中心线处测量泡沫锋面距砂箱底部最大竖直方向运移距离。因为在二维模型箱中填装的玻璃珠高度为 40 cm，所以图 6-16 和图 6-17 中，泡沫竖直方向最大运移距离为 40 cm。

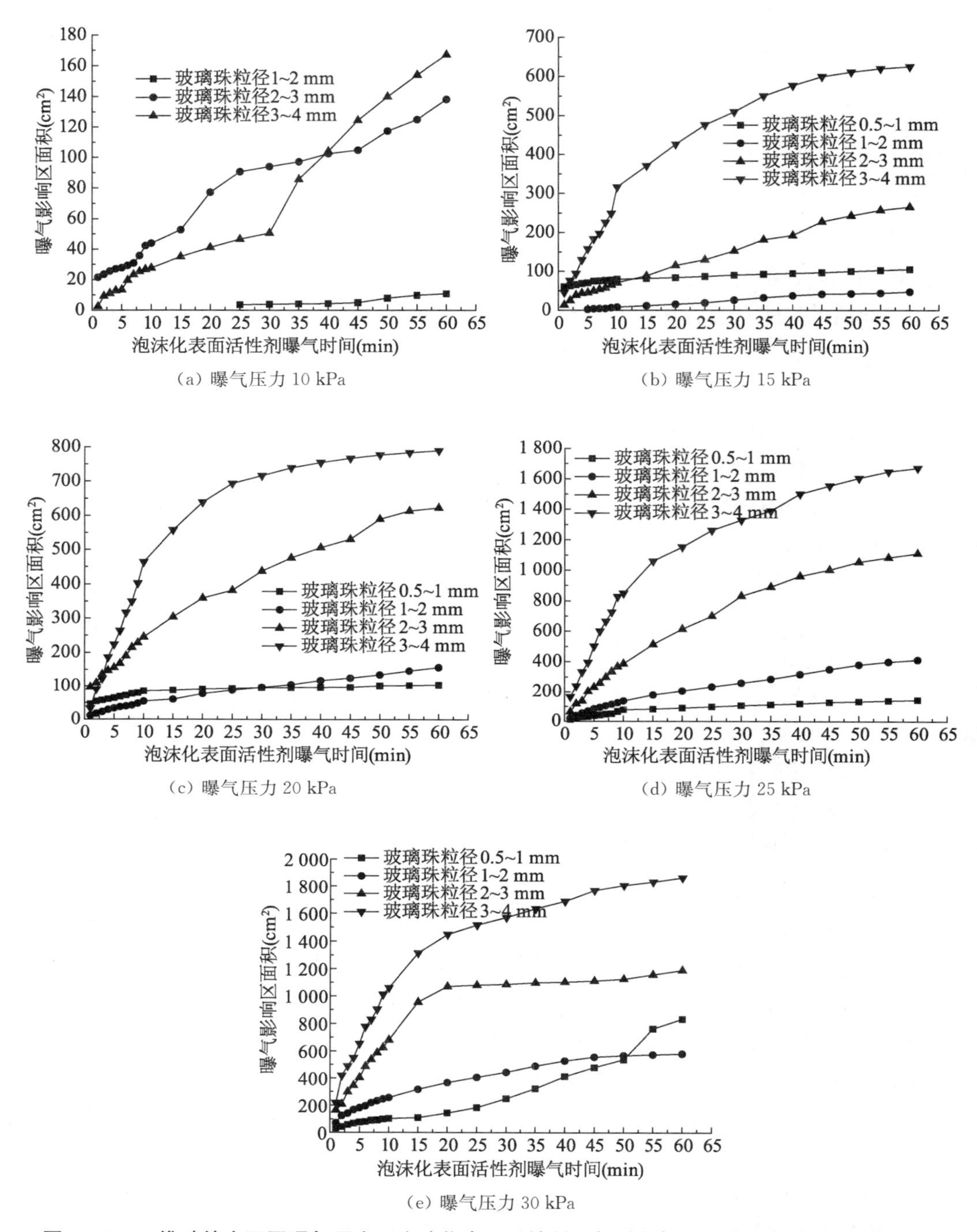

图 6-15　二维砂箱中不同曝气压力下泡沫化表面活性剂曝气时曝气影响区面积随时间变化关系

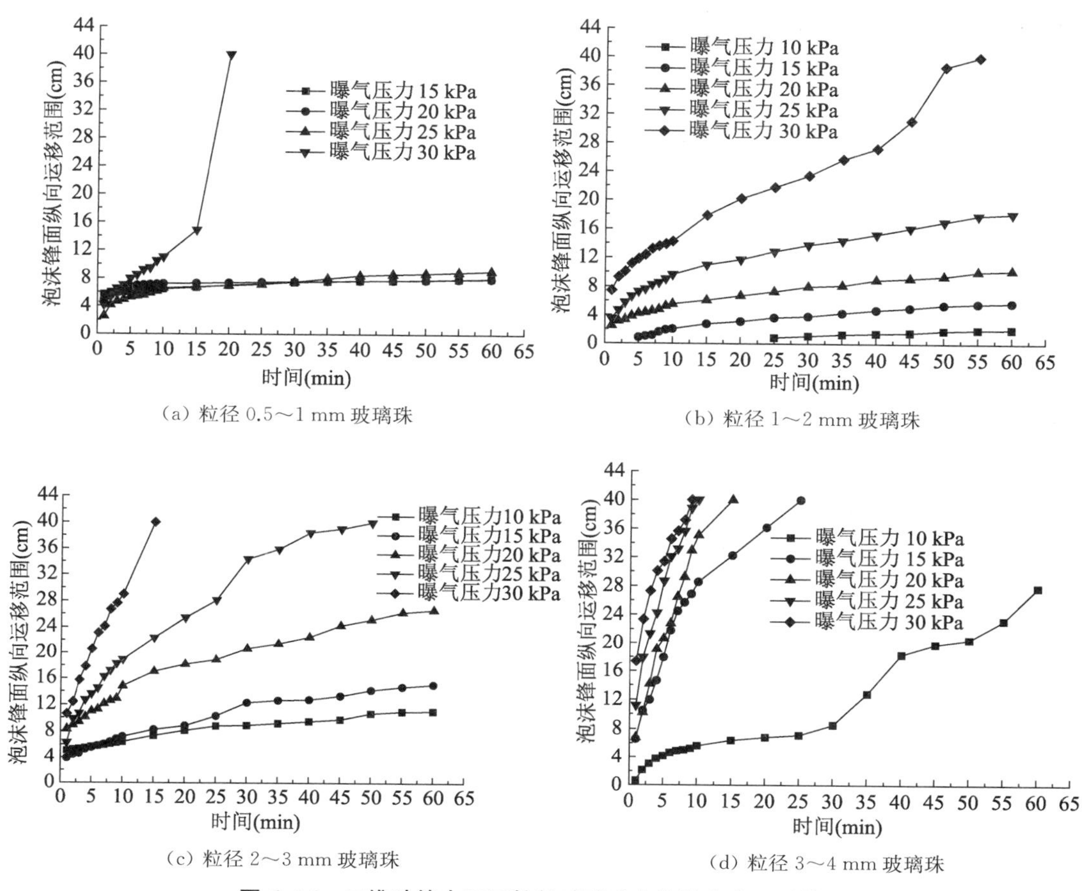

(a) 粒径 0.5～1 mm 玻璃珠

(b) 粒径 1～2 mm 玻璃珠

(c) 粒径 2～3 mm 玻璃珠

(d) 粒径 3～4 mm 玻璃珠

图 6-16　二维砂箱中不同粒径玻璃珠中泡沫化表面活性剂曝气时泡沫锋面竖直方向运移范围与时间曲线

由图 6-16 可知，不同粒径玻璃珠、不同曝气压力条件下泡沫锋面距砂箱底部竖直方向运移距离随着时间的增加而不断增加。对于同一粒径的玻璃珠，同一时间泡沫锋面竖直方向运移距离与曝气压力呈正比，泡沫锋面竖直方向运移距离随着曝气压力的增加而增加。此外，由图 6-16 可知，当玻璃珠粒径较小时(0.5～1 mm、1～2 mm)泡沫锋面仅在曝气压力为 30 kPa 时才能到达土层顶部，而玻璃珠粒径为 2～3 mm 时，曝气压力为 25 kPa、30 kPa 时泡沫锋面到达土层顶部；玻璃珠粒径为 3～4 mm 时，曝气压力为 15 kPa、20 kPa、25 kPa、30 kPa 时泡沫锋面都到达土层顶部。这表明，玻璃珠粒径越大，越有利于泡沫锋面在竖直方向的运移。

由图 6-17 可知，总体而言，对于同一曝气压力下不同粒径的玻璃珠，泡沫锋面距砂箱底部竖直方向运移距离与玻璃珠粒径呈正比，即总体上同一曝气压力下、同一时间泡沫锋面竖直方向运移距离随着玻璃珠粒径的增加而增加。

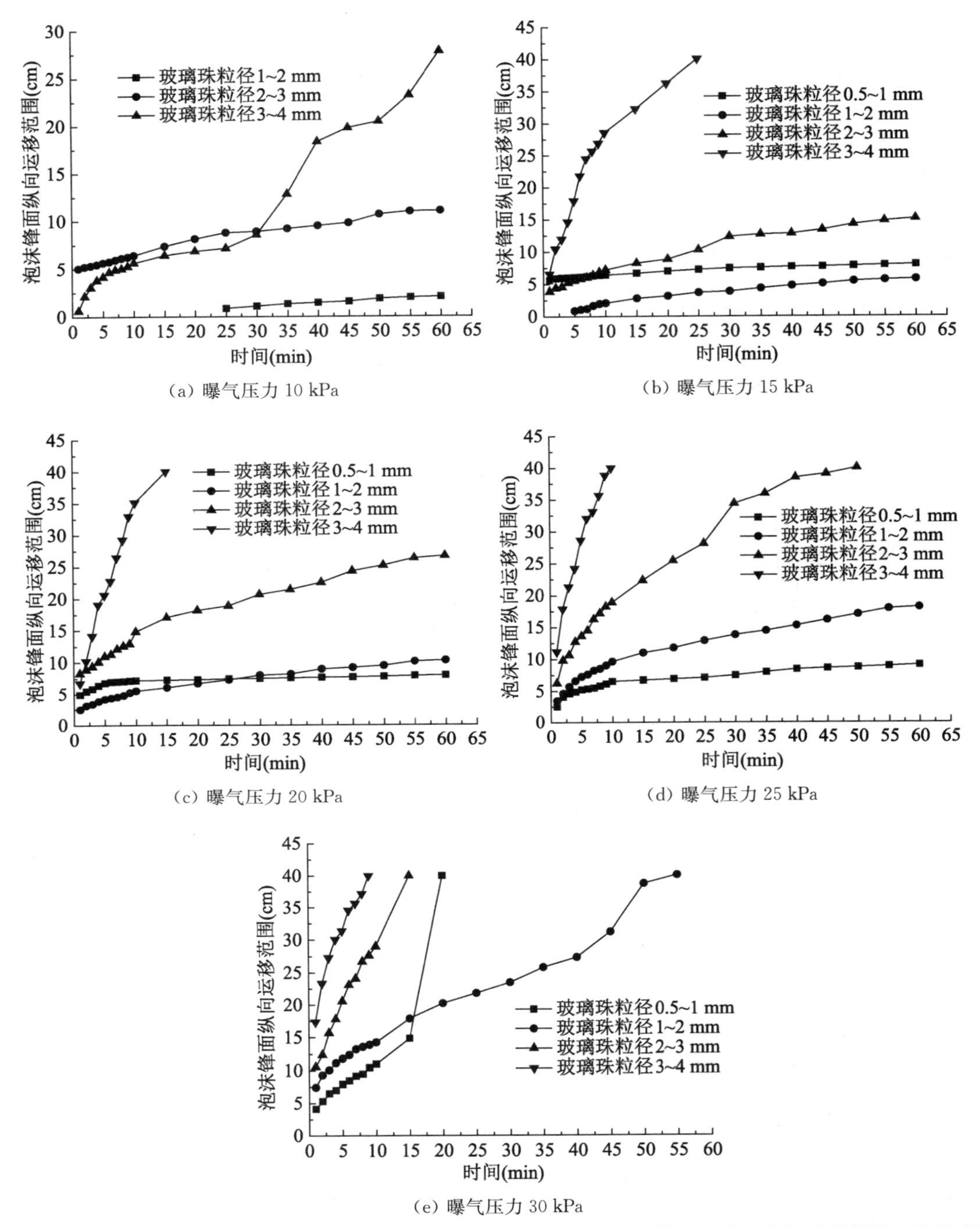

(a) 曝气压力 10 kPa

(b) 曝气压力 15 kPa

(c) 曝气压力 20 kPa

(d) 曝气压力 25 kPa

(e) 曝气压力 30 kPa

图 6-17 二维砂箱中不同曝气压力下泡沫化表面活性剂曝气时泡沫锋面竖直方向运移范围与时间曲线

图 6-18～图 6-21 分别为粒径 0.5～1 mm、1～2 mm、2～3 mm 和 3～4 mm 玻璃珠在不同曝气压力下二维砂箱中不同深度泡沫化表面活性剂曝气影响区范围。采用绘图软件 AutoCAD，从二维砂箱的中心线处测量不同高度表面活性剂泡沫向两侧的运移距离，本试验研究了砂箱中心线 0 cm、10 cm、20 cm 和 30 cm 高处泡沫向两侧的运移。

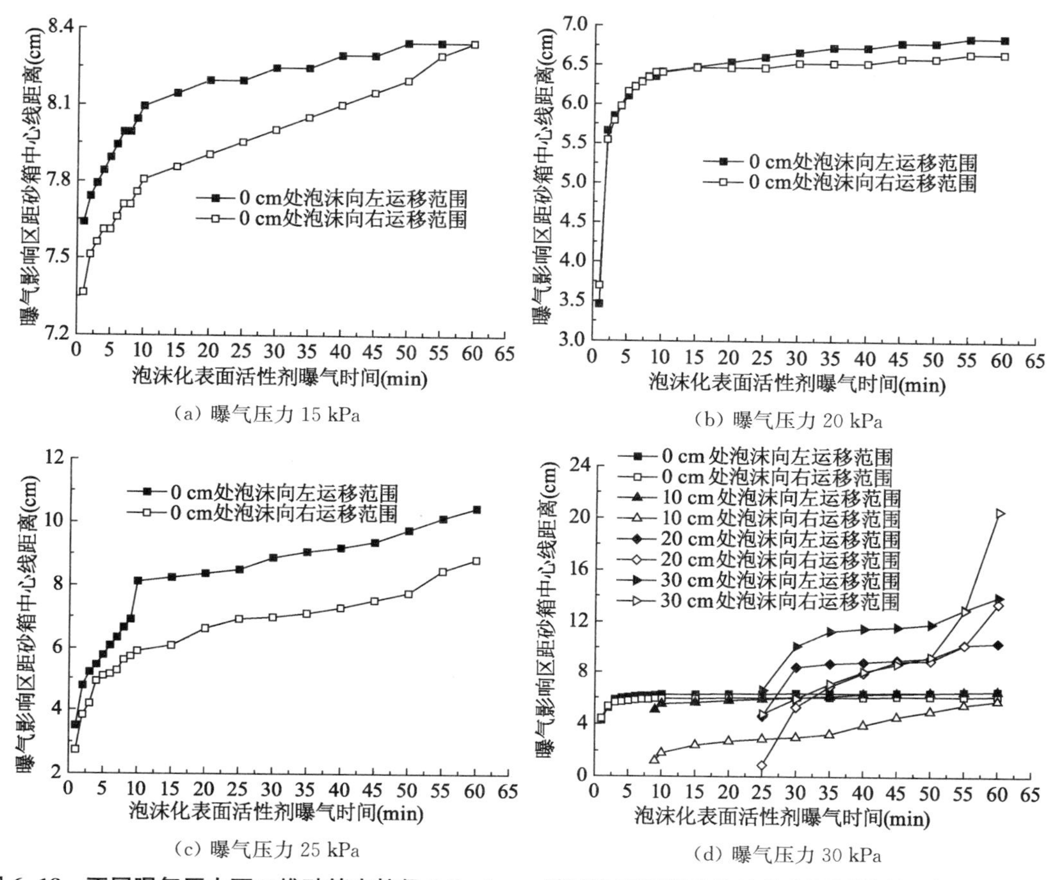

(a) 曝气压力 15 kPa　(b) 曝气压力 20 kPa

(c) 曝气压力 25 kPa　(d) 曝气压力 30 kPa

图 6-18　不同曝气压力下二维砂箱中粒径 0.5～1 mm 玻璃珠不同深度泡沫化表面活性剂曝气影响区范围

图 6-18 为不同曝气压力下二维砂箱中粒径 0.5～1 mm 玻璃珠不同深度泡沫化表面活性剂曝气影响区范围。对于二维砂箱中粒径 0.5～1 mm 玻璃珠，曝气压力为 15～25 kPa 时，泡沫锋面距离砂箱底部最大距离小于 10 cm，故只研究距离二维砂箱底部 0 cm 处泡沫的运移。由图 6-18 可知，二维砂箱中玻璃珠粒径为 0.5～1 mm 时，不同曝气压力下(15 kPa、20 kPa、25 kPa、30 kPa)，砂箱中心线 0 cm 高处泡沫向两侧运移的距离随着时间的增加而不断增加，曝气时间 0～10 min 时，运移距离增加得较快，11～60 min 时间内水平方向运移距离缓慢增加。此外，不同曝气压力下，砂箱中心线距离二维砂箱底部 0 cm 处泡沫向两侧运移范围差距小于 2 cm，而曝气压力为 30 kPa 时，砂箱中心线距离二维砂箱底部分别为 10 cm、20 cm 和 30 cm 处泡沫向两侧运移范围差距最大值分别为 4 cm、4 cm 和 7 cm。

图 6-19 为不同曝气压力(10 kPa、15 kPa、20 kPa、25 kPa 和 30 kPa)下二维砂箱中粒径 1～2 mm 玻璃珠不同深度泡沫化表面活性剂曝气影响区范围。对于二维砂箱中粒径 1～2 mm 玻璃珠，曝气压力为 10～20 kPa 时，泡沫锋面距离砂箱底部最大距离小于 10 cm，故只研究距离二维砂箱底部 0 cm 处泡沫的运移；曝气压力为 25 kPa 时，泡沫锋面距离砂箱底部最大距离小于 20 cm，故只研究距离二维砂箱底部 0 cm 和 10 cm 处泡沫的运移。由图 6-19 可知，二维砂箱中玻璃珠粒径为 1～2 mm 时，不同曝气压力下(15 kPa、20 kPa、25 kPa 和 30 kPa)，砂箱中心线 0 cm 高处泡沫向两侧运移的距离随着时间的增加而不断增

加，且在 0～10 min 时间段增长较快，11～60 min 增长速度缓慢。而曝气压力为 10 kPa 时，砂箱中心线 0 cm 高处泡沫向两侧运移的距离始终增加得缓慢。此外，从总体上看，二维砂箱中玻璃珠粒径为 1～2 mm 时，不同曝气压力下(10 kPa、15 kPa、20 kPa、25 kPa 和 30 kPa)，砂箱中心线不同高处(0 cm、10 cm、20 cm 和 30 cm)泡沫向两侧运移的距离基本相当，差距很小。

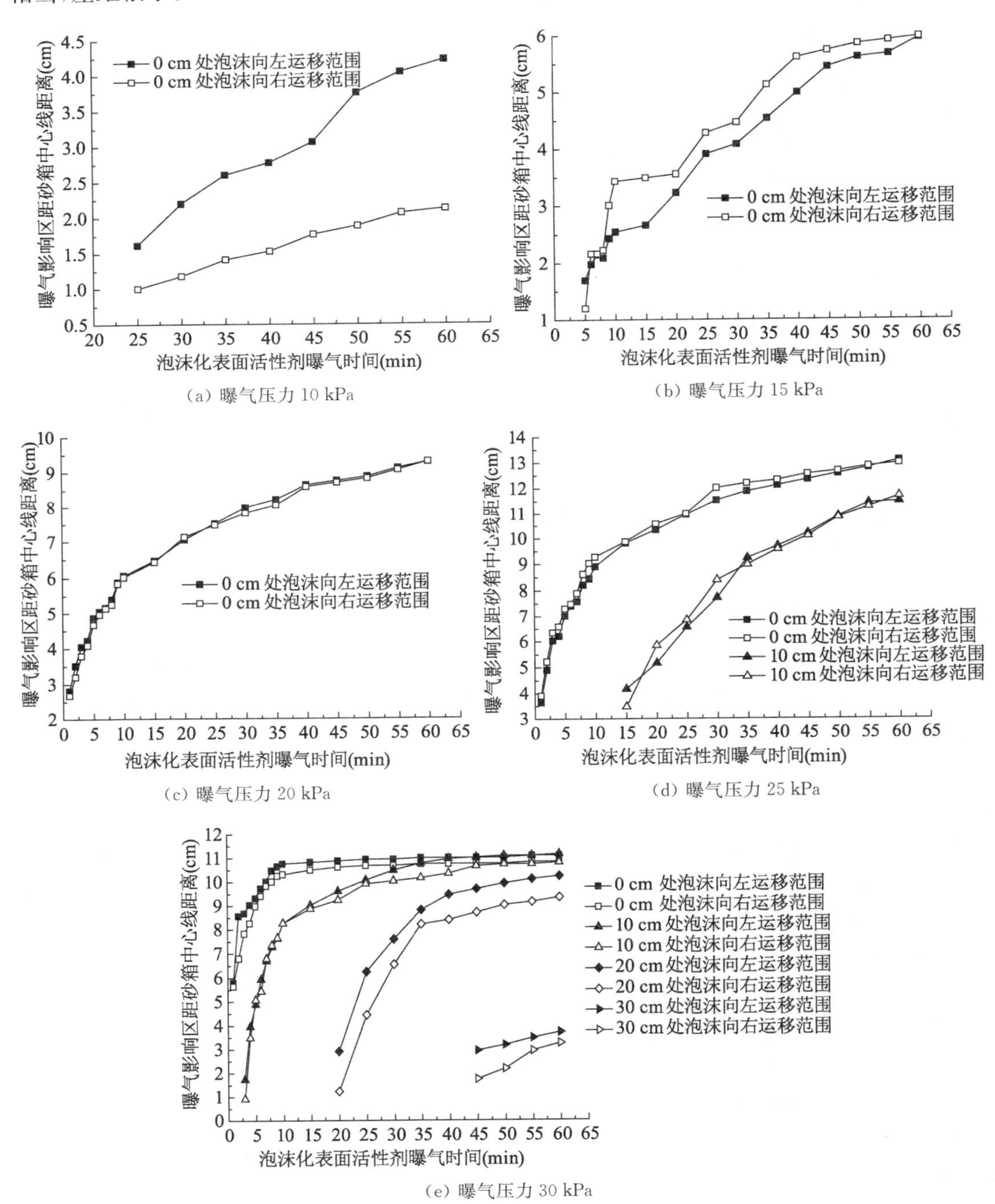

图 6-19　不同曝气压力下二维砂箱中粒径 1～2 mm 玻璃珠不同深度泡沫化表面活性剂曝气影响区范围

图 6-20 为不同曝气压力(10 kPa、15 kPa、20 kPa、25 kPa、30 kPa)下二维砂箱中粒径 2～3 mm 玻璃珠不同深度泡沫化表面活性剂曝气影响区范围。对于二维砂箱中粒径 2～3 mm 玻璃珠，由于与上述类似原因，曝气压力为 10 kPa 时，只研究距离二维砂箱底部 0 cm 处泡沫的运移；曝气压力为 15 kPa 时，只研究距离二维砂箱底部 0 cm 和 10 cm 处泡沫的运移；曝气压力为 20 kPa 时，只研究距离二维砂箱底部 0 cm、10 cm 和 20 cm 处泡沫的运移。由图 6-20 可知，不同曝气压力下，砂箱中心线 0 cm 高处泡沫向两侧运移的距离的差距总体在 1～2 cm 范围内。曝气压力为 15 kPa、20 kPa、25 kPa 时，砂箱中心线 10 cm 高处泡沫向两侧运移的距离的差距总体在 2～3 cm 范围内。曝气压力为 30 kPa 时，砂箱中心线 10 cm 高处泡沫向两侧运移的距离的差距总体在 1～2 cm 范围内。曝气压力为 20 kPa、25 kPa、30 kPa 时，砂箱中心线 20 cm 高处泡沫向两侧运移的距离的差距总体在 2～4 cm 范围内，泡沫左右运移距离差距较大。曝气压力为 25 kPa 时，砂箱中心线 30 cm 高处泡沫向两侧运移的距离的差距总体在 1～3 cm 范围内，而曝气压力为 30 kPa 时，砂箱中心线30 cm 高处泡沫向两侧运移的距离的差距总体在 0～1 cm 范围内。

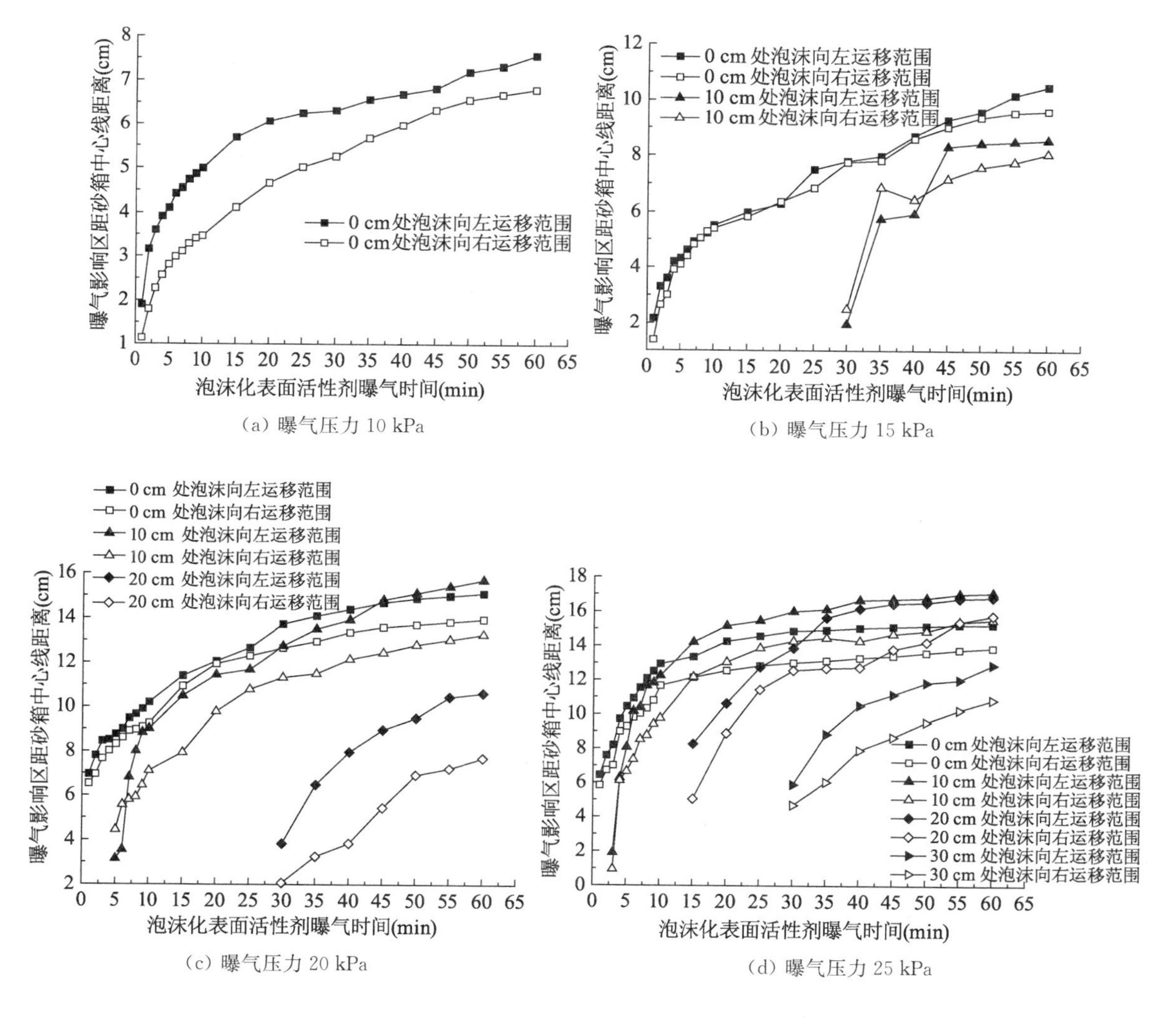

(a) 曝气压力 10 kPa

(b) 曝气压力 15 kPa

(c) 曝气压力 20 kPa

(d) 曝气压力 25 kPa

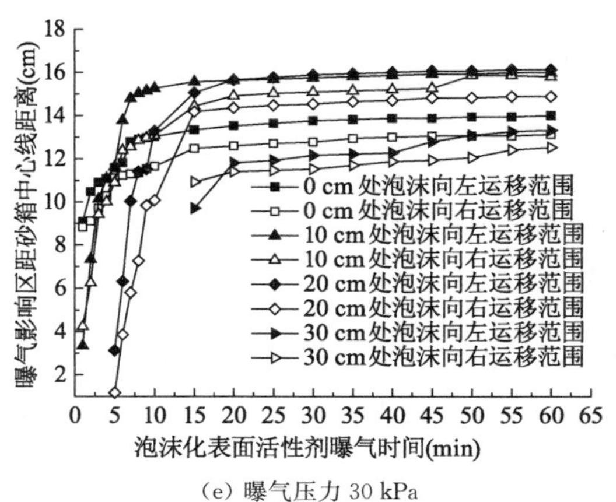

(e) 曝气压力 30 kPa

图 6-20　不同曝气压力下二维砂箱中粒径 2～3 mm 玻璃珠不同深度泡沫化表面活性剂曝气影响区范围

由图 6-21 可知，不同曝气压力下，二维砂箱中心线不同高度的泡沫向两侧运移范围都随着泡沫化表面活性剂曝气时间的增加而增加，且曝气约 15 min 后，泡沫向两侧运移范围的增幅减小。对于粒径 3～4 mm 的玻璃珠，泡沫尺寸小于介质孔隙尺寸，因此泡沫在迁移过程中破裂不明显（苏燕，2015），随着曝气时间的增加，泡沫运移距离连续增加。由图 6-21 亦可知，随着曝气压力的增加，砂箱上层（10～30 cm）出现泡沫运移的时间越早。此外，对于砂箱中心线 0 cm、10 cm、20 cm 范围高处泡沫向两侧的运移，不同曝气压力下泡沫向两侧运移范围基本相当，但是砂箱中心线 30 cm 高处泡沫向两侧的运移范围的差距随着曝气压力的增加而增加。以曝气压力 30 kPa 时为例，对于砂箱中心线左侧泡沫的运移，总体上来看，随着高度的增加，泡沫的运移范围在减小，除了曝气 9～60 min 时间段砂箱中心线 20 cm 处的泡沫运移范围大于 10 cm 处的运移范围；对于砂箱中心线右侧泡沫的运移，在曝气 1～8 min 时间段内，随着高度的增加，泡沫的运移范围在减小，9～60 min，同一时间泡沫运移范围总体上从二维砂箱中心线 20 cm、0 cm、30 cm、10 cm 处依次递减。对于同一高度的泡沫运移，当泡沫高度较低（0 cm、10 cm）时，总体上泡沫向左侧运移的范围大于泡沫向右运移的范围；当泡沫高度较高（20 cm、30 cm）时，总体上泡沫向左侧运移的范围小于泡沫向右侧运移的范围。

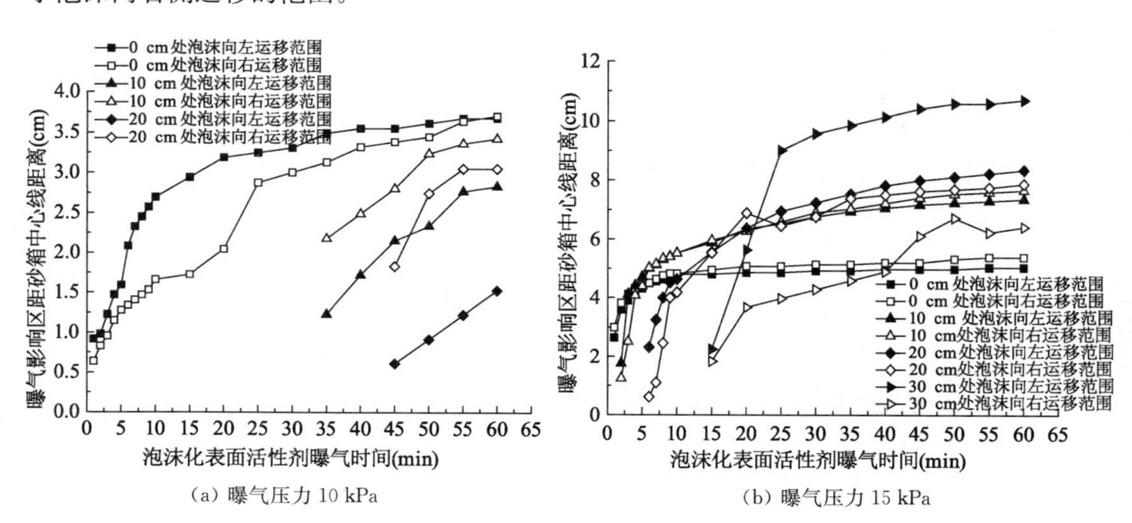

(a) 曝气压力 10 kPa　　(b) 曝气压力 15 kPa

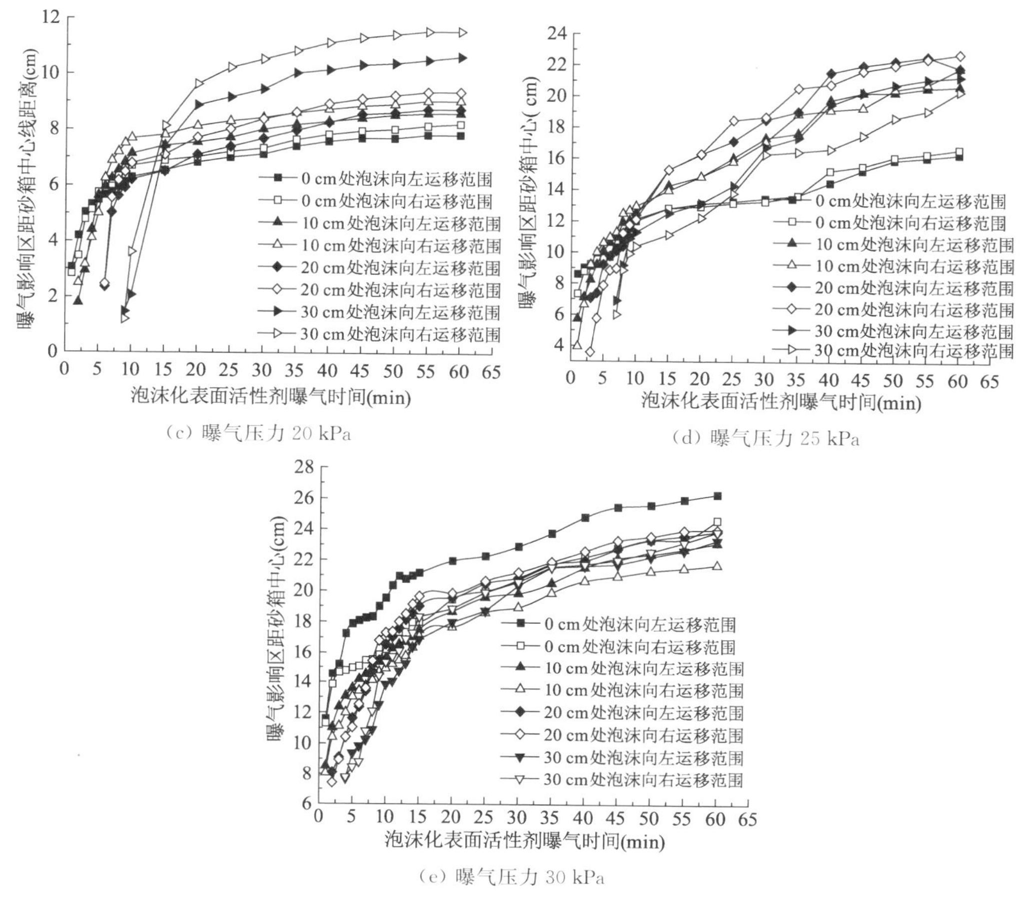

图6-21　不同曝气压力下二维砂箱中粒径3～4 mm玻璃珠不同深度泡沫化表面活性剂曝气影响区范围

6.2.4.2　曝气压力与流量

图6-22为二维砂箱中不同粒径玻璃珠泡沫化表面活性剂曝气时压力与流量关系。玻璃珠粒径分别为0.5～1 mm、1～2 mm、2～3 mm和3～4 mm，表面活性剂Triton X-100溶液浓度为2 000 mg/L。二维砂箱泡沫化表面活性剂曝气试验中，粒径分别为0.5～1 mm、1～2 mm、2～3 mm和3～4 mm玻璃珠的进气压力分别为12 kPa、10 kPa、8 kPa和7 kPa。曝气试验过程中，电脑自动记录不同压力对应的流量，图6-22(b)、(d)、(f)、(h)为电脑自动记录的二维砂箱中不同粒径玻璃珠泡沫化表面活性剂曝气时压力与流量关系，由于泡沫化表面活性剂曝气过程中，压缩空气首先通过气体管路进入表面活性剂罐中，产生大量的泡沫，然后泡沫在气流的带动下通过气体管路进入一维模型柱，进入管路的泡沫会堵塞管路，气体无法进入模型柱，所以此时曝气流量为0。当气流将管路中的泡沫推入模型柱中后，气体才能进入模型柱，曝气试验过程中泡沫和气体交替进入模型柱，同一曝气压力下，曝气流量大小各不相同，故在图6-22(b)、(d)、(f)、(h)中，可见同一曝气压力下有多个曝气流量。同时在泡沫化表面活性剂曝气试验中手动记录压力和流量，图6-22(a)、(c)、(e)、(g)为手动记录的二维砂箱中不同粒径玻璃珠泡沫化表面活性剂曝气时曝气压力与最大曝气流量关系，同一曝气压力下有多个曝气流量，记录其最大值。

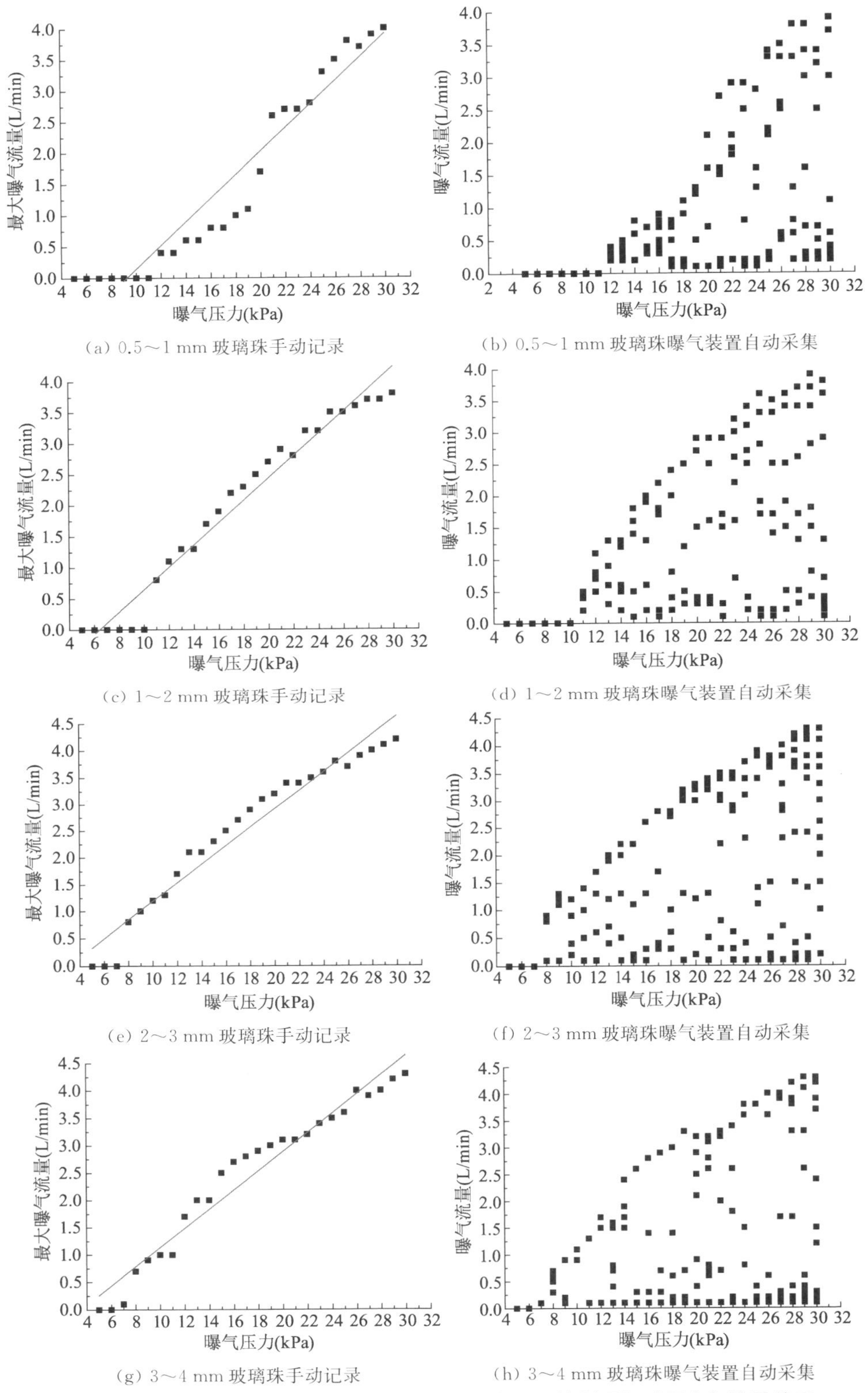

图 6-22　二维砂箱中不同粒径玻璃珠泡沫化表面活性剂曝气时压力与流量关系

由图 6-24 可知，二维砂箱中，玻璃珠粒径越小，其初始进气压力越大；不同粒径玻璃珠中，最大曝气流量与曝气压力总体呈线性关系。此外，由图 6-24(b)、(d)、(f)和(h)可知，玻璃珠粒径为 0.5～1 mm 时，曝气流量主要集中于 0～1 L/min 这个范围内；玻璃珠粒径为 1～2 mm 时，曝气流量主要集中于 0～1 L/min、1.5～2 L/min 和 2.5～3.5 L/min 这几个范围内；玻璃珠粒径为 2～3 mm 时，曝气流量主要集中于 0～0.5 L/min、1～1.5 L/min、3～3.5 L/min 这几个范围；玻璃珠粒径为 3～4 mm 时，曝气流量主要集中于 0～1 L/min、2.5～4 L/min 这两个范围内。这表明，在这四种不同粒径玻璃珠中，当玻璃珠粒径较小时，泡沫化表面活性剂曝气时曝气流量主要在较小的范围内波动，玻璃珠粒径较大时，曝气流量才能在几个较大的范围内波动。

此外，通过对曝气压力与流量数据的线性组合，得出压力与流量关系式为：

$$Q = a \times P + b \tag{6-1}$$

式中：Q 为曝气流量，单位为 L/min；P 为曝气压力，单位为 kPa；$a > 0$；$b < 0$。表 6-4 为二维砂箱中泡沫化表面活性剂曝气过程中不同粒径条件下曝气压力与流量关系拟合结果，不同粒径条件下拟合直线的相关系数 R^2 都大于 0.92，拟合直线较好地反映了曝气压力与流量之间的相关关系，即在四种不同粒径(0.5～1 mm、1～2 mm、2～3 mm 和 3～4 mm)玻璃珠中泡沫化表面活性剂曝气时，最大曝气流量与曝气压力总体呈线性关系。

表 6-4　二维砂箱中泡沫化表面活性剂曝气过程中不同粒径条件下曝气压力与流量关系拟合结果

玻璃珠粒径	拟合方程	相关系数 R^2
0.5～1 mm	$Q = 0.188P - 1.74$	0.920 56
1～2 mm	$Q = 0.179\,1P - 1.147$	0.964 58
2～3 mm	$Q = 0.172\,3P - 0.525\,2$	0.948 88
3～4 mm	$Q = 0.175\,1P - 0.618$	0.952 59

6.2.4.3　表面张力变化

曝气试验前及泡沫化表面活性剂曝气 1 h 后，从取样孔 1～16 分别取水样 10 mL，使用 BZY-201 型自动表面/界面张力仪测量溶液表面张力，得到砂箱中溶液在不同粒径中、不同曝气压力下溶液的表面张力。

图 6-23 为二维砂箱中粒径 0.5～1 mm 玻璃珠在不同曝气压力下泡沫化表面活性剂曝气时表面张力等值线图。由图 6-23(a)可知，二维砂箱中水溶液的初始表面张力都在 73 mN/m左右。图 6-23(b)、(c)、(d)、(e)和(f)表明，泡沫化表面活性剂曝气后，不同曝气压力下砂箱中水溶液表面张力总体由中间向两边递增。此外，随着曝气压力的增加，表面张力被降低的区域越大，且表面张力被降低的幅度越大。

图 6-24 为二维砂箱中粒径 1～2 mm 玻璃珠在不同曝气压力下泡沫化表面活性剂曝气时表面张力等值线图。由图 6-24(a)可知，二维砂箱中水溶液的初始表面张力都在 73 mN/m左右，表面张力大小的分布无明显规律。图 6-24(b)、(c)、(d)、(e)和(f)表明，泡沫化表面活性剂曝气后，不同曝气压力下砂箱中水溶液表面张力总体上由下向上、由中间向两边递增。此外，随着曝气压力的增加，砂箱中水溶液表面张力被降低的区域越大，且

表面张力被降低的幅度越大。此外，由图 6-24(f)可知，曝气压力为 30 kPa 时，距离砂箱中心线两侧 6 cm 内的深蓝色及蓝色区域由底部至顶部贯通，这表明由于表面活性剂泡沫锋面从砂箱底部运移至玻璃珠顶层部后，此区域的水溶液表面张力由 73 mN/m 降至 30～35 mN/m 左右。

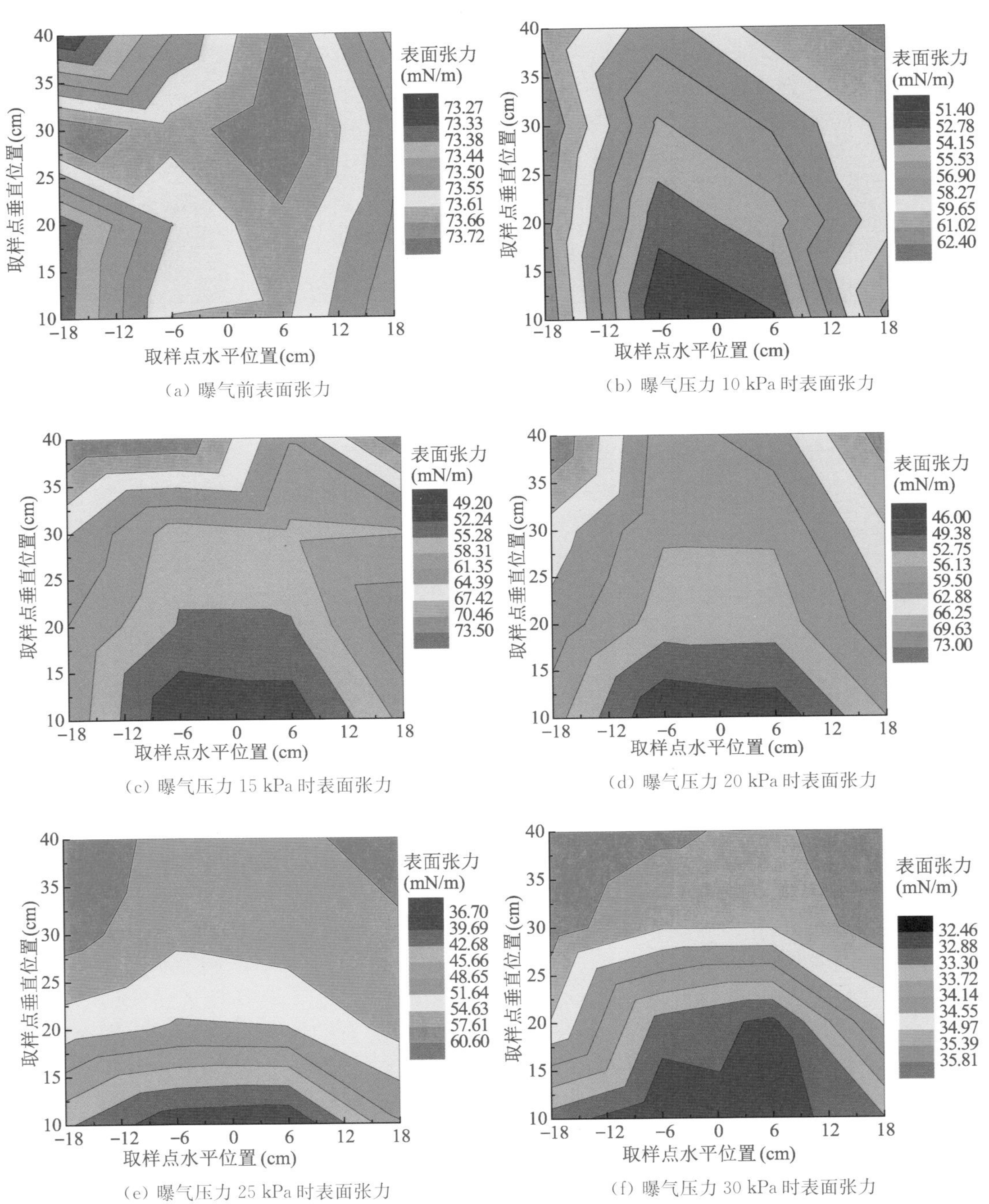

图 6-23　二维砂箱中粒径 0.5～1 mm 玻璃珠在不同曝气压力下泡沫化表面活性剂曝气表面张力等值线图

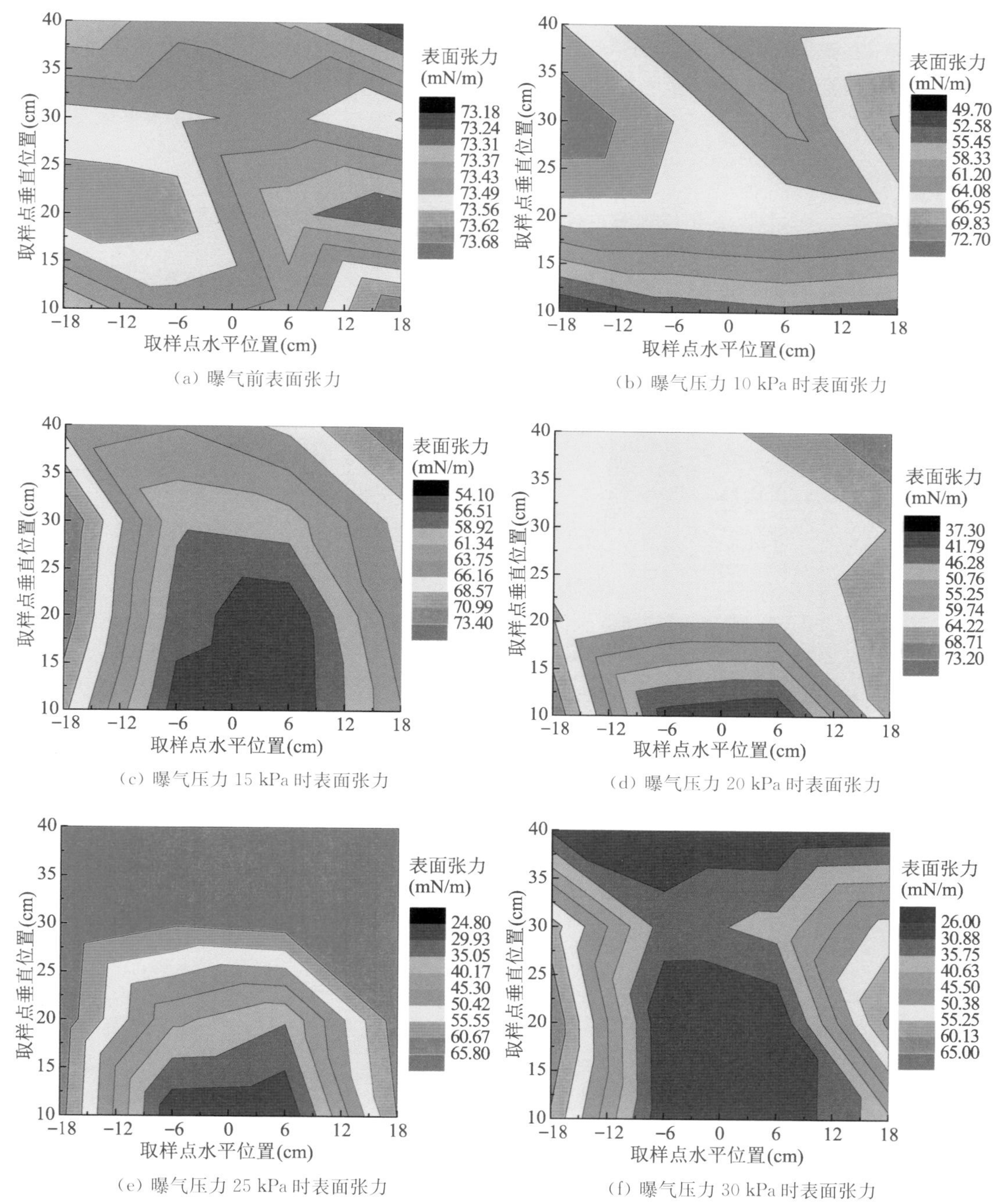

(a) 曝气前表面张力

(b) 曝气压力 10 kPa 时表面张力

(c) 曝气压力 15 kPa 时表面张力

(d) 曝气压力 20 kPa 时表面张力

(e) 曝气压力 25 kPa 时表面张力

(f) 曝气压力 30 kPa 时表面张力

图 6-24　二维砂箱中粒径 1～2 mm 玻璃珠在不同曝气压力下泡沫化表面活性剂曝气时表面张力等值线图

图 6-25 为二维砂箱中粒径 2～3 mm 玻璃珠在不同曝气压力下泡沫化表面活性剂曝气时表面张力等值线图。由图 6-25(a)可知，二维砂箱中水溶液的初始表面张力都在 73 mN/m 左右，水溶液表面张力中间略微高于两边。图 6-25(b)、(c)、(d)、(e)和(f)表明，泡沫化表面活性剂曝气后，不同曝气压力下砂箱中水溶液表面张力总体上由下向上、由中间向两边递增。此外，随着曝气压力的增加，水溶液表面张力被降低的面积增加，且表面张力被降低的

幅度越大。图 6-25(e)、(f)表明，曝气压力为 25 kPa 时，距离砂箱中心线两侧 6 cm 内的深蓝色和蓝色区域由底部至顶部贯通，曝气压力为 30 kPa 时，距离砂箱中心线左侧 6 cm 内和距离砂箱中心线右侧 12 cm 内的深蓝色和蓝色区域由底部至顶部贯通，这表明高曝气压力下，由于表面活性剂泡沫锋面从砂箱底部运移至玻璃珠顶层部后，此区域的水溶液表面张力由 73 mN/m 降至 30～35 mN/m 左右。

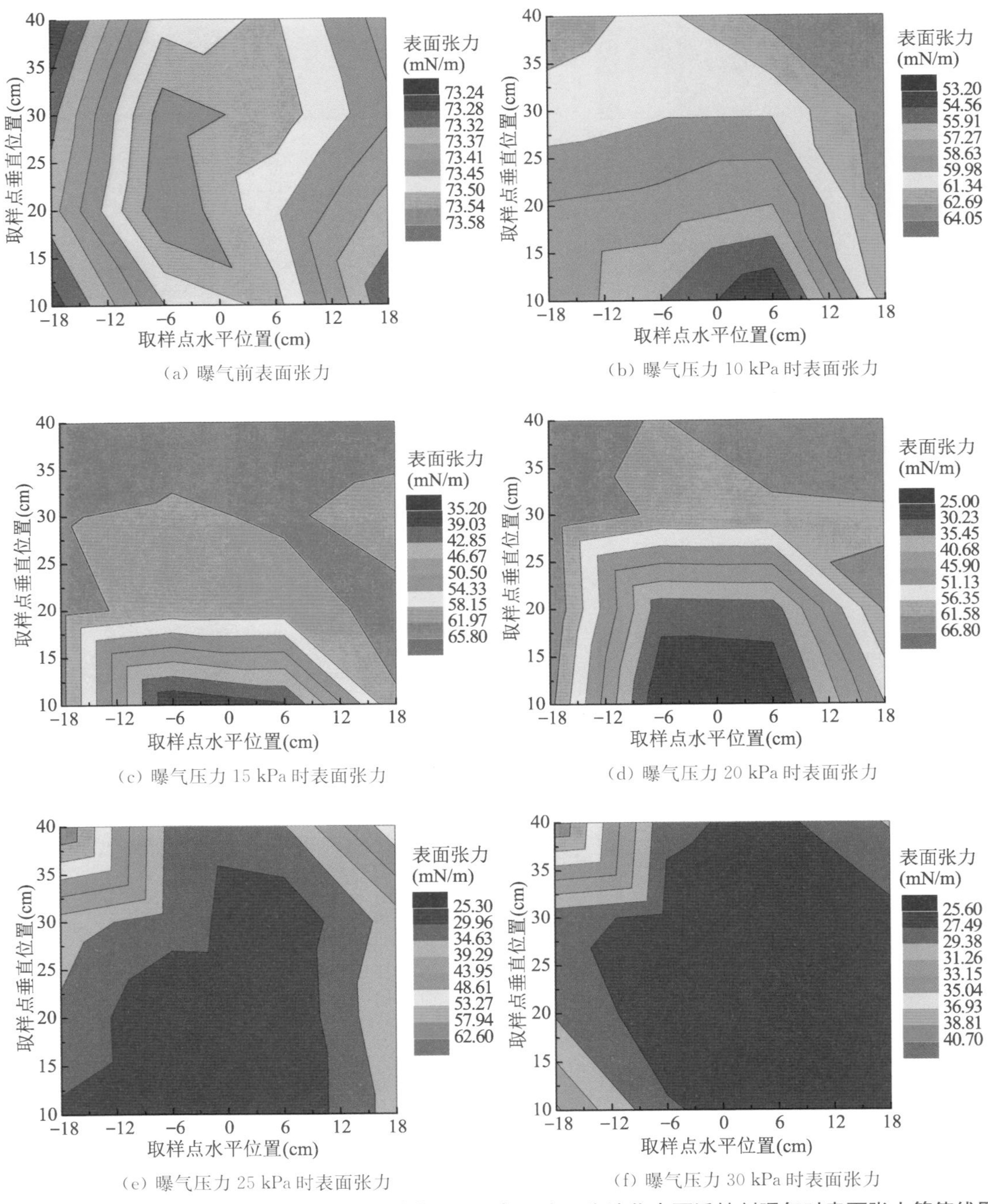

(a) 曝气前表面张力

(b) 曝气压力 10 kPa 时表面张力

(c) 曝气压力 15 kPa 时表面张力

(d) 曝气压力 20 kPa 时表面张力

(e) 曝气压力 25 kPa 时表面张力

(f) 曝气压力 30 kPa 时表面张力

图 6-25 二维砂箱中粒径 2～3 mm 玻璃珠在不同曝气压力下泡沫化表面活性剂曝气时表面张力等值线图

图 6-26 为二维砂箱中粒径 3～4 mm 玻璃珠泡沫化表面活性剂曝气前和曝气后表面张力的等值线图。图 6-27 为二维砂箱中粒径 3～4 mm 玻璃珠泡沫化表面活性剂曝气影响区及相应区域表面张力变化图，其中灰色部分为曝气影响区域，红色线条为曝气影响区域轮廓，彩色部分为表面张力等值线图。由图 6-26 可知，泡沫化表面活性剂曝气试验前，水溶液的初始表面张力都在 73 mN/m 左右。图 6-26(b)～(f)中，蓝色区域的面积在不断地增

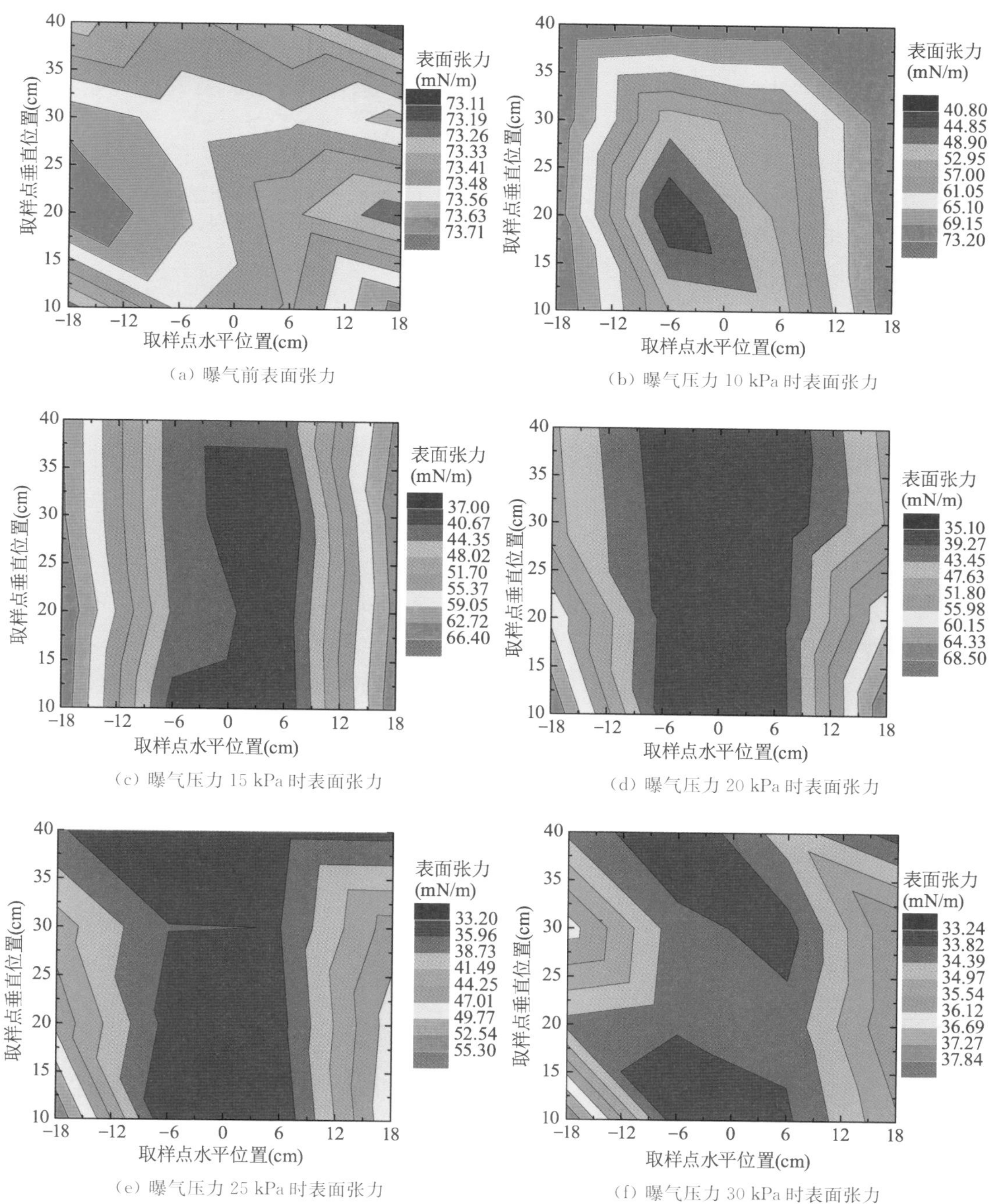

(a) 曝气前表面张力

(b) 曝气压力 10 kPa 时表面张力

(c) 曝气压力 15 kPa 时表面张力

(d) 曝气压力 20 kPa 时表面张力

(e) 曝气压力 25 kPa 时表面张力

(f) 曝气压力 30 kPa 时表面张力

图 6-26　二维砂箱中粒径 3～4 mm 玻璃珠在不同曝气压力下泡沫化表面活性剂曝气时表面张力等值线图

加，这表明随着曝气压力的增加，曝气影响区也随之增加，表面活性剂泡沫有效降低了溶液的表面张力，且曝气压力越大，不同曝气压力下表面张力的最低值越小。表面活性剂分子中既含有亲水基又含有亲油基，当表面活性剂溶于水后，亲油基受水分子排斥逃逸出水相，亲水基受水分子吸引，在水面富集形成定向单分子吸附层，使得气-水界面的张力下降（宋昭峥等，2015）。由图6-26(b)～(f)可知，泡沫化表面活性剂曝气后二维砂箱中水溶液表面张力总体上由中间位置向两侧逐渐增加，因为泡沫向砂箱上部运移时，泡沫主要从砂箱中间部位通过，故此区域的水溶液受泡沫影响时间最长，泡沫最密集最丰富，水溶液的表面张力也就越低。

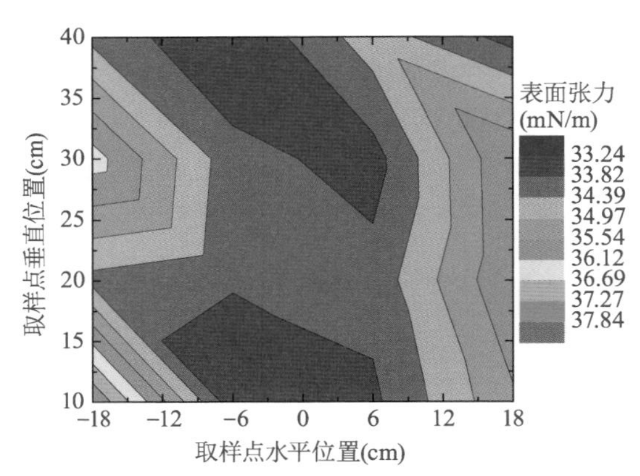

图 6-27 粒径 3～4 mm 玻璃珠泡沫化表面活性剂曝气影响区及相应区域表面张力变化图

6.2.4.4 溶解氧变化

曝气试验前及泡沫化表面活性剂曝气 1 h 后，从取样孔 1～16 分别取水样 20 mL，使用 D-75G 型水质分析仪测量溶液中溶解氧含量，得到砂箱中溶液在不同粒径中、不同曝气压力下的溶解氧含量。

图 6-28 为二维砂箱中粒径 0.5～1 mm 玻璃珠不同曝气压力下泡沫化表面活性剂曝气时溶解氧等值线图。由图 6-28(a)可知，二维砂箱中水溶液的初始溶解氧都在 7.2～8.4 mg/L左右。图 6-28(b)、(c)、(d)、(e)和(f)表明，泡沫化表面活性剂曝气后，不同曝气压力下砂箱中水溶液溶解氧总体上由上向下、由两边向中间递增。此外，同一粒径玻璃珠中，随着曝气压力的增加，溶解氧增加的区域不断越大。

图 6-29 为二维砂箱中粒径 1～2 mm 玻璃珠不同曝气压力下泡沫化表面活性剂曝气时溶解氧等值线图。由图 6-29(a)可知，二维砂箱中水溶液的初始溶解氧都在 7.5～9.0 mg/L左右。图 6-29(b)～(f)表明，随着曝气压力的增加，砂箱水溶液溶解氧的最大值也在不断地增加。

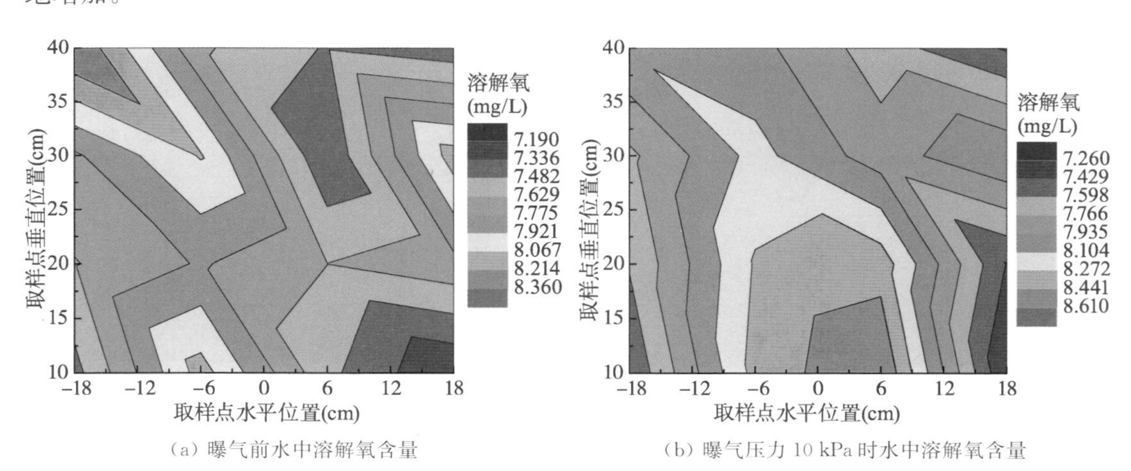

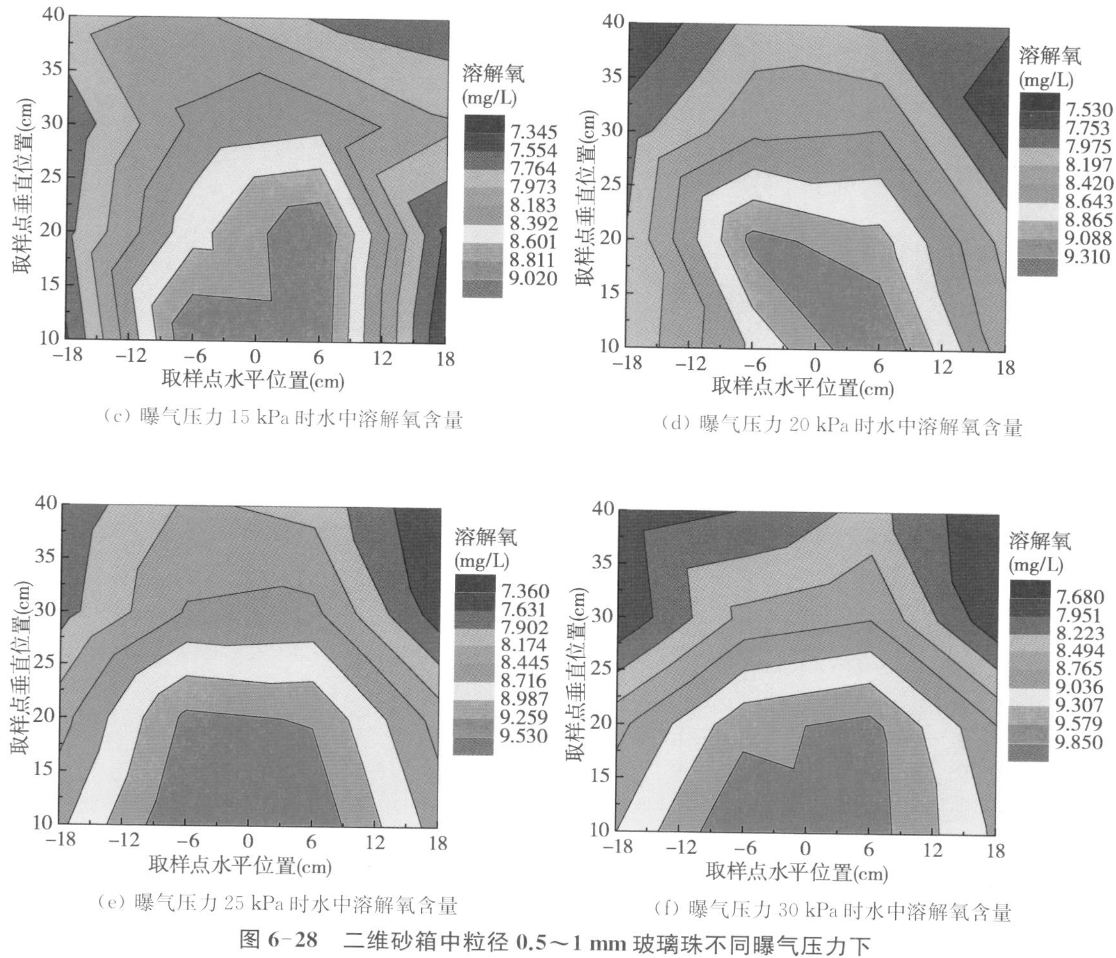

(c) 曝气压力 15 kPa 时水中溶解氧含量

(d) 曝气压力 20 kPa 时水中溶解氧含量

(e) 曝气压力 25 kPa 时水中溶解氧含量

(f) 曝气压力 30 kPa 时水中溶解氧含量

图 6-28　二维砂箱中粒径 0.5～1 mm 玻璃珠不同曝气压力下泡沫化表面活性剂曝气时溶解氧等值线图

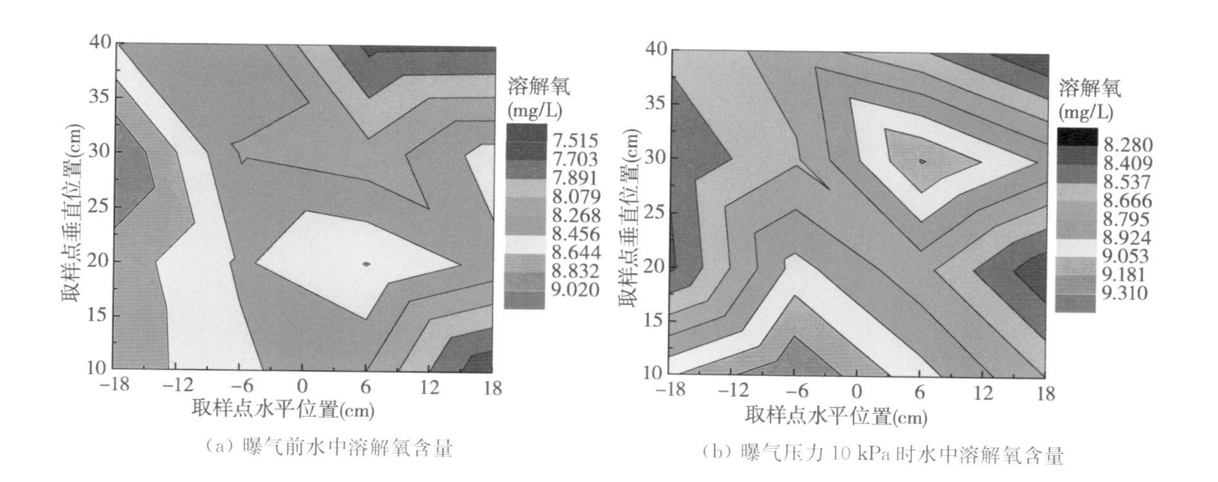

(a) 曝气前水中溶解氧含量

(b) 曝气压力 10 kPa 时水中溶解氧含量

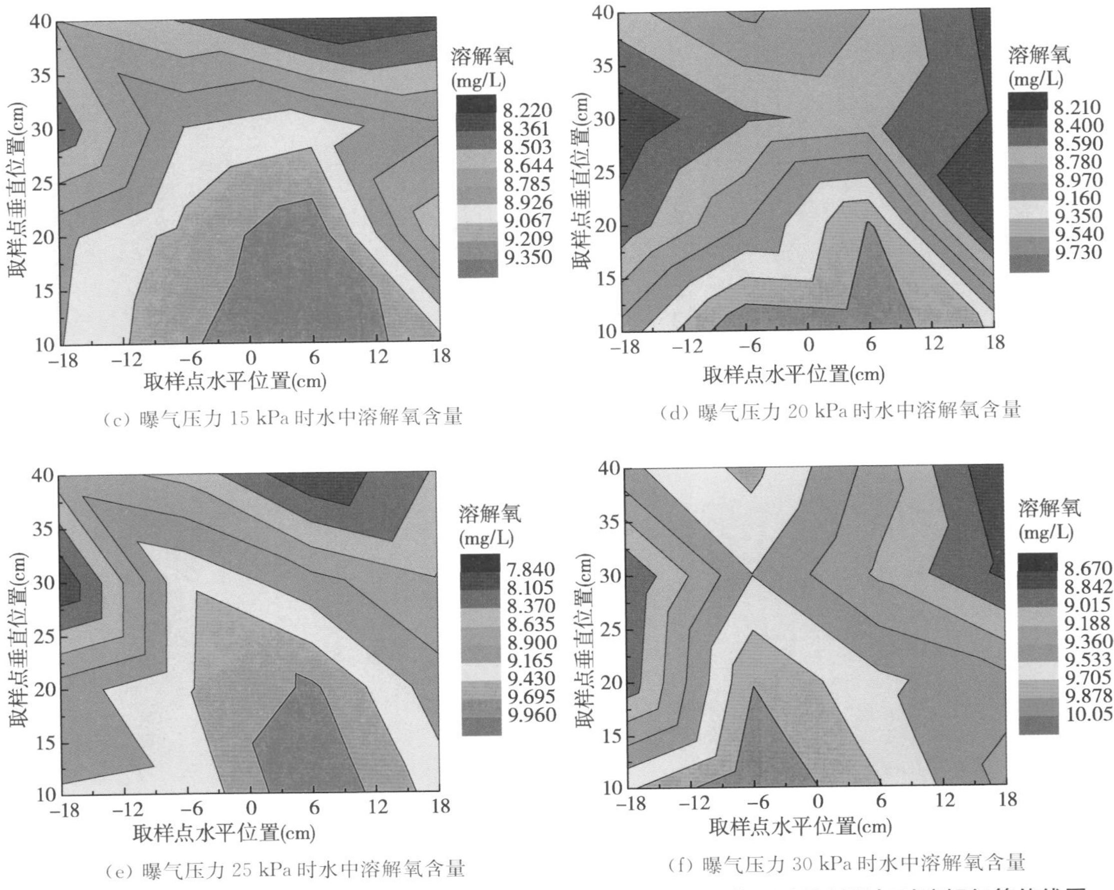

(c) 曝气压力 15 kPa 时水中溶解氧含量

(d) 曝气压力 20 kPa 时水中溶解氧含量

(e) 曝气压力 25 kPa 时水中溶解氧含量

(f) 曝气压力 30 kPa 时水中溶解氧含量

图 6-29　二维砂箱中粒径 1～2 mm 玻璃珠不同曝气压力下泡沫化表面活性剂曝气时溶解氧等值线图

图 6-30 为二维砂箱中粒径 2～3 mm 玻璃珠不同曝气压力下泡沫化表面活性剂曝气时溶解氧等值线图。由图 6-30(a)可知，二维砂箱中水溶液的初始溶解氧都在 6.9～8.8 mg/L 左右。图 6-30(f)表明，曝气压力较大时，曝气影响区区域也较大，底部完全被红色区域覆盖，表明此区域溶解氧都被大幅度提高。

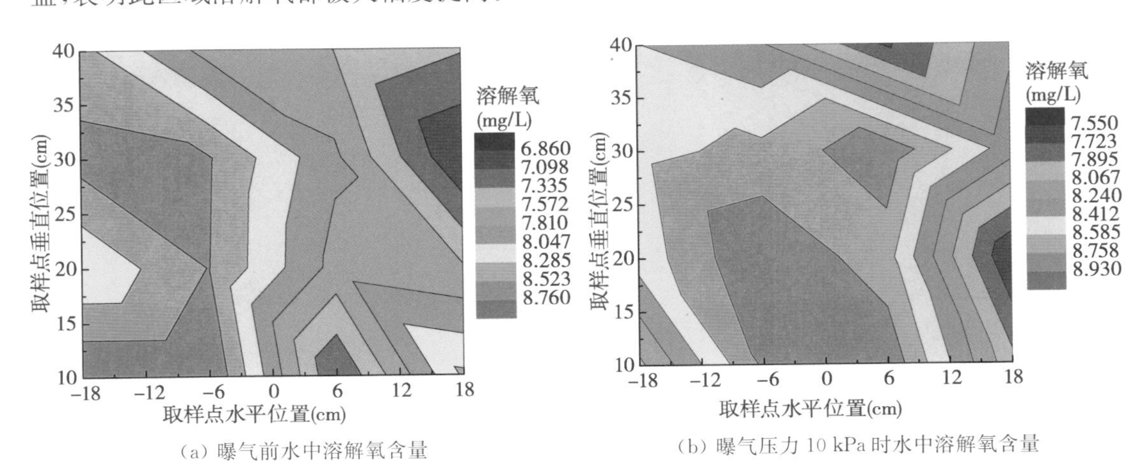

(a) 曝气前水中溶解氧含量

(b) 曝气压力 10 kPa 时水中溶解氧含量

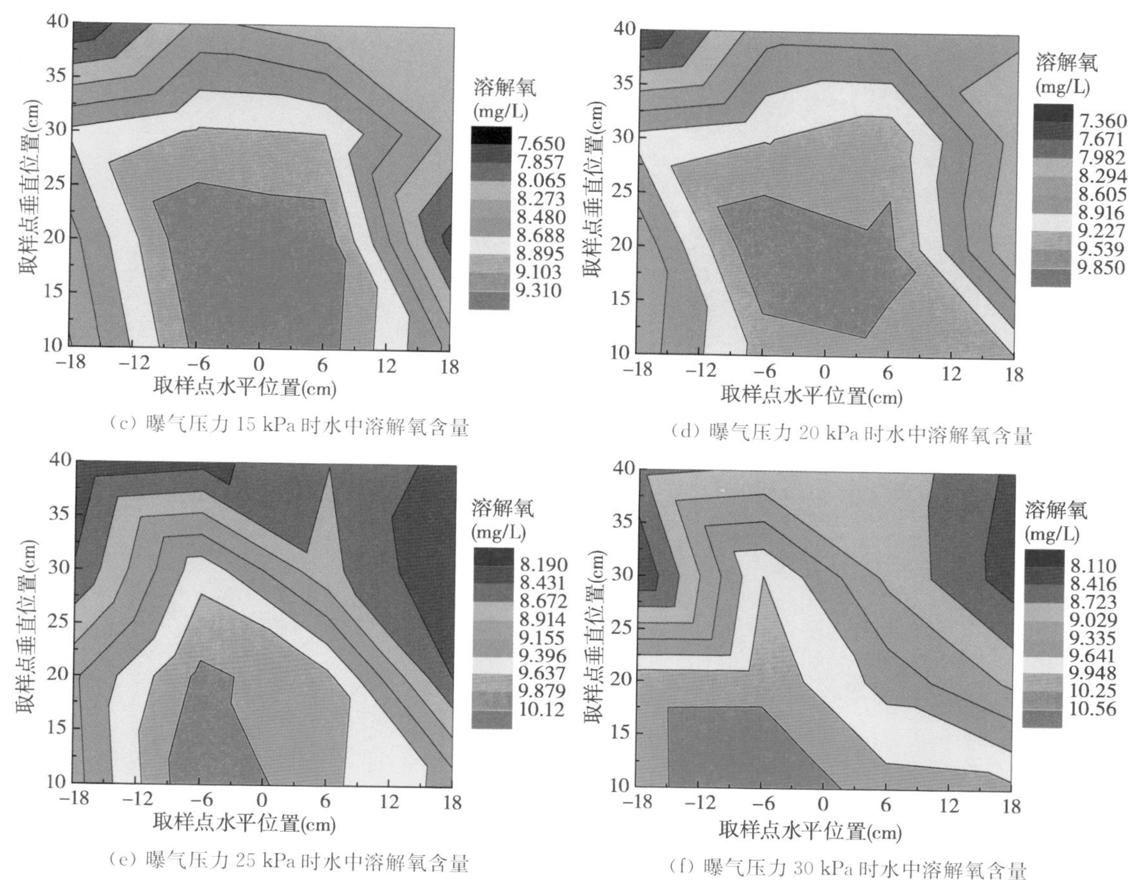

(c) 曝气压力 15 kPa 时水中溶解氧含量

(d) 曝气压力 20 kPa 时水中溶解氧含量

(e) 曝气压力 25 kPa 时水中溶解氧含量

(f) 曝气压力 30 kPa 时水中溶解氧含量

图 6-30 二维砂箱中粒径 2～3 mm 玻璃珠不同曝气压力下泡沫化表面活性剂曝气时溶解氧等值线图

图 6-31 为二维砂箱中粒径 3～4 mm 玻璃珠不同曝气压力下泡沫化表面活性剂曝气时溶解氧等值线图。由图 6-31(a)可知，二维砂箱中水溶液的初始溶解氧都在 7～8.8 mg/L 左右。图 6-28～图 6-31 表明，相同曝气压力、不同粒径玻璃珠中，玻璃珠粒径越大，溶解氧值越高且溶解氧增加的区域也越大。因为随着玻璃珠粒径的增加，相同曝气压力下曝气影响区面积也增加。此外，总体上随着曝气压力不断增加，液体中溶解氧值在不断增加，且溶解氧增加的区域也越来越大。因为孔隙水溶解氧值的变化主要取决于气液传质界面面积和地下水中气体停留时间(Qin et al., 2014)，而随着曝气压力的增加，曝气影响区面积增加使得气液传质界面面积增加，且泡沫更加稳定，使得液体中气体停留的时间也更长。

6.2.4.5 气相饱和度变化

分别使用四种粒径为 0.5～1 mm、1～2 mm、2～3 mm、3～4 mm 的玻璃珠填充二维砂箱，落砂法填充砂箱时，落砂高度为 40 cm，落距保持 50 cm，二维砂箱中填充的玻璃珠质量分别为 18 475 g、18 840 g、19 695 g 和 19 950 g。使用自来水将玻璃珠充分饱和，饱和后液面高度为 41 cm，对于粒径为 0.5～1 mm、1～2 mm、2～3 mm、3～4 mm 的玻璃珠，饱和所用水的体积分别为 7 100 mL、6 900 mL、6 700 mL、6 600 mL。泡沫化表面活性剂曝气的 60 min 过程中，每隔 2 min 记录砂箱中液面高度的变化，以此计算出相应的二维砂箱玻璃珠中气相饱和度。

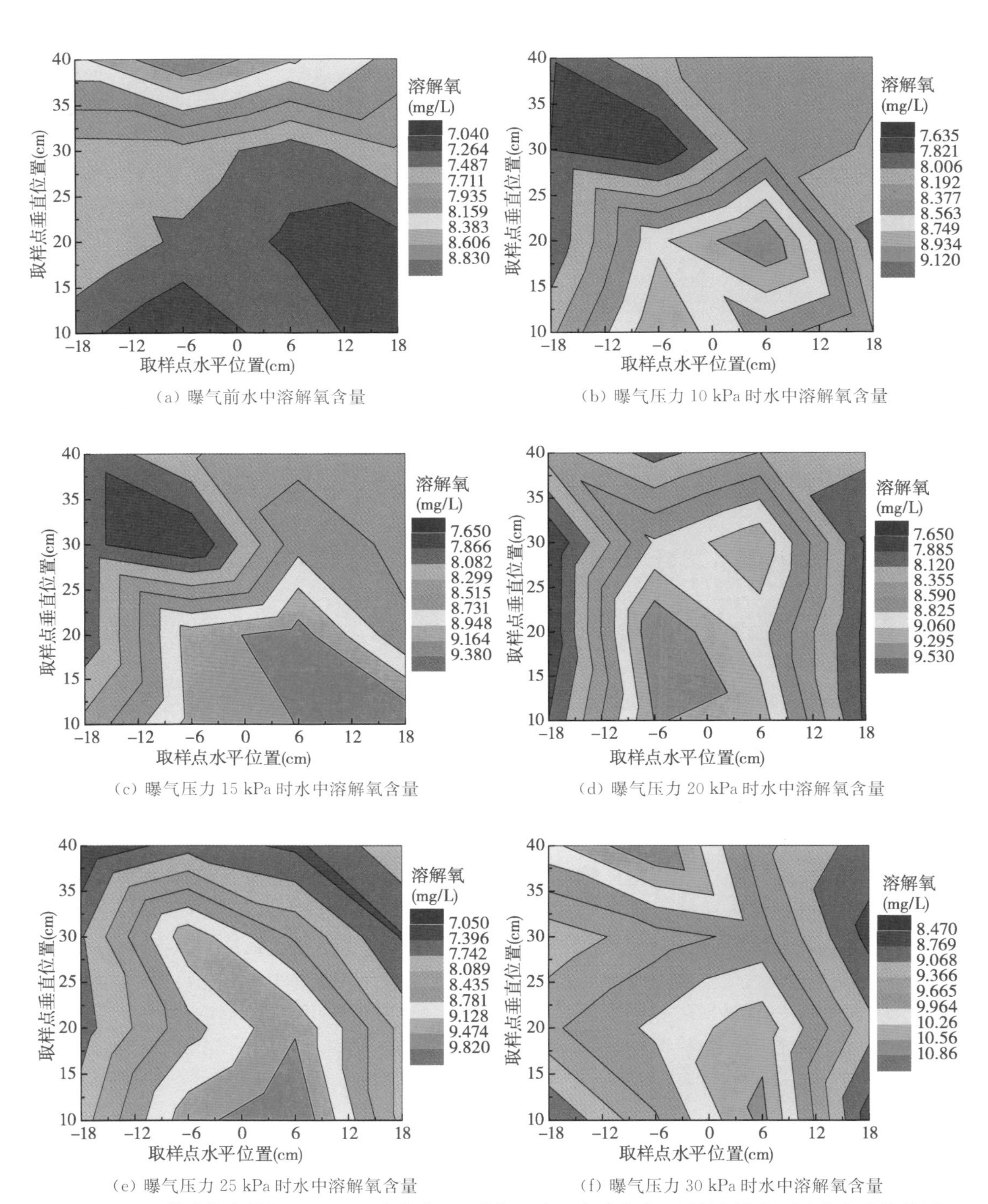

(a) 曝气前水中溶解氧含量

(b) 曝气压力 10 kPa 时水中溶解氧含量

(c) 曝气压力 15 kPa 时水中溶解氧含量

(d) 曝气压力 20 kPa 时水中溶解氧含量

(e) 曝气压力 25 kPa 时水中溶解氧含量

(f) 曝气压力 30 kPa 时水中溶解氧含量

图 6-31 二维砂箱中粒径 3～4 mm 玻璃珠不同曝气压力下泡沫化表面活性剂曝气时溶解氧等值线图

图 6-32 为二维砂箱中不同粒径玻璃珠在不同曝气压力条件下气相饱和度与时间关系曲线。由图 6-32 可知，对于不同粒径玻璃珠，其在不同曝气压力下气相饱和度都随着泡沫化表面活性剂曝气时间的增加而不断增加，因为泡沫进入砂箱后，不断地将孔隙中

的水置换出来,所以气相饱和度不断增加。开始的一段时间,气相饱和度增加较快,随后逐渐减缓,因为此时曝气影响区内孔隙中大部分水分已被置换出,所以气相饱和度增速变慢。

此外,对于某一种特定粒径玻璃珠(0.5～1 mm、1～2 mm、2～3 mm、3～4 mm),同一时间气相饱和度随着曝气压力的增加而增加,即气相饱和度与曝气压力呈正比。因为更大的曝气压力使得泡沫能够更多、更快地进入砂箱,溶液的表面张力也越低,降低速度越快。而 Zheng 等(2010) 研究发现,在低表面张力下,玻璃珠中形成大量气体通道,这增加了空气饱和度。

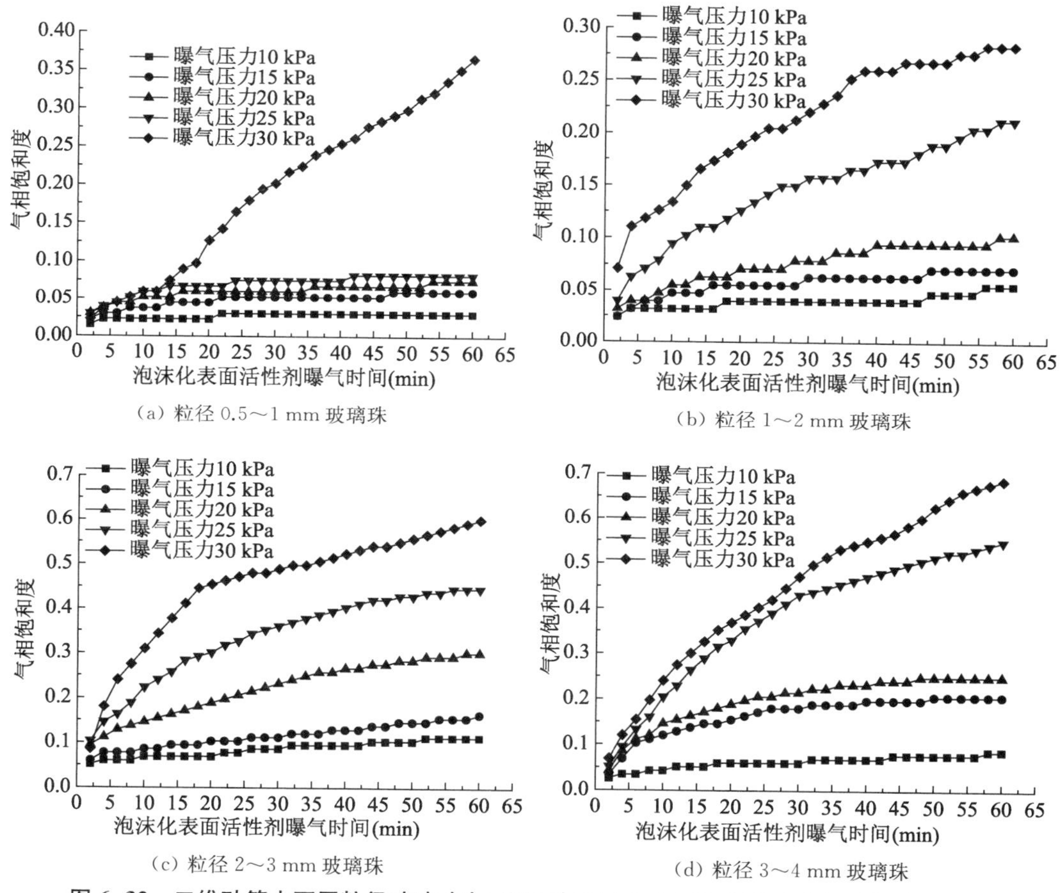

图 6-32　二维砂箱中不同粒径玻璃珠在不同曝气压力条件下气相饱和度与时间关系曲线

图 6-33 为二维砂箱中不同曝气压力条件下不同粒径玻璃珠中气相饱和度与时间关系曲线。由图 6-33 可知,当曝气压力为 10 kPa 时,同一时间不同粒径玻璃珠中气相饱和度由高到低依次为 2～3 mm、3～4 mm、1～2 mm、0.5～1 mm 玻璃珠;当曝气压力为 15 kPa、20 kPa、25 kPa、30 kPa 时,同一时间气相饱和度与玻璃珠粒径呈正比,即相同曝气压力、相同时间,玻璃珠粒径越大,其气相饱和度也越高。总体上看,相同曝气压力下、相同曝气时间,玻璃珠粒径越大,其气相饱和度也越高。

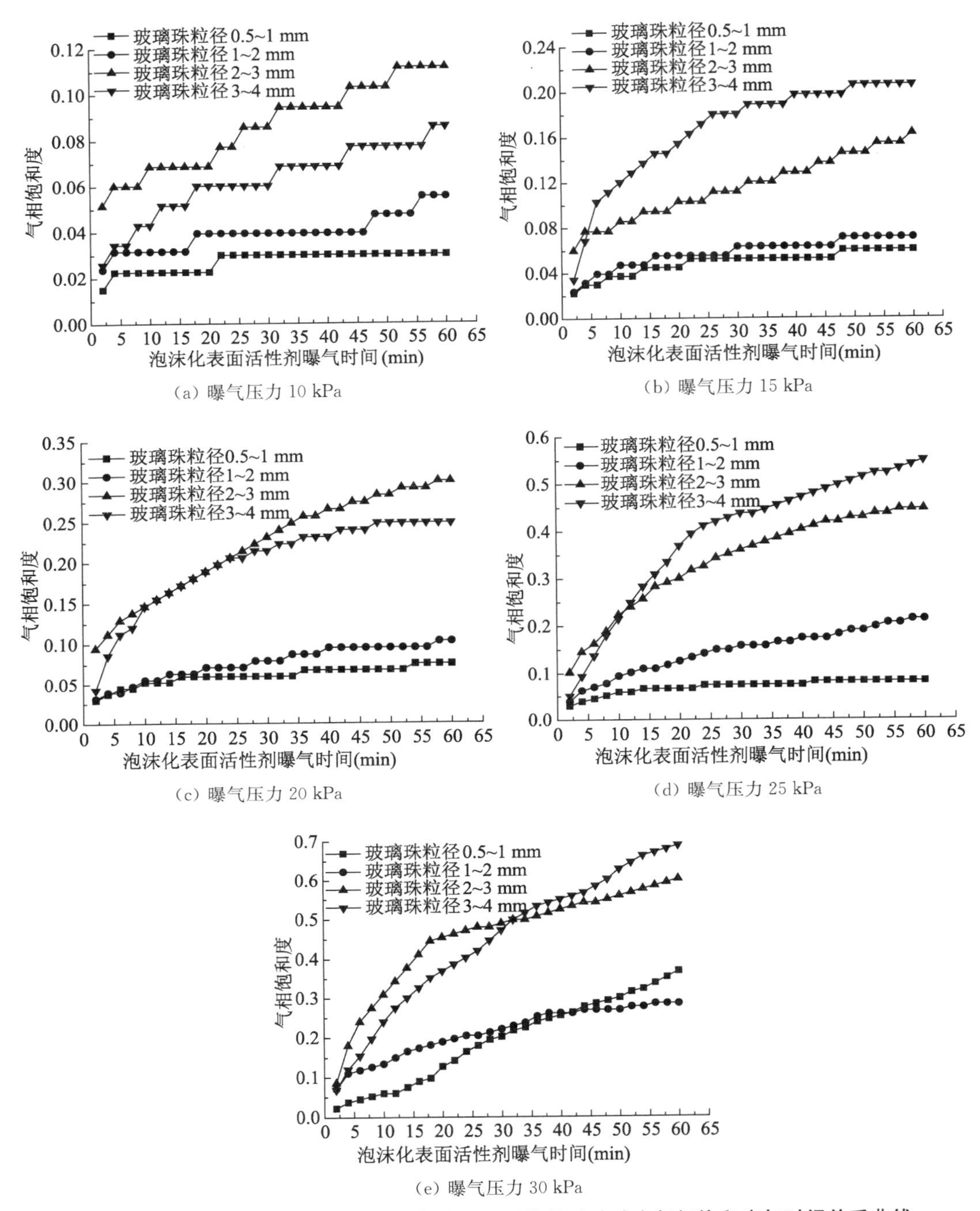

(a) 曝气压力 10 kPa

(b) 曝气压力 15 kPa

(c) 曝气压力 20 kPa

(d) 曝气压力 25 kPa

(e) 曝气压力 30 kPa

图 6-33　二维砂箱中不同曝气压力条件下不同粒径玻璃珠中气相饱和度与时间关系曲线

6.2.4.6　泡沫运移速度

图 6-34 为二维砂箱中不同粒径(0.5～1 mm、1～2 mm、2～3 mm、3～4 mm)玻璃珠泡沫化表面活性剂曝气时泡沫锋面竖直方向平均运移速度。不同位置泡沫运移速度是不一致的，采用绘图软件 AutoCAD，测量每分钟砂箱中心线处泡沫竖直方向运移距离，以每

分钟的距离除以相应的时间得到泡沫竖直方向平均运移速度，并以此速度作为泡沫锋面的平均运移速度。由图 6-34 可知，二维砂箱中，四种不同粒径泡沫化表面活性剂强化曝气时，总体上不同曝气压力下泡沫锋面竖直方向平均运移速度随着时间在不断地降低。因为气泡相互挤压和重力的作用，气泡中液体不断流失，下层泡沫中液体不断增加，气液比减小，泡沫黏度增加，流动速度降低。此外，相同时间内，曝气压力越大，泡沫锋面竖直方向平均运移速度越快。

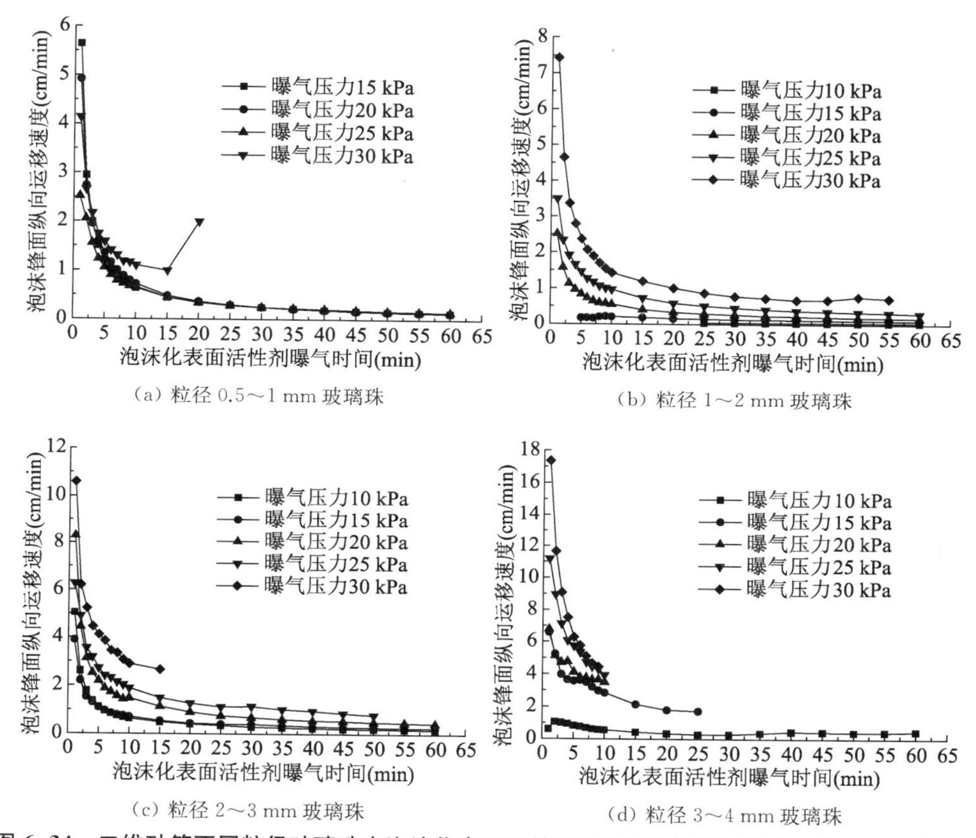

图 6-34 二维砂箱不同粒径玻璃珠中泡沫化表面活性剂曝气时泡沫锋面竖直方向平均运移速度

表 6-5 为二维砂箱中不同曝气压力下表面活性剂泡沫在不同粒径(0.5～1 mm、1～2 mm、2～3 mm、3～4 mm)玻璃珠中竖直方向平均运移速度变化拟合结果，泡沫锋面竖直方向平均运移速度随时间的变化过程符合指数函数变化规律，采用指数函数拟合分析泡沫锋面竖直方向平均运移速度随时间的变化过程：$v = a \times \exp(b \times t) + c$。其中：$v$ 为泡沫锋面竖直方向平均运移速度，单位为 cm/min；t 为泡沫化表面活性剂曝气时间，单位为 s。拟合方程中 v 与 t 呈负相关，即总体上曝气的时间越长，表面活性剂泡沫在这一段时间平均运移速度越慢。

图 6-35 为二维砂箱中不同曝气压力条件下不同粒径玻璃珠中泡沫化表面活性剂曝气时泡沫锋面竖直方向平均运移速度。由图 3-33 可知，在同一曝气压力下，同一时间总体上泡沫锋面竖直方向运移速度与玻璃珠粒径呈正比，即同一曝气压力、同一时间，玻璃珠粒径越大，泡沫锋面竖直方向平均运移速度也越快。此外，不同曝气压力下，玻璃珠粒径较大(2～3 mm、3～4 mm)时，泡沫锋面竖直方向平均运移速度初速度较大且速度降低也更快。

表 6-5　二维砂箱中不同曝气压力下表面活性剂泡沫在不同粒径玻璃珠中竖直方向平均运移速度变化拟合结果

玻璃珠粒径	曝气压力/kPa	拟合方程	相关系数 R^2
0.5～1 mm	15	$v=8.270\times\exp(-0.49t)+0.347$	0.971 62
0.5～1 mm	20	$v=5.56\times\exp(-0.2t)+0.1$	0.943 7
0.5～1 mm	25	$v=2.632\times\exp(-0.18t)+0.140$	0.975 1
0.5～1 mm	30	$v=4.305\times\exp(-0.32t)+0.737$	0.952 62
1～2 mm	15	$v=0.095\,4\times\exp(-0.066\,3t)+0.131\,0$	0.659 38
1～2 mm	20	$v=2.696\times\exp(-0.27t)+0.194$	0.949 62
1～2 mm	25	$v=3.36\times\exp(-0.1t)+0.3$	0.953 3
1～2 mm	30	$v=8.24\times\exp(-0.29t)+0.58$	0.953 92
2～3 mm	10	$v=6.490\,6\times\exp(-0.395\,1t)+0.189\,4$	0.950 3
2～3 mm	15	$v=4.470\,9\times\exp(-0.335\,6t)+0.279\,6$	0.942 56
2～3 mm	20	$v=9.710\,69\times\exp(-0.345\,76t)+0.466\,47$	0.932 01
2～3 mm	25	$v=6.148\,25\times\exp(-0.204\,0t)+0.776\,57$	0.956 69
2～3 mm	30	$v=10.493\times\exp(-0.341t)+2.098\,3$	0.916
3～4 mm	15	$v=4.875\,3\times\exp(-0.163\,12t)+1.719\,61$	0.927 11
3～4 mm	20	$v=4.303\,41\times\exp(-0.273\,61t)+3.095\,02$	0.938 23
3～4 mm	25	$v=10.161\,68\times\exp(-0.262\,25t)+2.992\,89$	0.982 52
3～4 mm	30	$v=19.180\,6\times\exp(-0.318\,5t)+2.478\,26$	0.966 38

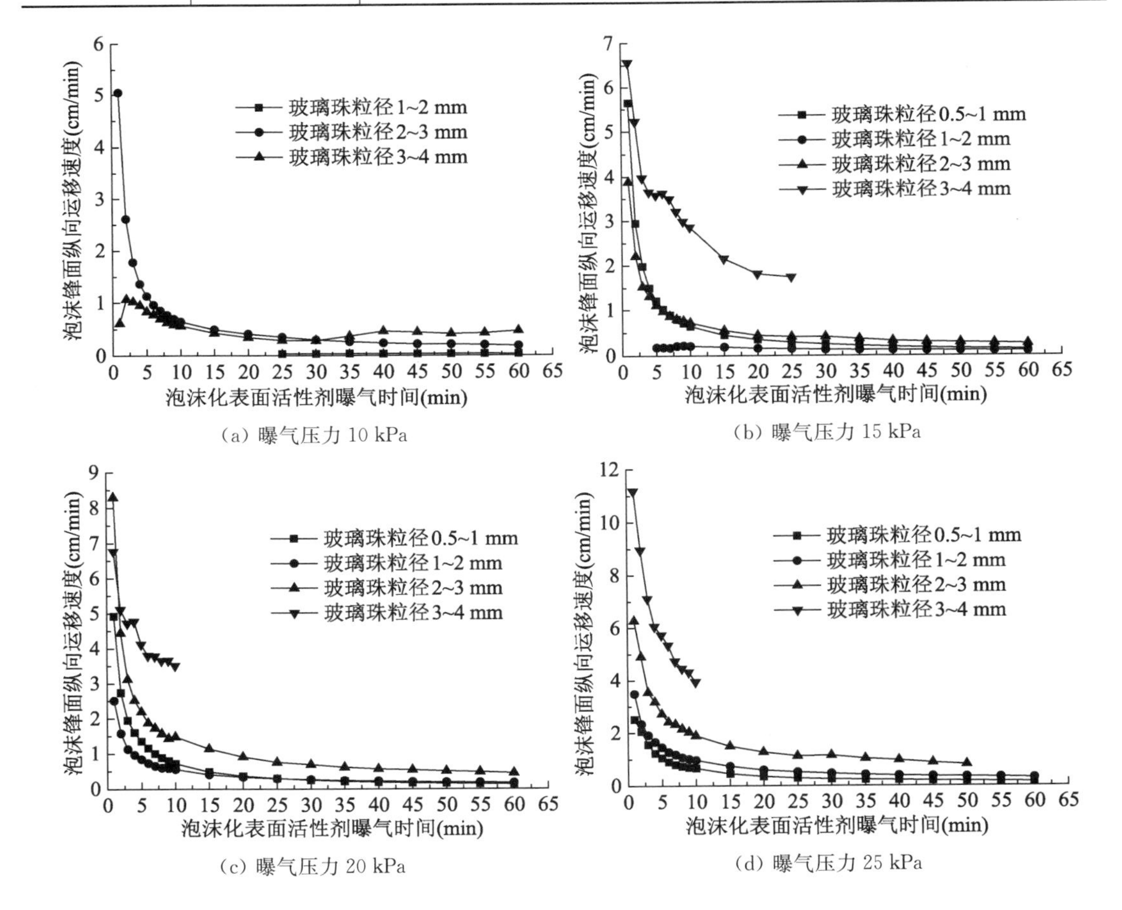

(a) 曝气压力 10 kPa

(b) 曝气压力 15 kPa

(c) 曝气压力 20 kPa

(d) 曝气压力 25 kPa

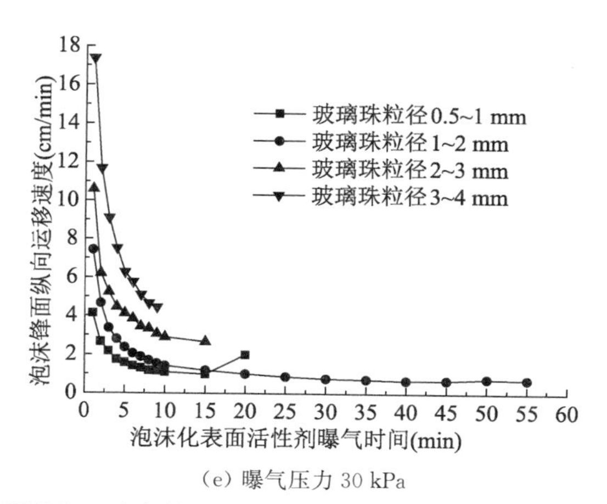

(e) 曝气压力 30 kPa

图 6-35　二维砂箱中不同曝气压力条件下泡沫化表面活性剂曝气时泡沫锋面竖直方向平均运移速度

图 6-36 为二维砂箱中粒径 0.5～1 mm 玻璃珠在不同曝气压力下泡沫化表面活性剂曝气时泡沫水平方向平均运移速度。由图 6-36 可知，当玻璃珠粒径为 0.5～1 mm 时，不同曝气压力下，砂箱中不同高度泡沫向两侧的水平方向平均运移速度基本相当。此外，曝气 15 min 后砂箱中不同高度泡沫水平方向平均运移速度趋于稳定，变化很小。

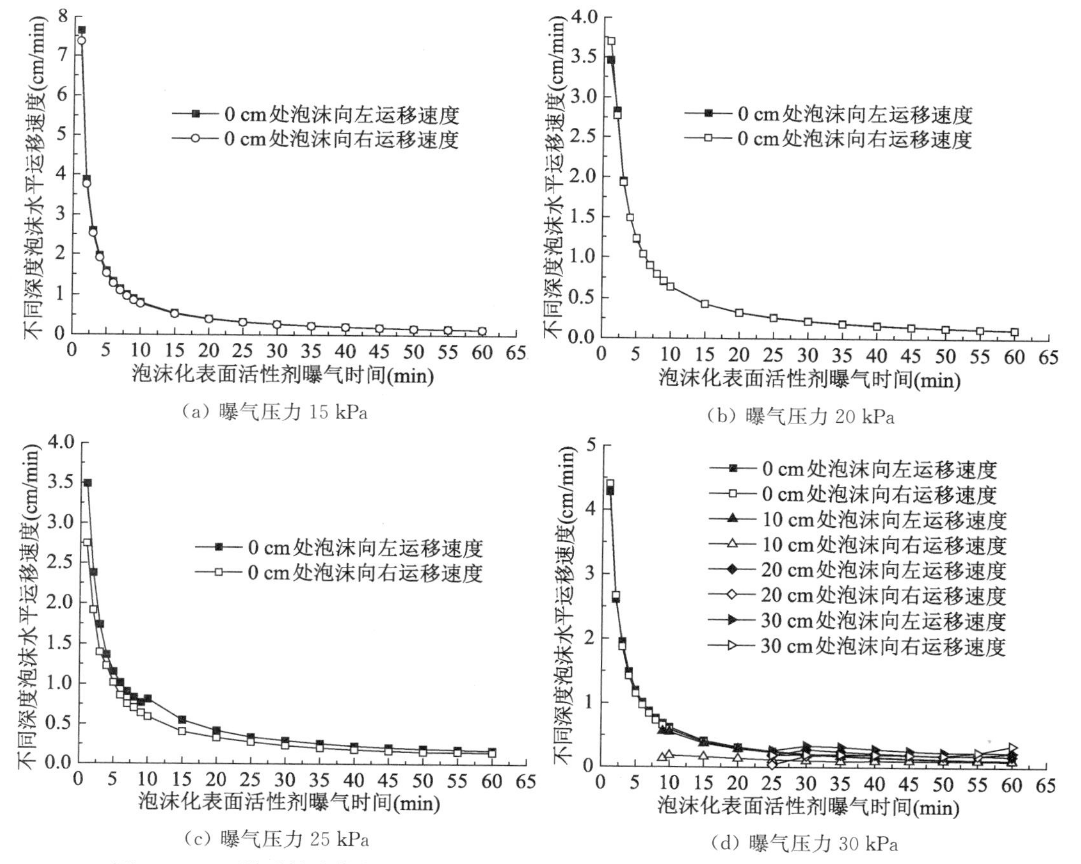

(a) 曝气压力 15 kPa　(b) 曝气压力 20 kPa

(c) 曝气压力 25 kPa　(d) 曝气压力 30 kPa

图 6-36　二维砂箱中粒径 0.5～1 mm 玻璃珠在不同曝气压力下泡沫化表面活性剂曝气时泡沫水平方向平均运移速度

图 6-37 为二维砂箱中粒径 1～2 mm 玻璃珠在不同曝气压力下泡沫化表面活性剂曝气时泡沫水平方向平均运移速度。由图 6-37 可知，当玻璃珠粒径为 1～2 mm 时，曝气压力从 10 kPa、15 kPa、20 kPa、25 kPa 到 30 kPa 时，对应的砂箱中心线 0 cm 处泡沫水平方向平均运移速度初速度为 0.04～0.06 cm/min、0.24～0.34 cm/min、2.68～2.82 cm/min、3.65～3.92 cm/min 和 5.65～5.79 cm/min，砂箱中心线 0 cm 处泡沫水平方向平均运移速度初速度随着曝气压力的增加而增加。

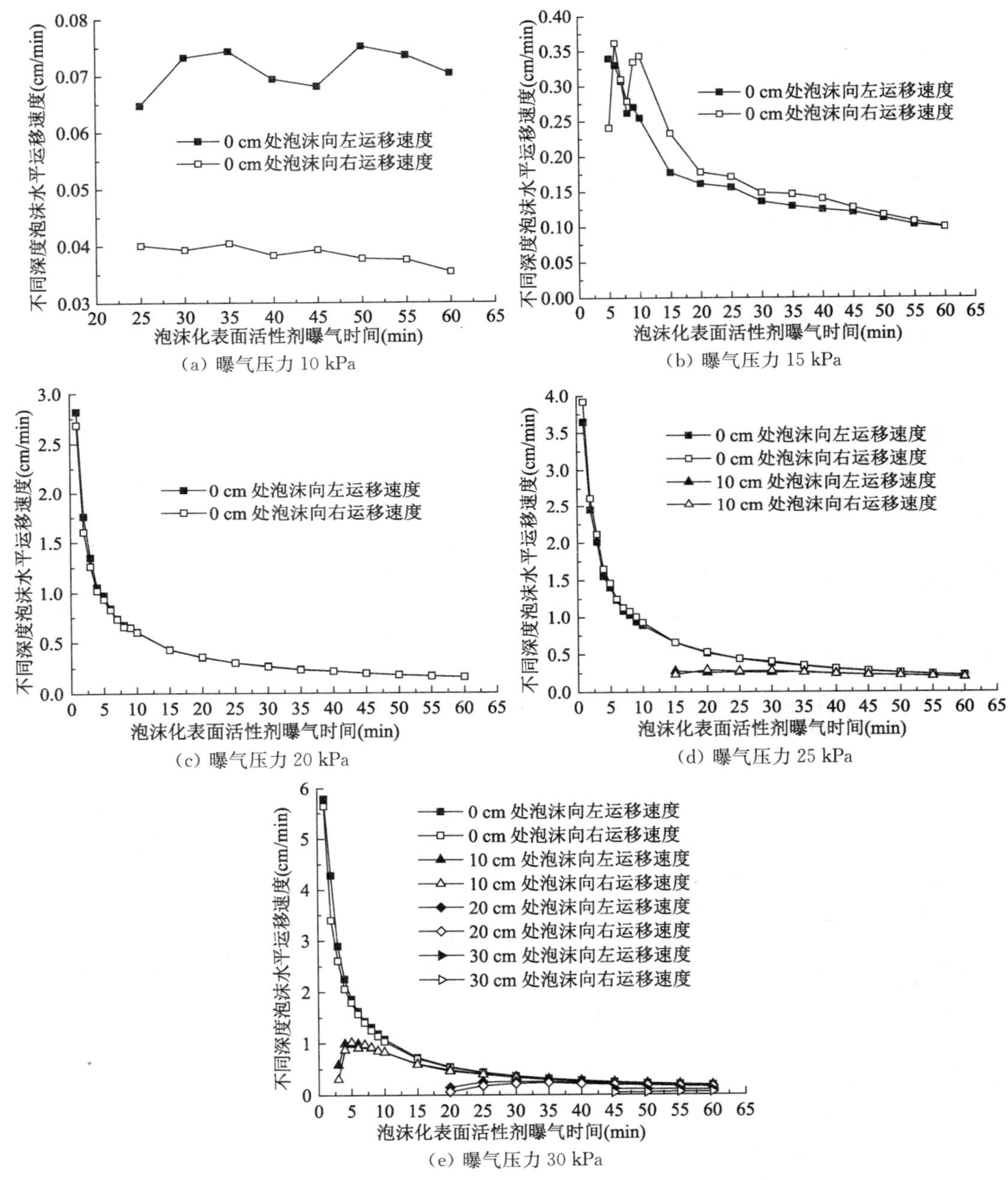

(a) 曝气压力 10 kPa

(b) 曝气压力 15 kPa

(c) 曝气压力 20 kPa

(d) 曝气压力 25 kPa

(e) 曝气压力 30 kPa

图 6-37　二维砂箱中粒径 1～2 mm 玻璃珠在不同曝气压力下泡沫化表面活性剂曝气时泡沫水平方向平均运移速度

图 6-38 为二维砂箱中粒径 2～3 mm 玻璃珠在不同曝气压力下泡沫化表面活性剂曝气时泡沫水平方向平均运移速度。由图 6-38 可知，对于粒径为 2～3 mm 的玻璃珠，在相同曝气压力、相同时间条件下，总体上砂箱中心线 0 cm、10 cm、20 cm、30 cm 处泡沫水平方向平均运移速度依次递减，即相同曝气压力、相同时间条件下，泡沫的高度越低，其水平方向运移速度越快。

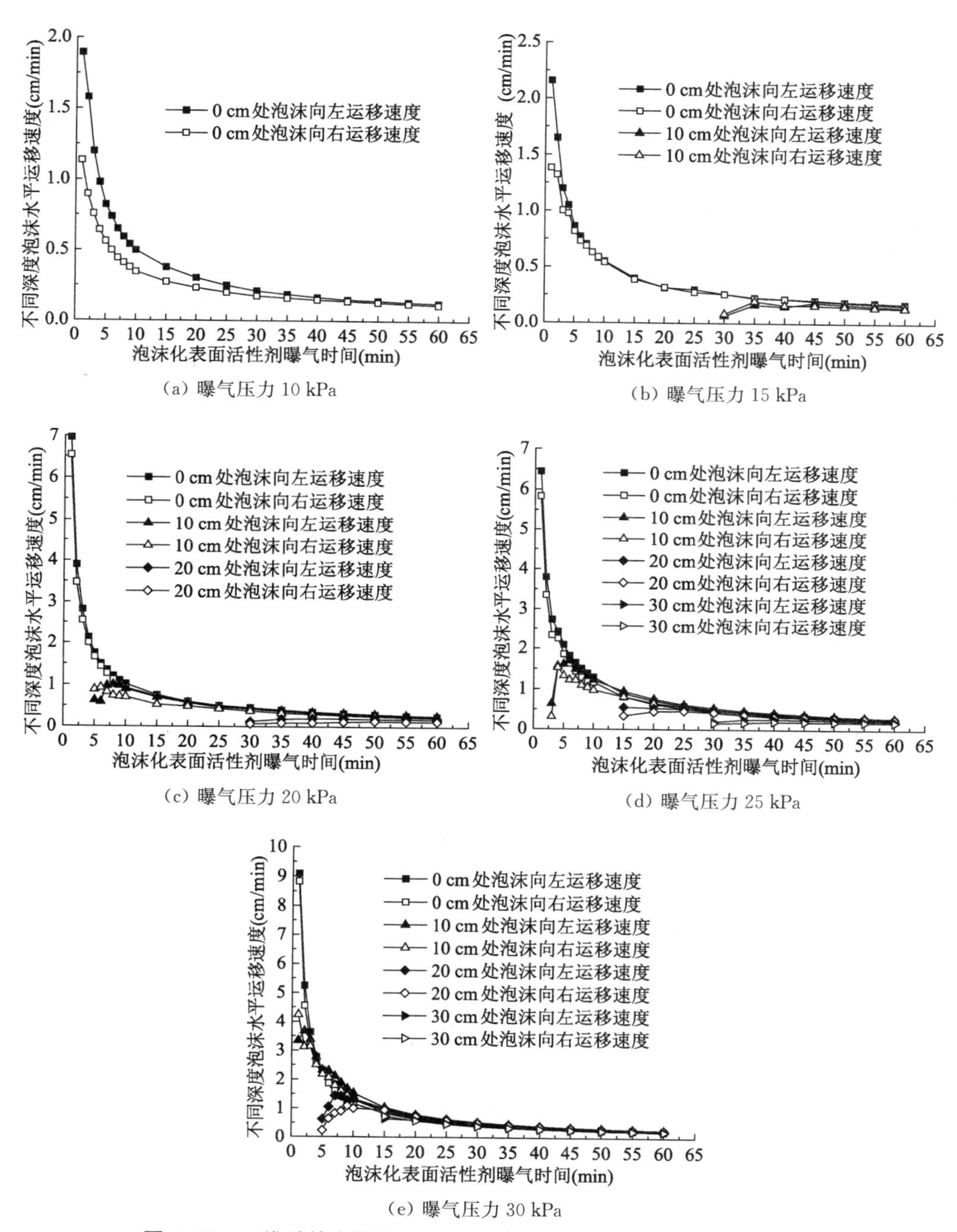

图 6-38　二维砂箱中粒径 2～3 mm 玻璃珠在不同曝气压力下泡沫化表面活性剂曝气时泡沫水平方向平均运移速度

图 6-39 为二维砂箱中粒径 3～4 mm 玻璃珠在不同曝气压力下泡沫化表面活性剂曝气时泡沫水平方向平均运移速度。采用上述相同方法，研究了砂箱中心线 0 cm、10 cm、

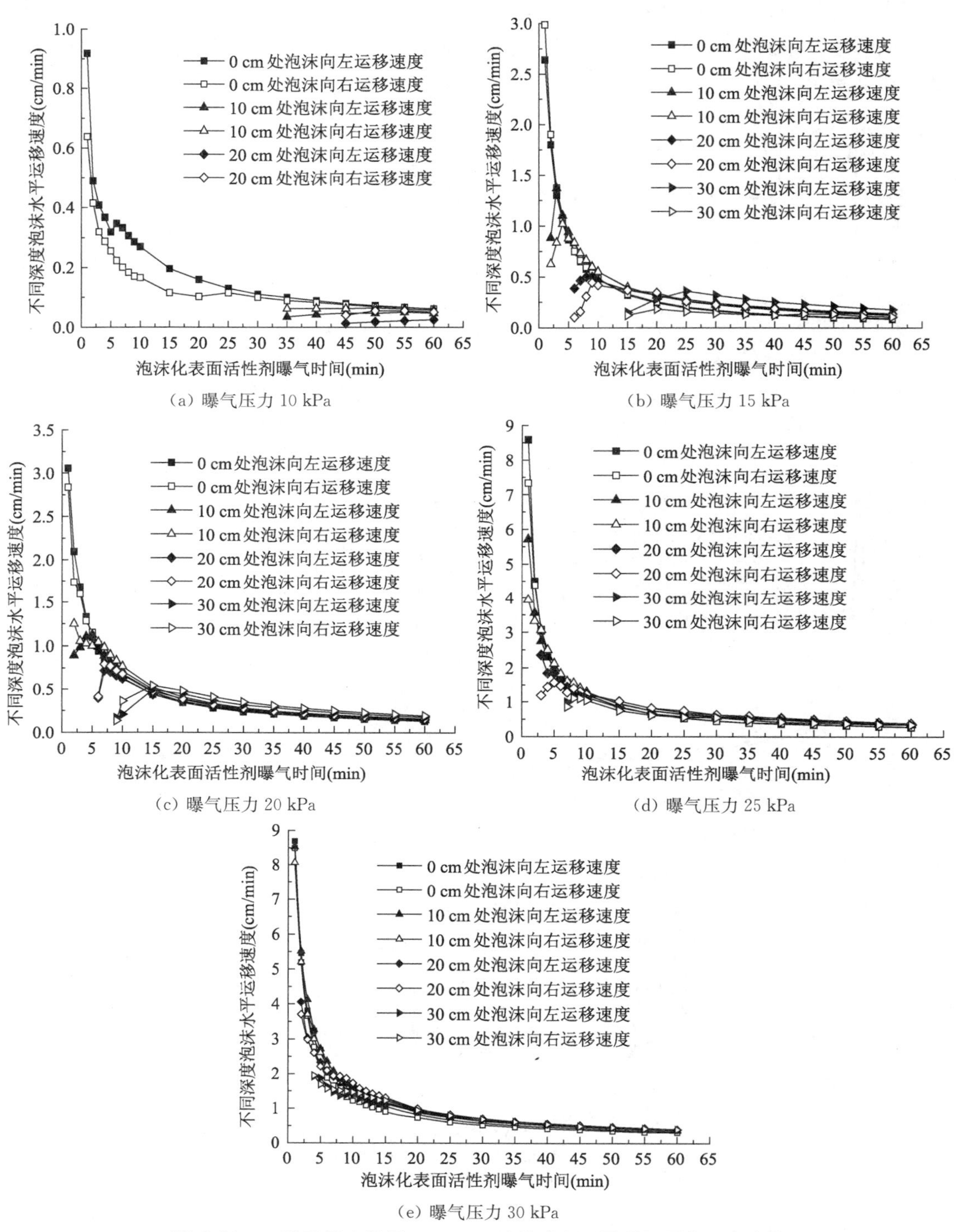

(a) 曝气压力 10 kPa

(b) 曝气压力 15 kPa

(c) 曝气压力 20 kPa

(d) 曝气压力 25 kPa

(e) 曝气压力 30 kPa

图 6-39　二维砂箱中粒径 3～4 mm 玻璃珠在不同曝气压力下泡沫化表面活性剂曝气时泡沫水平方向平均运移速度

20 cm、30 cm处泡沫向两侧的运移速度。由图6-39(a)～(e)可知，曝气压力分别为10 kPa、15 kPa、20 kPa、25 kPa、30 kPa时，砂箱中不同高度泡沫的水平方向平均运移速度范围分别为0～0.92 cm/min、0～2.99 cm/min、0.1～3.06 cm/min、0.2～8.59 cm/min、0.3～8.69 cm/min。由图6-39亦可知，相同时间、相同粒径玻璃珠中，曝气压力越大，砂箱中不同高度泡沫的水平方向平均运移速度越快。此外，不同曝气压力下，不同高度泡沫的水平方向平均运移速度总体上随着曝气时间的增加在不断降低。由图6-39(e)可知，不同高度泡沫在二维砂箱中水平方向平均运移速度在0.3～8.7 cm/min范围内，并且不同高度泡沫的水平方向平均运移速度随着曝气时间的增加在不断降低，曝气20 min后泡沫锋面运移速度趋于稳定。因为随着泡沫化表面活性剂曝气的进程，溶液中表面活性剂浓度在不断提高，表面活性剂可能会提高溶液的黏度，而增加的溶液黏度会降低泡沫流动的速度。总体上在曝气1～7 min的进程中，同一时间不同高度泡沫水平方向平均运移速度从砂箱中心线10 cm、0 cm、20 cm、30 cm处依次递减，曝气8～60 min的进程中，同一时间泡沫水平方向平均运移速度从砂箱中心线20 cm、10 cm、0 cm、30 cm处依次递减。对于同一时间、同一高度泡沫水平方向平均运移速度，当泡沫高度较低(0 cm、10 cm)时，泡沫向左侧运移速度大于泡沫向右侧运移速度，当泡沫高度较高(20 cm、30 cm)时，总体上泡沫向左侧运移速度小于泡沫向右侧运移速度。

泡沫锋面水平方向平均运移速度随时间的变化过程符合指数函数变化规律，采用指数函数拟合分析粒径3～4 mm玻璃珠在不同曝气压力下泡沫锋面水平方向平均运移速度随时间的变化过程。表6-6为表面活性剂泡沫水平方向平均运移速度变化拟合结果，采用指数函数拟合分析泡沫锋面水平方向平均运移速度随时间的变化过程：$v = a \times \exp(b \times t) + c$。其中：$v$为泡沫锋面竖直方向平均运移速度，单位为cm/min；t为泡沫化表面活性剂曝气时间，单位为s。不同位置、不同运移方向的泡沫，其水平方向平均运移速度变化拟合的绝大部分相关系数R^2都大于0.91，拟合方程较好地反映了泡沫锋面水平方向平均运移速度与曝气时间的关系。拟合方程中v与t呈负相关，即曝气的时间越长，表面活性剂泡沫水平方向平均运移速度越慢。

表6-6　二维砂箱中曝气压力30 kPa时表面活性剂泡沫在粒径3～4 mm玻璃珠中水平方向平均运移速度变化拟合结果

曝气压力/kPa	泡沫位置/cm	运移方向	拟合方程	相关系数R^2
10	0	左侧	$v = 0.790 \times \exp(-0.22t) + 0.11$	0.864 4
		右侧	$v = 0.651 \times \exp(-0.282t) + 0.092$	0.958 57
15	0	左侧	$v = 3.079 \times \exp(-0.28t) + 0.174$	0.978 13
		右侧	$v = 3.616 \times \exp(-0.328t) + 0.195$	0.974 33
15	10	左侧	$v = 1.8150 \times \exp(-0.162t) + 0.1788$	0.986 23
		右侧	$v = 1.313 \times \exp(-0.115t) + 0.16$	0.993 76
15	20	左侧	$v = 0.92457 \times \exp(-0.032t) + 0.056$	0.924 57
		右侧	$v = 0.515 \times \exp(-0.039t) + 0.081$	0.987 68

（续表）

曝气压力 /kPa	泡沫位置 /cm	运移方向	拟合方程	相关系数 R^2
15	30	左侧	$v=204.050\,36\times \exp(-1.93t)-203.636\,3$	0.743 06
		右侧	$v=0.336\,6\times \exp(-0.080\,4t)+0.114\,4$	0.838 6
20	0	左侧	$v=3.421\times \exp(-0.26t)+0.239$	0.980 5
		右侧	$v=2.844\times \exp(-0.22t)+0.235$	0.960 95
20	10	左侧	$v=1.143\times \exp(-0.05t)+0.097$	0.943 63
		右侧	$v=1.252\,3\times \exp(-0.067t)+0.127\,3$	0.985 44
20	20	左侧	$v=1\times \exp(-0.0t)+0.15$	0.995 93
		右侧	$v=1.120\times \exp(-0.07t)+0.165$	0.996 16
20	30	左侧	$v=0.707\times \exp(-0.041t)+0.117$	0.995 58
		右侧	$v=0.775\times \exp(-0.04t)+0.123$	0.997 95
25	0	左侧	$v=12.45\times \exp(-0.5x)+0.641$	0.965 22
		右侧	$v=9.362\times \exp(-0.39x)+0.571$	0.965 74
25	10	左侧	$v=6.153\times \exp(-0.29x)+0.6$	0.956 59
		右侧	$v=4.043\times \exp(-0.169x)+0.483$	0.992 52
25	20	左侧	$v=2.365\times \exp(-0.11x)+0.48$	0.973 65
		右侧	$v=1.447\times \exp(-0.03x)+0.202$	0.937 75
25	30	左侧	$v=1.251\times \exp(-0.05x)+0.342$	0.931 74
		右侧	$v=1.127\times \exp(-0.05x)+0.296$	0.910 79
30	0	左侧	$v=9.086\,11\times \exp(-0.229\,59t)+0.200\,68$	0.931 54
		右侧	$v=9.503\,6\times \exp(-0.273\,19t)+0.205\,5$	0.939 86
30	10	左侧	$v=8.790\,49\times \exp(-0.218\,05t)+0.265\,48$	0.935 9
		右侧	$v=8.263\,4\times \exp(-0.220t)+0.266\,7$	0.930 56
30	20	左侧	$v=3.742\,8\times \exp(-0.099t)+0.296\,2$	0.943 86
		右侧	$v=3.415\,12\times \exp(-0.086\,36t)+0.296\,63$	0.960 21
30	30	左侧	$v=1.892\,46\times \exp(-0.056\,35t)+0.296\,14$	0.981 84
		右侧	$v=1.868\,7\times \exp(-0.049t)+0.285\,2$	0.989 78

6.3 泡沫化表面活性剂强化 IAS 修复一维模型试验

本节通过一维模型柱中常规曝气试验和泡沫化表面活性剂曝气试验，分别研究不同曝气方法（常规曝气、泡沫化表面活性剂曝气）、曝气流量下（0.5 L/min、1 L/min、1.5 L/min、2 L/min、2.5 L/min），从含有3%高岭土的中砂（粒径0.425～2 mm）中去除可挥发性有机污染物甲基叔丁基醚（MTBE）的规律和效果。

6.3.1　试验装置和仪器

6.3.1.1　一维模型试验装置

泡沫化表面活性剂强化曝气修复一维模型试验装置由科捷 GC5890C 气相色谱仪、一维有机玻璃模型试验柱、压力/流量控制与监测系统、空气压缩机、电脑数据采集系统等组成。一维有机玻璃柱为透明材质，以便于观察气体在柱中的流动、柱中水位变化等。一维柱高度为 90 cm，内径为 10.5 cm，采用 3 根金属拉杆固定。柱身共设置 15 个采样孔，它们用于在试验过程中采集含溶解相可挥发性有机污染物 MTBE 的水样，编号由下向上为 1～15，每个采样孔间距为 5 cm。连接管路上设置有气压传感器、气体流量计以用于测量试验过程中曝气压力和曝气流量，还连有调节阀以控制气体和液体的流动。此外，系统设置有自动采集系统，以在曝气试验中实时自动记录进气压力和相应的进气流量。一维模型柱底板开有两个孔，分别用于饱和砂土以及注入压缩空气。曝气口上安装直径为 1.5 cm、高为 3 cm 的铜质消音器，消音器上均匀、密集的小孔使得气体和泡沫能够更加均匀分散地通过土体。饱和后的一维柱实物图如图 6-40 所示，取样孔示意图如图 6-41 所示。

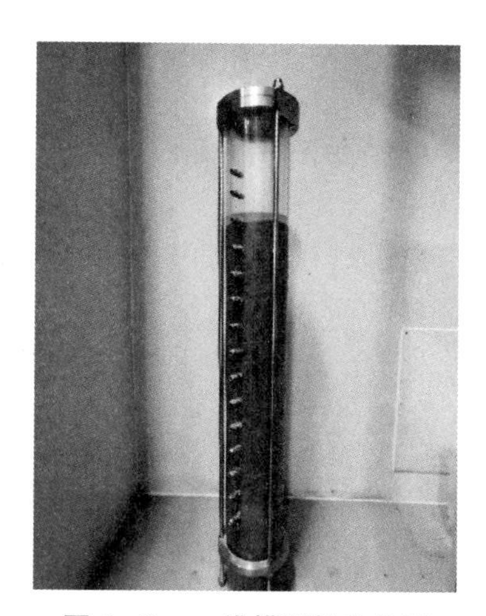

图 6-40　一维模型柱实物图

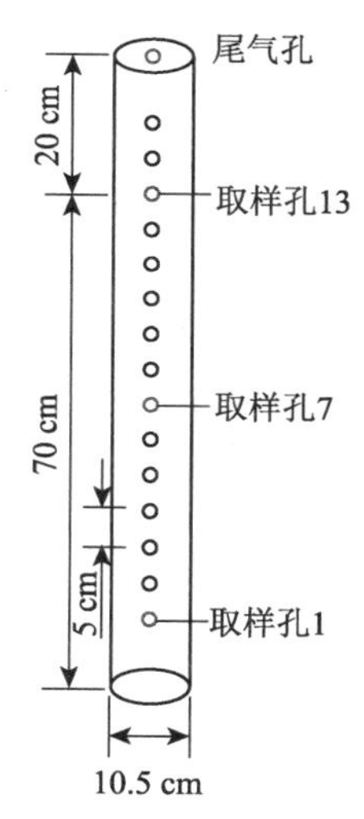

图 6-41　取样孔示意图

6.3.1.2　气相色谱仪

本试验所用气相色谱仪为南京科捷分析仪器有限公司生产的型号为 GC5890C 的气相色谱仪，它由五个部分组成，如图 6-42 所示，由左向右依次为空气发生器、氢气发生器、电子计算机、顶空进样器和检测器。科捷 GC5890C 采用全微机化按键操作，大屏幕 LCD 液晶显示，显示直观，操作方便。

6.3.1.3　VOC 气体分析仪

本试验所用 VOC 气体分析仪为深圳市元特科技有限公司生产的型号为 SKY8000-VOC 的 VOC 气体分析仪，VOC 气体分析仪如图 6-43 所示。此 VOC 气体分析仪量程为 $0\sim5\times10^{-3}$，分辨率为 1×10^{-6}，采用原装进口高精度 PID 原理传感器，用于需要同时精确检测气体的作业场合,采用3.5寸(约11.7 cm)高清高分辨率320×480彩屏实时显示浓度,可以同时检测最多18种气体,并可显示实时浓度。

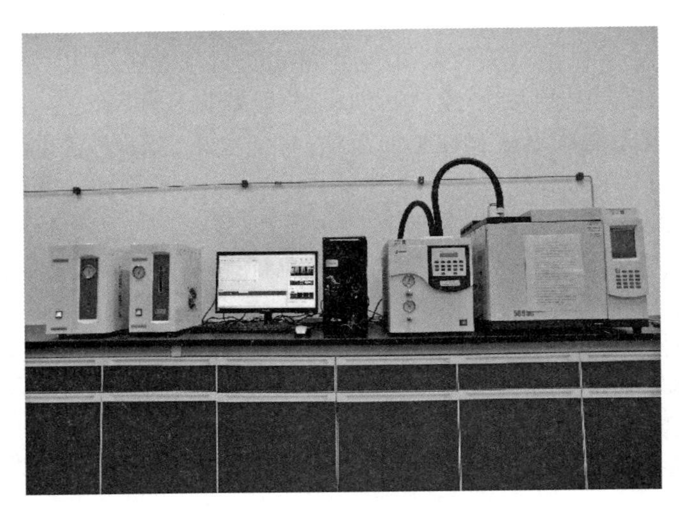

图6-42　科捷气相色谱仪

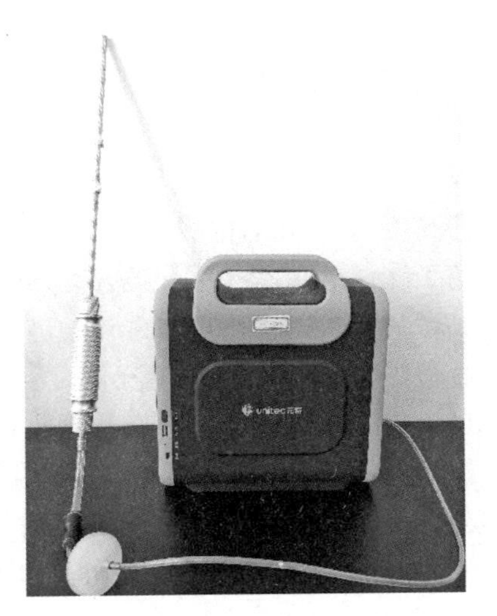

图6-43　元特VOC气体分析仪

6.3.2　试验材料

6.3.2.1　试验土样

本节试验所用砂为南京河砂,其主要成分为二氧化硅,颜色为灰黄色。根据ASTM标准"Standard Practice for Classification of Soils for Engineering Purposes"(Designation: D2487-11),中砂的粒径为0.425～2 mm,其干密度与落砂高度关系曲线如图6-44所示。

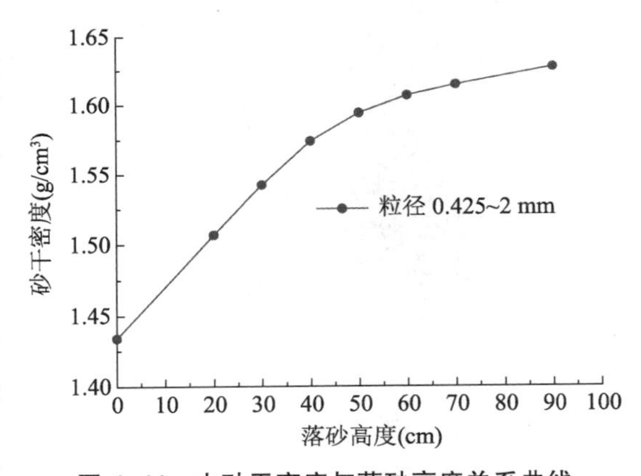

图6-44　中砂干密度与落砂高度关系曲线

试验采用徐州矿务局夹河高岭土厂生产的高岭土(<325目),高岭土主要性质如表6-7所示。

砂土层中含有细粒土时,其对非水相液体具有吸附与滞留作用,传统的处理方法会出现拖尾和回弹现象(马玉新等,2005),故本节研究含有细粒土的砂土层中,使用传统曝气法和表面活性剂强化曝气法去除有机污染物的规律和效果。将高岭土与砂土以3∶100的质量比混合,并使用佛山市泉有电动工具有限公司生产的手持式搅拌器将砂土与高岭土混合土样充分搅拌均匀,手持式搅拌器如图6-45所示,砂土、高岭土、高岭土与砂土比例为3∶100的混合土体如图6-46所示。

表 6-7 高岭土主要参数

参数	数值大小	参数	数值大小
比重 G_s	2.65	黏粒含量/%	33
液限 W_L	34.5	粉粒含量/%	63.3
塑限 W_P	23.0	砂粒含量/%	3.7
pH(水土比 1∶1)	8.77		

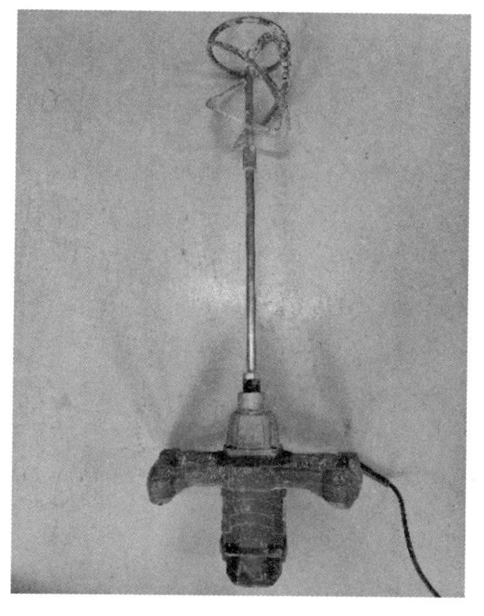

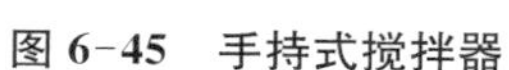

图 6-45 手持式搅拌器

图 6-46 中砂、高岭土及混合土样(高岭土与中砂比例为 3∶100)

6.3.2.2 有机污染物甲基叔丁基醚(MTBE)的性质

本研究选用成都市科隆化学品有限公司生产的分析纯级试剂甲基叔丁基醚(MTBE)作为可挥发性有机污染物,MTBE 主要参数如表 6-8 所示。MTBE 作为汽油添加剂已经在全世界范围内普遍使用,它不仅能有效提高汽油辛烷值,弥补芳烃和烯烃减少带来的辛烷值损失,而且大气活性低,安定性好,含氧量相对较高,能够显著改善汽车尾气排放,降低排气中一氧化碳和碳氢化合物的含量。MTBE 易溶于水,由于地下和地上汽油贮罐的泄漏,在地下水体中发现了越来越多的 MTBE。MTBE 即使在很低浓度也会造成水质恶臭,美国环保局已将 MTBE 列为人类可能的致癌物质。

表 6-8 MTBE 主要参数

英文名	Methyl tert-butyl ether	熔点	−109℃
含量	≥99%	沸点	55.2℃
相对密度	0.740 0～0.740 6	相对分子质量	88.15
折射率	1.368 3～1.369 2	CAS	1634-04-4

6.3.2.3 表面活性剂 TritonX-100 性质

本试验选用西陇科学股份有限公司生产的化学纯级试剂曲拉通 X-100(Triton X-

100)作为试验用表面活性剂,表面活性剂 Triton X-100 的主要参数和 6.1.1.1 节中相同。

6.3.3 试验方法

6.3.3.1 Triton X-100 强化曝气去除 MTBE 一维模型试验方法

Triton X-100 强化曝气去除 MTBE 一维模型试验中,先在试验前配制浓度为 1 000 mg/L的 MTBE 溶液,配制高岭土与砂土质量比为 3∶100 的土样,并将高岭土与砂土充分搅拌均匀。采用落砂法向一维有机玻璃柱内填装 70 cm 高特定粒径(0.075～0.425 mm、0.425～2 mm、2～4.75 mm)的混合砂土土样,随后从一维玻璃柱底缓慢通入 MTBE 溶液直至砂柱完全饱和为止,饱和后液体水位高于砂柱顶面 1 cm。一维柱从底部向上每隔 5 cm 设置一个采样孔,共设置 13 个采样孔,静止 12 h 后从采样孔 1、7、13 分别取水样 1 mL 进入气相色谱仪分析初始 MTBE 浓度。泡沫化表面活性剂曝气的操作方法与之前基本一致,其中表面活性剂 Triton X-100 溶液浓度为 2 000 mg/L,共进行五组试验。由于泡沫化表面活性剂曝气试验中气体和表面活性剂泡沫交替进入一维模型柱,故控制空气输入时曝气流量分别为 0.5 L/min、1 L/min、1.5 L/min、2 L/min 和 2.5 L/min。在曝气过程中,分别在 0 h、1 h、2 h、4 h、8 h、12 h 从采样孔 1、7、13 取样测量 MTBE 浓度,曝气修复 24 h 后停止曝气并最终测量 MTBE 浓度。此外,设置 5 组常规曝气试验以研究常规曝气法和 Triton X-100 泡沫化表面活性剂法曝气去除 MTBE 试验的效果与规律。一维模型柱中常规曝气法和泡沫化表面活性剂法曝气去除 MTBE 试验方案如表 6-9 所示。

表 6-9 一维模型柱中常规曝气法和泡沫化表面活性剂法曝气去除 MTBE 试验方案

砂土粒径/mm	曝气方法	表面活性剂注入方式	曝气流量/(L·min^{-1})
0.425～2	常规曝气法	—	0.5
			1
			1.5
			2
			2.5
	泡沫化表面活性剂曝气法	气体带动 2 000 mg/L 的 Triton X-100 溶液产生泡沫进入砂土	0.5
			1
			1.5
			2
			2.5

6.3.3.2 MTBE 浓度测量

一维砂柱中注入 MTBE 溶液并静止 12 h 后开始取样。取样前准备洗净烘干的顶空瓶、顶空瓶盖和四氟垫片(图 6-47)、1 mL 注射器及针头(图 6-48),将 1 mL 的注射器插入硅胶塞中,缓慢抽取 1 mL 水样,然后将液体快速注入顶空瓶中,使用压盖钳将顶空瓶封闭。

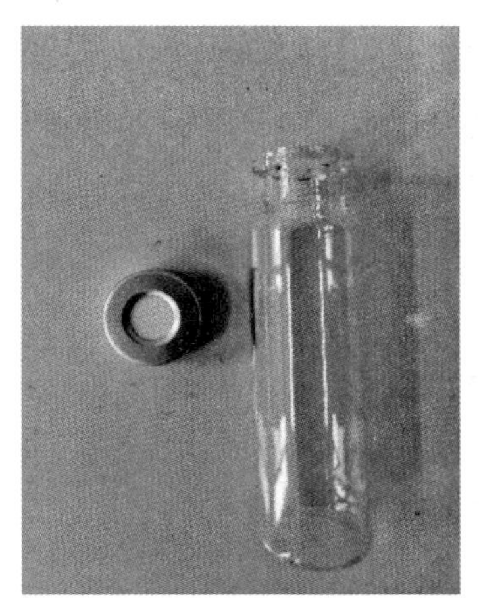
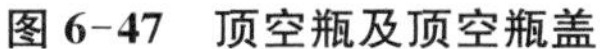

图 6-47　顶空瓶及顶空瓶盖

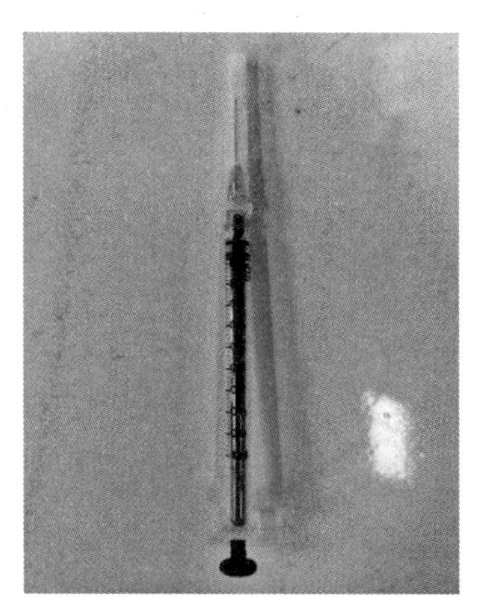

图 6-48　1 mL 注射器

配制一系列浓度分别为 200 mg/L、400 mg/L、600 mg/L 和 800 mg/L 的 MTBE 溶液，并取 1 mL 不同浓度 MTBE 溶液进入顶空瓶中，将顶空瓶放入温度为 100℃的恒温柱箱中加热 30 min，将顶空进样器针头插入顶空瓶中，使用气相色谱仪测其中污染物浓度，后面依次测量污染物浓度，并绘制标准曲线，标准曲线如图 6-49 所示。绘制标准曲线后，测量顶空瓶中 MTBE 浓度时，应用标准曲线即可获得顶空瓶中污染物浓度。

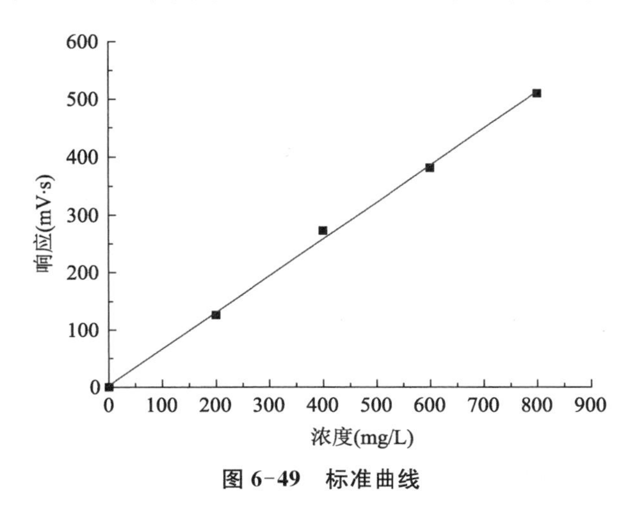

图 6-49　标准曲线

6.3.4　Triton X-100 泡沫 IAS 强化修复一维砂柱试验结果与分析

6.3.4.1　常规曝气和泡沫化表面活性剂曝气对 MTBE 浓度变化的影响

图 6-50 为中砂条件下一维砂柱常规曝气过程中 MTBE 溶液浓度随时间变化曲线。由图可知，不同曝气流量条件下，一维砂柱常规曝气过程中，砂柱底部(取样孔 1)的 MTBE 溶液浓度降低速度最快，砂柱中间(取样孔 7)的 MTBE 溶液浓度降低速度中等，而砂柱顶部(取样孔 13)的 MTBE 溶液浓度降低速度最慢。因为空气从砂柱底部进入，最先与底部的

溶解相和吸附相 MTBE 接触，空气的吹脱作用使得底部 MTBE 浓度迅速降低。

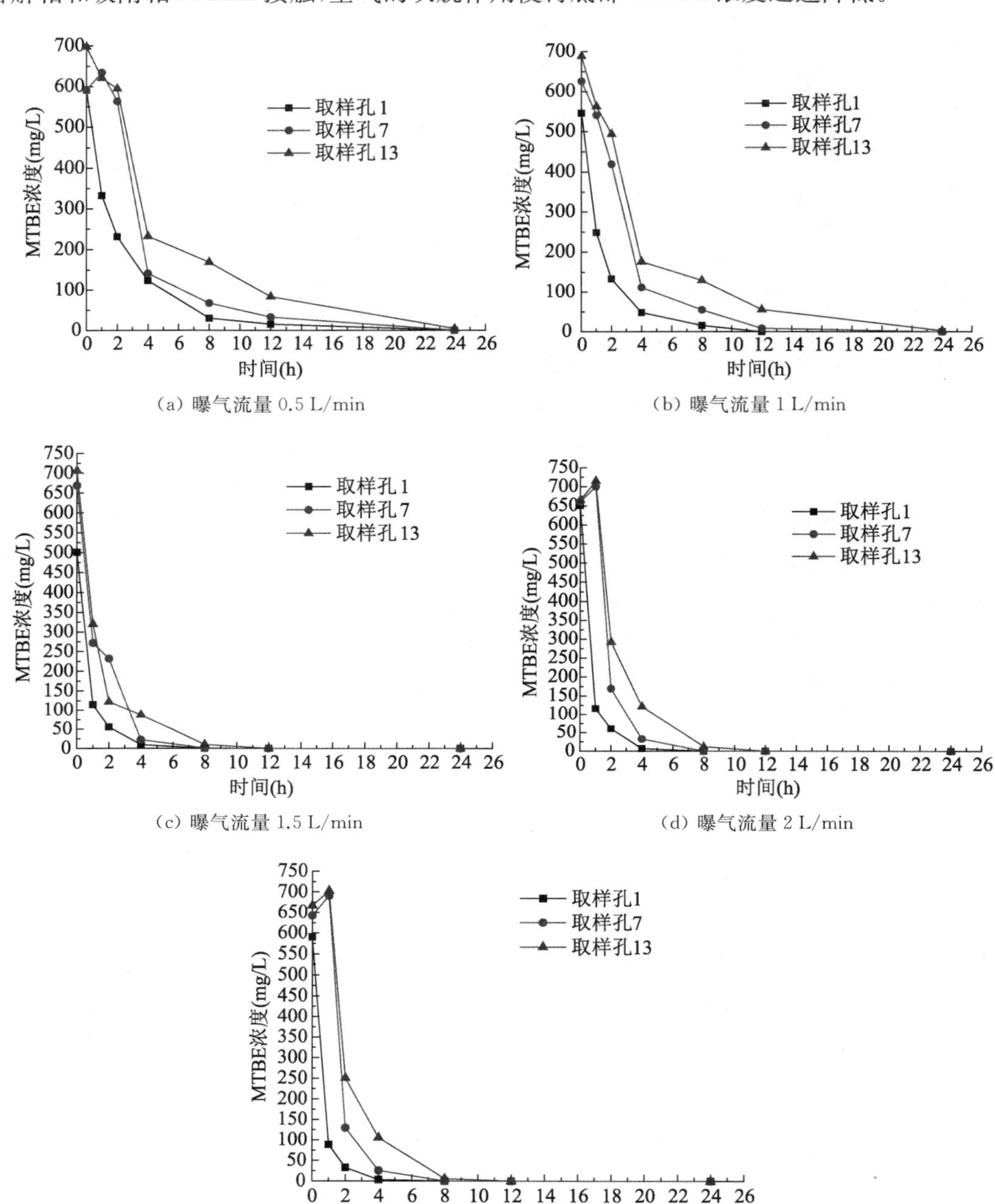

(a) 曝气流量 0.5 L/min

(b) 曝气流量 1 L/min

(c) 曝气流量 1.5 L/min

(d) 曝气流量 2 L/min

(e) 曝气流量 2.5 L/min

图 6-50 一维砂柱中常规曝气过程中 MTBE 溶液浓度随时间变化曲线

图 6-51 为中砂条件下一维砂柱泡沫化表面活性剂曝气过程中 MTBE 溶液浓度随时间变化曲线。由图可知，不同曝气流量条件下，一维砂柱中泡沫化表面活性剂曝气过程中，砂柱底部(取样孔 1)的 MTBE 溶液浓度降低幅度最大、速度最快，砂柱中间(取样孔 7)的 MTBE 溶液浓度降低幅度次之、速度中等，而砂柱顶部(取样孔 13)的 MTBE 溶液浓度降低

幅度最小、速度最慢。因为 Triton X-100 泡沫先从一维玻璃珠底部进入砂柱，然后向上运移，所以泡沫先接触到 MTBE 并将其带到上部或者挥发到空气中，并且泡沫刚进入一维柱底部时运移速度较快，泡沫向上运移过程中速度在不断地减慢。

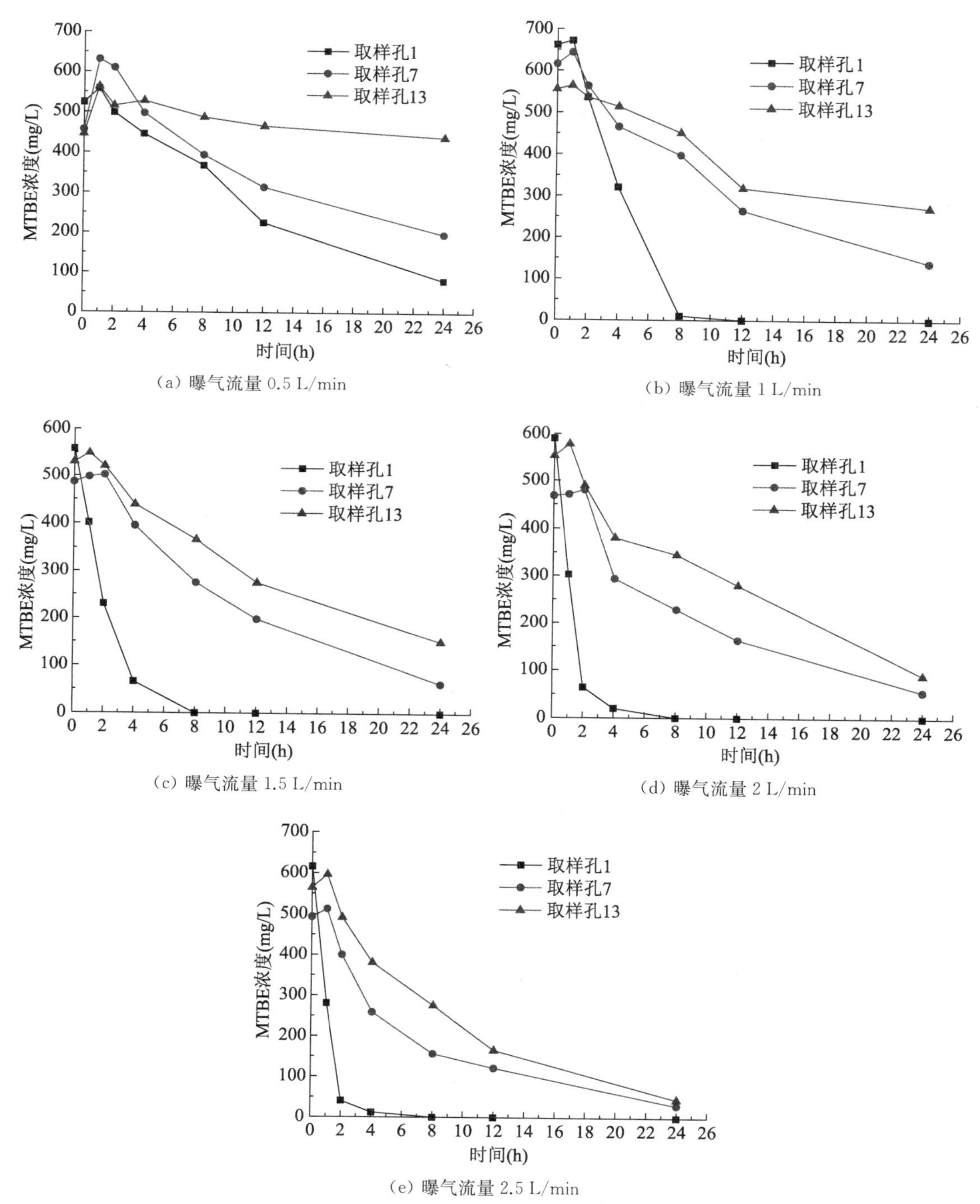

(a) 曝气流量 0.5 L/min

(b) 曝气流量 1 L/min

(c) 曝气流量 1.5 L/min

(d) 曝气流量 2 L/min

(e) 曝气流量 2.5 L/min

图 6-51 一维砂柱中泡沫化表面活性剂曝气过程中 MTBE 溶液浓度随时间变化曲线

此外，曝气流量较低（0.5 L/min、1 L/min）时，砂柱底部（取样孔 1）、砂柱中间（取样孔 7）、砂柱顶部（取样孔 13）的 MTBE 溶液浓度在 0～2 h 先增加，在 2～24 h 减小；曝气流量较高（1.5 L/min、2 L/min、2.5 L/min）时，砂柱底部（取样孔 1）MTBE 溶液浓度一直减小，而砂柱中间（取样孔 7）、砂柱顶部（取样孔 13）的 MTBE 溶液浓度在 0～2 h 先增加，在 2～24 h 减小。因为曝气流量较小（0.5 L/min、1 L/min）时，初始时表面活性剂泡沫会促使吸附相 MTBE 转变为溶解相，所以 MTBE 溶液浓度在 0～2 h 有小幅度的增加；曝气流量较高（1.5 L/min、2 L/min、2.5 L/min）时，砂柱底部（取样孔 1）的 MTBE 被表面活性剂泡沫带动向上部运移，所以 MTBE 溶液浓度快速下降。

因为砂柱中不同位置的初始 MTBE 溶液浓度并不相同，难以比较不同曝气条件、不同曝气流量下 MTBE 浓度在泡沫化表面活性剂过程中的变化，所以对 MTBE 溶液浓度进行归一化。因为泡沫化表面活性剂曝气时，气体并非连续进入砂柱中，类似于间歇的曝气过程，所以泡沫化表面活性剂曝气实际用的时间要比常规曝气所用的时间短。通过电脑软件记录下曝气的周期，并将其换算为空气累计连续注入的时间。分别绘制同一流量下累计曝气时间 24 h 和空气累计连续注入这两种情况下 MTBE 溶液归一化浓度随时间变化曲线，如图 6-52 所示，图 6-52 为一维砂柱曝气过程中 MTBE 溶液归一化浓度随时间变化曲线。

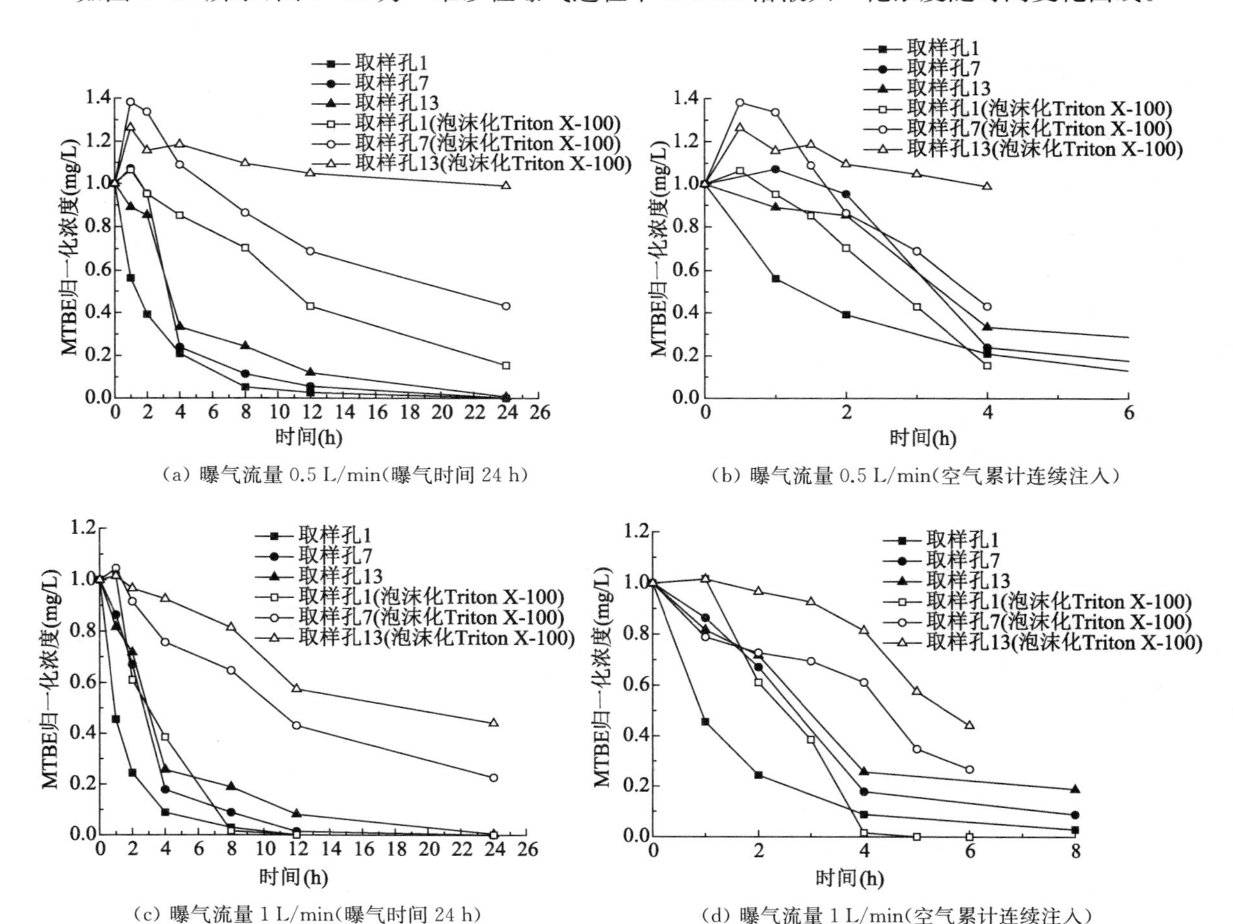

(a) 曝气流量 0.5 L/min(曝气时间 24 h)　(b) 曝气流量 0.5 L/min(空气累计连续注入)

(c) 曝气流量 1 L/min(曝气时间 24 h)　(d) 曝气流量 1 L/min(空气累计连续注入)

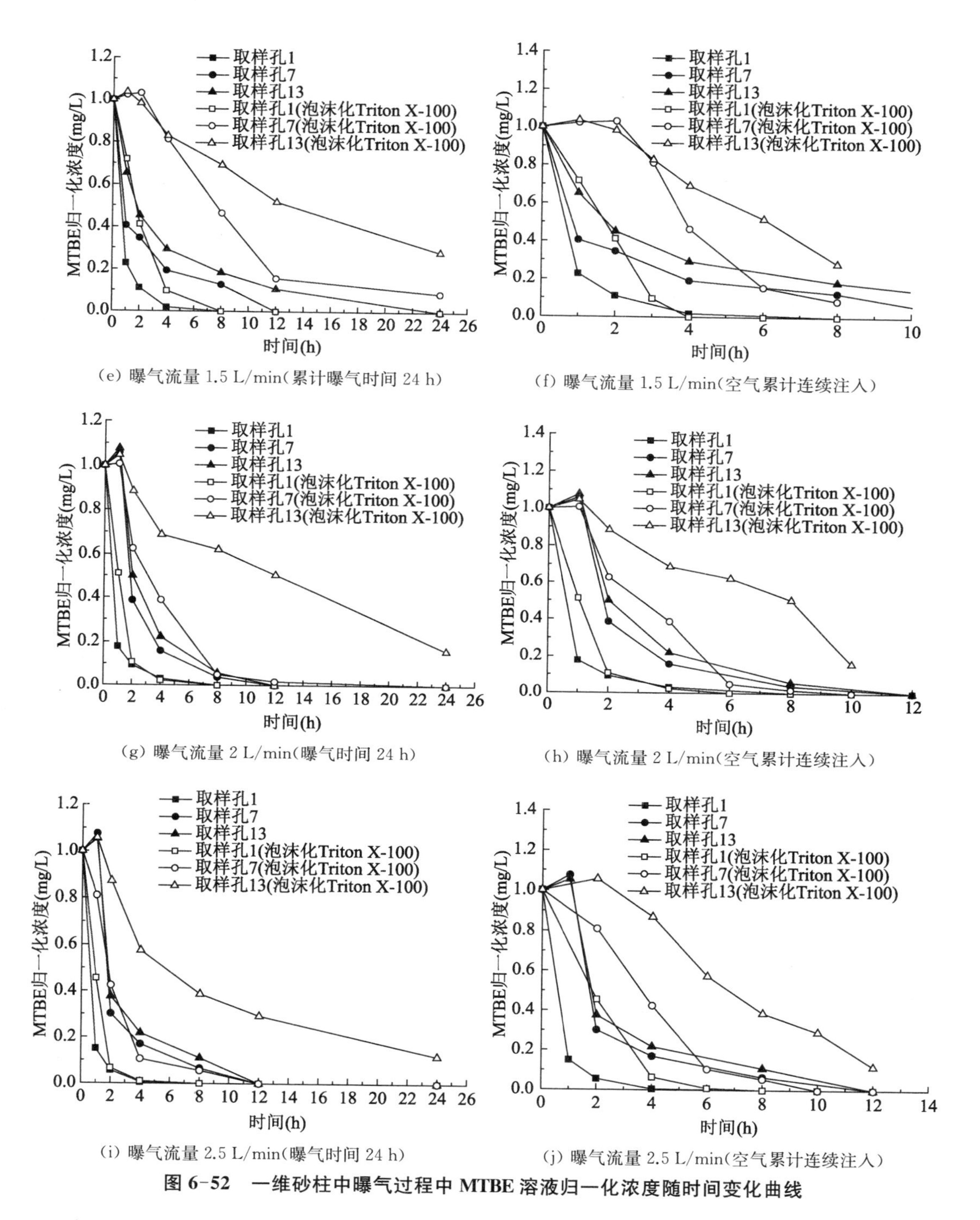

(e) 曝气流量 1.5 L/min(累计曝气时间 24 h)

(f) 曝气流量 1.5 L/min(空气累计连续注入)

(g) 曝气流量 2 L/min(曝气时间 24 h)

(h) 曝气流量 2 L/min(空气累计连续注入)

(i) 曝气流量 2.5 L/min(曝气时间 24 h)

(j) 曝气流量 2.5 L/min(空气累计连续注入)

图 6-52　一维砂柱中曝气过程中 MTBE 溶液归一化浓度随时间变化曲线

如图 6-52(a)、(b)所示，曝气流量为 0.5 L/min 时，无论是曝气时间 24 h 还是换算成空气累计连续时间，同一时间泡沫化表面活性剂曝气在 3 个取样点取得的 MTBE 溶液浓度高于常规曝气取得的污染物浓度。因为在此曝气流量下，泡沫运移缓慢，且空气连续注入时间较短，难以将污染物从砂柱中运移出。由图 6-52(d)可知，当曝气流量为 1 L/min 时，且空气累计连续注入 4 h 后，泡沫化表面活性剂曝气时砂柱底部（取样孔 1）MTBE 浓度小于常规曝气时 MTBE 浓度。但是总体上看，常规曝气时砂柱中部（取样孔 7）和砂柱顶部（取样孔 13）MTBE 浓度小于泡沫化表面活性剂曝气时 MTBE 浓度。这是因为在此流量下，通过砂柱底部的泡沫较多，能够除去砂土中 MTBE，但是仅有少量泡沫到达砂柱中部和上部。由图 6-52(f)、(h)、(j)可知，曝气流量为 1.5 L/min、2 L/min、2.5 L/min 时，空气累计连续注入 6 h 后，泡沫化表面活性剂曝气时砂柱底部（取样孔 1）和砂柱中部（取样孔 7）MTBE 浓度小于常规曝气时 MTBE 浓度，这表明曝气流量较高（1.5 L/min、2 L/min、2.5 L/min）时，泡沫化表面活性剂去除砂柱底部和中部 MTBE 的效果比常规曝气较好。此外，总体上看，常规曝气时比泡沫化表面活性剂曝气更容易去除砂柱顶部 MTBE，因为气体相比于泡沫更容易到达砂柱顶部。

6.3.4.2 常规曝气和泡沫化表面活性剂曝气对模型柱中尾气浓度变化的影响

图 6-53(a)为一维砂柱常规曝气过程中 MTBE 尾气浓度随时间变化曲线。由图可知，不同曝气压力下，一维砂柱常规曝气过程中 MTBE 尾气浓度不断减小，且减小速度越来越慢。连续的气体流动能够带动气相的 MTBE 从一维模型柱顶部尾气孔出来，而曝气后期砂土中大部分 MTBE 已被去除，所以 MTBE 尾气浓度减小的速度越来越慢。此外，总体上看，常规曝气和泡沫化表面活性剂曝气过程中，相同时间曝气流量越大，尾气中 MTBE 浓度越小。越大的曝气流量能更快地促使溶解相和吸附相 MTBE 转变为气相 MTBE。

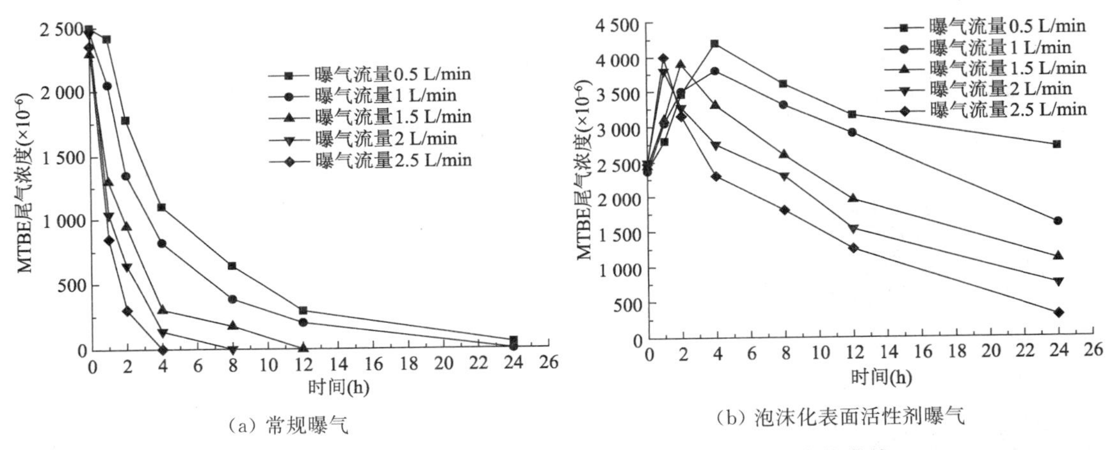

图 6-53 一维砂柱曝气过程中 MTBE 尾气浓度随时间变化曲线

图 6-53(b)为一维砂柱泡沫化表面活性剂曝气过程中 MTBE 尾气浓度随时间变化曲线。由图可知，不同曝气压力下，一维砂柱泡沫化表面活性剂曝气过程中 MTBE 尾气浓度先增加后减小。分析认为，泡沫化表面活性剂曝气过程中，表面活性剂泡沫能促使吸附相 MTBE 解吸附。此外，泡沫在砂柱中的运移使得溶液中溶解相的 MTBE 转变为气相 MTBE，所以在曝气初始阶段砂柱顶部空气中 MTBE 浓度先增加。而随着曝气的不断推进，更多的气相 MTBE 通过一维柱顶部的出气孔被气体带到通风橱中，然后通风橱把空气中的 MTBE 排出到室外，这表现为 MTBE 尾气浓度不断地减小。此外，曝气流量为 0.5 L/min和1 L/min时，MTBE 尾气浓度在 4 h 达到最大值；曝气流量为 1.5 L/min 时，MTBE 尾气浓度在 2 h 达到最大值；曝气流量为 2 L/min 和 2.5 L/min 时，MTBE 尾气浓度

在 1 h 达到最大值。因为更大的曝气流量使得吸附相的 MTBE 更快地解吸附、溶解相的 MTBE 更快地转变为气相 MTBE，所以曝气流量较大时，MTBE 尾气浓度更快达到最大值。由于泡沫化表面活性剂曝气为气体和泡沫交替进入砂柱，未能形成连续、稳定的气流，所以 MTBE 尾气难以完全被去除出一维有机玻璃柱。

图 6-54 为一维砂柱曝气过程中归一化 MTBE 尾气浓度随时间变化曲线。由图 6-54可知，相同时间、相同曝气压力下，常规曝气过程中归一化 MTBE 尾气浓度小于泡沫化表面活性剂曝气时归一化 MTBE 尾气浓度。因为泡沫化表面活性剂曝气时，气体和泡沫交替进入砂柱中，相同时间常规曝气进入砂柱中的气体多于泡沫化表面活性剂曝气时进入砂柱的气体，砂柱中更多的 MTBE 被去除，所以常规曝气过程中归一化 MTBE 尾气浓度小于泡沫化表面活性剂曝气时归一化 MTBE 尾气浓度。

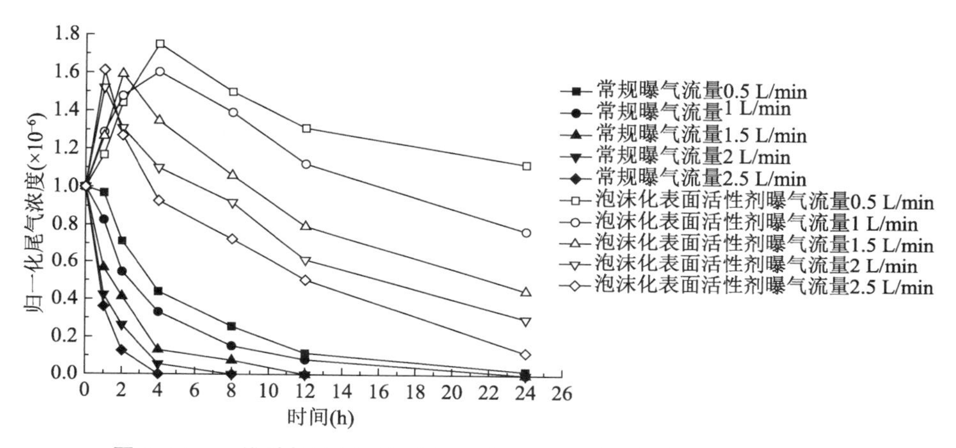

图 6-54　一维砂柱曝气过程中归一化 MTBE 尾气浓度随时间变化曲线

参考文献

Kim H, Soh H E, Annable M D, et al., 2004. Surfactant-enhanced air sparging in saturated sand[J]. Environmental Science & Technology, 38(4): 1170-1175.

Mulligan C N, Eftekhari F, 2003. Remediation with surfactant foam of PCP-contaminated soil[J]. Engineering Geology, 70(3/4): 269-279.

Qin C Y, Zhao Y S, Zheng W, 2014. The influence zone of surfactant-enhanced air sparging in different media[J]. Environmental Technology, 35(10): 1190-1198.

Vaid Y P, Negussey D, 1988. Preparation of reconstituted sand specimens[C]. Advanced Triaxial Testing of Soils and Rocks, ASTM STP977, ASTM International, West Conshohocken, PA.

Zheng W, Zhao Y S, Qin C Y, et al., 2010. Study on mechanisms and effect of surfactant-enhanced air sparging[J]. Water Environment Research, 82(11): 2258-2264.

程朋，王勇，李雄威，等，2016.砂雨法制备三轴砂样的影响因素及均匀性研究[J].长江科学院院报，33(10)：79-83.

方伟，2015.表面活性剂强化曝气修复 MTBE 污染饱和砂土室内试验研究[D].南京：东南大学.

李兆敏，2010.泡沫流体在油气开采中的应用[M].北京：石油工业出版社.

马玉新，郑西来，史凤梅，等，2005.水和土壤环境非水溶相污染物的表面活性剂增效修复机制[J].中国海洋大学学报(自然科学版)，35(3)：451-454.

宋昭峥，王军，蒋庆哲，2015.表面活性剂科学与应用[M].2 版.北京：中国石化出版社.
苏燕，2015.包气带 NAPLs 污染的表面活性剂泡沫强化修复实验研究[D].长春：吉林大学.
王雪峰，2016.泡沫整理发泡剂的研究[D].杭州：浙江理工大学.
章艳红，叶淑君，吴吉春，2014.光透法定量两相流中流体饱和度的模型及其应用[J].环境科学，35(6)：2120-2128.

第7章 其他类型IAS修复技术

7.1 复杂地质条件下气流引导原位地下水曝气修复技术

本节研究通过二维模型箱曝气试验，模拟复杂地质条件下气流引导原位地下水曝气，研究了气体在含有低渗透性透镜体的砂土层中运移的规律，同时研究表面活性剂十二烷基苯磺酸钠（SDBS）和增稠剂羧甲基纤维素钠（SCMC）引导气体流动并使其通过特定区域的效果。

7.1.1 试验材料

7.1.1.1 试验土样

表面活性剂 SDBS 和增稠剂 SCMC 引导气体流动试验采用粒径 0.075～0.5 mm 和粒径 0.5～1 mm 的南京河砂作为试验用土样，其中粒径 0.075～0.5 mm 的砂用在二维模型箱中设置低渗透区。两种不同粒径砂干密度与落砂高度关系曲线如图 7-1 所示。

气体在含有低渗透性透镜体的砂土层中运移试验采用廊坊市源兆玻璃珠有限公司生产的粒径为 0.25～0.5 mm 和 0.5～2 mm 的两种伊比砂玻璃微珠，两种不同粒径玻璃珠干密度与落砂高度关系曲线如图 7-2 所示。该玻璃珠具有较好的透光性，方便在曝气过程中观察曝气影响区以及气体的流动等。

7.1.1.2 表面活性剂和增稠剂性质

表面活性剂十二烷基苯磺酸钠（SDBS）为产自天津市鼎盛鑫化工有限公司的分析纯试剂，SDBS 为白色粉末状固体，易溶于水，其水溶液可以通过改变气相和液相的界面性质，减小液体的表面张力，减小气体的进入压力。

增稠剂羧甲基纤维素钠（SCMC）为产自成都市科龙化工试剂厂的实验级试剂，SCMC 为白色粉末状固体，易溶于水，其水溶液为透明黏稠液体，并且它的溶液具有较高的黏度，可以降低液体的流动性，将增稠剂应用到砂土中可降低气体在砂土中的流动性。

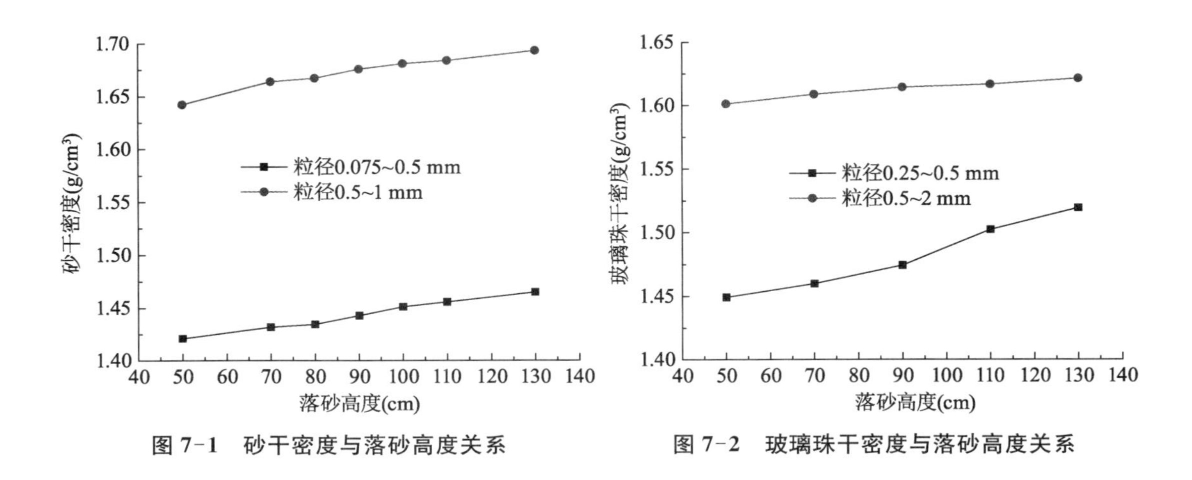

图 7-1　砂干密度与落砂高度关系　　图 7-2　玻璃珠干密度与落砂高度关系

7.1.2　试验仪器和装置

复杂地质条件下引导气流强化曝气修复试验装置由空气压缩机、二维有机玻璃模型箱、压力/流量控制与监测系统、电脑数据采集系统、数码相机图像采集系统等组成。二维模型箱实体照片如图 7-3 所示。

图 7-3　二维有机玻璃模型箱实物图

二维模型箱板材采用透明度较高的高强度有机玻璃板，板厚约为 15 mm，同时箱体外侧采用钢质框架加强，以保证填土饱和后不至于产生较大的侧向变形，同时也便于试验过程中观察内部空气运移情况。二维模型箱长 110 cm，高 90 cm，宽 10 cm。在距离模型箱左右两端各 10 cm 处内部插有多孔不锈钢板，将中间的砂土腔与两侧水槽分成三个独立部分。另外在试验过程中，可在多孔不锈钢板内侧衬一层土工布，起到反滤作用，以达到过水阻砂的目的。

7.1.3 试验方法

7.1.3.1 饱和砂土中增稠剂和表面活性剂定向引导地下水曝气试验方法

采用落砂法向二维砂箱中落入特定粒径的砂，落距为 90 cm。0～60 cm 高度使用粒径为 0.5～1 mm 的砂填装，接下来在 20 cm、70 cm 处用纸板隔开，在 20～70 cm 内装填粒径为 0.075～0.5 mm 的砂作为低渗透区，高度为 10 cm，如图 7-4 所示，图中黑色记号笔画出的矩形部分即为低渗透区，其余部分依旧为粒径 0.5～1 mm 的砂。二维模型箱填装完后，总计填入粒径 0.5～1 mm 的砂 112 146 g，体积为 67 000 cm^3，砂干密度为 1.674 g/cm^3，填入粒径 0.075～0.5 mm 的砂 7 228 g，体积为 5 000 cm^3，砂的干密度为 1.446 g/cm^3。

图 7-4 砂雨法装填模型低渗透区

二维砂箱装填完毕后，先关闭排水管的阀门，拧紧取样孔的螺丝，检查完阀门和取样孔都不漏水后，再往两侧水槽中均匀缓慢注自来水，经由渗透膜向砂土中缓慢渗透并使其饱和，最终砂土饱和后水面高出砂土表面约 1 cm。整个饱和过程持续约 12 min，始终控制水头差在 1 m 以下，尽可能减少注水过程对砂土的扰动。饱和砂箱所用水的质量为 41 401 g，饱和后静置约 2 h 再进行曝气试验。

设置三组平行试验以对比 SDBS 和 SCMC 引导气体流动的效果。第一组试验是使用自来水进行曝气试验，第二组试验加入一定浓度的 SCMC 和 SDBS 溶液后再进行曝气试验，第三组试验提升加入的 SCMC 和 SDBS 溶液的浓度和体积后再进行曝气试验。

7.1.3.2 饱和玻璃珠中增稠剂和表面活性剂引导气体流动试验方法

采用砂雨法装填二维模型箱，始终保持 90 cm 的落距。在 0～60 cm 的高度都使用粒径为 0.5～2 mm 的玻璃珠填装砂箱，接下来在 20 cm、70 cm 处用纸板隔开，在 20～70 cm 内装填粒径为 0.25～0.5 mm 的玻璃珠作为低渗透区，高度为 10 cm，图中黑色记号笔画出的矩形区域即为低渗透区，其余部分依旧使用粒径 0.5～2 mm 的玻璃珠填装，填装完后玻璃珠高度为 70 cm，装填完的模型如图 7-5 所示。本试验总计填入粒径 0.5～2 mm 的玻璃珠 93 640 g，体积为 58 000 cm^3，干密度为 1.614 g/cm^3，填入粒径 0.25～0.5 mm 的玻璃珠 7 370 g，体积为 5 000 cm^3，干密度为 1.474 g/cm^3。

图 7-5　二维砂箱中砂雨法装填模型低渗透区

二维模型箱装填完毕后，先关闭排水管的阀门，再往两侧水槽中均匀缓慢注水，经由渗透膜向玻璃珠中渗透使其饱和，最终使水面高出玻璃珠表面 1 cm。整个饱和过程持续约 10 min，始终控制水头差在 1 m 以下，尽可能减少注水过程对玻璃珠的扰动。完全饱和使用自来水量为 35 855 g，饱和后静置约 2 h 再进行曝气试验。

设置 2 组平行试验以研究 SDBS 和 SCMC 引导气体流动。第一组试验使用自来水饱和，第二组试验加入高浓度 SCMC 和 SDBS 溶液。

7.1.4　试验结果与分析

7.1.4.1　饱和砂土中增稠剂和表面活性剂定向引导地下水曝气试验结果与分析

1）无添加试剂低渗透区曝气试验

曝气试验前，连接好气体管路，确认各出水阀门处于关闭状态，然后打开空气压缩机，通过压力流量控制装置将压缩空气的初始气压调节为 5 kPa，静待 5 min 后，观察到模型内部未产生显著变化，进气流量为 0。此后每隔 5 min 提高 2 kPa，当曝气压力达到 11 kPa 时，二维砂箱俯视图如图 7-6 所示，观察到砂土表面开始有气泡产生，气泡出现在 10 cm、14 cm、19 cm、24 cm、71 cm、74 cm、75 cm、76 cm、81 cm 附近，气泡主要集中在 10～20 cm 和 70～80 cm 之间且较多较密集。当曝气压力达到 13 kPa 后，开始有稳定的进气流量，进气流量为 0.5 L/min。从 15 kPa 开始，随着曝气压力的提升，曝气流量逐渐增大，二维砂箱俯视图如图 7-7 所示，砂土表面产生的气泡仍主要分布于 10～20 cm 和 70～80 cm 之间，大部分气泡出现在低渗透区边界的上方。

图 7-6　曝气压力为 11 kPa 时砂箱俯视图

图7-7 曝气压力为15 kPa时砂箱俯视图

2）低渗透区曝气试验中低浓度增稠剂和表面活性剂引导气体流动

配制浓度为1 g/L的增稠剂羧甲基纤维素钠(SCMC)溶液和0.3 g/L的表面活性剂十二烷基苯磺酸钠(SDBS)溶液各1 L。配制SCMC溶液时要均匀撒放并不断搅拌，目的是防止出现SCMC与水相遇时出现结团、结块、降低SCMC溶解量的问题。

在二维砂箱0～20 cm和70～90 cm处均匀注入增稠剂，注射SCMC的位置为砂箱中高度60～70 cm的区域，在长度25～65 cm处注入表面活性剂，注射SDBS的位置为砂箱中高度55～70 cm的区域。注入SDBS溶液时，每次注入50 mL，共注入20次，缓慢均匀注射在长度25 cm、35 cm、45 cm、55 cm、65 cm处，靠近前后壁附近各一次，覆盖低渗区内部和下方区域。注入SCMC溶液时，控制每针注射量50 mL，共注入20次，两侧各10次，缓慢均匀注射在长度0 cm、5 cm、10 cm、15 cm、20 cm、70 cm、75 cm、80 cm、85 cm、90 cm处，靠近前后壁附近各一次，主要覆盖低渗区两侧区域。在向二维砂箱中注入增稠剂和表面活性剂的同时，将水槽两侧的出水阀门打开，每注射一针就放掉50 mL的自来水，注射完表面活性剂和增稠剂累计放掉2 000 mL自来水。注射完SDBS和SCMC后，将二维模型箱静置2 h。表面活性剂在低渗区内部和下方扩散后，可降低此区域气体进入压力；增稠剂在低渗区两侧扩散后，提高液体黏滞程度，降低气体的流动性。

将二维砂箱静置2 h后，开始曝气试验，操作方法与上述实验相同。当曝气压力达到13 kPa时，观察到砂土表面开始有气泡产生，气泡出现在16 cm、18 cm、19 cm、71 cm、72 cm、74 cm、75 cm、85 cm附近，此时进气流量仍然为0。从15 kPa开始产生进气流量，进气流量为0.9 L/min。此后，随着曝气压力的提升，进气流量逐渐增大，但与未注射试剂前相比要小。砂土表面产生的气泡仍主要分布于10～20 cm和70～80 cm之间，但气泡数量逐渐减小，逐渐向20 cm和70 cm处靠拢，和未注射试剂前相比并无显著变化。

3）低渗透区曝气试验中高浓度增稠剂和表面活性剂引导气体流动

配制浓度为2 g/L的SCMC溶液和0.6 g/L的SDBS溶液各1 L，在前一小节2）试验基础上再次进行注射，注射的方法与上次相同。在注射增稠剂和表面活性剂的同时，将水槽两侧的出水阀门打开，每注射一次就以注射速度大致相同的速度放掉50 mL的自来水。在试剂全部注射完之后，模型静置2 h，使得表面活性剂能够在低渗区内部和下方充分扩散、增稠剂在低渗区两侧扩散。

开始曝气试验，曝气方法与上述实验相同，当曝气压力达到11 kPa时，砂土表面开始有气泡产生，气泡在16 cm、18 cm、19 cm、71 cm、73 cm附近，进气流量仍为0。如图7-8所示，当曝气压力增加到13 kPa时，在34 cm附近，低渗透区上方产生气泡，且此时在0～

20 cm 区域内并无气泡产生，开始有稳定的进气流量，进气流量在 0.5～0.7 L/min 之间变动，在低渗透区左右两侧可以看到明显的气流通道。如图 7-9 所示，当曝气压力增加到 17 kPa 时，气泡出现在 19 cm、20 cm、47 cm、73 cm 附近。图 7-10 表明，当曝气压力达到 21 kPa 及以上时，低渗区两侧的气泡在 20 cm 和 70 cm 附近，在低渗区上方的 53 cm 附近有气泡持续冒出。

图 7-8　曝气压力 13 kPa 时砂土表面的气泡出现位置

图 7-9　曝气压力 17 kPa 时砂土表面的气泡出现位置

图 7-10　曝气压力 21 kPa 时砂土表面的气泡出现位置

7.1.4.2　饱和玻璃珠中增稠剂和表面活性剂定向引导地下水曝气试验结果与分析

1）无添加试剂低渗透区曝气试验

试验方法与上述试验相同，当曝气压力达到 10 kPa 时，从模型正面看到了气体通道的形成，低渗区两侧玻璃珠表面有气泡产生。图 7-11 为曝气过程中二维砂箱玻璃珠中曝气影响区，试验表明，在同种均质饱和土层中，曝气时气流会先向上运动，当气流上方遇到低渗透区时，气体会在低渗区下方汇集，当气体汇集到一定程度后，优先向水平方向运动，气流通道也会往低渗透区两侧扩散开来，气流绕过低渗区后再向上运动。土层中的低渗透区改变了曝气时气流的运移模式，对气流起到了分流的效果。因此，常规的曝气手段无法使得气体通过低渗透区，需要采用其他手段来使气流穿过低渗区。

图 7-11　二维砂箱玻璃珠中曝气影响区

2）低渗透区曝气试验中高浓度增稠剂和表面活性剂引导气体流动

配制浓度为 10 g/L 的 SCMC 溶液和 0.6 g/L 的 SDBS 溶液各 1 L，注射 SCMC 溶液时，控制每针注射量 50 mL，共注入 20 针，两侧各 10 次，缓慢均匀注射在长度 0～20 cm 和 70～90 cm 处，主要覆盖低渗区两侧区域，依旧在 18 cm 和 72 cm 处注入较多增稠剂。因为注入增稠剂浓度很高，同时考虑到增稠剂的扩散和稳定需要更多的时间，注射完毕后静置 24 h 再进行曝气试验。

24 h 后，重复之前的试验步骤，当曝气压力达到 11 kPa 时，观察到玻璃珠表面开始有气泡产生，气泡出现在低渗区上方以及低渗区左右两侧 18 cm、72 cm 附近，左右两侧出气情况如图 7-12 和图 7-13 所示，出气孔相比上次都要小，左侧封堵效果较好，气孔只有针头般大小，气泡基本是单个出现，右侧出气孔比左侧稍大，有密集的气泡出现。低渗透区上方出气孔主要集中在 40～55 cm 范围内，该区域持续出气，说明在低渗区两侧注入高浓度的增稠剂以后，对于两侧起到了较强的封堵效果，一部分从两边出来的气体改从加入了表面活性剂的低渗透区中穿过，且低渗区上方出现的气孔比两侧要大很多。

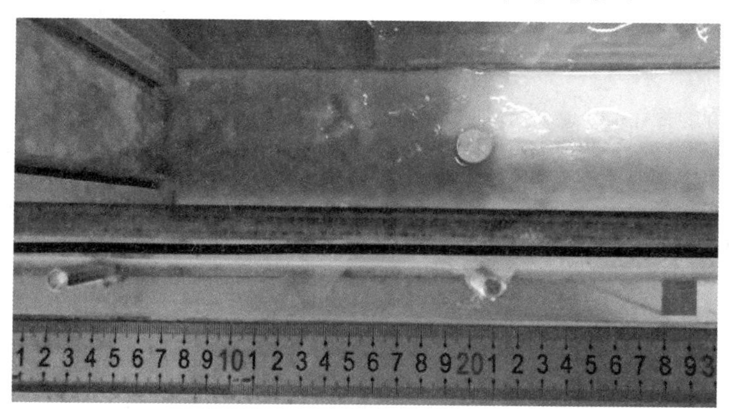

图 7-12　玻璃珠表面低渗区左侧出气情况

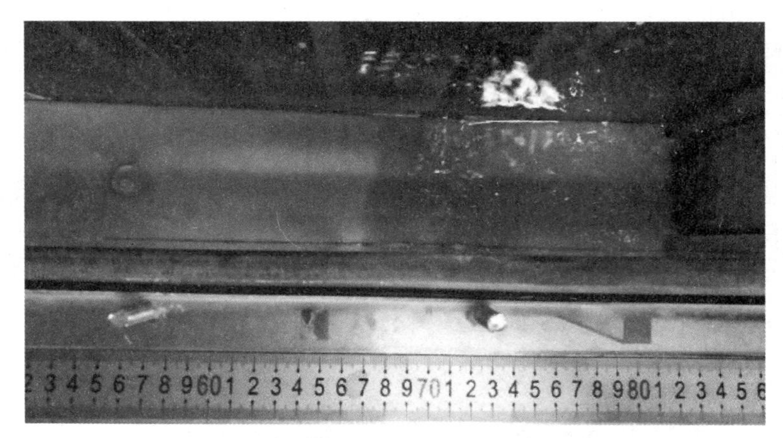

图 7-13　玻璃珠表面低渗区右侧出气情况

7.2 微纳米气泡原位地下水曝气修复技术

7.2.1　概述

Edzwald(2010)将直径为 1～10 mm 的气泡定义为“大气泡”，Agarwal 等(2011)及 Ebina 等(2013)将微气泡定义为尺寸在 10～50 μm 范围内的微小气泡。Agarwal 等(2011)和 Tsuge(2010)将粒径小于 200 nm 的气泡定义为纳米气泡。由此，将粒径介于微米气泡和纳米气泡之间的气泡称为微纳米气泡(micro-nano bubble)，即微纳米气泡为粒径在 200 nm～50 μm 之间的小气泡。

7.2.2　微纳米气泡基本性质

7.2.2.1　微纳米气泡的发生原理及方式

在不同的研究与应用领域，微纳米气泡的产生方式不同，大概可分为水力空化、粒子空化、声场空化、电化学空化和机械搅拌空化。其中，水力空化是通过将压力降低到某个临界值以下来产生空化。水力空化是水处理技术中应用最广泛的系统，即通过降低流动流体的压力变化实现速度变化，可通过加压饱和、气泡剪切、分裂和机械搅拌来实现。根据不同的气泡发生原理，具体将水力空化发生微纳米气泡的发生方式分为如表 7-1 所示的几类。

7.2.2.2　微纳米气泡的粒径

不同的研究者对微纳米气泡的粒径划分不同：Temesgen 等(2017)将尺寸小于 1 μm 的气泡定义为微纳米气泡；熊永磊等(2016)提出微米气泡(microbubble)通常是指存在于水中的直径为 10～50 μm 的微小气泡。大部分的学者认为微纳米气泡是粒径在200 nm～50 μm 之间的小气泡。

表 7-1　微纳米气泡发生方式(熊永磊等,2016;李恒震,2014;Agarwal et al.,2011;Kim and Han,2010;Wu et al.,2008;Xu et al.,2008)

发生方式		原理	优点	缺点	原理图
溶气释气法	压力溶气,叶轮散气	采用叶轮组件直接散气产生微气泡,或者结合压力溶气与叶轮散气,同时实现气液混合、增压溶气、减压释气 3 个过程	气液混合、增压溶气、减压释气三个过程在一个泵内完成,提高了气泡的生产效率	原理简单,但实际操作复杂,有时产生的气泡较大,直径很难控制在 50 μm 以下	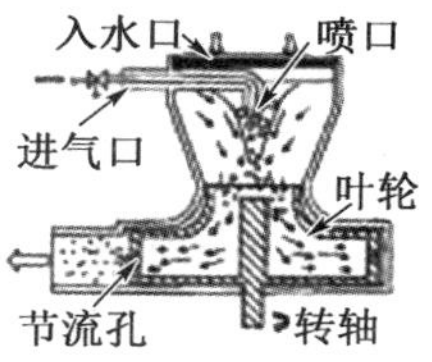
	气液二相流体混合/剪断	该方式通过水泵将气体(大气泡)卷入涡流水流,然后使涡流崩溃来压碎气泡,再通过出口喷嘴以微米气泡形式放出	—	—	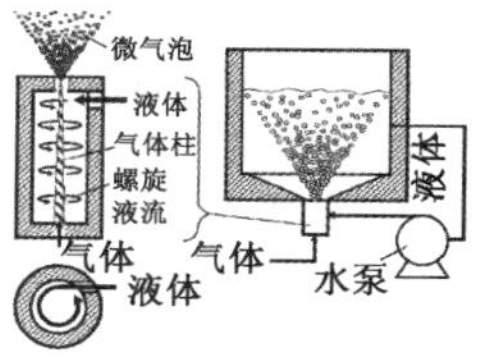
	加压减压方式	加压减压方式是指通过加压的方式在水体中形成过饱和状态。之后通过减压的方式释放溶解的气体,形成微纳米气泡,气泡的大小和强度取决于释放空气时的各种条件和水的表面张力	加压条件下,空气的溶解度大,产生气泡数量多,粒度均匀,上升稳定	工作时应先将气体溶于水中,再通过减压释气产生微气泡,过程不连续,气泡产生效率低	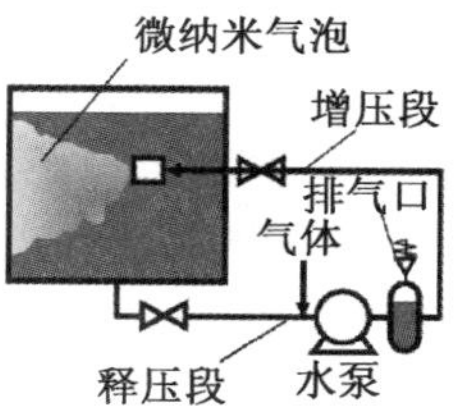
分散空气法	高速旋转法	气液混合液体进入装置空心部旋转,比重差异使气体在中心轴形成负压气体轴,负压气体轴的气体通过外部液体和内部高速旋转液体之间缝隙时被切割变为微纳米气泡	可快速产生大量微纳米气泡,气泡浓度、均匀性方面表现出好的优势,溶氧效率高	气体吸入量难以控制,流体参数变化严重影响气泡释放,流路复杂,加工难度大	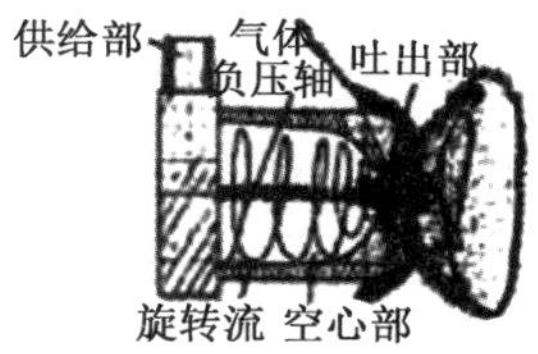
	加入界面活性剂的旋转切割法	在水中加入界面活性剂,使用高速旋转的圆盘在水中旋转,形成微纳米气泡,利用界面活性剂降低表面张力系数,以减小生成气泡的粒径	—	—	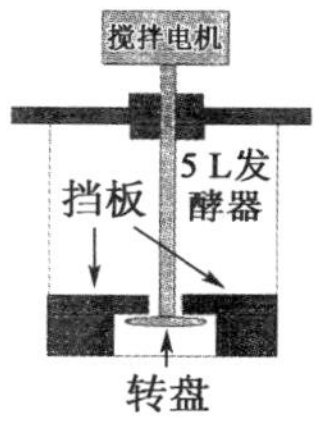

（续表）

发生方式		原理	优点	缺点	原理图
分散空气法	射流曝气法	通过射流曝气器生成微纳米气泡。射流曝气器的喷嘴直径小，水流速度大，水流在进入气室后可形成局部真空。此时，气体可通过吸气管进入气室，与水流混合。通过混合管和扩散管后，在水中形成微纳米气泡	—	—	
	过流断面渐缩突扩法	过流断面逐渐减小，后突然扩大，水流在通道内部剧烈碰撞，形成涡流，对气泡进行切割，过流断面再次收缩时，流态剧变，紊动剧烈，气泡进一步减小，最终产生微纳米气泡	流道较宽，不易堵塞，混合搅拌作用强，维修方便	内壁加工光洁度要求高，水质变化幅度较大，难以调节充氧量	
	微孔法	将压缩空气通过微孔板，利用微孔将气体切割成细小气泡，气泡直径的大小与进气量成正比	原理及操作简单，微孔介质的孔径越小，分布越窄，形成气泡粒径越小越集中	介质的孔径很小，对装置的制造加工要求很高，而且微孔易堵塞	
	超声波法	通过超声空化的方式，使得液体由于压力的突然变化而出现气泡的爆发和溃陷，在水体中形成气泡，形成的气泡实际为真空	—	—	

常用的测量微纳米气泡粒径的仪器和方法有激光粒度分析仪（the laser-diffraction particle-size analyzer）、原子显微镜（atomic force microscope）和 CCD 相机图像分析技术（image analysis）。每种设备都有优缺点。例如，图像分析和原子显微镜方法可以用可见图像显示平均直径，但它们需要相当长的时间来测量。图像分析可用于最小尺寸为 0.8 μm 的气泡，与其他测量技术相比精度相对较高。原子显微镜无法测量仅由大量流体包围的均匀气泡。

影响微纳米气泡粒径的因素有很多，如溶液的盐度、表面张力及微纳米气泡的发生装备。一般情况下，提高溶液的盐度或降低溶液的表面张力均可减小微纳米气泡的粒径。

7.2.2.3 微纳米气泡的稳定性

微纳米气泡中粒径较小的气泡在水中做布朗运动，因此微纳米气泡可以在水溶液中稳定存在，存在时间长达数小时、数天，甚至数月。微纳米气泡在溶液中不受浮力的影响，即它们在水体中没有上升的倾向，不会在水溶液中逐渐减小到崩溃。微纳米气泡在水溶液中可以稳定存在与其表面的电荷性质有关。在中性 pH 下，微纳米气泡带电。氧气纳米气泡的 Zeta 电位约为−40 mV，空气纳米气泡的 Zeta 电位约为−20 mV（Uchida et al.，2011；Ushikubo et al.，2010）。在气泡分散的情况下，高 Zeta 电位可以产生排斥力，该排斥力将避免气泡的聚结并有助于气泡的稳定。

微纳米气泡在水中的上升速度缓慢，Parkinson 等(2008)研究发现微纳米气泡体系中的单个气泡的上升速度可以用雷诺数为零的斯托克定律和 Hadamard-Rybczynski 方程(H-R方程)表示。

7.2.2.4 微纳米气泡的 Zeta 电位

Zeta 电位是液体间滑动平面的电位，微纳米气泡的 Zeta 电位值与气泡的稳定性有关，气泡的带电表面产生的排斥力可避免气泡聚结。微纳米气泡的 Zeta 电位值是溶液电解质性质，是化学表面活性剂以及 pH 的函数。通常当溶液的 pH 在 2～12 的范围内时，微纳米气泡带负电荷。在中性 pH 下，Zeta 电位的大约为−50 mV（Okada et al.，1990）、−40 mV（Kubota and Jameson，1993），甚至为−30～−20 mV（Bui et al.，2015）。微纳米气泡在水中的负 Zeta 电位与 OH^- 被吸附到来自水分子上形成的气泡界面有关。溶液中电解质的化合价对微纳米气泡的 Zeta 电位也产生影响。对于二价凝结剂添加物，例如 Mg^{2+} 和 Ca^{2+}，微纳米气泡的 Zeta 电位大约从−45 mV 到−20 mV 变化(Yang et al.，2001)。但当 Al^{3+} 大于 5 mg/L 时，Zeta 约从−27 mV 变为 20 mV（Bui et al.，2015）。此外，阴离子表面活性剂吸附或阳离子表面活性剂解吸附均会引起微纳米气泡的 Zeta 的电位值变化。

微纳米气泡的 Zeta 电位还与气体种类有关，例如，氧气微纳米气泡水的 Zeta 电位(绝对值 34～45 mV)高于空气微纳米气泡水的(17～20 mV)。Graciaa 等人(2002)研究发现，Zeta 电位和溶解氧浓度有关，随着微纳米气泡水的溶解氧浓度从 40.8 mg/L 降到 14.9 mg/L，Zeta 电位的绝对值从 40 mV 升高到 45 mV。

7.2.2.5 微纳米气泡的传质特性

气泡的传质效率取决于气泡的尺寸分布、气泡的上升速度、表面积与体积比、气泡簇的凝聚与分散、气液流体动力学以及混合相的物理性质。根据气体吸收的经典双膜理论，两相之间的传质速率取决于气相和液相传质系数、传质表面积与体积比，以及两相之间的浓度梯度。使用非稳态方法计算给定气液反应器中的传质速率 $\frac{dc}{dt}$ [mol/(m³·s)]：

$$\frac{dc}{dt}=k_1a(C^*-C) \tag{7-1}$$

式中：k_1 为液体传质系数(m/s)；a 为界面表面积(m^2/m^3)；C^* 为液体饱和时的浓度(mol/m^3)；C 为在任何给定时间 t 时液相中的气体浓度(mol/m^3)。

在微纳米气泡发生器中，传质可以通过测量体积传质系数来表征。体积传质系数是液体传质系数 k_1 和界面表面积 a 的乘积。刘春等(2010)通过公式 7-1 确定微纳米气泡的传质系数，通过室内试验研究得到微纳米气泡曝气中氧的总体积传质系数明显高于传统气泡曝气。总体积传质系数随着空气流量的增加而增加；氧传质效率随着空气流量的增加而减小，且对空气流量的变化更为敏感。在温度 15℃～35℃范围内，微纳米气泡曝气中氧的总体积传质系数随着温度的增加而增加，微纳米气泡对温度的变化更为敏感。微纳米气泡曝气中，表面活性剂十二烷基磺酸钠会使氧的总体积传质系数略有降低，氧的总体积传质系数随盐度增加而逐渐增加，在盐度大于 5 000 mg/L 后趋于稳定。

7.2.3 微纳米气泡曝气修复效果

微纳米气泡曝气技术在地表水的处理中取得了广泛应用，近年来，部分学者尝试在地下水的处理中应用该技术。Li 等(2013)研究了微纳米气泡对地下水的曝气可能性，发现砂的水力传导率不受孔隙水内微纳米气泡的影响。此外，发现氧气向水的传质速率比传统大气泡快 125 倍，溶解氧的存在时间延长了 16 倍。Temesgen (2017)研究发现微纳米气泡的应用可以促进地下水污染物去除过程中的好氧生物降解，与传统气泡曝气处理装置相比，微纳米气泡曝气合成废水处理装置的氧气利用率和体积传质系数几乎是其两倍。微纳米气泡曝气装置中的有机废物降解时间是传统系统所用时间的一半。同时，微纳米气泡曝气系统中的生物质系统显示出更高的生长和衰减速率。Jenkins 等(1993)利用微纳米气泡技术对被二甲苯污染的土壤进行了原位曝气修复试验，其将氧气微纳米气泡与可降解二甲苯的 *Pseudomonas putida* 菌株混合后注入土柱间隙中，处理后土壤中残留的二甲苯浓度低至仪器检测限以下，且在该过程中微纳米气泡在修复区域的存在时间长达 45 min，微生物菌株对氧气的利用率达 71%～82%。Choi 等(2011)利用微纳米气泡曝气技术处理被石油污染的场地，连续曝气 2 h，总石油烃去除率达 25.9%。Wang 和 Zhang(2017)结合微纳米气泡曝气技术和深层地下污水渗透系统研究微纳米气泡曝气的脱氮效率和机理。研究发现，当溶解氧浓度为 4 mg/L 时，TN 的去除率达到 85.4%，高于传统土壤入渗系统，且发现微纳米曝气技术可有效提高深层土壤渗透系统的脱氮能力和低温适应能力。在注入溶解氧为 5 mg/L 时，脱氮效果最大，达到 85.4%。Hu 和 Xia(2018)在日本开展了三氯乙烯污染的工业场地的原位臭氧微纳米气泡曝气试验，试验中，将臭氧微纳米气泡水与过氧化氢的混合液以 15 L/min 的速度注入地层中，试验进行 6 d，每天进行 9 h，试验结束后测得微纳米气泡可以在场地内大范围地运移，三氯乙烯的去除率达到 99%。

参考文献

Agarwal A, Ng W J, Liu Y, 2011. Principle and applications of microbubble and nanobubble technology for water treatment[J]. Chemosphere, 84(9): 1175-1180.

Bui T T, Nam S N, Han M, 2015. Micro-bubble flotation of freshwater algae: a comparative study of differing shapes and sizes[J]. Separation Science and Technology, 50(7): 1066-1072.

Choi H E, Kim D, Choi Y, et al., 2011. Astudy on the treatment of oil contaminated soils with micro-nano bubbles soil washing system[J]. Journal of the Environmental Sciences, 20(10): 1329-1336.

Ebina K, Shi K, Hirao M, et al., 2013. Oxygen and air nanobubble water solution promote the growth of plants, fishes, and mice[J]. PLOS One, 8(6): e65339.

Edzwald J K, 2010. Dissolved air flotation and me[J]. Water Research, 44(7): 2077-2106.

Graciaa A, Creux P, Lachaise J, 2002. Encyclopedia of surface and colloid science[M]. New York: Marcel Dekker.

Hu L M, Xia Z R, 2018. Application of ozone micro-nano-bubbles to groundwater remediation[J]. Journal of Hazardous Materials, 342: 446-453.

Jenkins K B, Michelsen D L, Novak J T, 1993. Application of oxygen microbubbles for in situ biodegradation of p-xylene-contaminated groundwater in a soil column[J]. Biotechnology Progress, 9(4): 394-400.

Kim T I, Han M, 2010. Analysis of bubble potential energy and its application to disinfection and oil washing [R]. Civil and Environmental Engineering. Seoul National University: Environmental Engineering Research Group.

Kubota K, Jameson G J, 1993. A study of the electrophoretic mobility of a very small inert gas bubble suspended in aqueous inorganic electrolyte and cationic surfactant solutions[J]. Journal of Chemical Engineering of Japan, 26(1): 7-12.

Li H Z, Hu L M, Song D J, et al., 2013. Subsurface transport behavior of micro-nano bubbles and potential applications for groundwater remediation[J]. International Journal of Environmental Research and Public Health, 11(1): 473-486.

Okada K, Akagi Y, Kogure M, et al., 1990. Analysis of particle trajectories of small particles in flotation when the particles and bubbles are both charged[J]. The Canadian Journal of Chemical Engineering, 68(4): 614-621.

Parkinson L, Sedev R, Fornasiero D, et al., 2008. The terminal rise velocity of 10～100 μm diameter bubbles in water[J]. Journal of Colloid and Interface Science, 322(1): 168-172.

Temesgen T, 2017. Enhancing gas-liquid mass transfer and (bio) chemical reactivity using ultrafine/nanobubble in water and waste water treatments[D]. Seoul, Korea: Seoul National University.

Tsuge H, 2010. Fundamentals of microbubbles and nanobubbles[J]. Bulletin of the Society of Sea Water Science, 64(1): 4-10.

Uchida T, Oshita S, Ohmori M, et al., 2011. Transmission electron microscopic observations of nanobubbles and their capture of impurities in wastewater[J]. Nanoscale Research Letters, 6(1): 295-304.

Ushikubo F Y, Furukawa T, Nakagawa R, et al., 2010. Evidence of the existence and the stability of nano-bubbles in water[J]. Colloids and Surfaces A: Physicochemical and Engineering Aspects, 361(1/2/3): 31-37.

Wang H Q, Zhang L Y, 2017. Research on the nitrogen removal efficiency and mechanism of deep subsurface wastewater infiltration systems by fine bubble aeration[J]. Ecological Engineering, 107: 33-40.

Wu Z, Chen H B, Dong Y M, et al., 2008. Cleaning using nanobubbles: defouling by electrochemical generation of bubbles[J]. Journal of Colloid and Interface Science, 328(1): 10-14.

Xu Q Y, Nakajima M, Ichikawa S, et al., 2008. A comparative study of microbubble generation by mechanical agitation and sonication[J]. Innovative Food Science & Emerging Technologies, 9(4): 489-494.

Yang C, Dabros T, Li D Q, et al., 2001. Measurement of the zeta potential of gas bubbles in aqueous solutions by microelectrophoresis method[J]. Journal of Colloid and Interface Science, 243(1): 128-135.

李恒震,2014.微纳米气泡特性及其在地下水修复中的应用[D].北京：清华大学.

刘春,张磊,杨景亮,等,2010.微气泡曝气中氧传质特性研究[J].环境工程学报,4(3): 585-589.

熊永磊,杨小丽,宋海亮,2016.微纳米气泡在水处理中的应用及其发生装置研究[J].环境工程,34(6): 23-27.

第8章 IAS修复技术数值模拟与分析

8.1 饱和砂土IAS过程空气运动规律数值模拟

8.1.1 曝气数值模拟方法

现场应用曝气法需要明确两个过程：①气体和液体在多孔介质中的多相流动动力过程；②各相间的化学、生物反应如相间传质和污染物生物降解过程。一个简单的原位曝气操作及气流形态示意图如图8-1所示。开展地下水曝气过程多相流分析有助于了解曝气过程中的空气运动规律，例如，气相在饱和区和非饱和区的运动路径及运动速率，空气的注入对地下水流运动路径和运动速率的影响，气相饱和度的分布情况。

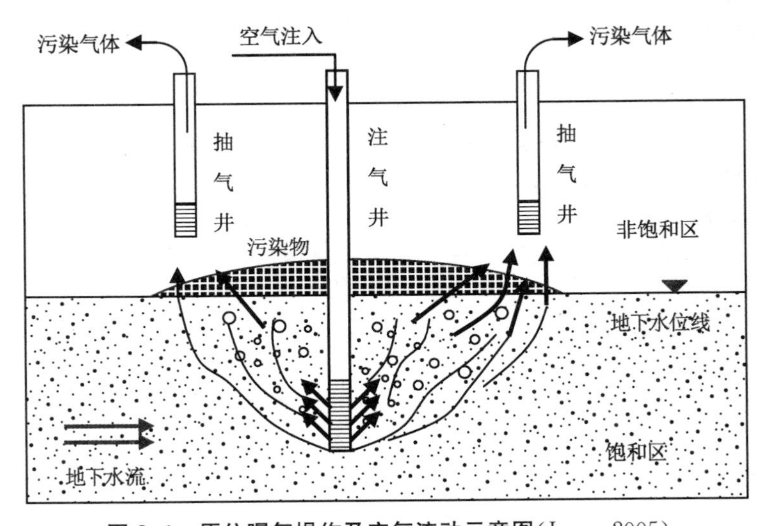

图8-1 原位曝气操作及空气流动示意图(Jang, 2005)

TOUGH(Transport of Unsaturated Groundwater and Heat)是非饱和地下水流及热流传输的英文缩写,是一个模拟孔隙或裂隙介质中多相流、多组分及非等温水流及热量运移的数值模拟程序。TOUGH2 则是其升级版本,采用整体有限差分方法进行空间离散,通过内置几何数据处理以适应不同裂隙介质的模拟,已被众多研究者应用于原位曝气过程中的理论分析(McCray and Falta, 1997; McCray, 2000; Falta, 2000; McCray and Falta, 1996;陈华清和李义连,2010;刘晓娜等,2012)。其中流体属性模块 EOS3 主要用来模拟水和空气的混合作用,本章采用 TOUGH2 中的 EOS3 模块对地下水曝气过程中的空气流动规律及不同参数对气体流动形态影响规律进行模拟,以探讨各参数在地下水曝气修复过程中的作用。曝气过程中气相运动比地下水更加显著,而且气相在把挥发出来的污染物从饱和区携带至非饱和区的过程中起着重要作用。在现场原位曝气操作中,气相和受污染的地下水的接触程度是决定污染物从水相向气相传递的重要因素,因此气流分布规律对原位曝气系统的修复效率起着决定性作用。本章将通过气相饱和度来评价曝气影响区域范围,加深我们对现场曝气修复系统的设计参数的理解。

8.1.2　水气两相渗流控制方程

8.1.2.1　相对渗透率-饱和度(*K*-*S*)表达式

本章节模拟中相对渗透率-饱和度关系采用 Fatt 和 Klikoff(1959)表达式,具体形式如下:

$$k_{\mathrm{rw}}=\left(\frac{S_{\mathrm{w}}-S_{\mathrm{wr}}}{1-S_{\mathrm{wr}}}\right)^{n_1} \tag{8-1}$$

$$k_{\mathrm{rg}}=\left(\frac{S_{\mathrm{g}}}{1-S_{\mathrm{wr}}}\right)^{n_1} \tag{8-2}$$

式中:k_{rw}、k_{rg} 是液相和气相的相对渗透率;S_{w}、S_{g} 是液相和气相的饱和度;S_{wr} 是液相残余饱和度;$n_1=3$。在模拟砂土介质中,水相残余饱和度取值为 0.15(McCray and Falta, 1996)。图 8-2 为 $S_{\mathrm{wr}}=0.15$ 时的相对渗透率-饱和度曲线图。

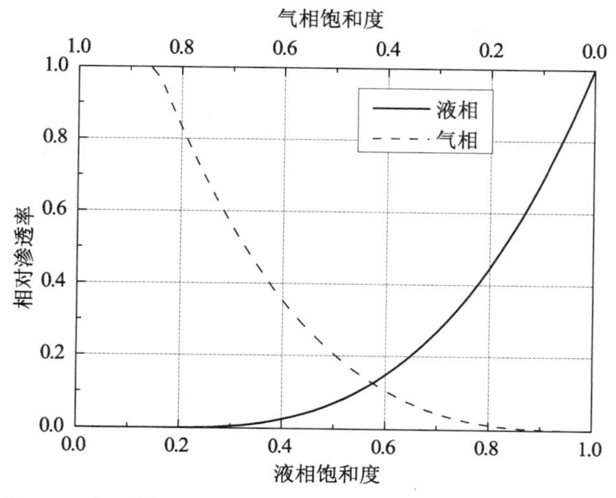

图 8-2　相对渗透率-饱和度关系曲线图($n=3$, $S_{\mathrm{wr}}=0.15$)

8.1.2.2　毛细压力-饱和度(P-S)表达式

毛细压力-饱和度关系表达式是描述曝气过程中多相流运动的重要方程，本章节中采用 van Genuchten's(Ji et al., 1993)两相表达式：

$$P_{cgw}=\frac{\rho_w g}{\alpha_{gw}}\left[\left(\frac{S_w-S_m}{1-S_m}\right)^{-1/m}-1\right]^{1/n_2} \tag{8-3}$$

式中：P_{cgw} 为气-水间毛细压力(kPa)；α_{gw} 和 S_m 是由多孔介质材料确定的常数；ρ_w 为液体密度(kg/m^3)；g 为重力加速度(m/s^2)；$m=1-1/n_2$，为经验常数。图 8-3 为 $\alpha_{gw}=5$、$n_2=2$ 时的毛细压力-饱和度曲线图。

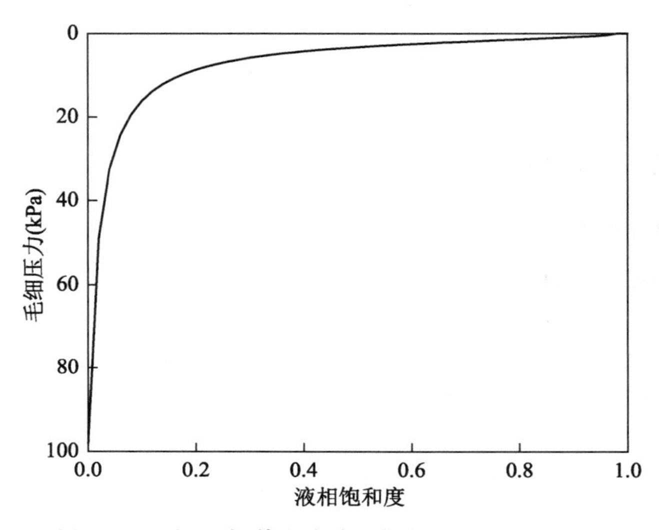

图 8-3　毛细压力-饱和度关系曲线图($\alpha_{gw}=5$, $n=2$)

8.1.3　曝气过程气相运动规律三维模拟

8.1.3.1　计算模型和参数选取

为了解曝气过程中水气两相渗流过程，建立三维模型，计算区域为底面半径 5 m、高 10 m 的圆柱体区域 ($-5\leqslant x\leqslant 5$, $-5\leqslant y\leqslant 5$, $-8\leqslant z\leqslant 2$)。地下水位在地面以下 2 m 处为 $z=0$ 平面，上部 2 m 为非饱和土层，下部为 8 m 厚的饱和含水层，整个区域在 z 方向剖分成 21 层，底下 19 层每层厚度为 0.5 m，第 20 层厚度为 0.449 m，上表面为 0.001 m 厚的大气层。在水平方向，使用多边形网格进行剖分，单元格面积最大为 0.08 m^2。在曝气井附近进行加密，面积最大为 0.05 m^2，每层剖分成 1 052 个网格单元。这样整个模型由 22 092 个单元组成，计算模型及网格部分如图 8-4 所示。

模型初始条件与边界条件为：底部饱和层气体饱和度为 0，上部非饱和层气体饱和度为 0.75；模型上表面边界与大气连通，设为恒定大气压，底部及外表面为不透气、不透水边界。

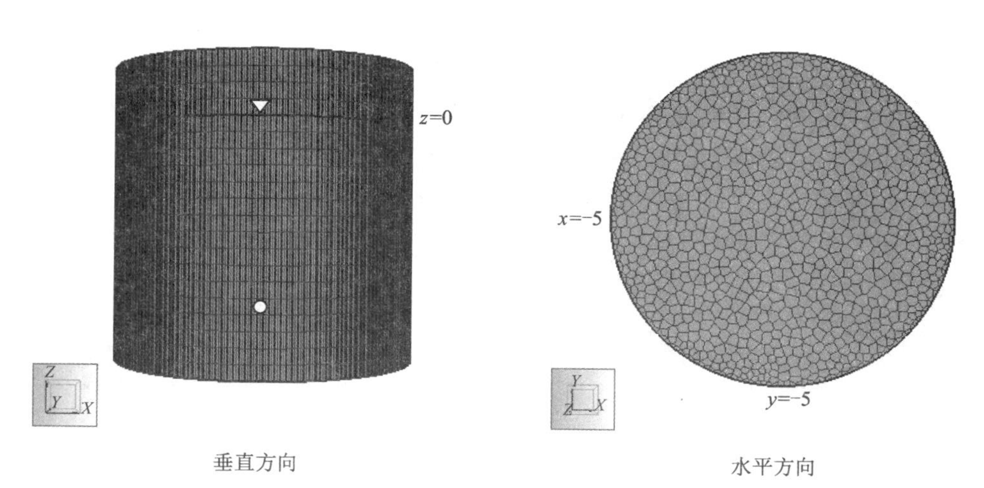

图 8-4　三维模型及网格剖分示意图

边界条件设置完成后，首先进行重力-毛细压力平衡分析以达到稳定状态，并将计算结果作为曝气模拟的初始条件。曝气井口位于 $x=0$、$y=0$、$z=-5.8\sim6.0$ m 处，注气流量为 1.0 g/s，模拟时间步长为 8～1 280 s，模拟时长为 8 d。此外，模拟过程在 20℃ 恒温条件下进行，因此不考虑温度影响。计算过程采用的主要参数见表 8-1 所示。

表 8-1　采用 TOUGH2 进行数值模拟的主要参数

参　数	量　值
孔隙率	0.35
固有渗透率，$k_{xx}=k_{yy}=k_{zz}$ /m^2	5.0×10^{-11}
土体密度/(kg·m^{-3})	2 650
温度/℃	20
残余液体饱和度，S_{wr}	0.15
n_1(K-S 表达式中)	3
n_2(P-S 表达式中)	2
S_m	0
α_{gw}	5

8.1.3.2　模拟结果与分析

1) 气体运动形态

气体运动形态模拟的结果如图 8-5 所示，在曝气过程中，注入的气体和地下水在土壤多孔介质中流动，两者相互作用，气体的流动形态由地下水和气体间的压力决定。从图中可以看出，在曝气点附近气体有横向运动，但整体上看，在水位线以下，气体以向上运动为主。气体未达到地下水位前，整个形态类似水滴状，并由曝气口向地表运动，同时向横向和纵向扩展，并且纵向运动的速率比横向快。20 min 后气体达到非饱和区，由于非饱和区含水量低，气体相对渗透率较高，水平向运动阻力小，因此气体到达非饱和区后横向运动很明显。在现场应用中，为防止携带挥发性污染物的气体到达非饱和区后横向扩散，必须合理安排抽取井，抽取、收集挥发性有机污染物到地表上并进行无害化处理。随着曝气时间的增长，气体在地下水位线下方横向的扩展范围也变大，最终曝气影响区域连通非饱和区和饱和区，呈U形分布。在曝气24 h后，整个影响区域内的气体分布基本达到稳定。同时由模拟结果可以看出，空气主要分布在$-7 \leqslant z \leqslant 1$高度范围内。为了更加清楚地展示结果，后续绘制气相饱和度等值线图时主要以$-7 \leqslant z \leqslant 1$高度范围为主，而忽略没有明显空气运动规律变化的范围（$z=-7$以下和$z=1$以上）。

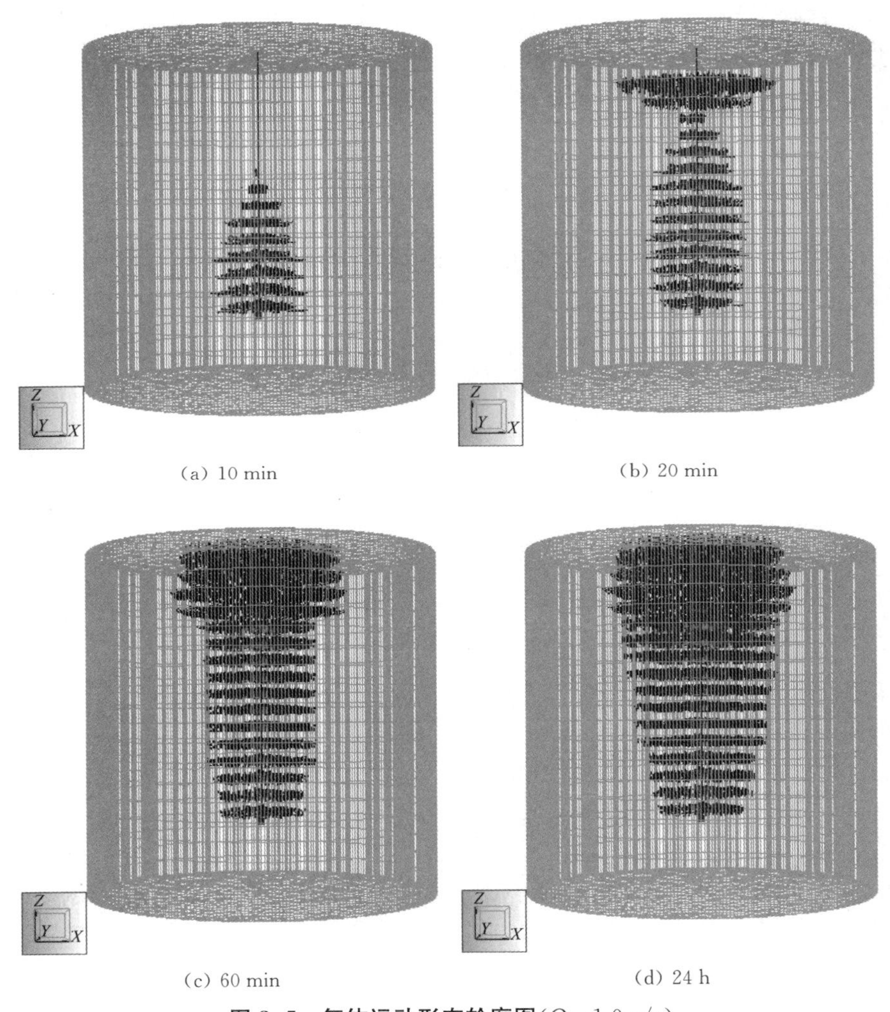

图 8-5　气体运动形态轮廓图（$Q=1.0$ g/s）

2）气相饱和度分布

在三维模型中，选取$x=0$、$y=0$、$z=-1$三个平面，绘制气相饱和度剖面分布图，如图8-6所示。从图中可以看出，气相饱和度以曝气井为中心呈对称分布。在曝气中心轴附近，气相饱和度较高，随着离中心轴的距离增大，气相饱和度相应减少。这与实际工程中现场观测得到的结果一致（Lundegard and LaBrecque，1995；Schima et al.，1996）。

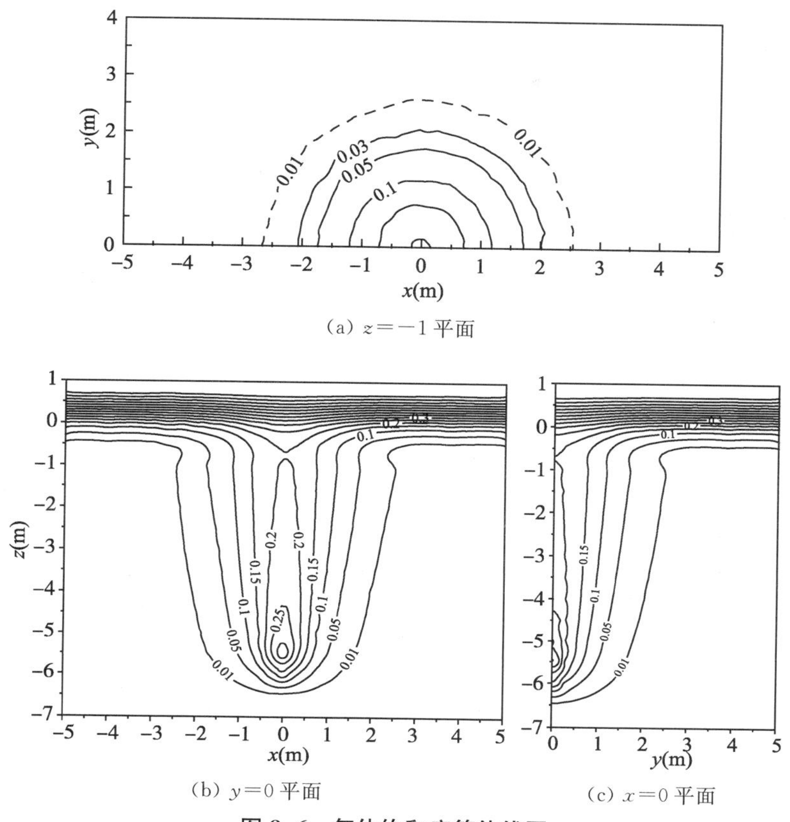

图 8-6　气体饱和度等值线图

曝气达到稳定后，作 $z=-2$ 平面上(−5, 0, −2)和(5, 0, −2)两点间及 $z=-4$ 平面上(−5, 0, −4)和(5, 0, −4)两点间的气体饱和度曲线，如图 8-7 所示，从图中可以看出，在曝气井中心处气体饱和度最高，向两侧逐渐降低。取曝气口正上方 0～5 m 处气体分析其饱和度变化，如图 8-8 所示，可以看出在曝气点正上方，随着距离的增大，气相饱和度先是增大，在曝气口上方 0.56 m 处达到最大，随后随着距离的增大逐渐降低。

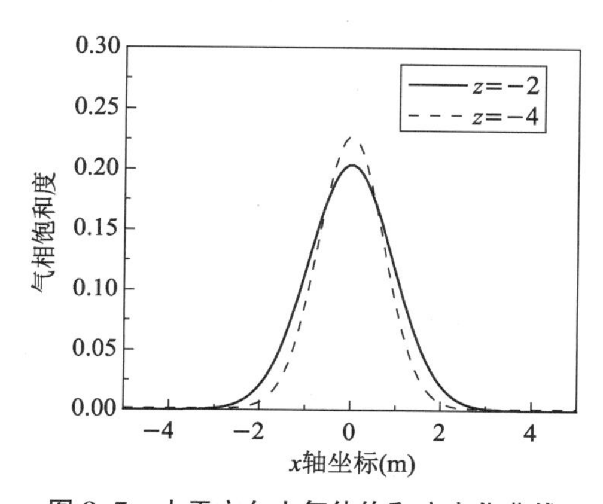

图 8-7　水平方向上气体饱和度变化曲线

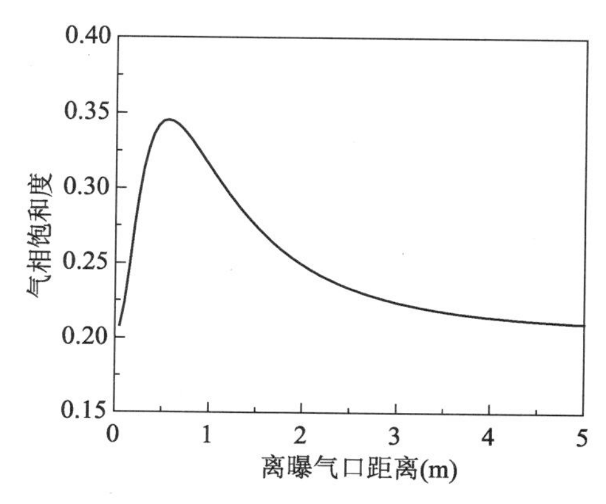

图 8-8　竖直方向上气体饱和度变化曲线

3）气体运动速率

曝气达到稳定后，作 $z=-2$ 平面上（−5，0，−2）和（5，0，−2）两点间及 $z=-4$ 平面上（−5，0，−4）和（5，0，−4）两点间的气体运动速率，如图 8-9 所示，在曝气井中心处气体运动速率最高，向两侧逐渐降低。取曝气口正上方 0～5 m 处气体分析其速率变化，如图 8-10 所示，可以看出在曝气点正上方，随着距离的增大，气体运动速率先是增大，在曝气口上方0.56 m 处达到最大，随后随着距离的增大逐渐降低。在 $z=-2$ 平面上作点（−5，0，−2）和（5，0，−2）两点间的气相运动速率和气相饱和度分布图，如图 8-11所示，从中可以看出，气体运动速率为 0.4 cm/s 左右时对应的气相饱和度为 0.15，运动速率为 0.05 cm/s左右时对应的气相饱和度为 0.025。

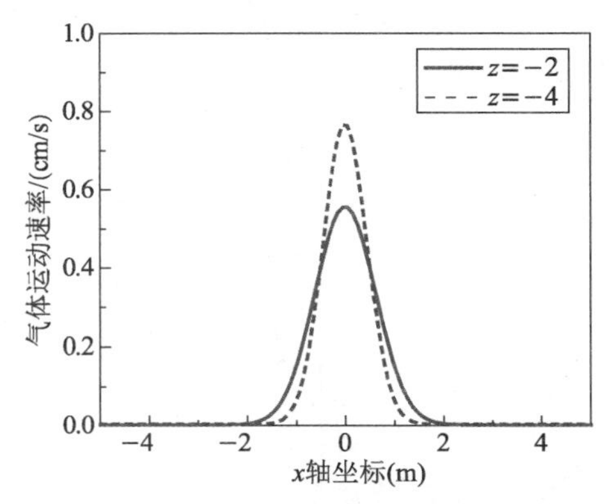

图 8-9　水平方向上气体速率变化曲线

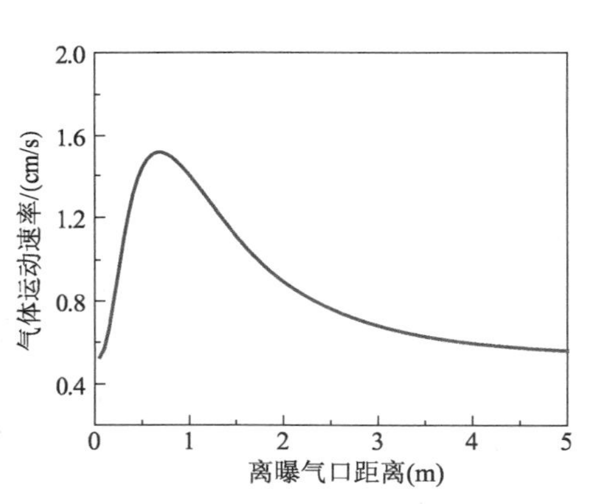

图 8-10　竖直方向上气体速率变化曲线

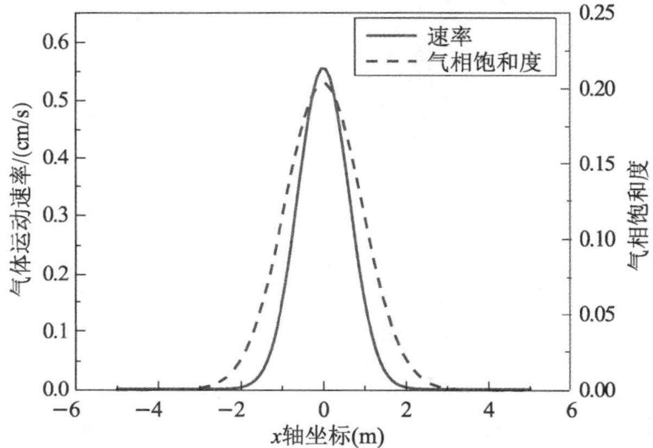

图 8-11　气相运动速率和气相饱和度间的关系图

4）毛细压力

气相饱和度能够较好地衡量污染物移除效率以及空气影响范围，然而实际工程中难以准确测得气相饱和度。从图 8-12 可以看出，当气体分布达到稳定时，毛细压力的分布形态和气相饱和度的分布形态相似。$z=-2$ 平面上（−5，0，−2）和（5，0，−2）两点间及 $z=-4$ 平面上（−5，0，−4）和（5，0，−4）两点间的毛细压力分布如图 8-13 所示，在曝气井中心处毛细压力最高，向两侧逐渐降低。取曝气口正上方 0～5 m 处气体分析其毛细压力变化，如图 8-14 所示，可以看出在曝气点正上方，随着距离的增大，毛细压力先是增大，在曝气口上方约 0.5 m 处达到最大，随后随着距离的增大逐渐降低。

为了更加了解毛细压力和气相饱和度间的联系，作 $z=-2$ 平面上点（−5，0，−2）和（5，0，−2）两点间的毛细压力和气相饱和度分布如图 8-15 所示，从中可以看出，毛细压力为 0.9 kPa 左右时对应的气相饱和度为 0.125，毛细压力为 0.4 kPa 左右时对应的气相饱和度为 0.05。这与通过式(8-3)得到的气相饱和度为 0.05 和 0.125 时得到的毛细压力值相等。考虑到曝气区域内的多相流运动，McCray 等(1996)认为这种气相饱和度和毛细压力间的关系是由于毛细效应引起的，并且只有气流达到稳态时才有这种关系，而在瞬态时则不具有这种联系。

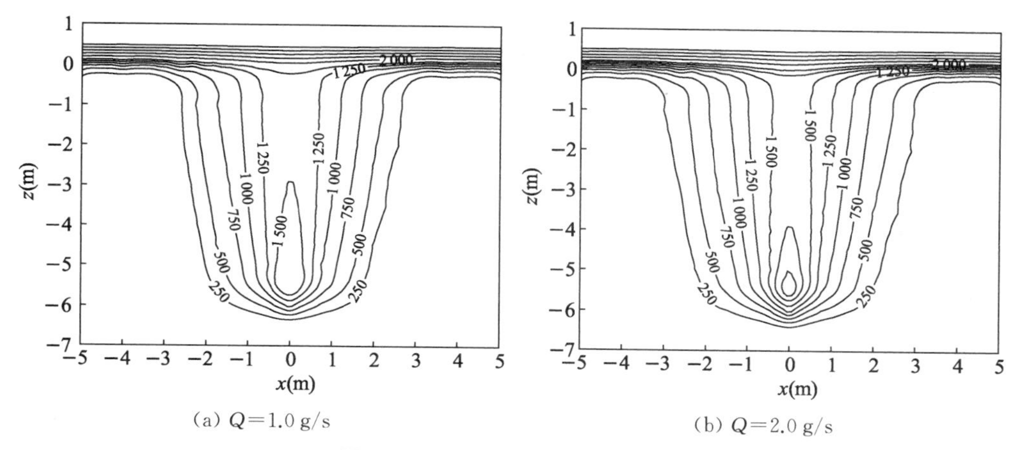

(a) $Q=1.0$ g/s　　(b) $Q=2.0$ g/s

图 8-12　毛细压力分布等值线图

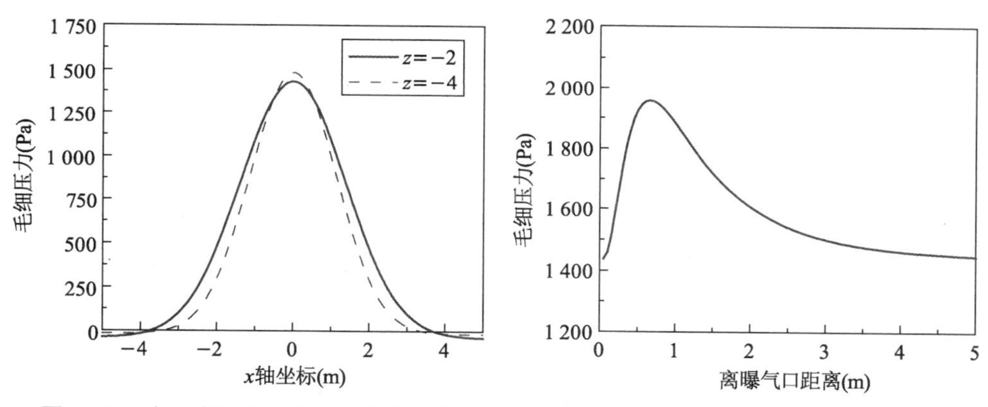

图 8-13　水平方向上毛细压力变化曲线　　**图 8-14　竖直方向上毛细压力变化曲线**

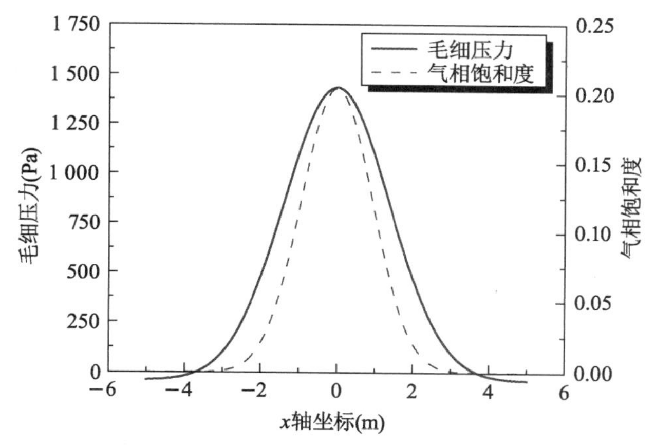

图 8-15　水平方向上毛细压力和气相饱和度分布曲线图($z=-2$ 平面上)

8.1.4 空气流动形态影响因素二维模拟

8.1.4.1 计算模型和参数选取

求解区域在 x 和 z 方向长度分别为 40 m 和 16 m，几何模型剖分成 31 层 58 列共计 1 798 个单元。上表面为大气边界，压力恒定为大气压，左右两边以及底部为非流水边界。边界条件设置完成后，首先进行重力-毛细力平衡分析以达到稳定状态，并将计算结果作为曝气模拟的初始条件。此外，模拟过程在 20℃ 恒温条件下进行，因此不考虑温度影响。计算过程中使用的主要参数见表 8-1 所示。

模拟案例以均质土层为分析对象，研究其固有渗透率对曝气过程气体分布形态的影响。再选定土层固有渗透率为 $5\times10^{-11}\,m^2$，对不同注气流量和不同曝气点深度条件下的气体分布形态进行分析，模拟中采用的相对渗透率-饱和度关系曲线如图 8-2 所示，毛细压力-饱和度关系曲线如图 8-3 所示。主要的模拟方案如表 8-2 所示。在每个模拟案例中，输出每一个单元中在不同时间下各相的压力、饱和度得到模拟结果，总模拟时长 8 d。

表 8-2 空气流动形态影响因素模拟方案

试验参数	参数值
土体固有渗透率 k/m^2	5×10^{-10}、5×10^{-11}、5×10^{-12}
空气注入流量 $Q/(g\cdot s^{-1})$	0.5、1.0、1.5、2.0
曝气深度 d/m	4、5、6、7
水平垂直渗透率比	1、2、4、8

8.1.4.2 气体流动形态分布影响因素

地下水曝气系统在现场设计应用中，单一曝气井所能处理的污染区域范围大小是设计的重要参数，实际中一般以影响半径（Radius of Influence，ROI）来评价。曝气影响半径是指从曝气井中央到空气影响区域边缘的径向距离（郎印海和曹正梅，2001），可以根据现场的实际条件，用预先选定的气相饱和度、气体压力或收集到的特定气体的浓度来评价（Lee et al.，2002），现场最常用的方法是利用气相饱和度等值线图。因此本章节模拟中也利用气相饱和度确定的空气影响半径来评价影响气体分布形态的各种因素，并以曝气过程土体中气相饱和度为 1%处为曝气影响的边界，并将其与 $z=-1$ 处的交点至曝气井的水平距离定义为本节模拟中的曝气影响半径。

1）固有渗透率

图 8-16 为空气注入流量为 1.0 g/s 情况下地层中气相饱和度分布剖面图。从图中可以看出，气相饱和度近似为抛物线形状，这与 Ji 等（1993）的实验结果一致。空气注入流量越大，气体分布范围越大，同一位置气相饱和度也越大。计算结果表明，土体固有渗透率从 $5\times10^{-10}\,m^2$ 降低至 $5\times10^{-12}\,m^2$，曝气影响半径由 2.2 m 增至 4.87 m。当渗透率为 $5\times10^{-10}\,m^2$ 时，地下水位线以下整个影响区域内的气相饱和度最大值不超过 15%，而渗透率为 $5\times10^{-12}\,m^2$ 时，影响区域内的气相饱和度最大值甚至超过 40%。说明土体的渗透率对曝气过程中的气体分布规律具有显著影响。

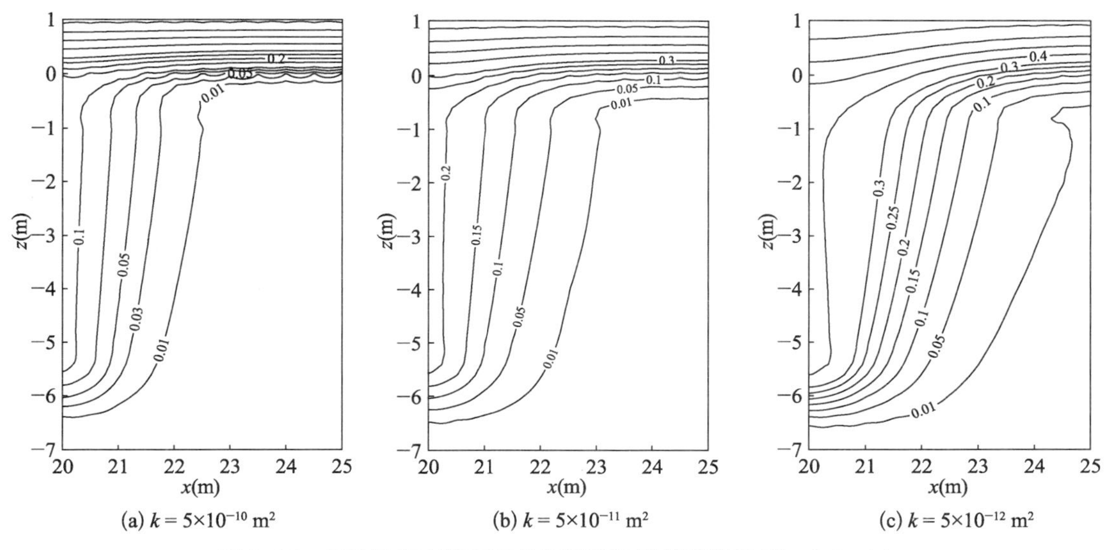

图 8-16　三种渗透率情况下的气相饱和度等值线图($Q=1.0$ g/s)

2）气体流量

图 8-17 为固有渗透率为 5×10^{-11} m^2 情况下不同注气流量时气相饱和度分布剖面图。从图中可以看出，随着空气注入流量的增加，影响区域相应变大，气相饱和度也有所提高。当空气注入流量 Q 为 0.5 g/s 时，曝气影响半径为 2.96 m，而 $Q=2.0$ g/s 时，曝气影响半径为 3.54 m，说明空气注入流量的增加对曝气影响半径的增大效果不明显。Leeson 等(1995)观测到增加气体注入流量对曝气影响范围没有较大影响，但可以增加气体孔道数量和密度。

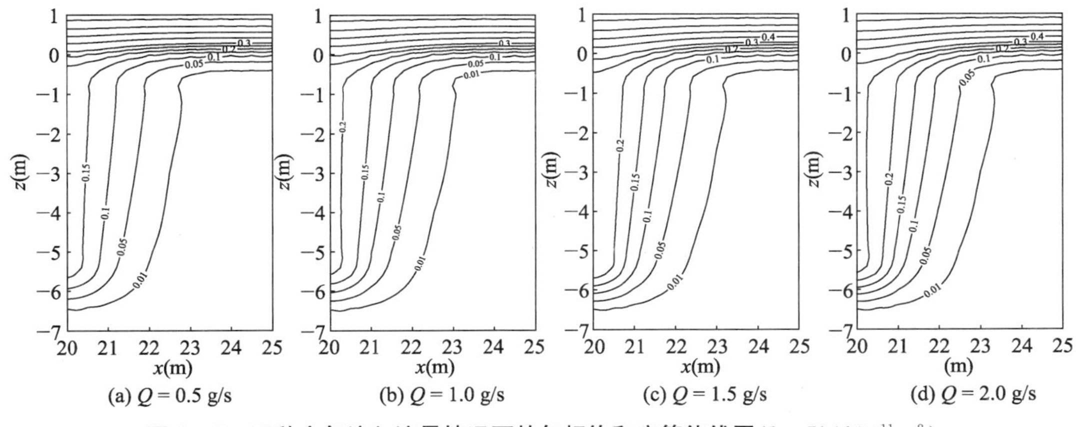

图 8-17　四种空气注入流量情况下的气相饱和度等值线图($k=5\times10^{-11}$ m^2)

为进一步阐明土体渗透率、空气注入流量与曝气影响范围的关系，将不同渗透率曝气影响半径汇总进行分析。图 8-18 为曝气影响半径与土体固有渗透率、空气注入流量的变化关系。

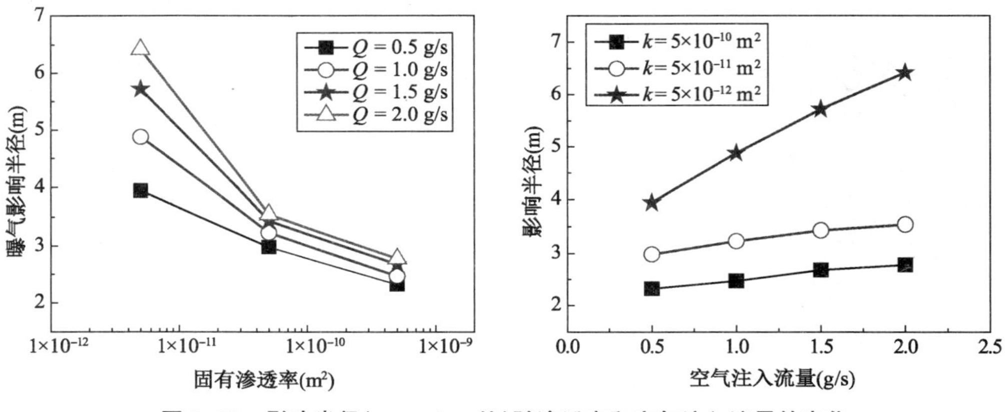

图 8-18 影响半径($z=-1$ m 处)随渗透率和空气注入流量的变化

从图中可以看出，土体固有渗透率对曝气影响半径影响明显，固有渗透率相差一个数量级，影响半径变化量在 1 m 以上。1.0 g/s 注气流量下，随着固有渗透率从 5×10^{-10} m^2 降低至 5×10^{-12} m^2，影响半径相应的从 2.2 m 增加至 4.87 m。

在 5×10^{-10} m^2 和 5×10^{-11} m^2 固有渗透率土层中，空气注入流量从 0.5 g/s 增加至2.0 g/s，曝气影响半径分别从 2.32 m、2.93 m 增加至 2.77 m、3.54 m。而 5×10^{-12} m^2 固有渗透率土层中，影响半径从 3.94 m 增加至 6.43 m。说明在低渗透率土层中，空气注入流量的增加对曝气影响半径的改变较为显著，而高渗透率土层中，空气注入流量的增加对曝气影响半径的改变不太明显。

因此，在实际工程中，如果土层的渗透率较高，当空气注入流量达到一定数值，形成稳定的曝气形态后，继续增加空气注入流量对曝气影响半径的提高有限，而对于渗透率较低的土层，虽然提高空气注入流量可以显著提高影响半径，但由于土层渗透率较低，气体排出较为缓慢，进气流量提高的同时可能导致土体内局部压力的突增，有可能导致土层破坏并产生优势流，不利于污染物全面修复。因此现场曝气时，应先确定现场土体的固有渗透率，选取合适的空气注入流量，使影响范围足够大以覆盖目标污染区域，增大水相和气相间的接触面积，以促进污染物由水相向气相转移，达到较高的修复效率。

3）曝气深度

曝气深度指曝气点至地下水位线的垂直距离。为探讨它与影响区域间关系，选取四种曝气深度(4 m、5 m、6 m、7 m)，在土体固有渗透率为 5×10^{-11} m^2、空气注入流量为 1.0 g/s 条件下进行模拟，模拟结果如图 8-19 所示。从图中可以看出，曝气影响半径随曝气深度的增大而增大，但增大程度有限。四种曝气深度时曝气影响半径分别为 2.92 m、3.13 m、3.23 m 和3.36 m。Lundegard 和 Andersen (1993)在对曝气法的理论研究中也获得了类似的结论。因此，曝气深度的确定主要基于有机污染物在地下水饱和带分布的下限深度。另一方面，由于深度越大，气体需要克服的静水压力越大，往往需要施加更大的曝气压力，因此需要综合考虑污染物的空间分布和施工经济性来选取合适的曝气深度。

4）土层各向异性

为了研究水平渗透率和垂直渗透率的差异对曝气法气体分布形态的影响，本节通过固定垂直渗透率不变(为 1×10^{-11} m^2)，分别取水平渗透率为垂直渗透率的 1、2、4、8 倍来研究曝气影响半径的变化。图 8-20 为模拟得到的结果，从图中可以看出，在水平渗透率增加

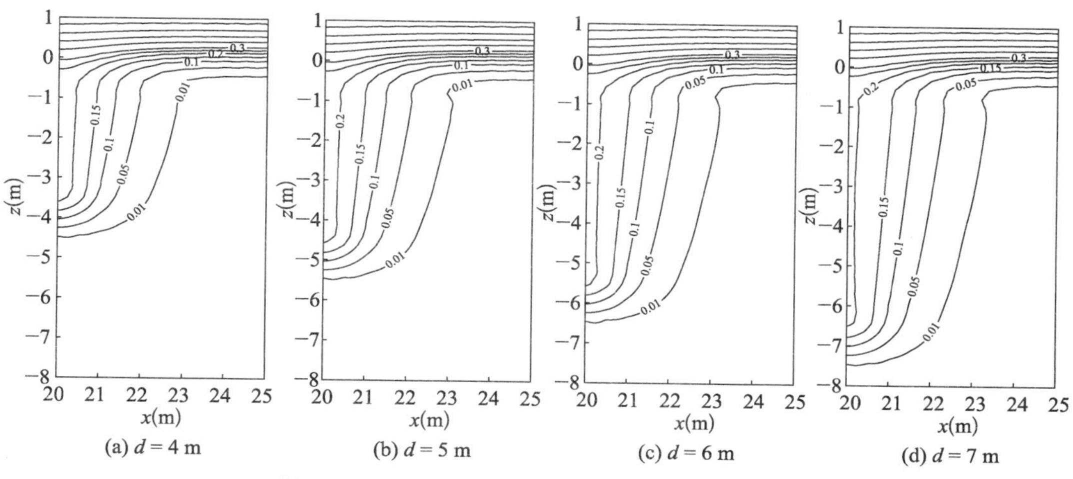

图 8-19　四种曝气深度时的气相饱和度等值线图

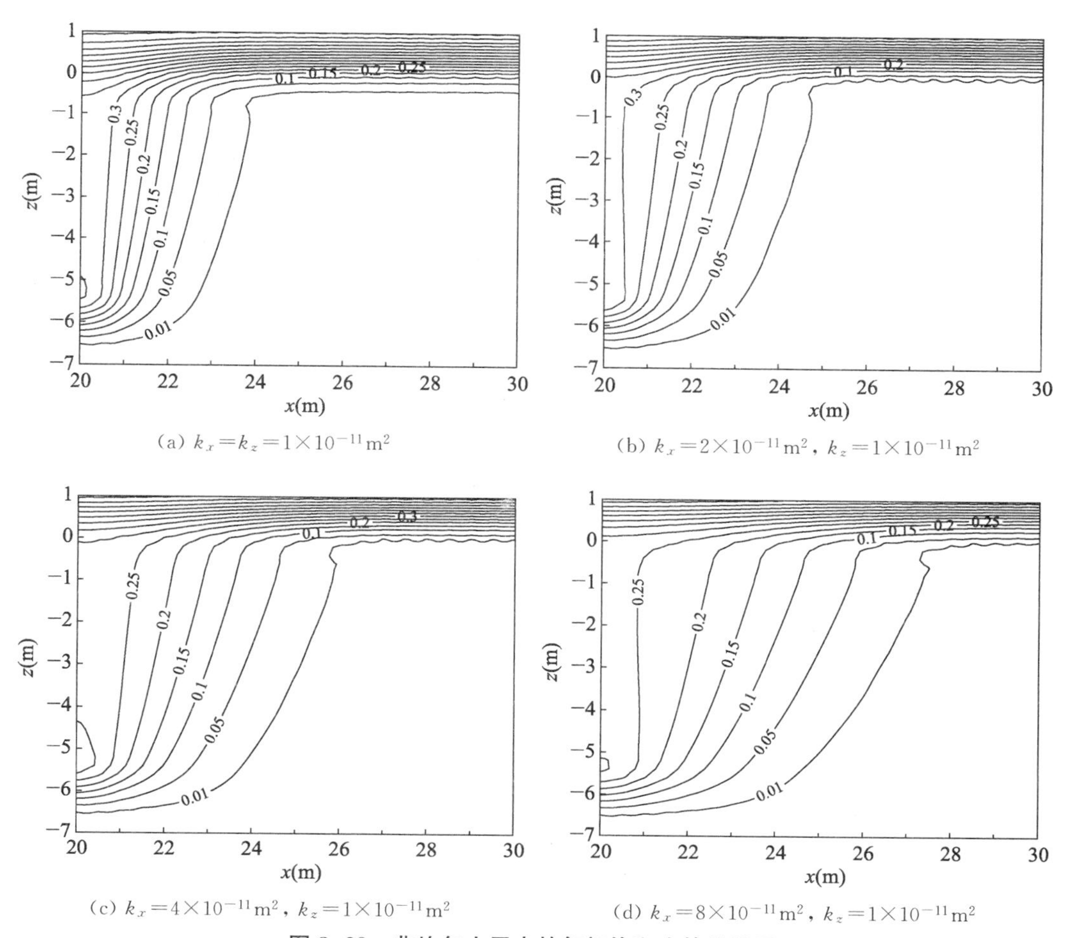

图 8-20　非均匀土层中的气相饱和度等值线图

的情况下，曝气影响半径也逐渐增加，四种情况下曝气影响半径分别为 3.94 m、4.75 m、5.86 m、7.34 m，从图 8-21 可以看出曝气影响半径与水平垂直两向渗透率比值间近似为线性关系。此外，曝气影响半径增加的同时，整个影响区域内的气相饱和度有所降低，如水平垂直两向渗透率比值为 1 时，$z=-1$ 平面上距曝气井 1 m 处的气相饱和度为 0.27，而比值为 4 时的曝气影响半径为 0.26，比值为 8 时的气相饱和度为 0.25。

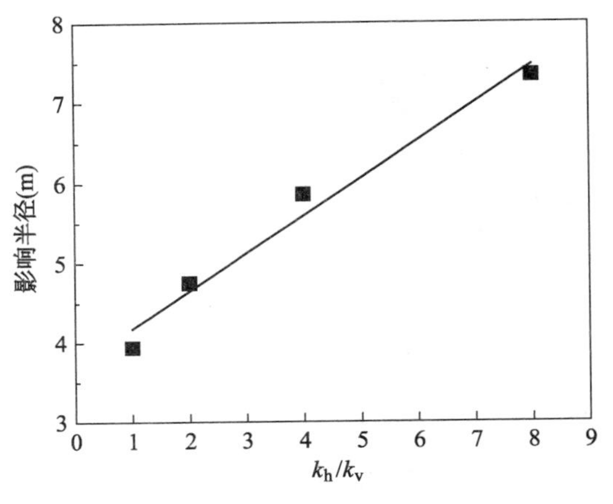

图 8-21 影响半径与水平垂直两向渗透率比值间的关系

 饱和砂土表面活性剂强化 IAS 修复数值模拟

8.2.1 曝气数值模拟方法

TOUGH(Pruess et al., 1999)可用于模拟孔隙或裂隙介质中多相流和多组分、非等温水流及热量运移问题，TOUGH2 为其升级版本。TOUGH2 广泛应用于地热储藏工程、核废料处置、饱和/非饱和带水文、环境评价与修复以及二氧化碳地质处置等方面。

TOUGH2 包含多个模块，以针对不同的流体特性及其不同的状态方程，从而模拟不同的问题。最初的版本包含 5 个流体特征模块(表 8-3)，后续又增加了几个新的流体特征模块，并提供增强过程模拟的能力，如 EWASG 模块(沉淀和溶解效应)、T2DM 模块(多相弥散)以及 ECO2N 模块[咸(卤)水含水层中二氧化碳的深层处置]等。另外，TOUGH2 中还有侧重应用于非水相液体(NAPLs)的环境污染问题的子模块 T2VOC 和其后续版本 TMVOC，以及其他单独发行的常用 EOS 模块，如 EOS9NT(放射性核素衰减运移)、T2R3D(污染物运移)和 EOS7C(甲烷-二氧化碳或甲烷-氢气混合物)等。

表 8-3 TOUGH2 流体特征模块(Pruess et al., 1999)

模块	可模拟的多相流功能	模块	可模拟的多相流功能
EOS1	水，示踪水	EOS4	水，空气，降低的蒸气压
EOS2	水，二氧化碳	EOS5	水，氢气
EOS3	水，空气		

本章所采用的模块即为 TOUGH2 中侧重于非水相液体的环境污染问题的子模块 TMVOC，TMVOC 模块可用来模拟水、空气和 VOCs 在非均质多孔介质中的三相非等温流动。通过 TMVOC 模块，本章模拟了挥发性有机污染物苯从泄漏到迁移的过程，以及通过原位地下水曝气修复的过程，在曝气修复的过程中，通过参数的改变，模拟了表面活性剂作用下对曝气影响区域以及曝气修复效果的影响。

8.2.2 物理模型及计算参数

8.2.2.1 物理模型

TOUGH2 程序采用整体有限差分方法进行空间离散，通过内置几何数据处理以适应不同裂隙介质的模拟。本研究建立了一个长（x）50 m、高（z）15 m 的简化二维模型，模型划分成 61 层 62 列共计 3 782 个单元(图 8-22)。顶部包含一层边界单元，厚 0.01 m，模拟过程中保持恒定状态，但不影响气相流动和物料平衡，与顶部边界单元相邻的层厚为 0.24 m，其他层则每层厚度均为 0.25 m。左右各包含一层边界单元，宽 0.01 m，模拟过程中也保持恒定状态，但不影响地下水流动和物料平衡，与左右边界单元相邻的列宽为 0.99 m，水平方向上对中部的网格划分进行了加密处理，每列宽为 0.5 m，共 20 列，其他列则每列宽度均为 1 m。

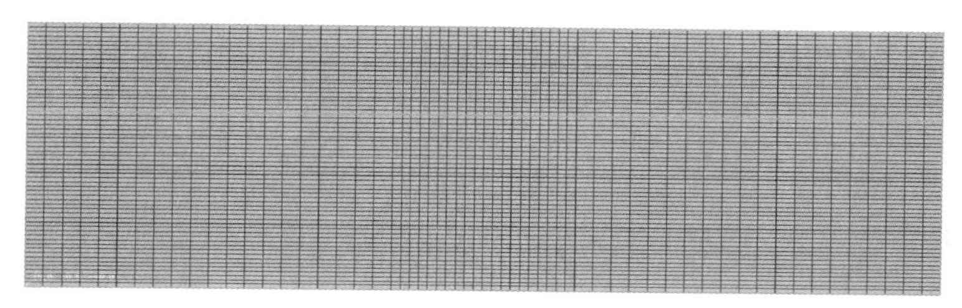

图 8-22　二维模型网格剖分结果

地下水位深度设为 5 m，且模拟过程中不考虑地下水流的影响。另外，模拟挥发性有机污染物苯的泄漏过程中，污染物泄漏点距左边界 24.75 m，距地表 3.125 m(图 8-23)。

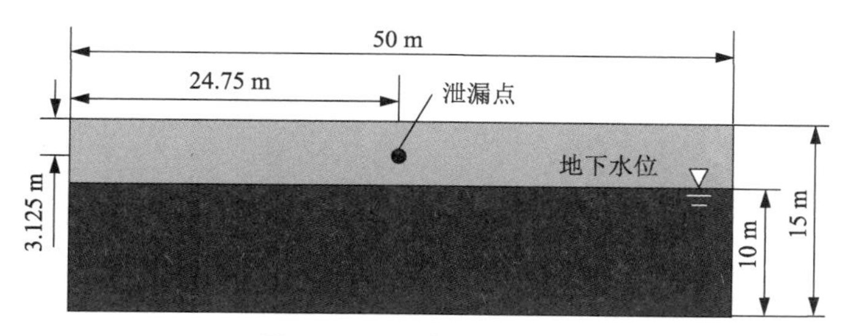

图 8-23　二维模型示意图

8.2.2.2 计算参数

模拟中只考虑了单一的砂土层，计算使用的砂土密度为 2 650 kg/m^3，孔隙率为 0.3，渗透率为 $5.0\times10^{-11}\ m^2$。模拟过程在 20℃恒温状态下进行。另外，模拟中污染物苯的性质参数如表 8-4 所示。

表 8-4　模拟中苯的性质参数

有机物名称	苯
分子式	C_6H_6
标准沸点/K	353.2
摩尔质量/($g\cdot mol^{-1}$)	78.114

（续表）

有机物名称	苯
临界温度/K	562.2
临界压力/kPa	4 820
临界体积/(cm^2 · mol^{-1})	259.0
密度/(kg · m^{-3})	885.0
偏心因子	0.212
偶极矩	0
气相中扩散系数/(m^2 · s^{-1})	7.7×10^{-6}
液相中扩散系数/(m^2 · s^{-1})	6.0×10^{-10}
NAPL 相中扩散系数/(m^2 · s^{-1})	6.0×10^{-10}
溶解度常数(摩尔分数)	4.11×10^{-4}
分配系数 K_{oc}/(m^3 · kg^{-1})	0.089 1
微生物降解衰变常数	—

1）相对渗透率

模拟中使用 Stone's 3-phase 公式(Stone，1970)来计算气相、液相和 NAPL 相的相对渗透率。

$$k_{rg}=\left[\frac{S_g-S_{gr}}{1-S_{wr}}\right]^{n_1} \tag{8-4}$$

$$k_{rw}=\left[\frac{S_w-S_{wr}}{1-S_{wr}}\right]^{n_1} \tag{8-5}$$

$$k_{rn}=\left[\frac{1-S_g-S_w-S_{nr}}{1-S_g-S_{wr}-S_{nr}}\right]\left[\frac{1-S_{wr}-S_{nr}}{1-S_w-S_{nr}}\right]\cdot\left[\frac{(1-S_g-S_{wr}-S_{nr})(1-S_w)}{(1-S_{wr})}\right]^{n_1} \tag{8-6}$$

其中，$S_n=1-S_g-S_w$，当 $S_{nr}\leqslant S_n\leqslant S_{nr}+0.005$ 时，

$$k'_{rn}=k_{rn}\cdot\frac{S_n-S_{nr}}{0.005} \tag{8-7}$$

式中：k_{rg}，k_{rw}，k_{rn} 分别为气相、液相和 NAPL 相的相对渗透率；S_g，S_w，S_n 分别为气相、液相和 NAPL 相的饱和度；S_{gr}，S_{wr}，S_{nr} 分别为气相、液相和 NAPL 相的残余饱和度；n_1 为经验常数。

在模拟中相关参数的取值分别为 $S_{wr}=0.1$，$S_{nr}=0.1$，$S_{gr}=0$，$n_1=2.5$。

2）毛细压力

模拟中使用 Parker 3-phase 公式(Parker et al.，1987)来计算气-NAPL、气-液和 NAPL-液相间的毛细压力。

$$P_{cgn}=-\frac{\rho_w g}{\alpha_{gn}}\left[(\bar{S}_1)^{-1/m}-1\right]^{1/n_2} \tag{8-8}$$

$$P_{cgw}=-\frac{\rho_w g}{\alpha_{nw}}\left[(\bar{S}_w)^{-1/m}-1\right]^{1/n_2}-\frac{\rho_w g}{\alpha_{gn}}\left[(\bar{S}_1)^{-1/m}-1\right]^{1/n_2} \tag{8-9}$$

$$P_{cnw}=P_{cgw}-P_{cgn} \tag{8-10}$$

其中，

$$m = 1 - 1/n_2 \tag{8-11}$$

$$\bar{S}_w = (S_w - S_m)/(1 - S_m) \tag{8-12}$$

$$\bar{S}_l = (S_w + S_n - S_m)/(1 - S_m) \tag{8-13}$$

式中：P_{cgn}，P_{cgw}，P_{cnw} 分别为气- NAPL、气-液和 NAPL -液相间的毛细压力；S_g，S_w，S_n 分别为气相、液相和 NAPL 相的饱和度；S_m，α_{gn}，α_{nw}，n_2 为经验常数，在模拟中相关参数的取值分别为 $S_m = 0.1$，$n_2 = 2.5$，$\alpha_{gn} = 100$，$\alpha_{nw} = 50$。

8.2.3 结果与分析

8.2.3.1 污染物泄漏及运移规律

计算区在给定的边界条件和初始条件下运行以达到重力和毛细压力平衡，并以此作为污染物泄漏与运移过程的初始条件。苯在泄漏点以 1.0×10^{-6} kg/s 的速率持续泄漏 5 年。

图 8-24 为污染物泄漏 1 天、10 天、1 年和 5 年后污染物苯的质量分数（污染物质量与总

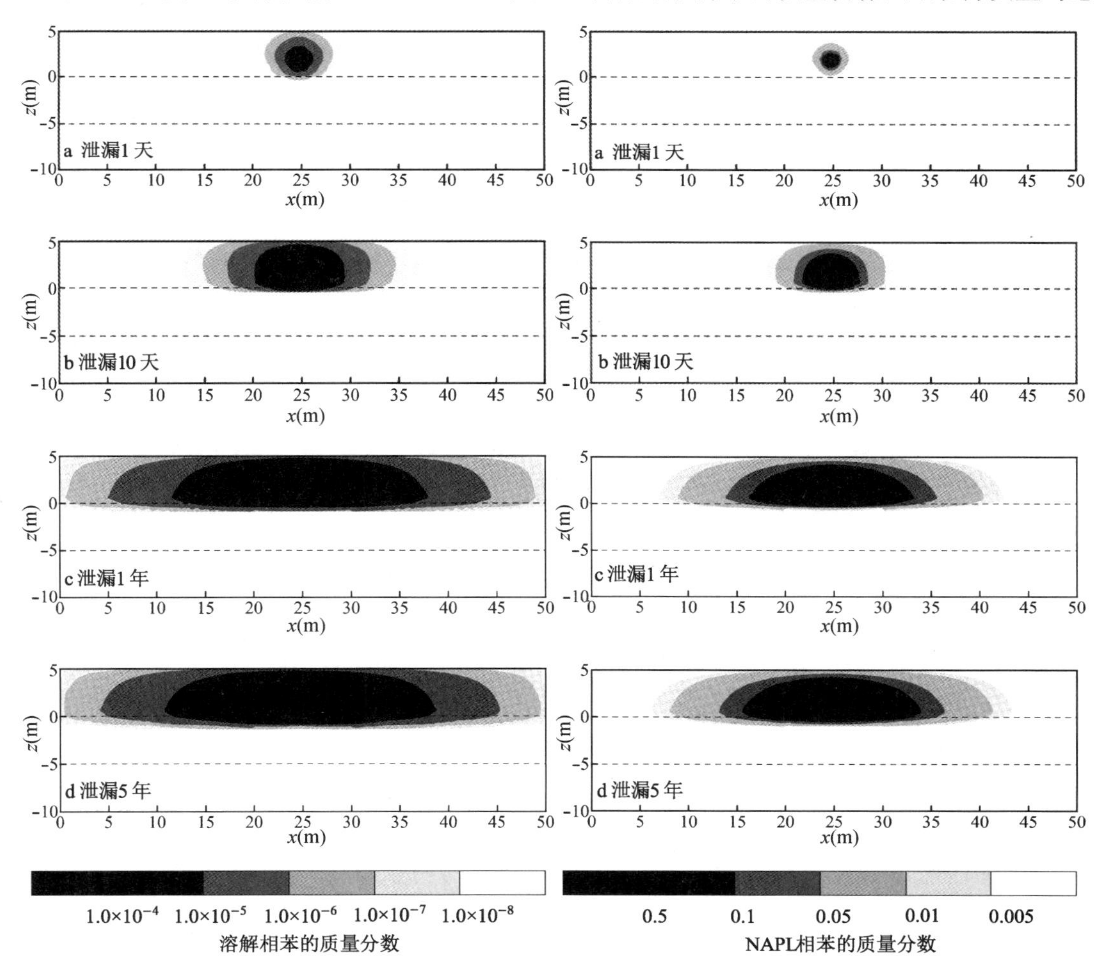

图 8-24 泄漏后不同时间苯的质量分数分布

质量之比)分布剖面图。从图中可以看出,泄漏点附近污染物浓度最高。随着时间的推移,污染物逐渐横向和竖向扩散。另外,由于苯的密度比水小,因此其竖向向下的迁移受到限制,污染物主要集中在含水层上部以及非饱和带。若以溶解相苯为 0.01 mg/L 的限值(WHO, 2011)作为污染标准,则泄漏约 1 年后,苯已污染到了几何模型边缘处,即苯的污染半径达到约 25 m。邢巍巍(2005)在进行室内离心模型试验时,得出了甲苯在模型中迁移 1 年后的质量分数分布,其污染半径约为 25 m,与本研究模拟得出的结论较为一致。

图 8-25 为泄漏 5 年后不同位置处溶解相污染物的质量分数随深度的分布,污染物扩散的最大深度约为地下水位以下 1.2 m 处。由于没考虑地下水流的影响,图中距泄漏点左右两侧各 5 m 和 15 m 处污染物沿深度分布的曲线基本重合,即污染物浓度大致以泄漏点垂直轴线呈对称分布。同一深度水平面上,泄漏点垂直轴线上的污染物浓度最高,离泄漏点越远浓度越低。且在泄漏点轴线上,自地表向下随着深度的增加,污染物浓度先升高后降低,浓度峰值区大概在地下水位以上 1～2 m。这是由于毛细边缘高度在地下水位以上 1.5 m 左右,当污染物到达毛细边缘处时,会受到阻碍并逐渐积累。邢巍巍(2005)通过室内离心模型试验也发现在地下水位上方 2 m 处存在甲苯的浓度峰值区。

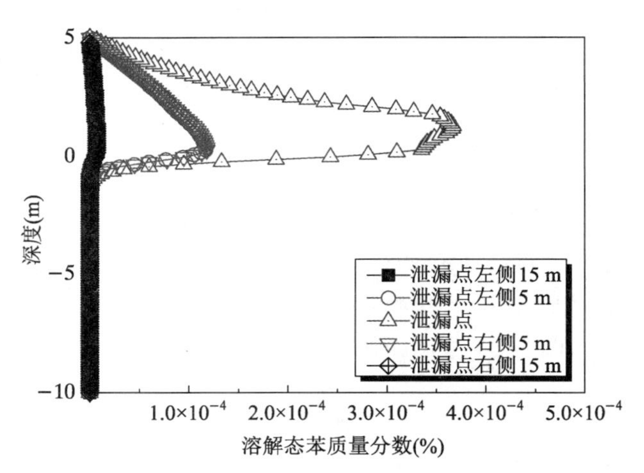

图 8-25　泄漏 5 年后不同位置溶解态苯质量分数沿深度分布

8.2.3.2　污染物去除规律

1) 气相饱和度

为了研究曝气过程中气相饱和度随曝气流量和曝气深度变化的规律,进行了单井曝气($x=25$)下气相饱和度的分析。当表面活性剂被引入后,根据公式 8-14(Lord et al., 2005)可计算毛细压力。

$$P_c=\frac{2\sigma\cos\theta}{\rho g r} \tag{8-14}$$

式中:P_c 为毛细压力值,$P_c=P_n-P_w$,P_n 和 P_w 分别为两相系统中非湿润相和湿润相的压力值;σ 是两相间的界面张力;θ 为接触角;ρ 为水的密度;g 为重力加速度;r 为毛细半径。由于表面活性剂主要的作用为降低界面张力,使得两相系统的毛细压力值降低,从而引起毛细压力和饱和度关系的变化。

对于本章模拟中毛细压力与饱和度的关系使用 Parker 3-phase 公式,对于其四个模拟参数,表面活性剂引入后主要影响 α_{nw},且由于毛细压力的降低和界面张力的降低成比例,因此对于表面活性剂强化的曝气修复,本章研究中通过改变 α_{nw} 值以体现表面活性剂的强化作用。假设纯水的表面张力为 72 mN/m,则表面活性剂强化曝气修复时,分别使表面张力变为纯水的 3/4 和 1/2，即表面张力分别为 54 mN/m 和 36 mN/m。

图 8-26 为不同曝气流量下的气相饱和度剖面。从图中可以看出，气相饱和度近似呈 U 形分布，且沿曝气点轴线对称分布，与第 3 章中模型试验的结果基本一致。与第 3 章中模型试验结果不同的是模拟得到的曝气影响区域扩散角较大，这可能是由于模拟中砂土的孔隙率取为 0.3，较模型试验中砂土的孔隙率小，导致气体在砂土中的相对渗透率变小，从而导致气体的横向扩散较大。

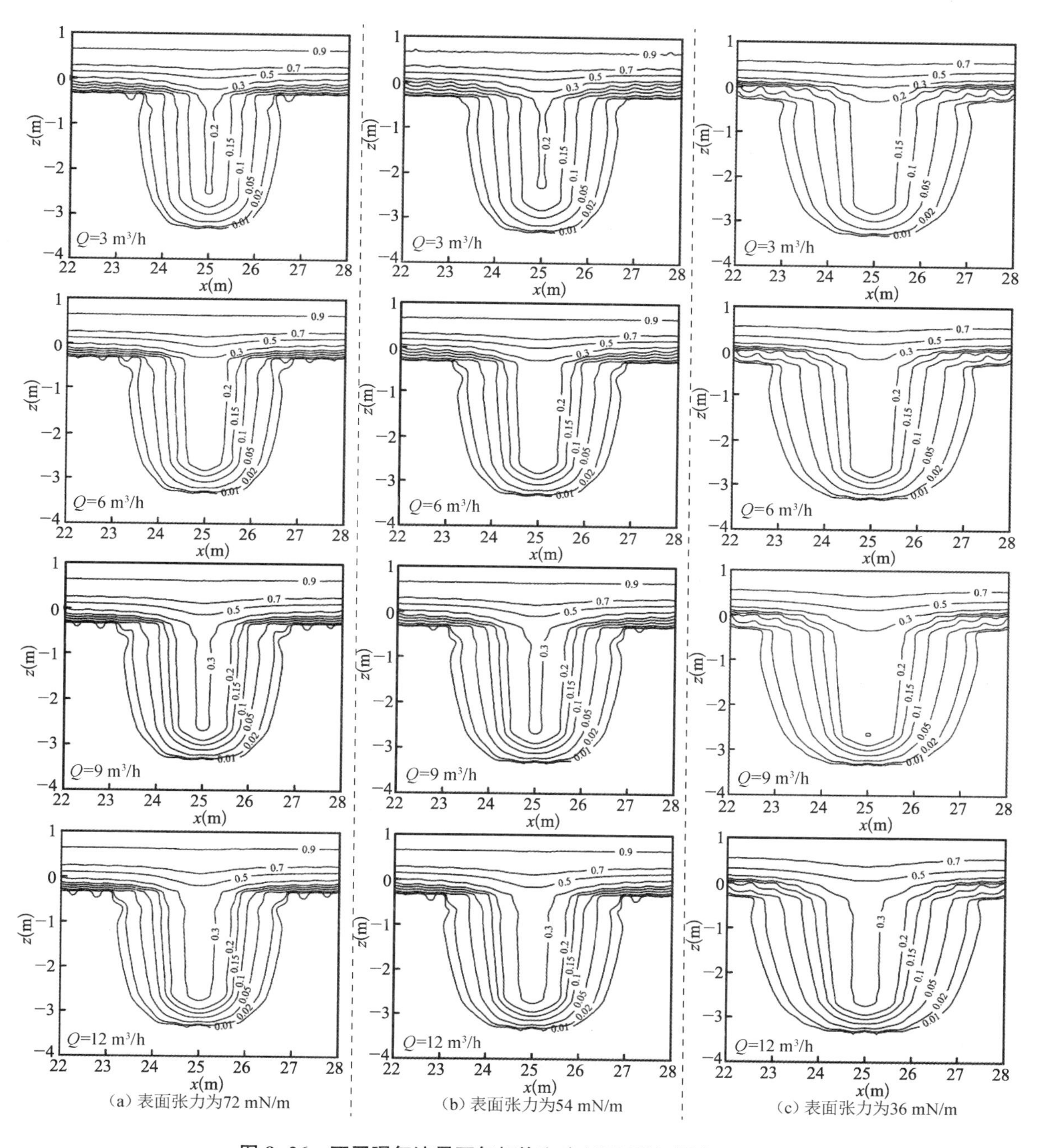

图 8-26　不同曝气流量下气相饱和度剖面(曝气深度 $h=8$ m)

影响半径指从曝气井中央到气体影响区域边缘的径向距离。为了便于研究表面张力大小对曝气影响半径的影响，以地下水位以下 1 m 处，曝气修复过程中土体气相饱和度等于 0.01 处为曝气影响范围的边界，则可定义该点至曝气井的水平距离为曝气影响半径（刘志彬等，2013）。

根据以上定义，表面张力为 72 mN/m 时，曝气流量为 3 m^3/h、6 m^3/h、9 m^3/h 和 12 m^3/h 时的影响半径分别为 1.55 m、1.65 m、1.73 m 和 1.77 m。说明随着曝气流量的增加，曝气影响半径略有增大，但效果并不明显。另外，随着曝气流量的增加，曝气井中心附近的气相饱和度逐渐增大，张英（2004）也通过室内试验得出了相同的结论。在曝气实际应用中，一般是曝气流量越大越好，因为曝气流量越大，其单井影响半径也越大。但是，过大的曝气流量不但不经济，而且还有可能造成土体的破裂（Leeson et al.，2002）。因此，实际应用过程中应根据现场水文地质条件以及经济性选择合适的曝气流量。而在本章后续的污染物修复中选用曝气流量为 6 m^3/h。

表面张力为 54 mN/m 时，曝气流量为 3 m^3/h、6 m^3/h、9 m^3/h 和 12 m^3/h 时的影响半径分别为 1.64 m、1.77 m、1.87 m 和 1.93 m，影响半径比表面张力为 72 mN/m 时增大了5.8%～9.0%；表面张力为 36 mN/m 时，曝气流量为 3 m^3/h、6 m^3/h、9 m^3/h 和 12 m^3/h 时的影响半径分别为 2.06 m、2.23 m、2.35 m 和2.45 m，影响半径比表面张力为 72 mN/m 时增大了 32.9%～38.4%。从图 8-27 中可以看出，表面张力减小后，曝气的影响半径有明显的增大。且表面张力减小后，曝气影响半径随着流量增大而增大的趋势也更加明显，从第 3 章室内模型试验的结果来看，对比图 3-71 和图 3-102 也可得出相似的结论。

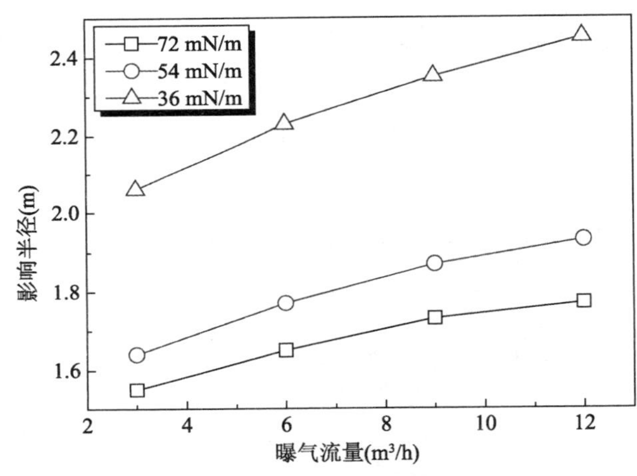

图 8-27 不同表面张力下影响半径随曝气流量的变化

图 8-28 为曝气深度分别为 6 m、7 m、8 m 和 9 m（对应于地下水位以下 1 m、2 m、3 m 和 4 m）时的气相饱和度剖面图。从图中可以看出，随着曝气深度的增加，气相饱和度的分布并没有太大的变化。表面张力为 72 mN/m 时，曝气深度为 6 m、7 m、8 m 和 9 m 时对应的影响半径分别为 1.10 m、1.63 m、1.65 m 和 1.74 m。因此，在曝气点不是很接近地下水位的情况下，曝气深度对影响半径的影响也很小。由于曝气深度的影响很小，实际应用过程中一般控制曝气井口在污染羽下方或含水层底部（陈华清和李义连，2010）。美国海军设施工程服务中心建议曝气井口比污染物分布的下限深度增加约 1.5 m（Battell，2001）。通过前面的模拟得出本章中污染物分布的最深处为地下水位以下 1.2 m 左右，因此在后续的模拟中曝气深度选择为地下水位以下 3 m，即曝气深度为 8 m。

表面张力为 54 mN/m 时，曝气深度为 6 m、7 m、8 m 和 9 m 时对应的影响半径分别为 1.16 m、1.70 m、1.77 m 和 1.91 m，影响半径比表面张力为 72 mN/m 时增大了 4.3%～9.8%；表面张力为 36 mN/m 时，曝气深度为 6 m、7 m、8 m 和 9 m 时对应的影响半径分别为 1.37 m、2.00 m、2.23 m 和2.42 m，影响半径比表面张力为 72 mN/m 时增大了 22.7%～39.1%。从图 8-28 和图 8-29 中可以看出，表面张力减小后，相同曝气深度下的曝气影响半径也有明显的增大。

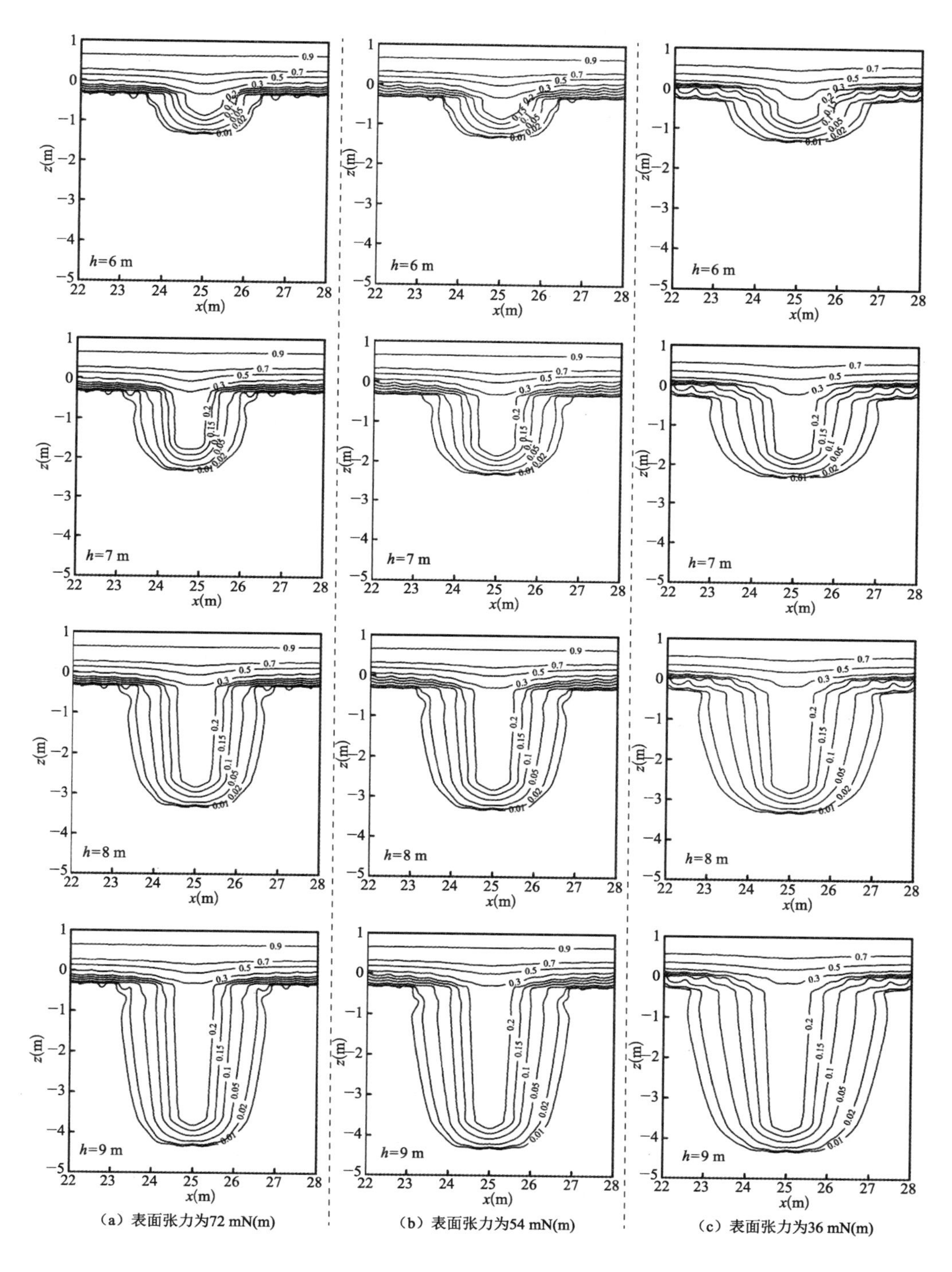

(a) 表面张力为72 mN(m)　(b) 表面张力为54 mN(m)　(c) 表面张力为36 mN(m)

图 8-28　不同曝气深度下气相饱和度剖面(曝气流量 $Q=6\ m^3/h$)

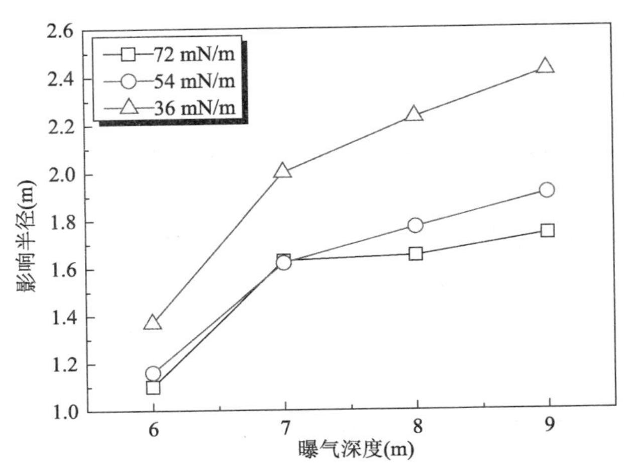

图 8-29 不同表面张力下影响半径随曝气深度的变化

2）污染物浓度变化

在最终曝气修复时，采用的曝气流量为 6 m^3/h，曝气深度为 8 m，且为了与实际工程相近，采用多井曝气的方法，曝气井的间距为 4 m，共设置了 13 个曝气井，如图 8-30 所示。另外，在泄漏点垂直方向上从上往下依次设置了监测点 1、2、3 和 4，间距为 2 m，监测点 1 距地表的距离为 0.125 m；在监测点 2 右侧水平方向上从左往右依次设置了监测点 a、b、c、d 和 e，每个监测点间距为 4 m。

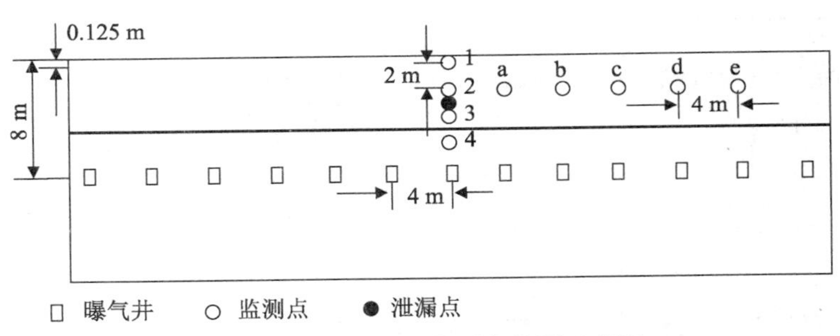

图 8-30 曝气井及监测点位置示意图

① 整体浓度变化

图 8-31 为不改变表面张力时曝气修复 1 天、10 天、30 天和 60 天后污染物的分布。从图中可以看出，在曝气井附近，苯去除速率最快。在修复前期，污染物从液相向气相的传质过程是主要的去除机理(Unger et al.，1995)。由于曝气井附近气相饱和度较大(图 8-26)，气-液传质面积大，并且气液之间浓度梯度较大，所以苯能较快地从液相进入气相中，随着气相的上升而去除。另外，去除速率与水中溶解态苯的浓度有关，低浓度区域修复较快，高浓度区域则需要较长的修复时间。从图中还可以发现在非饱和带上部，尤其是泄漏点处，曝气修复一天后溶解态苯的质量分数相对于修复前不但没有降低，反而有一定程度的升高，这是由于注入的空气将部分气相和 NAPL 相苯带入包气带，再次溶解进入毛细水中，同时空气还将下部污染区域一部分溶解态苯连同水蒸气一起带入了包气带，这些都导致了上

部非饱和带，尤其是泄漏点处溶解态苯质量分数的升高。

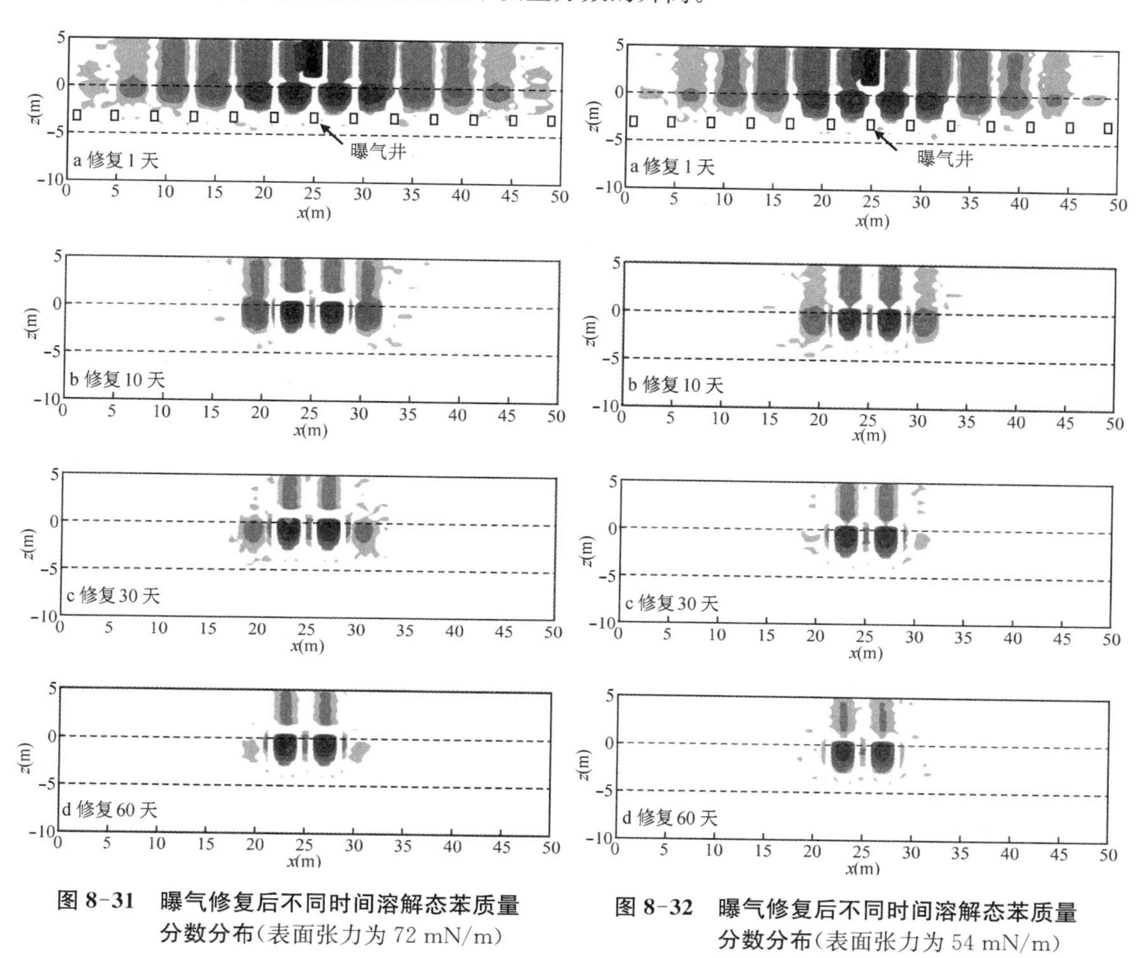

图 8-31　曝气修复后不同时间溶解态苯质量分数分布（表面张力为 72 mN/m）

图 8-32　曝气修复后不同时间溶解态苯质量分数分布（表面张力为 54 mN/m）

图 8-32 和图 8-33 分别为表面张力为 54 mN/m 和 36 mN/m 时曝气修复 1 天、10 天、30 天和 60 天后污染物的分布，可以看出由于表面张力降低后曝气影响范围的扩大，溶解态苯的去除速率得到了明显的提升。尤其是表面张力为 36 mN/m 时，若以苯为 0.01 mg/L 的限值（WHO, 2011）作为修复目标，则曝气修复 60 天后已经全部达到修复标准。

图 8-34 所示为不同表面张力条件下，苯的总质量随曝气时间的变化曲线。表面张力降低后，由于曝气影响区域的扩大，苯的去除效率得到了明显的提升。曝气修复开始前苯的初始总质量为 16.48 kg，经过曝气修复 1 年后，表面张力为 72 mN/m、54 mN/m 和 36 mN/m 时最终苯的总质量分别为 3.86×10^{-3} kg、1.98×10^{-4} kg 和 7.10×10^{-8} kg。

图 8-35 为气相、溶解相和 NAPL 相苯的质量随时间的变化曲线，曝气修复开始前，气相、溶解相和 NAPL 相苯的质量分别为 1.89 kg、2.20 kg 和 12.39 kg，苯主要以 NAPL 相存在，气相和溶解相仅占较小的一部分。从图中可以看出，表面张力的降低显著提高了气相和溶解相苯的修复效率，曝气修复 1 年后，表面张力为 72 mN/m、54 mN/m 和 36 mN/m 时最终气相苯的质量分别为 6.30×10^{-6} kg、3.84×10^{-7} kg 和 6.05×10^{-11} kg；表面张力为

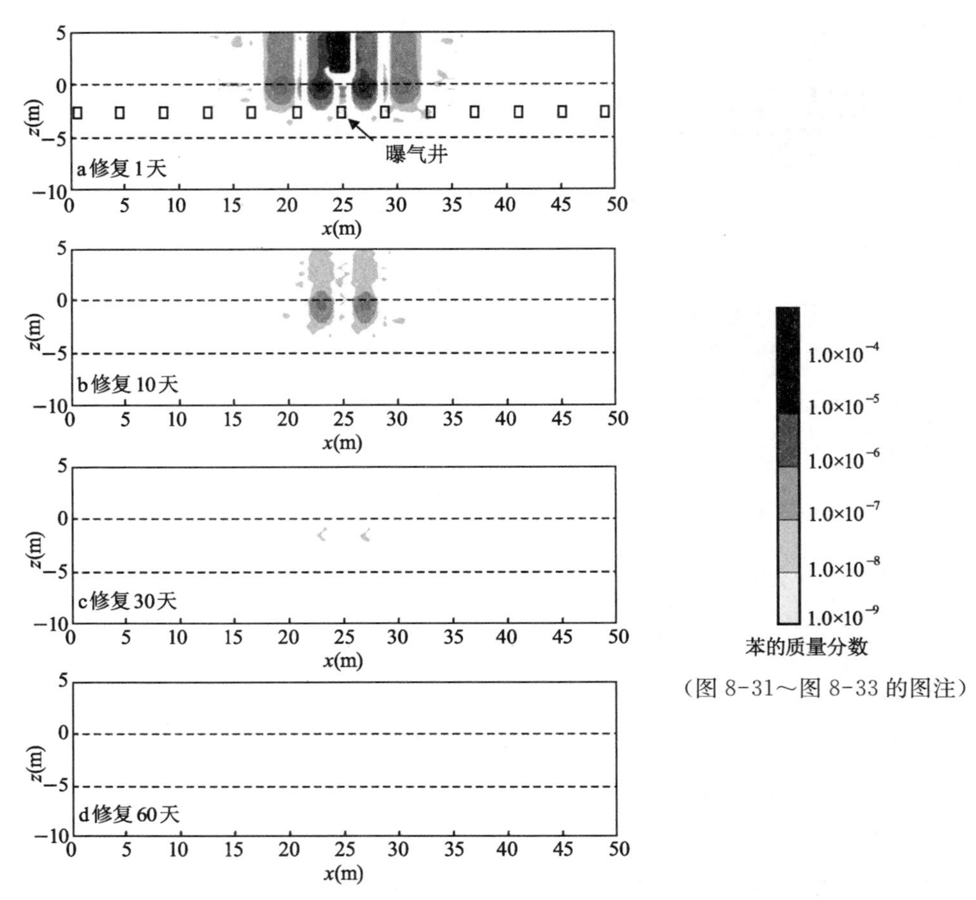

图 8-33　曝气修复后不同时间溶解态苯质量分数分布(表面张力为 36 mN/m)

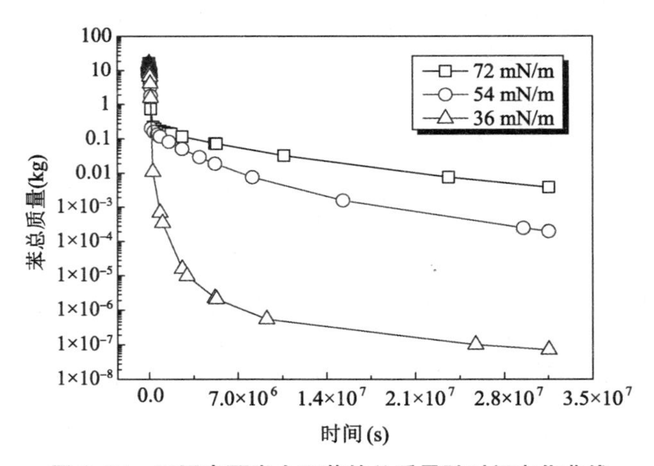

图 8-34　不同表面张力下苯的总质量随时间变化曲线

72 mN/m、54 mN/m 和 36 mN/m 时最终溶解相苯的质量分别为 3.85×10^{-3} kg、1.98×10^{-4} kg 和 7.09×10^{-8} kg。对于 NAPL 相苯，在三个表面张力值下其去除速率没有较大差别，其总质量均在曝气开始后约 46 h 变为 0，因此在图中没有得到体现。

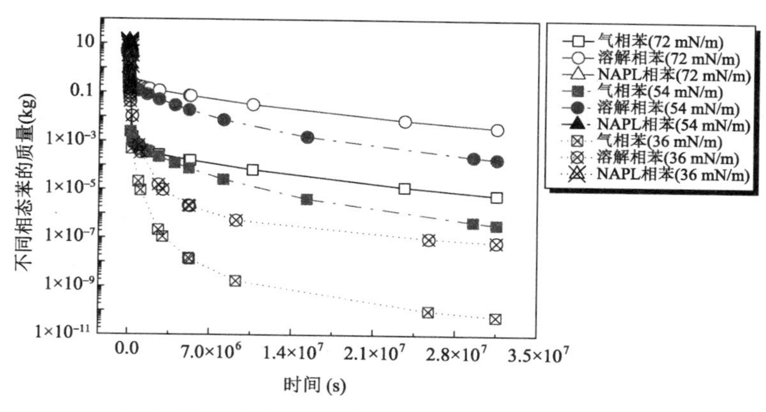

图 8-35 不同表面张力下各相苯的质量随时间变化

② 监测点参数变化

从各监测点的气相饱和度随时间变化(图 8-36)可以看出，各表面张力下监测点 4 的气相饱和度均从曝气开始后约 125 s 开始升高，曝气约 600 s 后基本稳定。曝气 600 s 后监测点 4 在表面张力 72 mN/m、54 mN/m 和 36 mN/m 时的气相饱和度分别为 0.264、0.261 和 0.247。表面张力降低后，气相饱和度反而略有降低，这是由于监测点 1～4 均位于曝气点轴线上，由于表面张力降低后曝气影响范围显著增大，而曝气流量仍然保持不变，导致经过监测点处的空气相对减少，从而气相饱和度发生小幅降低。

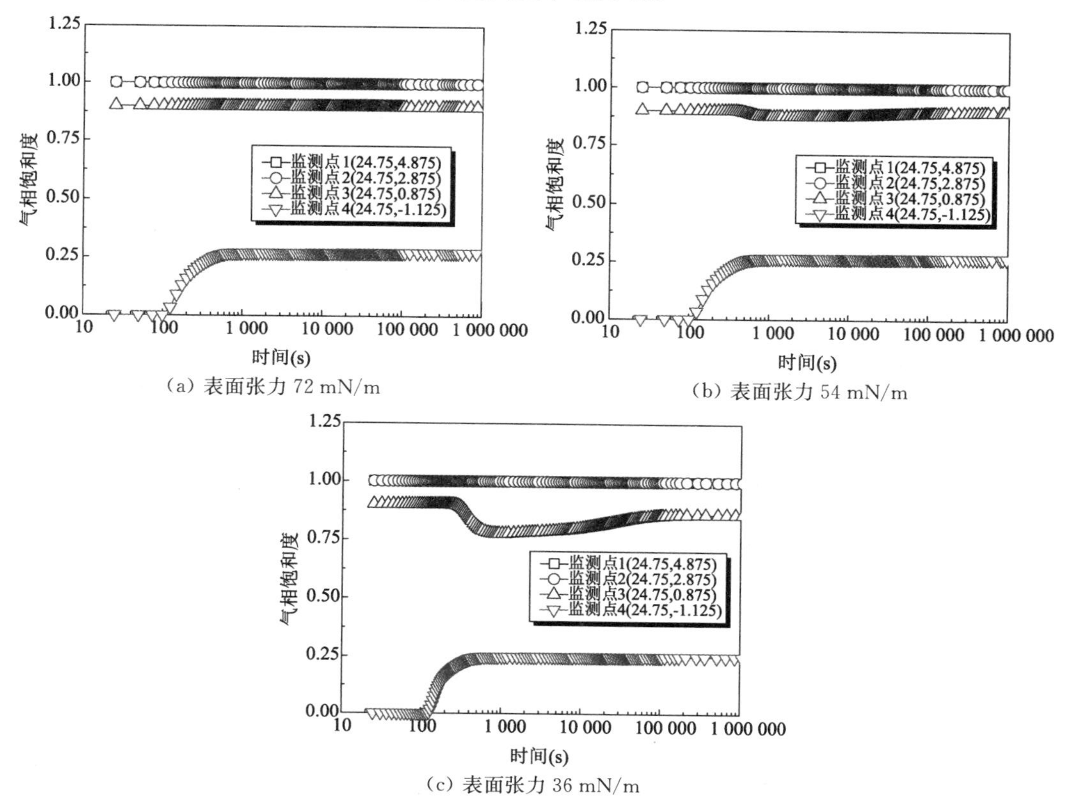

图 8-36 监测点气相饱和度随时间变化

从监测点 3 的气相饱和度变化可以看出，在表面张力为 72 mN/m 时，气相饱和度在整个曝气过程中均保持在 0.900 左右。而表面张力降低后，气相饱和度在曝气约 300～400 s 后均会出现一个降低的过程，且表面张力越小，降低的幅度越大。这是由于曝气的过程会导致地下水位的隆起，在砂质土壤中地下水位的隆起高度一般为几十厘米(姜林等，2012)，而监测点 3 位于地下水位以上约 0.8 m，因此在表面张力为 72 mN/m 时并未受到地下水位隆起的影响。而在表面张力降低后，由于整体的气相饱和度提高，从而导致地下水位的隆起高度也更大，监测点 3 离地下水位也就越近，因此气相饱和度有所下降。另外，随着曝气的进行，可以看出监测点 3 的气相饱和度又有逐渐回升的趋势。这是由于当注入的空气突破水面形成气流通道后，地下水位会出现一定程度的回落，且随着曝气压力的稳定也逐渐趋于稳定(Johnson et al.，1997)。姜林等(2012)在对某污染场地进行现场曝气修复试验时，也发现曝气开始后地下水位的隆起现象，流量为 23.2 m^3/h 时最大隆起高度为 0.39 m，且随着曝气的进行逐渐回落并趋于稳定。

通过竖向监测点污染物浓度的变化(图 8-37)可以看出，在非饱和带上部(监测点 1 和 2)，曝气初期(0～3 h)溶解态苯的质量分数不但没有降低，反而有较大程度的升高，且越靠近地表，浓度达到峰值时间越滞后。这是由于注入的空气将部分气相和 NAPL 相苯带入包气带，从而溶解进入毛细水中，同时空气还将部分溶解态苯连同水蒸气一起带入了包气带，这都导致了溶解态苯质量分数的不减反增，在第 3 章室内模型试验中也发现了类似的现象。监测点 3 虽然位于非饱和带，但溶解态苯的质量分数并没有升高，这是由于其初始浓度已经较高，被空气带到包气带的气相和 NAPL 相苯不能继续溶解于毛细水。另外，不同表面张力条件下，曝气初期竖向监测点污染物浓度的变化规律基本一致。

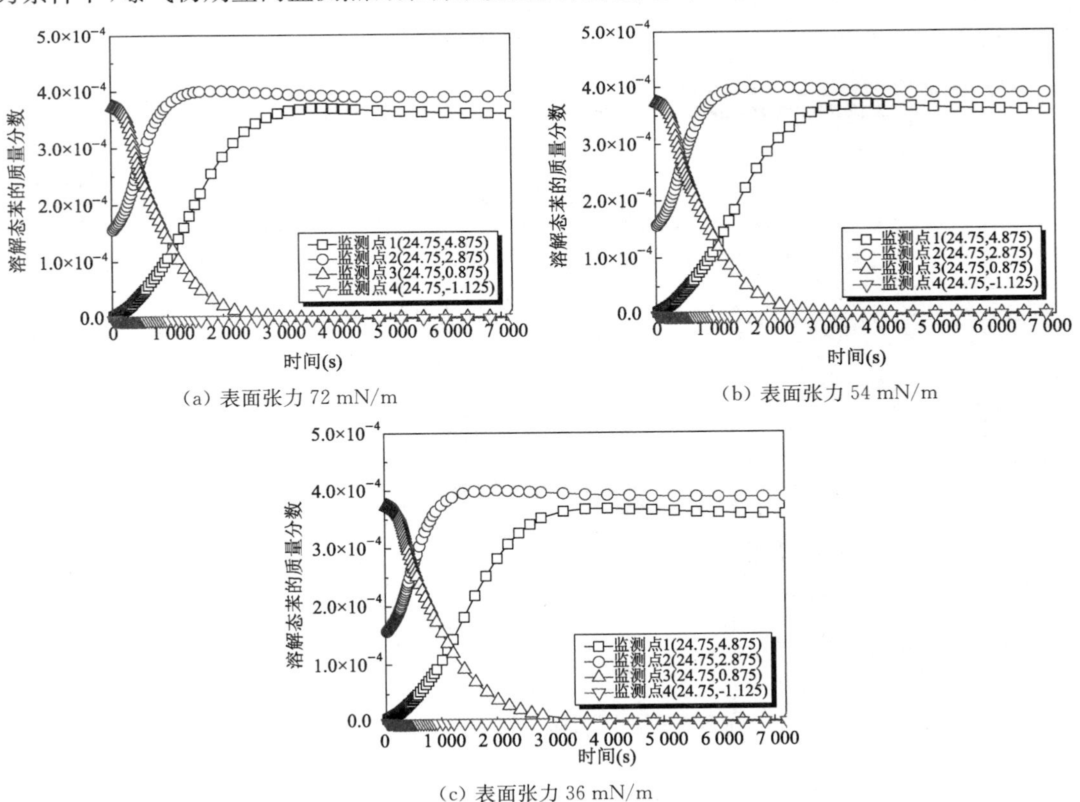

(a) 表面张力 72 mN/m

(b) 表面张力 54 mN/m

(c) 表面张力 36 mN/m

图 8-37　曝气修复初期竖向监测点溶解态苯质量分数变化

通过横向监测点污染物浓度的变化(图 8-38)可以看出，在曝气初期溶解态苯的质量分数均有一定程度的升高，且达到峰值的时间比较一致。另外，离泄漏点轴线越远，浓度升高的趋势越不明显。这是由于离泄漏点轴线越远，苯的浓度越低，可以被空气带入包气带的苯也就越少。不同表面张力条件下，曝气初期竖向监测点污染物浓度的变化规律也基本一致。

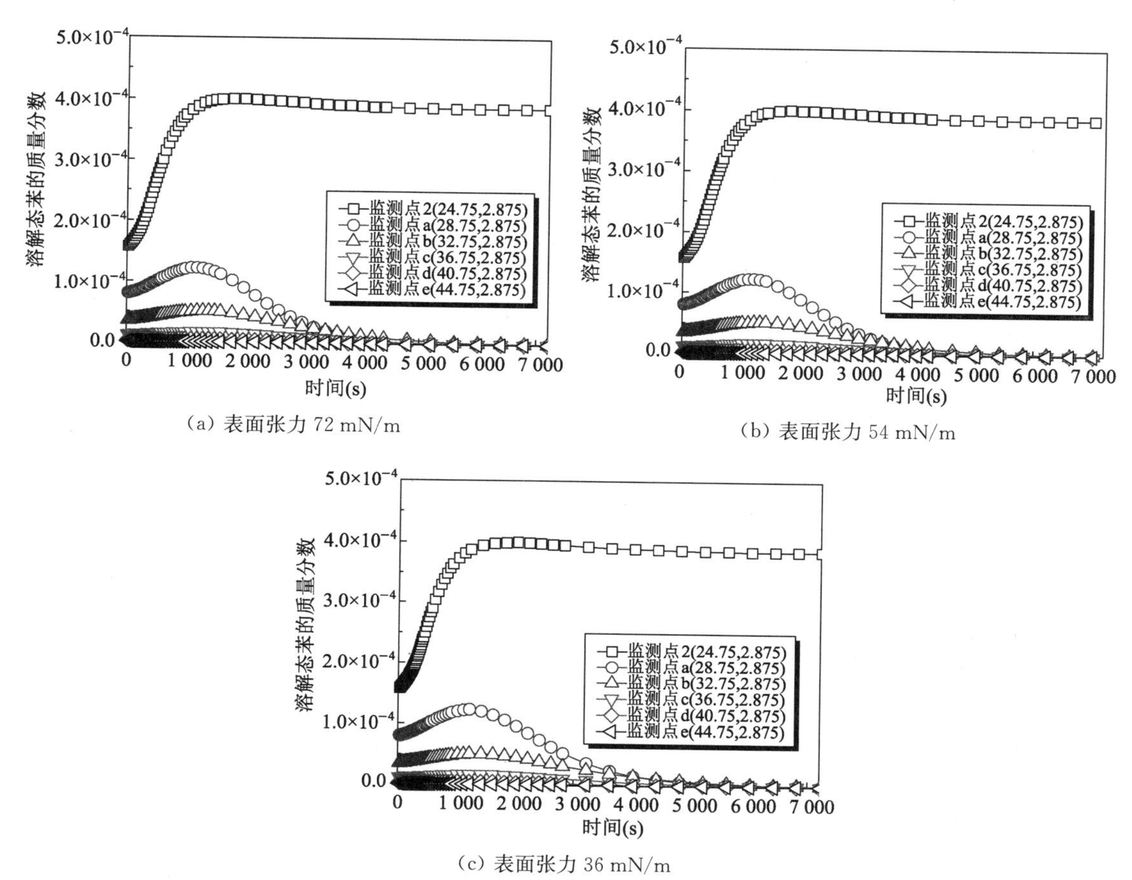

(a) 表面张力 72 mN/m

(b) 表面张力 54 mN/m

(c) 表面张力 36 mN/m

图 8-38　曝气修复初期横向监测点溶解态苯质量分数变化

参考文献

Battell, 2001. Final air sparging guidance document[R]. Washington: Naval Facilities Engineering Service Center.

Falta R W, 2000. Numerical modeling of kinetic interphase mass transfer during air sparging using a dual-media approach[J]. Water Resources Research, 36(12): 3391-3400.

Fatt I, Klikoff W A Jr, 1959. Effect of fractional wettability on multiphase flow through porous media[J]. Journal of Petroleum Technology, 11(10): 71-76.

Jang W, 2005. Unsteady multiphase flow modeling of in-situ air sparging system in a variably saturated subsurface environment[D]. Atlanta, GA: Georgia Institute of Technology.

Ji W, Dahmani A, Ahlfeld D P, et al., 1993. Laboratory study of air sparging: Air flow visualization[J]. Groundwater Monitoring & Remediation, 13(4): 115-126.

Johnson P C, Johnson R L, Neaville C, et al., 1997. An assessment of conventional in situ air sparging pilot tests[J]. Groundwater, 35(5): 765-774.

Lundegard P D, LaBreque D, 1995. Air sparging in a sandy aquifer (Florence, Oregon, U.S.A.): actual and apparent radius of influence[J]. Journal of Contaminant Hydrology, 19: 1-27.

Lee C H, Lee J Y, Jang W Y, et al., 2002. Evaluation of air injection and extraction tests at a petroleum contaminated site, Korea[J]. Water, Air, and Soil Pollution, 135(1/2/3/4): 65-91.

Leeson A, Hinchee R E, Headington G L, et al., 1995. Air channel distribution during air sparging: A field experiment[M]//Robert E H, Ross N M, Paul C J. In situ Aeration: Air Sparging, Bioventing, and Related Remediation Processes. Columbus, OH: Battelle Pr: 215-222.

Leeson A, Johnson P C, Johnson R L, et al., 2002. Air sparging design paradigm[R]. Columbus: DTIC Document.

Lord D L, Demond A H, Hayes K F, 2005. Comparison of capillary pressure relationships of organic liquid-water systems containing an organic acid or base[J]. Journal of Contaminant Hydrology, 77(3): 195-208.

Lundegard P D, Andersen G, 1996. Multiphase numerical simulation of air sparging performance[J]. Ground Water, 34(3): 451-460.

McCray J E, Falta R W, 1996. Defining the air sparging radius of influence for groundwater remediation [J]. Journal of Contaminant Hydrology, 24(1): 25-52.

McCray J E, Falta R W, 1997. Numerical simulation of air sparging for remediation of Napl contamination [J]. Groundwater, 35(1): 99-110.

McCray J E, 2000. Mathematical modeling of air sparging for subsurface remediation: state of the art[J]. Journal of Hazardous Materials, 72(2/3): 237-263.

Parker J C, Lenhard R J, Kuppusamy T, 1987. A parametric model for constitutive properties governing multiphase flow in porous media[J]. Water Resources Research, 23(4): 618-624.

Pruess K, Oldenburg C, Moridis G, 1999. TOUGH2 user's guide, version 2.0[Z]. Berkeley: Lawrence Berkeley National Laboratory Report.

Schima S, LaBrecque D J, Lundegard P D, 1996. Monitoring air sparging using resistivity tomography[J]. Ground Water Monitoring and Remediation, 16(2): 131-138.

Stone H L, 1970. Probability model for estimating three-phase relative permeability[J]. Journal of Petroleum Technology, 22(2): 214-218.

Unger A J, Sudicky E A, Forsyth P A, 1995. Mechanisms controlling vacuum extraction coupled with air sparging for remediation of heterogeneous formations contaminated by dense nonaqueous phase liquids [J]. Water Resources Research, 31(8): 1913-1925.

van Genuchten M T, 1980. A closed-form equation for predicting the hydraulic conductivity of unsaturated soils[J]. Soil Science Society of America Journal, 44(5): 892-898.

WHO, 2011. Guidelines for Drinking-water Quality[S]. 4th ed.

陈华清,李义连,2010.地下水苯系物污染原位曝气修复模拟研究[J].中国环境科学,30(1): 46-51.

姜林,樊艳玲,张丹,等,2012.确定空气注射技术影响半径的现场试验:以北京某焦化厂为例[J].中国环境科学,32(7): 1216-1222.

郎印海,曹正梅,2001.地下石油污染物的地下水曝气修复技术[J].环境科学动态(2): 17-20.

刘晓娜,程莉蓉,张可霓,等,2012.地下水 LNAPL 层的原位曝气模拟研究[J].环境科学与技术,35(2): 19-24.

刘志彬,陈志龙,杜延军,等,2013.地下水曝气空气流动形态影响因素数值模拟[J].东南大学学报(自然科学版)，43(2)：375-379.
邢巍巍，2005.LNAPLs在土体中的运移特性研究[D].北京：清华大学.
张英，2004.地下水曝气(AS)处理有机物的研究[D].天津：天津大学.
郑艳梅，李鑫钢，王战强，等，2005.AS技术修复MTBE污染地下水的传质研究[J].农业环境科学学报，24(3)：503-505.

第9章 IAS修复设计方法及应用案例

9.1 曝气修复技术设计方法

9.1.1 污染物和场地条件适宜性评价

在基于场地调查结果获得地下水中有机物种类和浓度后，首先应当对其是否适于采用原位地下水曝气技术进行修复处理进行评估。污染物有两方面因素对曝气修复效果影响显著，分别为有机物的相对分子质量和亨利常数。较低的相对分子质量有利于有机物向气流通道迁移，而较高的亨利常数则有利于有机物溶解相向气相转移，如图 9-1 所示。早期研究认为，当亨利常数大于 1 Pa · m^3/mol 后，曝气技术可以成功应用。但从图 9-1 中可以

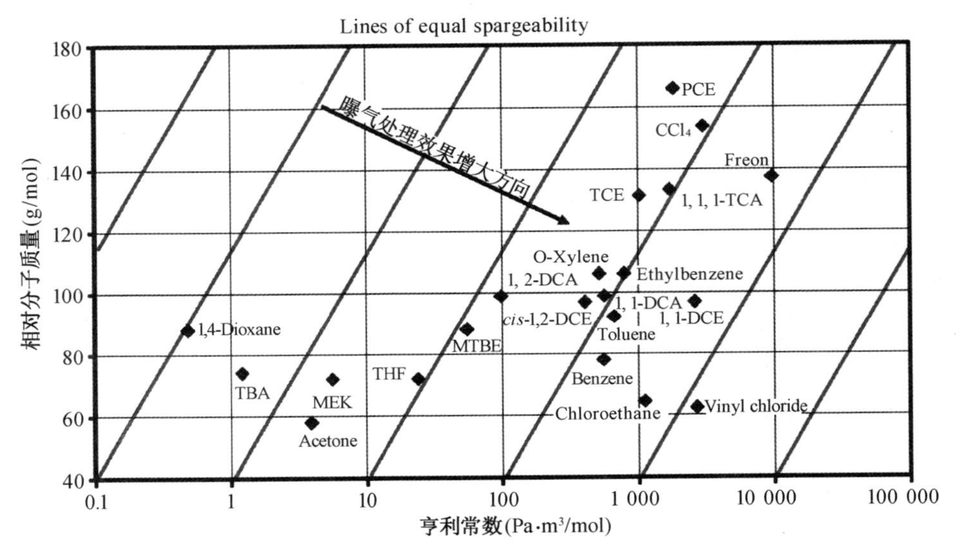

图 9-1 各种有机污染物曝气修复有效性对比

看到，丙酮（acetone）和甲基乙基甲酮（Methyl Ethyl Ketone，MEK）的亨利常数大于 1 Pa · m^3/mol，但曝气工程案例表明该技术对于此类污染物并不成功。相对分子质量较大的 PCE 和 TCE 有多个成功应用的曝气修复案例，甲基叔丁基醚（MTBE）在利用空气吹脱去除时则遇到挑战。工程中判别有机物是否适于地下水曝气过程进行空气吹脱的标准一般是其亨利常数大于10 Pa · m^3/mol，同时需要考虑其相对分子质量。从有机物挥发的难易程度来说，蒸气压大于 0.5～1.0 mmHg（1 mmHg＝133.3 Pa）的有机物容易挥发去除。表 9-1 给出了几种常见有机物是否适于曝气处理的几个物理化学参数评价。

表 9-1　几种典型有机污染物的曝气处理适用性

有机物	相对分子质量	可吹脱性	挥发性	生物降解性
苯（Benzene）	低（M_w＝78.11）	高（H＝5.5×10^2）	高（V_P＝95.2）	高（$t_{1/2}$＝240）
甲苯（Toluene）	低（M_w＝92.14）	高（H＝6.6×10^2）	高（V_P＝28.4）	高（$t_{1/2}$＝168）
二甲苯（Xylenes）	低（M_w＝106.17）	高（H＝5.1×10^2）	高（V_P＝6.6）	高（$t_{1/2}$＝336）
乙苯（Ethylbenzene）	低（M_w＝106.17）	高（H＝8.7×10^2）	高（V_P＝9.5）	高（$t_{1/2}$＝144）
三氯乙烯（TCE）	中（M_w＝131.4）	高（H＝10.0×10^2）	高（V_P＝60）	非常低（$t_{1/2}$＝7 704）
四氯乙烯（PCE）	中（M_w＝165.82）	高（H＝8.3×10^2）	高（V_P＝14.3）	非常低（$t_{1/2}$＝8 640）
汽油组分	低	高	高	高
燃料油组分	中/高	低	非常低	中

注：M_w 为相对分子质量（g/mol）；H 为亨利常数（Pa · m^3/mol）；V_P 为 20℃时的蒸气压（mmHg）；$t_{1/2}$ 为生物降解半衰期（h），需要注意的是，生物降解半衰期受到不同场地地基环境条件显著影响。

此外，原位地下水曝气修复应用时要求地层相对均质且有比较好的竖向透气性能，以避免气体自曝气点进入污染区后发生绕流和优势流问题。低渗透性土层的存在会阻碍空气在竖直方向的运动，使得上升的气流在该层底板向左右逃逸，使得污染蒸气进入周围未污染区。而高渗透性土层的存在又可能导致气流在该层内呈优势流状态向水平方向运动，导致污染羽范围扩大。而且污染蒸气的水平迁移可能进入周围地下室等设施内，引起安全威胁。经验表明，渗透系数大于 10^{-3}cm/s 的饱和地层是比较适于采用原位曝气技术的。

对于层状含水层，注入的空气难以到达位于低渗透层之上的区域。只有当曝气流量足够大时，空气才可能穿过低渗透层。当注入空气遇到渗透性和孔隙率不一样的相邻两个土层时，如果两者的渗透系数之比大于 10，除非空气的注入压力足够大，否则气流一般不经过渗透性小的地层。如果两者的渗透系数之比小于 10，空气从渗透性低的地层进入渗透性高的地层时，其影响区域变大，但空气饱和度降低。此外，当地下水水力梯度在 0.011 以下时，地下水的流动对于空气影响区的形状和大小作用很小，否则应予考虑。

9.1.2　原位地下水曝气系统设计

原位地下水曝气系统在设计时应当考虑几项重要的参数：气流分布规律（或空气影响区）、曝气井深度、气流注入压力和流量、注气模式（脉冲或连续注入）、井身结构和施工、污染物类型及分布范围。

1）曝气井布置

曝气井的位置应该包围整个污染物区域，或者在其扩散流动方向进行阻截。每一个注入井的半径影响范围需要通过现场试验确定，可以设立试验井，在其周围辐射方向设立观察井，并测量以下参数：①地下水位变化。②溶解氧和氧化还原电位变化。③地层中空气压力。④地下顶空压力，即在地下观测位置形成顶空，其平衡压力代表周围静态压力，这是一个最简单和可靠的参数测定方法。⑤有时可以采用示踪气体例如氦气或者六氟化硫，其中六氟化硫与氧气的溶解度类似，能够更好地揭示氧气的迁移扩散情况。⑥地层电阻的变化，可以产生三维变化图像。电流可以是直流电(ERT)，也可以是500 Hz的交流电(VIP)。ERT方法比较可靠，但是安装数目比较多的电极需要钻取工作量比较大，成本升高，限制了该方法的使用；VIP方法可以利用现有的观察井，容易实施。还有一种方法称为GDT(Geophysical diffraction tomography)技术，可以得到更加精确和定量的结果，但是也比较复杂。⑦监测实验区域污染物浓度变化情况。

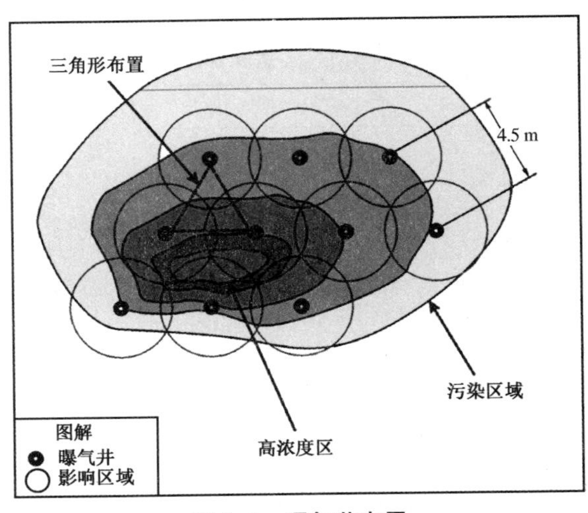

图 9-2　曝气井布置

基于已经成功应用曝气修复的场地经验，建议曝气井间距为4.5～6.0 m，并以三角形布置(图 9-2)，且曝气井的间距不应超过9 m。另外，曝气井采用三角形布置可以增加单个曝气井影响区域的重叠区。

当污染源下游存在一个较大范围的溶解性污染羽时，可在污染羽下游端垂直于地下水流方向布设一道曝气井帷幕(图 9-3)，以防止污染带影响范围向下游扩大。

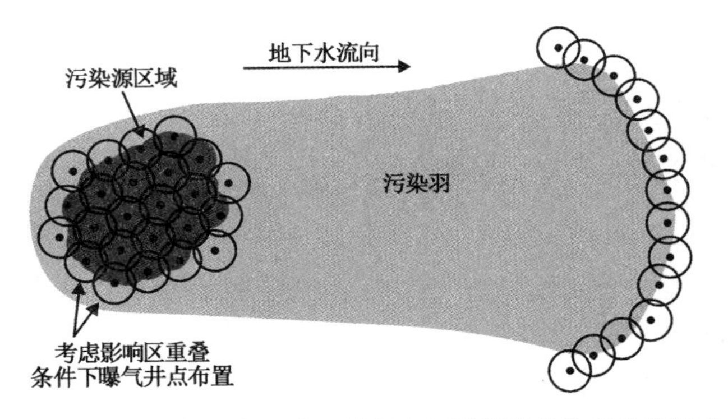

图 9-3　原位地下水曝气井在污染源和下游帷幕结构区的布设方式

2) 曝气深度

对于曝气井的深度，原则上应比污染区最深处再深约1.5 m，但实际工程中受土壤结构等场地条件影响，可适当减小距离。但是，曝气井的底端离污染区域越近，则越有可能会有部分污染区不能与空气通道直接接触。实际深度一般不超过地下水水位以下9～16 m的深度。曝气井的深度影响空气注入所需要的压力和流量。

3）曝气压力和流量

曝气压力必须克服注入点以上水头高度对应的静水压力和使水进入饱和介质的毛细管压力。据报道，注气压力通常取值为 0.1～0.6 MPa。

毛细管压力与表面张力和毛细管直径相关，如式 9-1 所示：

$$P_c = \frac{2s}{r} \tag{9-1}$$

式中：P_c 是毛细管压力或进气压力；s 是空气和水的表面张力；r 是土体介质的平均孔隙半径。现场曝气所需的注气压力 P_i（按深度计）可按下式计算：

$$P_i = H_i + P_c \tag{9-2}$$

式中：H_i 为曝气口以上地下水饱和带厚度；P_c 为土层的进气压力值。

实际注气压力应大于计算所得最小注气压力，保证弥补在管道、配件、注射头（或扩散器）等上的水头损失而引起的系统压力损失（Kuo，2014）。砂质含水层进气压力相比于静水压力微不足道，但对于细粒土，进气压力和静水压力在同一数量级上。

在实践中，并不是压力越高、空气流量越大，曝气效果就越好。所以，为了增加空气流量或者扩散曝气半径范围而增高压力时需要倍加小心。尤其是在开始阶段，空气通道还没有形成，过高的压力容易导致气流短路。此时，需要逐渐提高压力，循序渐进。曝气流量范围一般在 140～560 L/min，曝气压力范围一般比静水压力大 70～105 kPa。在选择空气流量时，也需要考虑为了回收蒸气而进行抽提的能力。

4）曝气模式

地下水曝气系统可以采用连续和间歇（又称脉冲）曝气两种模式运转。在连续曝气条件下，由于土体气相饱和度的提高，可能阻碍甚至导致地下水绕过曝气影响区。若采用间歇曝气模式，则会减弱该现象。此外，间歇曝气过程中，通过气流通道的形成和封闭有利于地下水的混合作用，这也会减弱扩散限制效应，有助于污染物自溶解相向气相传递。间歇曝气状态下空气影响区往往比连续曝气状态下更大。再有，对于 LNAPL 污染物如汽油类产品污染，间歇曝气会造成地下水位的隆起和消散反复发生，这将会使得更多的氧气被带入地下水位以下，帮助微生物的好氧降解。同时，汽油污染物也会被携带至非饱和区，有利于气相抽提系统的去除。还有，间歇曝气方式下，一个较大规模的多区域多井曝气工程，其运行成本也将得到大幅降低。但是也需注意，间歇式的操作方式也可能导致井周围的土壤筛选分层现象产生，使比较细的土壤颗粒沉积在下层，导致阻塞现象。

5）曝气井的构造

曝气井的构造与深度有关，与浅层曝气井相比，深层曝气井的构造更加复杂一些。曝气井也可以采用聚氯乙烯（Polyvinyl Chloride，PVC）管材加工而成。一般建议采用钻孔后安装曝气管的方式，以确保井壁与四周有充分的封堵，防止气流短路现象发生。曝气井直径较小时有利于空气的注入，通常采用 1～2 in（2.54～5.08 cm）左右。但是，在深度比较大时，小口径的井所需要的压力可能比较高。曝气井底部开槽花管的位置和长度应当使得气流最大限度地进入污染地层，工程中一般常用开有 10 个槽口的花管。常见的曝气井井身结构如图 9-4 所示，更详细的曝气井及监测井结构可参考 Sharma 等（2004）编著的英文版 *Geoenvironmental engineering: site remediation, waste containment and emerging waste management technologies* 教材或美国陆军工程兵团所编写的 *Engineering and design in-situ air sparging*（USACE，1997）。

另外视场地具体情况，针对场地饱和带土层对挥发性有机物有一定吸附性的情况，可采用特定类型的表面活性剂（如 SDBS）进行强化修复。因此，额外需要单独施工表面活性剂溶液或表面活性剂泡沫注入井。

泥浆充填
膨润土塞
过滤器
套管
地面
水泥
泥浆
充填
膨润土
砂
曝气筛管(1~2 ft①)
泥浆充填
膨润土
砂

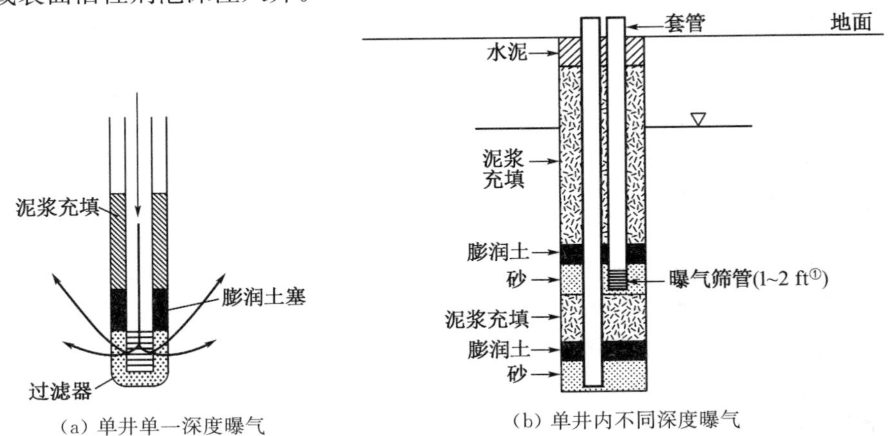

（a）单井单一深度曝气　　（b）单井内不同深度曝气

图 9-4　曝气井井身结构示意图

6）表面活性剂强化工艺

当考虑采用表面活性剂进行强化修复时，需结合试验Batch 试验和二维模型试验初步对表面活性剂溶液的合理浓度进行优化，以获取最佳强化效果，即曝气影响范围扩大程度以及挥发性有机污染物的增溶和解吸附性能得以有效发挥。以 SDBS 溶液对砂土中 MTBE 污染物的去除为例，研究表明当其浓度达到 200 mg/L 和 500 mg/L 后增溶和解吸附特性才开始发挥作用。此外，地下水盐分浓度对表面活性剂的性能有显著影响。表面活性剂可采用灌注井注入方式或直接利用压缩空气吹送表面活性剂泡沫带入两种方式。

7）曝气技术设备选择

① 空气压缩机或者鼓风机：根据对压力的需要选择设备，一般当压力小于 12～15 psi② 时，可以选择鼓风机，而压力比较高时应该选择空气压缩机；② 真空抽气机；③管道及连接件；④空气过滤器；⑤压力测量和控制仪表；⑥流量计；⑦空气干燥设备。

曝气修复工程的具体流程图如图 9-5 所示，下面将进一步作具体说明。

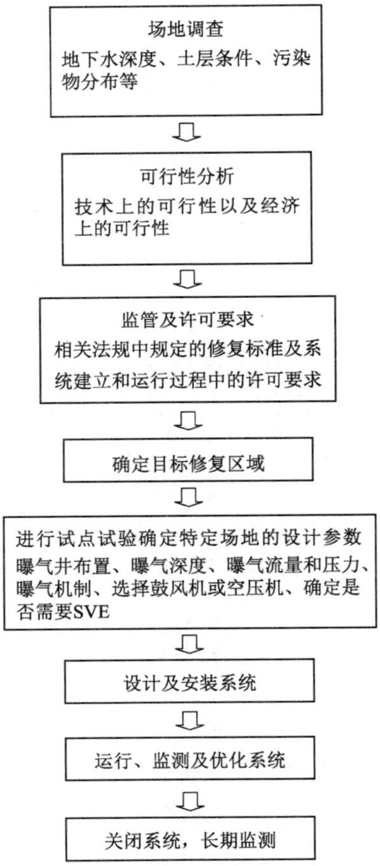

场地调查
地下水深度、土层条件、污染物分布等
可行性分析
技术上的可行性以及经济上的可行性
监管及许可要求
相关法规中规定的修复标准及系统建立和运行过程中的许可要求
确定目标修复区域
进行试点试验确定特定场地的设计参数
曝气井布置、曝气深度、曝气流量和压力、曝气机制、选择鼓风机或空压机、确定是否需要SVE
设计及安装系统
运行、监测及优化系统
关闭系统，长期监测

图 9-5　曝气修复工艺流程图

① 1 ft≈0.305 m

② 1 psi≈6.89 kPa

场地调查：场地条件和污染物性质是确定曝气是否适合这一场地以及是否有效的必要信息。表 9-2 列出了用于进行曝气可行性分析的场地资料。

表 9-2　用于曝气可行性分析的场地资料

<table>
<tr><th>项目</th><th>参数</th><th>备注</th></tr>
<tr><td rowspan="3">场地历史</td><td>场地工程计划</td><td rowspan="3">进行这一调查，以确定哪些参数已经确定以及哪些还需要继续收集</td></tr>
<tr><td>化学品储存记录</td></tr>
<tr><td>污染物泄漏记录</td></tr>
<tr><td rowspan="6">场地地质/水文地质条件</td><td>地下地质条件</td><td rowspan="6">在目标处理区域内收集数据，包括土壤取芯、安装地下水调查井、进行含水层特征测试以及监测地下水深度。可以在一年中多次测量地下水位，则通过近几年的数据可以估算地下水流速和方向的季节变化和长期变化</td></tr>
<tr><td>土壤类型/分层</td></tr>
<tr><td>地下水深度</td></tr>
<tr><td>地下水流速</td></tr>
<tr><td>地下水流方向</td></tr>
<tr><td>水力梯度</td></tr>
<tr><td rowspan="5">污染物类型及分布</td><td>污染物类型</td><td rowspan="5">需要搜集足够的数据，以确定污染羽水平向和竖向的范围，并了解污染羽随着时间的运动规律。污染物分布的数据应该绘制在等高线图及截面图上，以直观地了解污染羽的横向和竖向范围</td></tr>
<tr><td>污染物浓度</td></tr>
<tr><td>LNAPL 厚度</td></tr>
<tr><td>LNAPL 去除潜力</td></tr>
<tr><td>污染物泄漏体积</td></tr>
<tr><td rowspan="7">地球化学评估</td><td>溶解氧</td><td rowspan="7">这些参数对于大多数曝气场地来说是可选的。但是如果需要强化生物修复，则这些参数是很关键的</td></tr>
<tr><td>氧化还原电位</td></tr>
<tr><td>pH</td></tr>
<tr><td>电导率</td></tr>
<tr><td>硝酸盐</td></tr>
<tr><td>Fe(Ⅱ)</td></tr>
<tr><td>甲烷</td></tr>
<tr><td rowspan="2">受体评估</td><td>确定地下水污染的潜在受体</td><td rowspan="2">进行现场调查，确定场地的边界，并确定可能受到污染物或修复过程影响的人员或资源</td></tr>
<tr><td>确定蒸气迁移的潜在受体</td></tr>
</table>

可行性分析：主要包括技术上的可行性以及经济上的可行性。技术上的可行性分析主要考虑污染物种类以及地质和水文地质条件。曝气对于去除溶解的 VOCs 非常有效，对于低浓度的 LNAPL 和 DNAPL 也有去除的潜力。一般来说，如果要达到较好的去除效果，污染物必须具有足够的挥发性或是能够进行好氧生物降解。对于地质和水文地质条件，曝气对于砂土以及中层到浅层含水层(在地下水位以下 50 ft 以内)比较适合。另外，场地的地质条件，比如分层、不均匀性和各向异性会使得通过介质的气流变得不规则，有可能会降低曝气修复的效率。如果土体的黏粒和粉粒含量比较高，且水力传导系数小于 1×10^{-3} cm/s，则该场地不适合使用曝气技术。

另一方面为经济上的可行性。曝气修复工程的主要费用包括初期投资以及运行和维护费用。初期投资包括场地调查、试点试验、设计和系统安装，而运行和维护费用包括监测、气体处理以及场地封闭的费用。以下列出了影响曝气修复工程设计安装以及运行和维护费用的主要因素：①污染物种类；②污染物面积和深度；③地下水深度；④场地地质条件；⑤AS/SVE 井距；⑥钻井方法；⑦要求的流量、真空度和压力；⑧修复时间；⑨法规要求；

⑩气体处理要求。

监管及许可要求：大量环境方面的法规都会影响到曝气系统的设计、安装以及运行。在进行规划时，必须了解相关法律法规，例如VOC排放的限制以及严厉的清除标准都会显著影响到曝气技术的可行性。另一方面，还要从相关部门和机构获得许可并向他们出具报告(如钻井和钻孔许可、安装并运行空气污染控制设备的许可、地下注入控制的许可等)。

确定目标修复区域：目标修复区域是指曝气系统安装后达到最有效修复的区域。该区域的定义是基于场地条件以及相关的法规要求，该区域可能包含污染源区、溶解羽、浓度升高的局部区域，或是溶解羽的下梯度边界。目标修复区域的确定取决于污染物种类、分布以及与承受体的接近程度。

进行中试试验确定特定场地的设计参数：试点试验应该在目标修复区域内进行，并可以确定曝气修复的可行性。如果目标修复区域很大，则需要在多个点进行试点试验。进行曝气试点试验可用来：①发现曝气修复不可行的证据；②尽可能地确定气流的分布；③找出没有考虑到的问题；④找出需要在场地应用中解决的安全隐患；⑤提供在场地应用时的数据。为了达到这些目的，试点试验通常包括如下环节：①取样；②曝气压力和流量测试；③地下水压力响应测试；④土体气相取样以及排出的气体取样(含有SVE时)；⑤溶解氧浓度测量；⑥氦气示踪测试；⑦直接观察；⑧复杂条件下(如污染物去除过程受土体吸附性影响，曝气影响范围偏小等)表面活性剂强化修复效果测试。在复杂的地质条件下或是井距大于4.5～6 m时，还应该进行其他测试，比如示踪剂六氟化硫(SF_6)分布测试、中子水分探测、土体含水量TDR探头测试以及地球物理测试(如高密度电阻率层析成像)。

短期中试试验对于选择和设计原位地下水曝气系统至关重要，试验周期一般控制在24～48 h。通过短时中试试验需要监测获得如下一些重要的参数：地下水位以下各测点孔压变化、溶解氧水平、井内地下水位、土壤气体压力、土壤气中的污染物浓度，以及曝气点周围不同位置示踪气的出现与捕获。这些参数用来指示场地原位地下水曝气修复的可行性和系统的工作性能，进而设计未来的足尺系统。

设计及安装系统：如果试点试验的结果较好，则可以进行曝气修复的场地应用。曝气系统的工程设计主要分为以下几方面：①空气注入系统；②气相抽提及处理系统；③监测网；④表面活性剂溶液注入系统(视场地具体情况选择)。

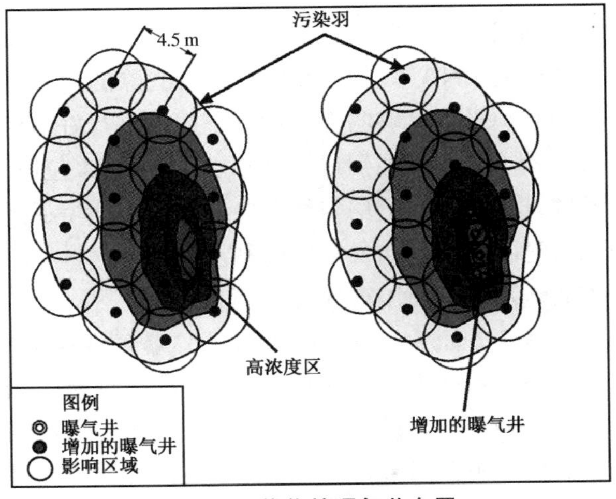

图9-6　优化的曝气井布置

空气注入系统的设计主要包括曝气井布置、曝气井设计和空压机的选择，曝气系统的运行、监测和优化必须基于特定的修复目标(图9-6)。一般情况下，这些目标包括同时考虑到时间和费用的情况下使质量去除效率最大化，使运行和维护费用最小化。例如，虽然在进行曝气系统的设计之前应该已经收集到了足够的场地条件数据，但是随着系统运行和监测过程的进行，必然会获得一些关于污染物范围和分布的新的数据，可以利用这些数据来调整系统的设计，以提高质量去除效率。如图 9-6 所示，可在曝气修复盲区或是高浓度区适当增加几个曝气井，以加快污染物的去除。

在曝气系统运转过程中，需要对其进行持续监测以评估系统的工作性能，以及是否需要进行必要的调整和改变。表 9-3 列出了原位地下水曝气修复过程评价系统工作性能的一些监测参数。

表 9-3 原位地下水曝气修复过程监测参数列表

原位参数	测量方法
地下水水质改善效果	停止曝气后从监测井中定期获得地下水样
溶解氧水平/温度	停止曝气后从现场监测井中的测试探头获得
氧化还原电位/pH	停止曝气后从现场监测井中的测试探头获得
生物降解副产品例如二氧化碳	通过一个地下水流通池获得地下水样
土壤气相浓度	FID,PID,气体可爆性测定仪或野外气相色谱仪或实验室气体样品测试
土壤气体压力/真空度	压力/真空压力计
地下水位	水位计
系统运行参数	测量方法
注入井压力	压力表
气相抽提井真空度	真空压力计
抽提蒸气的浓度	FID,PID,气体可爆性测定仪或野外气相色谱仪,或实验室气体样品测试
O_2, CO_2, N_2, CH_4	实验室分析

关闭系统，长期监测：当清除目标达到后，继续进行曝气修复很不经济，则可以关闭曝气系统。一般情况下，曝气系统在运行 6～18 个月后关闭。修复完成后，可适当减少地下水监测的范围和频率。进行长期监测的目的主要是确认地下水扩散源正在收缩或是保持稳定，自然过程使得污染物浓度在长期条件下持续降低，场地符合人类健康和环境的标准。

9.2 地下水曝气修复工程案例

9.2.1 美国加州怀尼米港苯系物污染场地概况

该地下水污染场地位于加利福尼亚州怀尼米港，被美国环保署作为标准设计示范工程（图 9-7）。该场地被美国策略性环境研究发展计划列为国家环境技术测试场地。正因如此，美国利用该场地开展了一系列新的场地描述、修复和监测技术的比较研究，国防部通过国家环境技术展示计划支持这些研究工作以评估可用于国防部相关设施危废处治的经济有效新技术。该场地的污染羽源于海军消费合作社的加油站，加油站位于 Dodson 街和 23 号大街交叉口。海军消费合作社负责给基地的雇员提供加油和汽车维护服务。现在场地被美国海军和空军修建营中心用于培训土木工程师。

图 9-7 美国加利福尼亚怀尼米港原位曝气示范场地

1984 年 12 月在海军消费合作社周围地下水中发现有自由相油污染，1985 年 3 月查明油污来自地下储油罐向加气机输送汽油的 2 条管线的泄漏。WESTEC 服务公司的研究表明，在 1984 年到 1985 年间有近 10 800 加仑(约 41 m^3)的含铅普通和优质无铅汽油泄漏到周围场地中，而之前有多少已经泄漏不得而知。这些汽油中含有 MTBE 和 1,2-二氯乙烷污染物。

9.2.2 场地描述

用于场地描述的资料收集应聚焦于创建一个技术上严谨可行的场地概念模型，以反映场地的水文地质条件、关键设置的布局和位置、污染源以及溶解相污染羽的迁移范围。规范设计建议所采集的数据至少应当回答如下问题：①从气流角度对地层进行描述以明确总的气流分布特征，其中需进行孔内连续取芯，取芯范围涵盖污染上边界至注气井滤管顶部；②应当能构建出目标处理区范围及气流分布的概念模型。

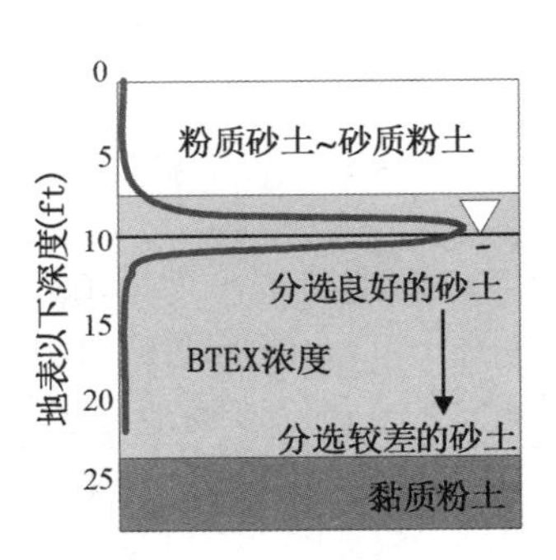

图 9-8 示范场地地层剖面及污染物分布

该场地中连续取芯的结果表明一共有 3 个典型土层(图 9-8)：上部粉细砂层(地表下 3～6 ft，相当于 0.91～1.83 m)，中间的从细砂到粗砂层(地表下 6～24 ft，相当于 1.83～7.32 m)，以及下卧灰色砂质或粉质黏土层。

该示范场地位于距离海军消费合作社主楼以西约 140 ft 的地方，恰好位于 BTEX 污染源区域(图 9-9)。该场地面积约 75 ft×75 ft，地表覆盖沥青和混凝土，并且该场地范围内没有管线设施。

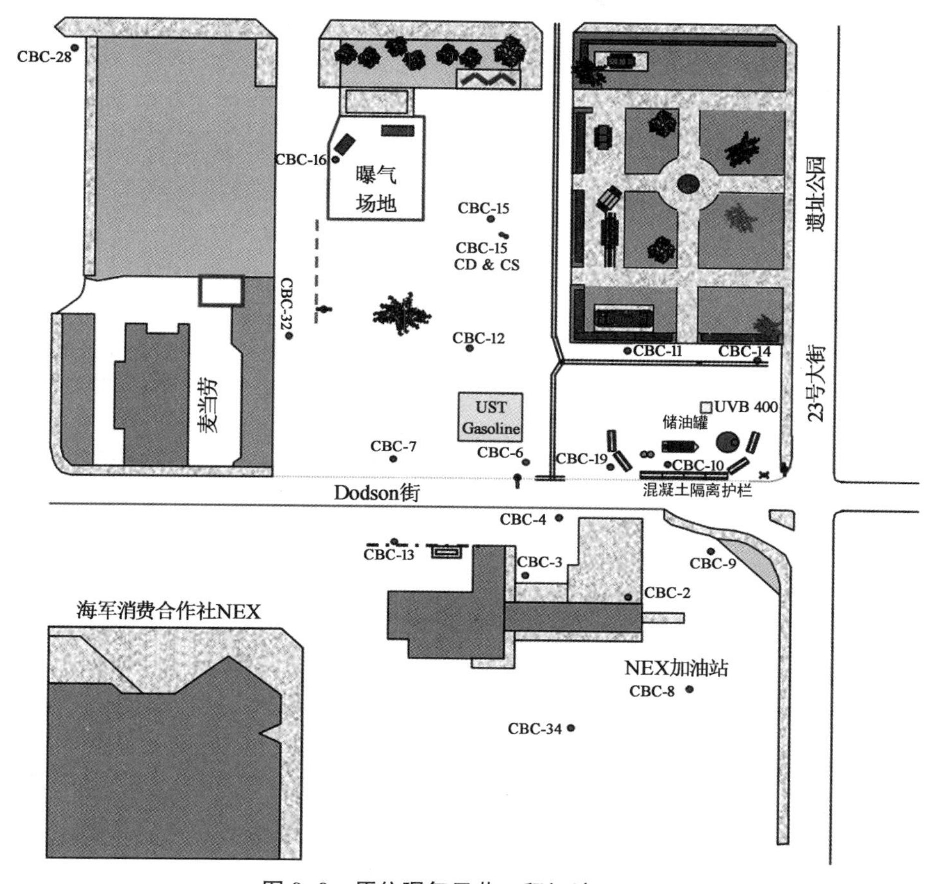

图 9-9　原位曝气示范工程场地平面图

9.2.3　场地地质条件

怀尼米港口位于 Oxnard 平原，下卧欠固结砂土、粉土和黏土，并夹杂少量卵石和填土，属于河成三角洲沉积物。结合钻孔所获资料，欠固结沉积物划分为三个单元。表 9-4、表 9-5 描述了测试场地下部半滞留含水层的物理和化学性质。图 9-10 描述了该场地单井曝气产生的气流分布规律概念模型。

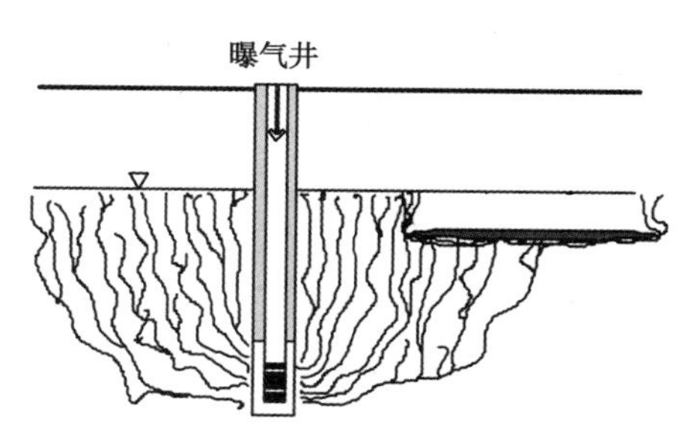

图 9-10　示范工程场地内可能的气流分布规律概念模型

表 9-4　怀尼米港半滞水含水层的基本性质

性质	单位	取值范围
到地下水位的深度	ft	8～9
含水层厚度	ft	10～15
水力梯度	ft/ft	0.002 9
地下水流向	NA	西南
孔隙率	%	30
水力渗透系数	gpd/ft^2	1 300～3 000
导水系数	gpd/ft	300～45 000
储水系数	NA	0.001～0.05
平均线性地下水流速	ft/yr	700～1 600

注：gpd 为加仑/天。

表 9-5　怀尼米港含水层无机化合物性质

成分	单位	取值范围
TDS	mg/L	1 212
铁	mg/L	15
锰	mg/L	17
亚硝酸盐	mg/L	—
盐度	mg/L	—

9.2.4　方案初步筛选

下一步就是确定原位地下水曝气技术是否适用于该污染场地，有三个最直接的问题需要回答。①以往经验是否认为该场地采用原位地下水曝气技术可以成功修复？怀尼米港场地是被汽车燃料污染，而 IAS 技术已成功用于汽油泄漏场地污染源的处理，以及相对较小规模氯化溶剂滴洒场地的修复。该场地没有遭受可抑制本土微生物生长的化学物质污染（如农药）。含水层埋深较浅（位于地表以下 10 ft）且土性偏粉质和砂质特征，因而污染物与气流间接触条件比较充分。②采用何种井间距对于 IAS 技术比较合适？由于地下水位较浅且土层为砂性土，采用密集分布的曝气井是可行的。③对 IAS 系统较合理的预期效果怎样？Leeson 等（2002）提出了一系列规定表格，项目实施人员可以通过填写该表格从而获得 IAS 系统的预期性能。

9.2.5　中试试验

场地中试试验是用来寻找技术实施过程表明其不可行的指标，描述气流分布特征，识别任何由于IAS技术应用而产生的对安全有威胁的因素。在真正开始中试试验前，应完成如下一些具体工作：①定义目标处理区；②提出在处理区中气流分布的概念模型；③确定15 ft的井间距是否经济上难以接受；④提出中试曝气井的深度、位置和建井细节方案；⑤确定曝气井的预期注气压力范围。

1）安装监测网络

由于气流分布往往随其优势方向难以预测，监测井设置应在空间上有所变化。倘若监测井呈直线分布很可能会错过整个空气影响范围。怀尼米港示范场地的各种井均采用直接压入式安装。这些井包括1口曝气井、4口气相抽提井、6口监测井和12口多层采样监测井。曝气井安装在场地中心，延伸至地表下20 ft。井身结构包括19 ft PVC隔水管，以及底部2 ft的花管。井壁外侧填充砂子和顶部膨润土塞以减小井外气流短路。监测井结构大致相同，包括上部6 ft的PVC隔水管和下部15 ft的花管。多层采样装置包括14个安装于直径2 in[①]的PVC隔水管内的直径1/8 in的钢管。这些钢管分别在PVC管内延伸至地表以下2 ft、4 ft、6 ft、8 ft、10 ft、11 ft、12 ft、13 ft、14 ft、15 ft、16 ft、17 ft、18 ft和19 ft深度位置，这些采样井通过底端一个PVC焊接的100目不锈钢网进行地下水采样。这些采样井同样通过直接压入法施工而成。气相抽提井为1 in直径的PVC管（其中6 ft套管，5 ft花管）安装至地表以下10 ft，管外采用砂土和顶部的膨润土塞填充封堵。图9-11展示了示范场地内的设备布置情况。

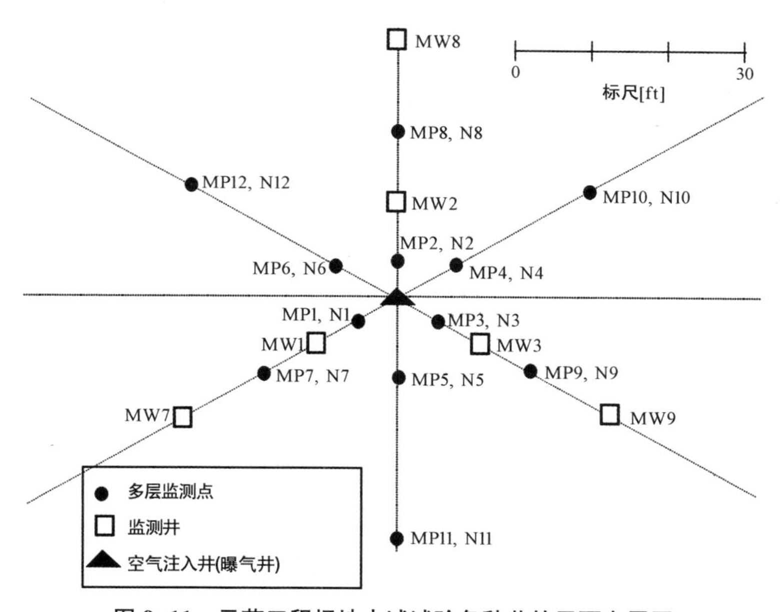

图9-11 示范工程场地中试试验各种井的平面布置图

2）基准采样

首先需要进行一轮预曝气测试，进行基准采样。采样结果包括地下水溶解氧值和污染物浓度，以及压力读数波动变化情况。测试表明该场地溶解氧浓度通常低于2 mg/L。气相

① 1 in=0.025 m

饱和度通常建议用于和溶解氧值相关联。溶解氧水平还会被用于指示哪种类型的微生物生长在下部土体中可能会发生。图 9-12 为实测曝气试验前溶解氧浓度值，表 9-6 显示了示范场地在单井曝气试验前的实测溶解氧浓度。

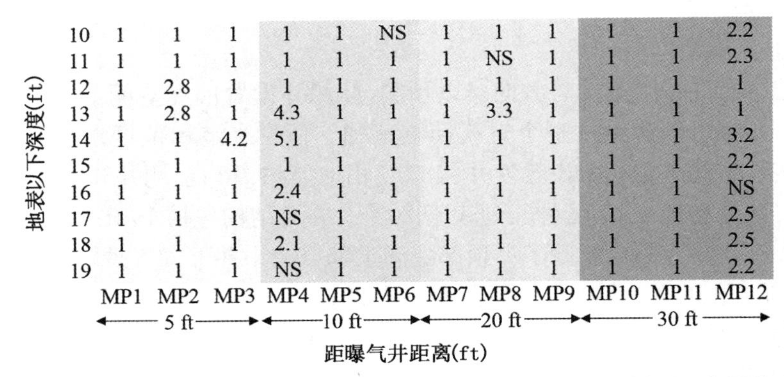

图 9-12　实测曝气试验前溶解氧浓度值(浓度低于每升水 2 mg 溶解氧时，取值为 1)

在曝气试验前通过多层采样获得的地下水中污染物浓度结果如表 9-6 所示。

表 9-6　曝气前示范工程场地实测 MTBE 和 BTEX 浓度

位置	深度 /ft	甲基叔丁基醚 /($\mu g \cdot L^{-1}$)	苯 /($\mu g \cdot L^{-1}$)	甲苯 /($\mu g \cdot L^{-1}$)	乙苯 /($\mu g \cdot L^{-1}$)	二甲苯 /($\mu g \cdot L^{-1}$)
MP-1	10	1 500	290	2 300	600	1 500
MP-1	15	<5	<5	<5	<5	<5
MP-1	19	<5	<5	<5	<5	<5
MP-2	10	1 200	<5	6	<5	<5
MP-2	11	7 300	<5	97	7	<5
MP-2	12	63	<5	<5	<5	<5
MP-2	13	<5	<5	<5	<5	<5
MP-2	14	<5	<5	<5	<5	<5
MP-2	15	<5	<5	<5	<5	<5
MP-2	16	<5	<5	<5	<5	<5
MP-2	17	<5	<5	<5	<5	<5
MP-2	18	<5	<5	<5	<5	<5
MP-2	19	<5	<5	<5	<5	<5
MP-3	10	1 200	<5	<5	<5	<5
MP-3	11	13 000	110	<5	<5	<5
MP-3	12	15 000	<5	<5	<5	<5

（续表）

位置	深度/ft	甲基叔丁基醚/(μg·L⁻¹)	苯/(μg·L⁻¹)	甲苯/(μg·L⁻¹)	乙苯/(μg·L⁻¹)	二甲苯/(μg·L⁻¹)
MP-3	13	830	<5	<5	<5	<5
MP-3	14	<5	<5	<5	<5	<5
MP-3	15	<5	<5	<5	<5	<5
MP-3	16	<5	<5	<5	<5	<5
MP-3	17	<5	<5	<5	<5	<5
MP-3	18	<5	<5	<5	<5	<5
MP-3	19	<5	<5	<5	<5	<5
MP-4	10	390	<5	46	<5	<5
MP-4	15	<5	<5	<5	<5	<5
MP-4	18	<5	<5	<5	<5	<5
MP-4	19	ns				
MP-5	10	9 300	<5	1 200	1 800	3 500
MP-5	15	<5	<5	<5	<5	<5
MP-5	19	<5	<5	<5	<5	<5
MP-6	10	ns				
MP-6	15	<5	<5	<5	<5	<5
MP-6	19	<5	<5	<5	<5	<5
MP-7	10	5 700	1 700	3 900	640	2 800
MP-7	15	<5	<5	<5	<5	<5
MP-7	19	<5	<5	<5	<5	<5
MP-8	10	1 200	<5	<5	<5	<5
MP-8	15	<5	<5	<5	<5	<5
MP-8	19	<5	<5	<5	<5	<5
MP-9	10	46	<5	<5	<5	<5
MP-9	11	430	<5	15	61	<5
MP-9	12	120	<5	<5	<5	<5

（续表）

位置	深度/ft	甲基叔丁基醚/($\mu g \cdot L^{-1}$)	苯/($\mu g \cdot L^{-1}$)	甲苯/($\mu g \cdot L^{-1}$)	乙苯/($\mu g \cdot L^{-1}$)	二甲苯/($\mu g \cdot L^{-1}$)
MP-9	13	<5	<5	<5	<5	<5
MP-9	14	29	<5	<5	<5	<5
MP-9	15	<5	<5	<5	<5	<5
MP-9	16	<5	<5	<5	<5	<5
MP-9	17	<5	<5	<5	<5	<5
MP-9	18	<5	<5	<5	<5	<5
MP-9	19	<5	<5	<5	<5	<5
MP-10	10	1 700	150	4.85	420	<5
MP-10	15	<5	<5	<5	<5	<5
MP-10	19	<5	<5	<5	<5	<5
MP-11	10	6 600	5 900	11 000	1 700	4 300
MP-11	15	<5	<5	<5	<5	<5
MP-11	19	<5	<5	<5	<5	<5
MP-12	10	33 000	510	190	520	2 300
MP-12	15	<5	<5	<5	<5	<5
MP-12	19	<5	<5	<5	<5	<5

3）中试试验采样

注气压力监测。一项可以证明 IAS 技术可行的指标是工艺上可以将空气注入场地地基中。中试试验应当测试 20 SCFM① 是否可行，并记录下注气启动后每隔 5～10 min 的压力变化，直至压力和流量达到稳定状态。在该示范场地内，系统启动时的压力为 25 psig②，2 h 后降至 10 psig（图9-13），结果表明现场可以达到预期的注气流量。

压力传感器读数。场地内气流运移分布规律可以通过一次注气过程中对压力传感器的监测进行评测。通常来说，注气相关的压力监测峰值可以与含水层接受的气体总量有关。在地层有严重分层情况下，这一压力峰值可能会持续增长数小时到数天时间。图9-14展示了压力传感器在气流注入量为 10 SCFM 条件下的读数（以压力水头表示）。压力读数在尾端趋于平缓时仍高于基准线是部分气体被困在地层中造成的。

① 1 SCFM=28.311 L/min

② 1 psig=6.895 kPa

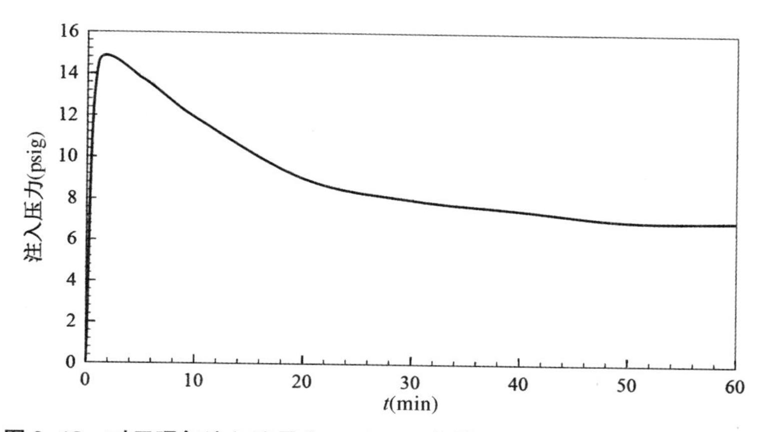

图 9-13　对于曝气注入流量为 10 SCFM 条件下实测注气压力随时间变化

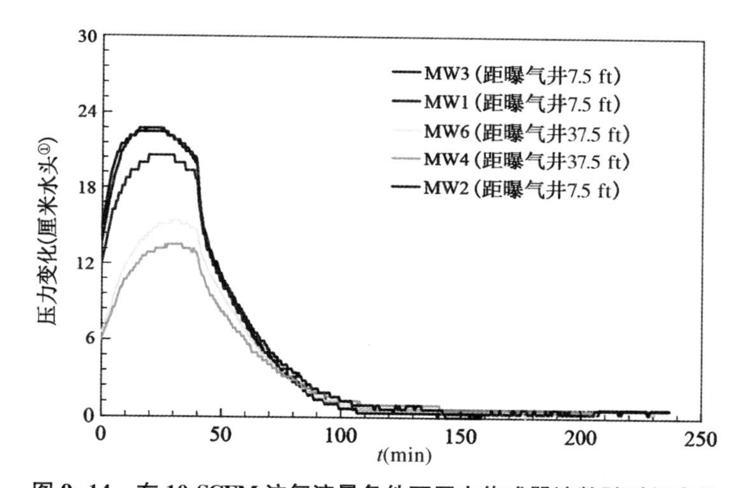

图 9-14　在 10 SCFM 注气流量条件下压力传感器读数随时间变化

氦气分布及回收试验。试验中通过在开始曝气后追踪氦气出现及分布情况就可以知道气流的运移规律(图 9-15)。基于注入示踪剂的回收量和质量平衡就能评估 SVE 系统的捕获效率。土壤气体采样时,先自井内冲洗出 100 mL 气体,然后连接一个氦气检测器到测点处。

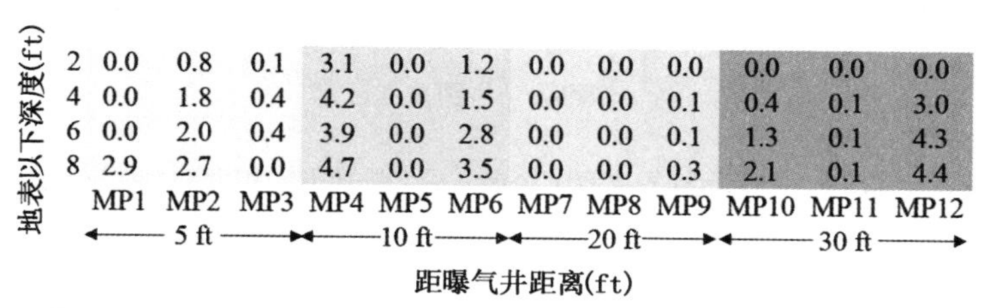

地表以下深度(ft)	MP1	MP2	MP3	MP4	MP5	MP6	MP7	MP8	MP9	MP10	MP11	MP12
2	0.0	0.8	0.1	3.1	0.0	1.2	0.0	0.0	0.0	0.0	0.0	0.0
4	0.0	1.8	0.4	4.2	0.0	1.5	0.0	0.0	0.1	0.4	0.1	3.0
6	0.0	2.0	0.4	3.9	0.0	2.8	0.0	0.0	0.1	1.3	0.1	4.3
8	2.9	2.7	0.0	4.7	0.0	3.5	0.0	0.0	0.3	2.1	0.1	4.4

图 9-15　在 10 SCFM 注气流量下氦气在非饱和带中的分布情况

① 1 厘米水头=98 Pa

土壤气监测。土壤尾气检测提供的信息有助于了解场地挥发性污染物去除速率。图9-16显示该示范场地中污染物挥发去除速率在曝气系统启动后的7.3 d内是非常高的，之后变低但仍维持有一定的速率。

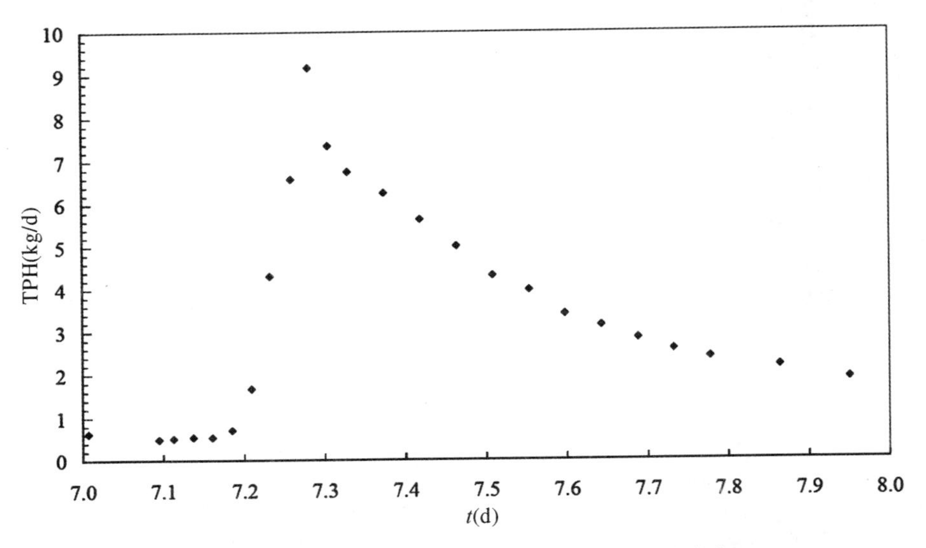

图 9-16　示范场地通过挥发过程污染物的去除速率

溶解氧监测。气相饱和度常与实测溶解氧相关联。溶解氧水平还会被用于指示判断场地内会发生何种类型的微生物生长。图9-17显示了10 SCFM注入流量下单井示范试验结果。

地表以下深度(ft)	MP1	MP2	MP3	MP4	MP5	MP6	MP7	MP8	MP9	MP10	MP11	MP12
10	10	28	69	10	10	ns	10	52	10	57	29	10
11	37	10	10	69	33	77	10	ns	39	36	10	32
12	10	82	62	74	10	ns	10	10	51	31	25	34
13	10	74	10	86	47	48	10	34	70	56	10	48
14	54	80	80	78	59	69	10	10	75	36	25	37
15	37	ns	82	70	79	68	10	10	36	39	10	52
16	29	26	78	76	70	10	26	40	53	10	10	ns
17	31	44	72	ns	64	37	38	40	69	ns	53	30
18	10	32	36	45	71	36	10	10	51	10	10	10
19	34	30	10	ns	10	10	10	28	10	ns	10	37
距曝气井距离(ft)	← 5 ft		→	← 10 ft		→	← 20 ft		→	← 30 ft		→

图 9-17　在 10 SCFM 注气流量下实测溶解氧水平(以气相饱和度%表示，取质量百分比)

六氟化硫分布。几乎不溶于水的惰性气体示踪剂随曝气过程在场地内的出现及分布提供了对气流路径的认识和理解。六氟化硫是一种惰性挥发性示踪剂，其水溶性很低，但在较低浓度下仍可以被可靠地测量。土壤气通过对多层采样线路冲洗出100 mL气体，然后利用SF_6检测器进行测量分析。这些测试数据是在气体注入流量为20 SCFM条件下获得的(图9-18)。

地表以下深度(ft)	MP1	MP2	MP3	MP4	MP5	MP6	MP7	MP8	MP9	MP10	MP11	MP12
10	3.8	90.3	0.4	0.9	0.2	30.5	0.0	0.4	72.1	0.3	0.4	2.0
11	5.8	276.7	2.2	1.8	0.2	53.7	0.1	0.7	81.7	0.7	0.3	1.4
12	1.2	57.8	30.9	6.3	0.0	ns	0.1	0.8	3.9	0.5	0.1	20.0
13	1.8	96.9	3.1	0.2	0.5	22.7	0.1	0.2	11.5	3.5	0.4	3.3
14	16.4	43.3	32.3	0.2	0.7	46.5	0.0	0.7	3.0	1.5	0.2	0.2
15	4.5	ns	22.1	4.7	4.0	38.4	0.0	0.7	0.3	0.4	0.1	0.3
16	2.1	35.8	15.9	0.2	0.0	0.3	0.0	2.3	0.3	0.7	0.3	ns
17	60.9	0.1	8.1	0.4	0.1	0.2	0.1	2.0	0.1	0.0	0.1	0.2
18	1.1	0.2	1.0	0.0	1.4	0.3	0.1	0.9	0.1	1.4	0.4	0.1
19	2.5	0.3	0.3	0.0	0.3	0.7	0.1	0.4	0.1	0.2	0.4	2.2

←5 ft→ ←10 ft→ ←20 ft→ ←30 ft→

距曝气井距离(ft)

图 9-18　示范场地内在注气流量为 20 SCFM 条件下六氟化硫 SF_6 在非饱和带中的分布(按其在注入气体中的百分含量取值,图中框内数值为溶解氧浓度高于每升水中 4 mg 氧气的点)

9.2.6　系统设计

按照设计方法指导意见,IAS 井间距全场设置为 15 ft。17 口井参照中试试验中曝气井的方式施工(图 9-19 和图 9-20)。4 排 4 口或 5 口井联合起来,每排运转 2 h,停歇 6 h,单井注入流量为 20 SCFM。最开始,在场地最东侧监测井中有间歇泉现象(图 9-21 和图9-22),但在 24 h 后,间歇泉仅在 12＃监测井中出现。

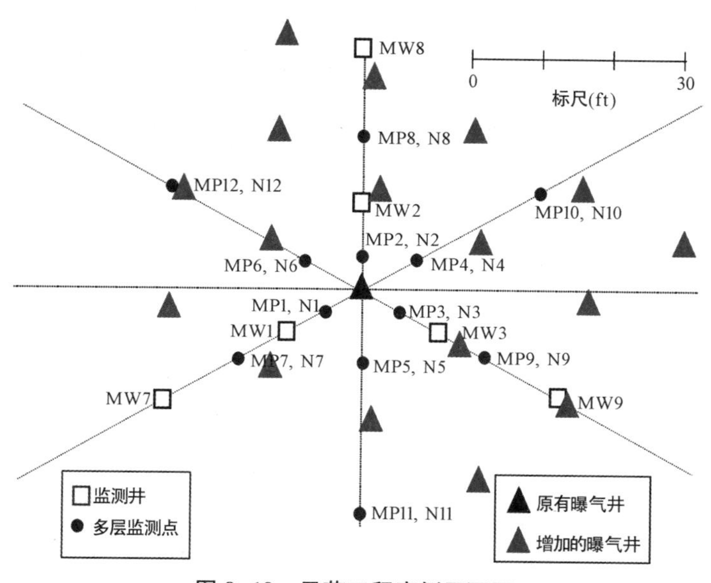

图 9-19　示范工程案例平面图

图 9-20 示范工程案例应用现场照片

图 9-21 IAS 对地下水产生影响的现场证据

图 9-22 注气流量提高后场地内的间歇泉效应

9.2.7 系统监测结果

示范场地在进行地下水曝气修复前每个季度进行一次监测，监测点分别位于地表以下 10 ft、11 ft、12 ft、15 ft。在此后的浓度降低图中，纵轴显示场地的初始污染物浓度，该浓度通过对上述四个深度进行平均值处理得到。而横轴展示了不同时刻的实测浓度（图 9-23、图 9-26 和图 9-29）。图中的分割线表示未做任何场地处理时的期望值。测量值距离该分割线向下偏离表明了场地污染物浓度的降低。该点两侧的点线表示 90%的浓度差。随时间发展，浓度通常降低几个数量级。图 9-24、图 9-27 和图 9-30 描述了指定处理区域中的污染物平均值、高浓度值和低浓度值（距离曝气井 7.5 ft 以内范围）。图 9-25、图 9-28 和图 9-31 展示了指定区域外监测井中相同的结果。

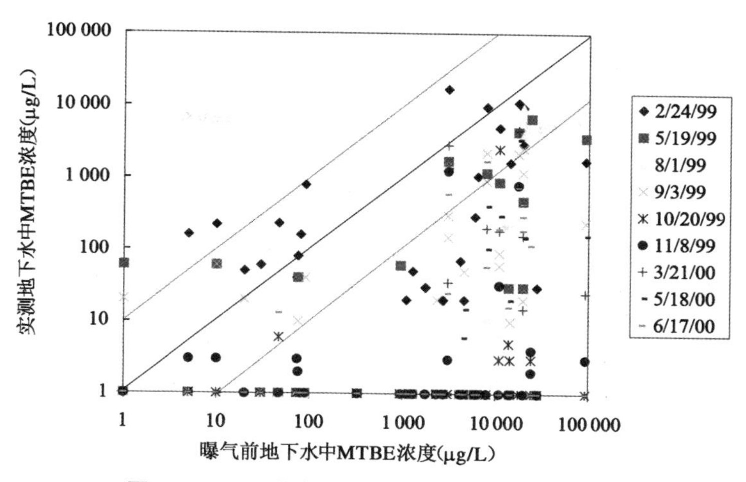

图 9-23　IAS 修复过程中 MTBE 浓度降低情况

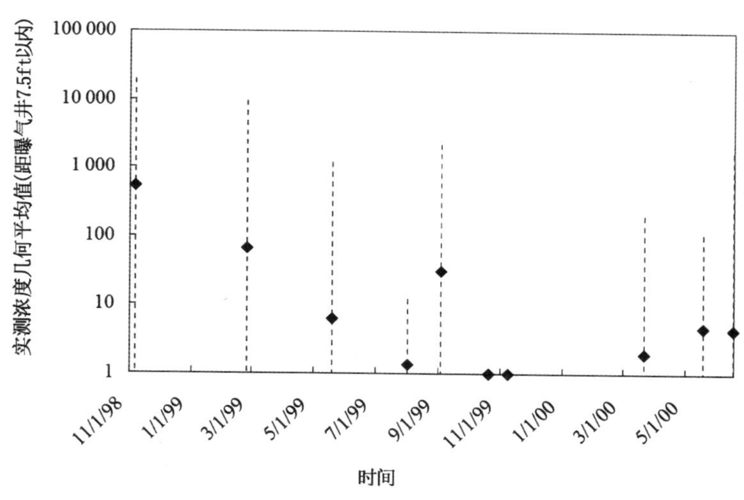

图 9-24　距曝气井 7.5 ft 以内 MTBE 平均值

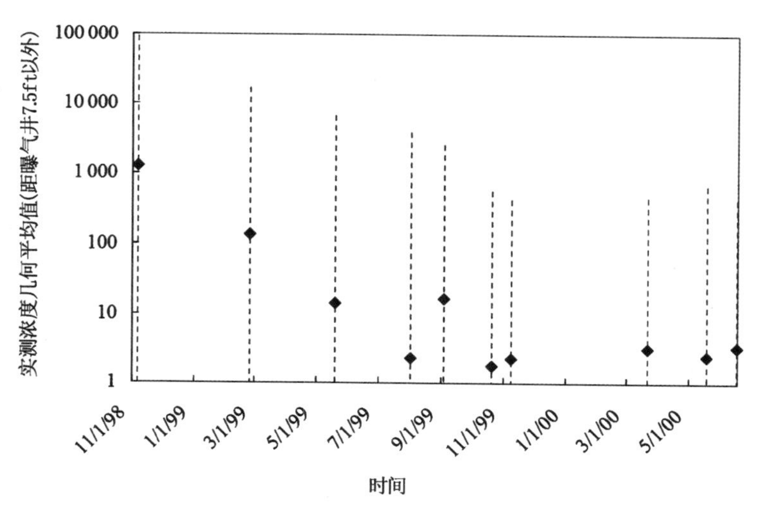

图 9-25　距曝气井 7.5 ft 以外 MTBE 平均值

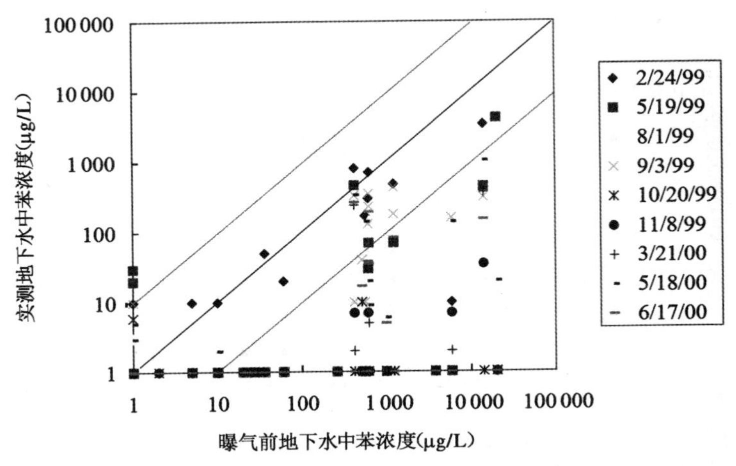

图 9-26　IAS 修复过程中苯浓度降低情况

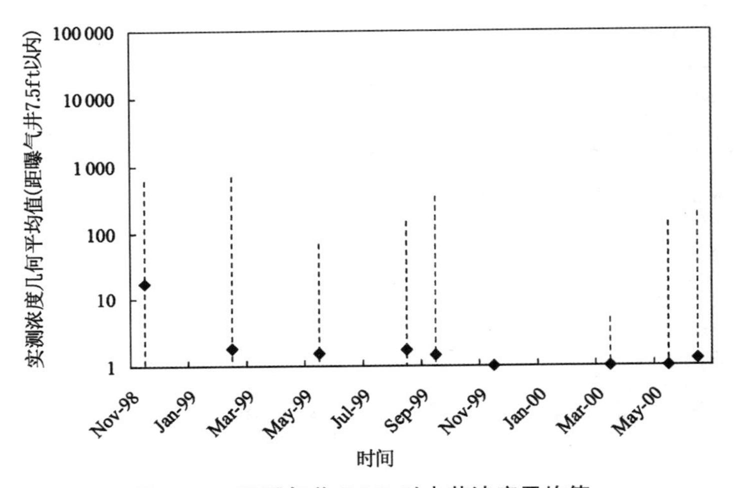

图 9-27　距曝气井 7.5 ft 以内苯浓度平均值

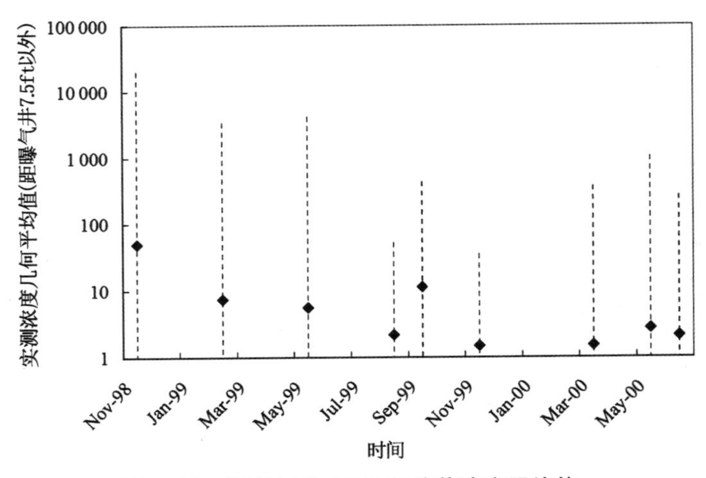

图 9-28　距曝气井 7.5 ft 以外苯浓度平均值

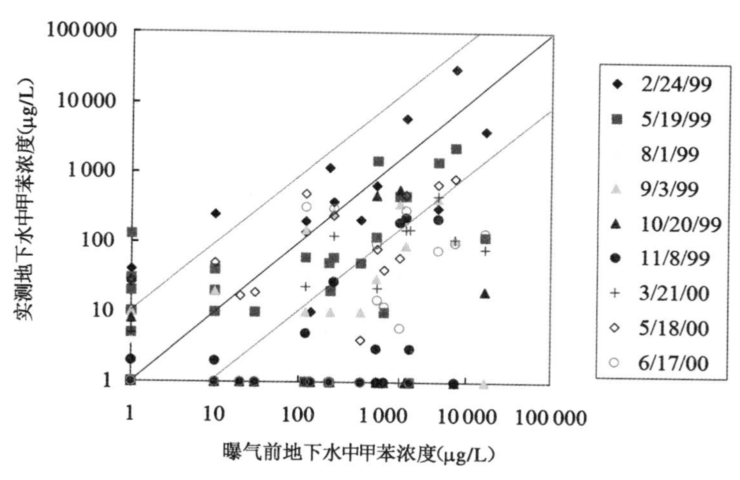

图 9-29　IAS 修复过程中甲苯浓度降低情况

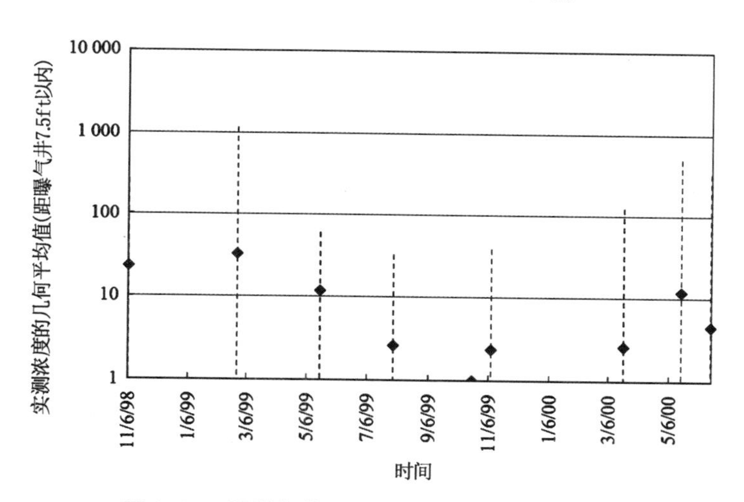

图 9-30　距曝气井 7.5 ft 以内甲苯浓度平均值

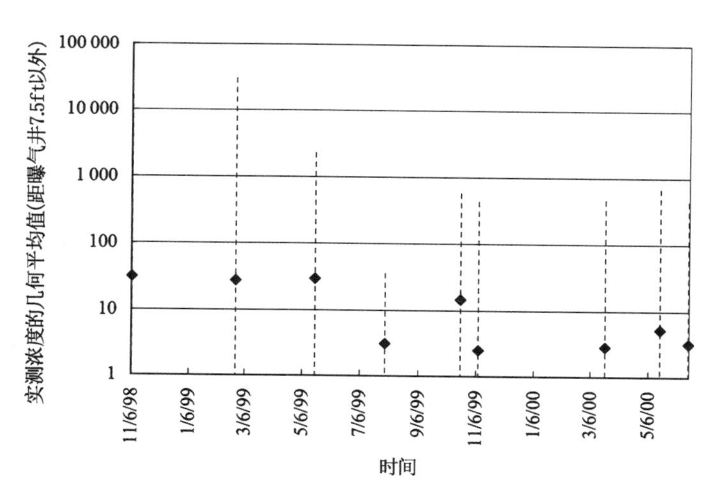

图 9-31　距曝气井 7.5 ft 以外甲苯浓度平均值

通过对现场多层采样装置安装时采取的土样(中试试验前)进行分析获得了 BTEX 和 TPH 浓度值。在该场地修复工作完成后再次采取现场土样。初始采样表明,场地内大部分污染物分布于地表下 7～12 ft 范围。污染最严重的区间在 10～12 ft 范围(表 9-7)。场地修复结束后的采样数据显示了土壤污染水平的显著降低(表 9-8),其中超过 80%样品的浓度值均低于监测限。

表 9-7 怀尼米港 1 号场地曝气前土样环境测试分析

深度(地表以下 ft)	苯/(mg·kg^{-1})	甲苯/(mg·kg^{-1})	乙苯/(mg·kg^{-1})	二甲苯/(mg·kg^{-1})	总石油烃/(mg·kg^{-1})
4	<0005	0.085	<0.000 5	0.001 3	8.8
5	0.017	0.13	0.002 2	0.11	5.4
6	<0.005	0.035	<0.000 5	<0.000 5	<10
7	1.4	3.5	7.7	45	690
8	0.21	0.024	1.4	7.4	82
9	0.059	0.17	0.25	1.1	10
10	3.4	77	38	210	1 600
11	13	200	93	480	3 800
12	11	87	49	230	1 900
13	1.7	10	6	31	200
15	0.023	0.16	0.069	0.37	<10
17	0.005 8	0.053	0.017	0.091	<10
19	0.001 8	0.028	0.008 8	0.054	<10

表 9-8 怀尼米港 1 号场地曝气处理后土样环境测试结果

深度(地表以下 ft)	苯/(mg·kg^{-1})	甲苯/(mg·kg^{-1})	乙苯/(mg·kg^{-1})	二甲苯/(mg·kg^{-1})	总石油烃/(mg·kg^{-1})
10	<0.005	<0.005	<0.005	0.006	4.5
12	<0.005	<0.005	<0.005	<0.005	9.5
13	<0.005	<0.005	<0.005	<0.005	<1

9.2.8 案例总结

通过一个原位地下水曝气的范例来为原位地下水曝气修复系统的实施和评估提供指导。根据该修复范例,中试试验中除了对气流分布规律进行描述外,还需尝试寻找 IAS 技术可能不能成功修复污染场地的证据。怀尼米港示范场地的中试试验未发现该场地不适合采用 IAS 修复的证据。现场单井注气流量分别采用 5 SCFM、10 SCFM、20 SCFM 时均无困难。现场取芯表明场地土体从中砂到粗砂,土性比较一致。气流压力传感器的响应显示,场地土体没有过度分层现场以及井壁气体泄漏问题。进一步的气体分布测试,包括氦气和六氟化硫失踪剂试验表明，注入的气体趋于按北-南模式分布而非圆形分布。

此外，污染物分布及其特性也是影响IAS处治效果的重要影响因素。怀尼米港场地污染物主要为汽车燃料，这是可以被IAS处理的。该场地大部分污染物均位于地表以下10～12 ft范围。场地没有出现土体分层抑制气流向该区域的流动。地基中气流分布对土性变化比较敏感，因而实际上是很难准确预测其分布规律的。对气流分布描述的可靠程度应当通过对系统的合理设计进行充分考虑。

参考文献

Kuo J, 2014. Practical design calculations for groundwater and soil remediation[M]. 2nd ed. Florida: CRC Press.

Leeson A, Johnson P C, Johnson R L, et al., 2002. Air sparging design paradigm[R]. Ohio, USA.

Moyer E E, Kostecki P T, 2003. MTBE Remediation Handbook[M]. Boston, MA: Springer US.

Sharma H D, Reddy K R R, 2004. Geoenvironmental engineering: Site remediation, waste containment, and emerging waste management technologies[M]. New Jersey: John Wiley & Sons, Inc.

Suthersan S S, Horst J, Schnobrich M, et al., 2017. Remediation engineering[M]. 2nd ed. Florida: CRC Press.

USACE, 1997. In-situ air sparging, EM 1110-1-4005[Z]. U.S. Department of the Army, Washington, DC.